普通高等教育计算机类专业“十四五”系列教材

高等院校创新型精品教材·立体化+课程思政

大学信息技术

DAXUE XINXI JISHU

主　编　闵　亮　何绯娟

副主编　吴小云

参　编　古忻艳　凡　静　庞志成　唐木奕

西安交通大學出版社
XI'AN JIAOTONG UNIVERSITY PRESS

图书在版编目(CIP)数据

大学信息技术/闵亮,何绯娟主编. —西安:西安交通大学出版社,2023.7(2024.9 重印)
普通高等教育计算机类专业"十四五"系列教材
ISBN 978-7-5693-3153-0

Ⅰ.①大… Ⅱ.①闵…②何… Ⅲ.①电子计算机-高等学校-教材 Ⅳ.①TP3

中国国家版本馆 CIP 数据核字(2023)第 054129 号

书　　名 大学信息技术
主　　编 闵　亮　何绯娟
责任编辑 郭鹏飞
责任校对 李　佳

出版发行 西安交通大学出版社
(西安市兴庆南路 1 号 邮政编码 710048)
网　　址 http://www.xjtupress.com
电　　话 (029)82668357 82667874(市场营销中心)
(029)82668315(总编办)
传　　真 (029)82668280
印　　刷 陕西天意印务有限责任公司

开　　本 787 mm×1092 mm　1/16　**印张** 25　**字数** 589 千字
版次印次 2023 年 7 月第 1 版　2024 年 9 月第 2 次印刷
书　　号 ISBN 978-7-5693-3153-0
定　　价 55.80 元

如发现印装质量问题,请与本社市场营销中心联系。
订购热线:(029)82665248　(029)82667874
投稿热线:(029)82669097　QQ:8377981
读者信箱:lg_book@163.com

前言

在当今信息化时代，信息技术已经渗透到了人类生产、生活和社会各个领域，成为现代社会不可或缺的部分。随着信息技术在社会中的应用更加广泛与不断深入，也使得新时期社会对人才的培养提出了更高的要求，迫切需要加强高等院校计算机基础的教学工作。为此，我们组织了一批多年工作在教学一线并且有丰富教学经验的教师编写了《大学信息技术》一书。

大学信息技术课程是一门旨在培养学生信息技术与信息素养的课程，课程内容覆盖信息技术、信息素养、信息安全与计算机病毒、计算思维、计算机硬件、计算机软件、计算机网络、多媒体技术及 Office 常用程序等内容，本课程将帮助学生了解基本信息技术与计算机软硬件相关知识，掌握常见网络应用、多媒体应用以及 Office 应用的能力。此外，本课程还将介绍信息安全和数据隐私保护等相关知识，帮助学生建立正确的信息技术伦理观念。通过本课程的学习，培养学生的信息技术基础能力和计算机应用技术实践能力，为未来的后续学习与职业发展打下坚实的基础。此外，信息技术的快速发展和广泛应用，也为学生提供了广阔的就业机会和发展空间。

本书响应习近平主席在中国共产党第二十次全国代表大会上的报告中提出的"加快构建新发展格局，着力推动高质量发展"篇章中的"网络强国、数字中国"，及"推动战略性新兴产业融合集群发展，构建新一代信息技术、人工智能等一批新的增长引擎"，以及实施科教兴国战略，强化现代化建设人才支撑等要点内容。书中在加强网络安全建设方面注重培养学生对信息安全的认识和理解，培养学生的信息安全意识和保护技能，从而保障信息系统的安全；提高学生的信息技术应用能力，培养学生的信息化素养，为社会的数字经济发展贡献力量。

本书在编写过程中还参考了"全国计算机技术与软件专业技术资格(水平)考试 "(全国软考)初级中的《信息处理技术员》科目要求的考试内容，以及"全国计算机等级考试"二级 Office 的考试内容，学生在学完这门课后，就可参加"全国计算机技术与软件专业技术资格(水平)考试"中的初级专业资格-信息技术处理员考试，该考试是由国家相关部委组织的国家级考试，具有权威性和实用性。如果获得了计算机初级资格技能证书，对非计算机专业的大学生毕业时的就业会有帮助，即使在大学毕业后工作阶段的职称评定等方面，国家权威部门颁发的技能证书无疑也会大有用处。

本书分为两部分，共 13 章。第一部分以理论知识为主，讲述信息技术、信息素养、计算机软硬件、网络技术、多媒体技术等相关基础知识，由第 1 章到第 9 章组成。第二部分以 Office 主要应用为主，讲述 Word、Excel、PowerPoint、Visio 等软件相关操作，由第 10 章到第 13 章组成。

本书由闵亮、何绯娟组织编写，参加本书编写的有闵亮(第 4 至第 7 章、第 9 章、第 11

章)、何绯娟(第3章、第10章)、凡静(第1章、第8章、第13章、附录2)、古忻艳(第12章)、吴小云(第2章)、庞志成(附录3)、唐木奕(附录4),最后由闵亮、何绯娟、吴小云统稿。在本书的编写过程中,陕西省计算机专业技术资格(水平)考试办公室相关老师提供了许多帮助与宝贵的意见,在此表示衷心感谢。西安交通大学城市学院计算机系的负一诺、刘峻银、张玉欣、景文青、李思雨、李乔鑫、张家源、马腾飞、吴佳奇及电信系田润卓同学参与了资料收集及文稿校对等工作,在此表示感谢。编写组在本书的编写过程中参考了大量文献资料,对相关文献的作者,也在此表示衷心感谢。

由于编者水平有限,书中有欠妥和不足之处,恳请读者批评指正。

编者

2023年2月

目　录

第1章　信息与信息技术

信息是现代社会最重要的资源之一，已成为现代社会发展的一个先决条件。在信息社会中，信息成为重要的生产力资源，和物质、能量一起构成社会赖以存在的三大要素。本章主要介绍信息与信息技术等相关内容。

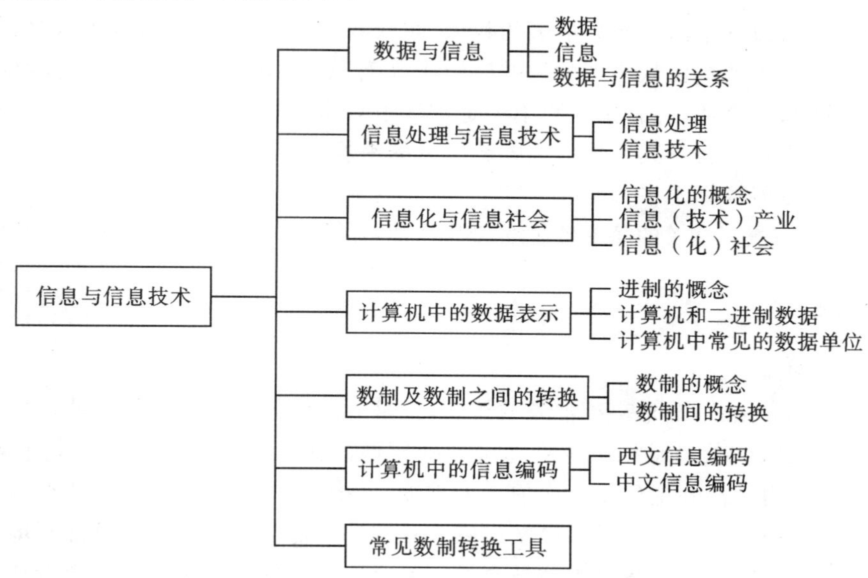

1.1　数据与信息

1.1.1　数据

1. 数据的概念

数据(data)，是指对客观事件进行记录并可以鉴别的符号，是对客观事物的性质、状态以及相互关系等进行记载的物理符号或这些物理符号的组合。它是可识别的、抽象的符号，可以是符号、文字、数字、语音、图像、视频等。

2. 数据的简单统计

(1)样本、总体、抽样调查。

①总体:包含所研究的全部个体(数据)的集合。

②样本:研究中实际观测或调查的一部分个体称为样本。

③抽样调查:一种非全面调查,它是从全部调查研究对象中抽选一部分进行调查,并据以对全部调查研究对象做出估计和推断的一种调查方法。

(2)数值平均数。

①算数平均数:对一组数据中心位置的度量。

②调和平均数:总体各统计变量倒数的算术平均数的倒数。它是变量倒数的算术平均数的倒数。由于它是根据变量的倒数计算的,所以又称倒数平均数。

③几何平均数:主要用于计算比率或者速度的平均。

(3)位置平均数。

位置平均数是指按数据的大小顺序或出现频数的多少确定的集中趋势的代表值,主要有如下几类。

①众数:一组数据中出现次数最多的数值,叫众数,有时众数在一组数中有好几个。

②中位数:一组数据按从小到大的顺序依次排列,处在中间位置的一个数(或最中间两个数据的平均数,和众数不同,中位数不一定在这组数据中)。

③方差:各个数据值与其平均值离差的平方的平均数。

④标准差:方差的算术平方根。

【注】此处只是普及相关的简单概念,需要深入学习的同学可参考数学及统计学相关资料。

1.1.2　信息

1. 信息的概念

信息(information),既是一种抽象的概念,又是一个无处不在的实际事件。信息奠基人香农(Shannon)认为“信息是用来消除随机不确定性的东西”,这一定义被人们看作是经典性定义并加以引用。控制论创始人诺伯特·维纳(Norbert Wiener)认为信息既不是物质也不是能量,是人类在适应外部环境,以及在感知外部环境而作出协调时与外部环境交换内容的总称。因此,可以认为,信息是人与外界的一种交互通信的信号量。我国学者从宏观信息论的角度出发,一般认为信息是“反映物质及其运动属性及特征的原始事实”。

物质、能量和信息是人类社会赖以发展的三个重要资源。信息可大体分为自然信息及社会信息两类。自然信息指不依赖于人类社会,存在于宇宙间、自然界中的客观存在的生物或物质信息。社会信息指在人类社会实践中,为生存、生产和社会发展而产生、处理和利用的信息。

2. 信息的作用

(1)加工作用。人们在信息的获取、交流过程中,可以对信息不断进行选择、提炼、整序、转换等,以满足一定需要。

(2)存储作用。人类社会所需要的各种信息,只有存储起来,才能成为取之不尽、用之不竭的资源。

(3)传递作用。信息不仅可以在广泛的地理范围内横向传递,促进不同领域、不同地区之间的交流,而且可以在较长的时间范围纵向传递,将人类社会的知识财富一代一代传递下去。

(4)管理功能。在管理过程中,信息是决策和计划的基础,是监督、调节的依据,是各管理层次、环节互相联络沟通的纽带。整个管理过程,也就是信息的输入输出和反馈的过程。

3. 信息的特征

(1)普遍性。可以说只要有事物就必然存在着信息。信息在自然界中是普遍存在的。

(2)客观性。信息是不以人的意志为转移,反映客观事实的存在。

(3)可识别性。信息是能够被获取整理与认知的,所以信息可以被人们利用。

(4)传递性。信息可以通过物与物、物与人、人与物、人与人进行相互传递。

(5)时效性。某些特定信息的使用价值会随着时间变化而变化。

(6)共享性。信息与能量和物质不同的是,信息不会随着传递的过程而衰减,可以近乎无限地被复制与传递,同一时间被多个主体共有。

(7)动态性。信息同事物一样是在不断变化发展的,会随时间的变化而产生一定的改变。

(8)价值性。信息是一种资源,具有可以利用的价值,有些信息的价值需要经过一些挖掘与处理的手段才能体现出来。

(9)不完全性。信息作为客观现实的反映,包含非常多的内容,不可能全部被获取和认知。我们可以根据需求和能力逐步分批,有主次顺序地获取信息。

1.1.3 数据与信息的关系

信息与数据既有联系,又有区别。数据和信息是不可分离的,信息依赖数据来表达,数据则生动具体地表达出信息。数据本身没有意义,数据只有对实体行为产生影响时才成为信息。数据代表真实的客观世界,除本身外没有其他意义;信息则是定义了关系的数据,具有超出本身的额外价值。信息是通过具体的数据形式来存储与传输的,因此数据是信息的载体及表现形式。数据是符号,是物理性的,信息是对数据进行加工处理之后所得到的,并对决策产生影响的数据,是逻辑性和观念性的。

1.2 信息处理与信息技术

1.2.1 信息处理

信息处理是目前计算机应用的主要领域,信息处理的本质就是数据处理,数据处理的主要目的是获取有用的信息。

1. 数据处理与信息处理

随着计算机科学的不断发展,计算机已经从初期的以"计算"为主的一种计算工具,发展成为以信息处理为主的,集计算和信息处理于一体的,与人们的工作、学习和生活密不可分的一个工具,因此计算机成为信息处理的主要工具。而信息处理技术员的主要工作就是从事信息收集、存储、加工、分析、展示等,并能对计算机办公系统进行日常维护。

数据处理(data processing),是对数据的采集、存储、检索、加工、变换和传输。根据处理设备的结构、工作方式，以及数据的时间空间分布的不同，数据处理有不同的方式。不同的处理方式要求有不同的硬件和软件支持。每种处理方式都有自己的特点，应当根据应用问题的实际环境选择合适的处理方式。

信息处理(information processing)，是对信息进行采集(接收)、筛选、加工、存储、展示(输出)等的过程，信息处理的主要对象是数据，信息处理的过程主要是对数据的采集及分析，所以信息处理的本质就是数据处理(data processing)。

2. 数据处理的主要目的

数据处理的主要目的：从大量的原始数据抽取出有价值的信息；提升数据质量，包括精准度和适用度；分类排序，使检索和查找快捷方便；便于分析，降低复杂度，减少计算量等。

3. 数据处理的主要方法

1)数据清洗

数据清洗是对数据进行重新审查和校验的过程，目的是删除重复信息、纠正存在的错误，并提供数据一致性。

2)数据抽取

数据抽取是从数据源中抽取数据的过程。实际应用中，数据源较多采用的是关系数据库。

3)数据整合(合并)

数据整合是共享或者合并来自两个或者更多应用的数据，创建一个具有更多功能的应用的过程。

4)数据分组

数据分组是根据统计研究的需要，将原始数据按照某种标准划分成不同的组别，分组后的数据称为分组数据。

4. 数据分析

数据分析是一个"发现问题—分析问题—解决问题"的过程。数据分析不光是一个技术门类，它也是一个庞杂无比的理论门类，里面包含了大数据、机器学习、统计学等诸多领域的知识。

1)数据分析的目的

数据分析的目的是从大量可能是杂乱无章的、难以理解的数据中抽取并推导出对于某些特定的人来说是有价值、有意义的数据。

2)数据分析的步骤

(1)明确分析的目的，提出问题。只有弄清楚了分析的目的是什么，才能准确定位分析因子，提出有价值的问题，提供清晰的指引方向。

(2)数据采集，即收集原始数据。数据来源可能是丰富多样的，一般有数据库、互联网、市场调查等。数据采集的办法包括加入"埋点"代码，使用第三方的数据统计工具等。

(3)数据处理。对收集到的原始数据进行数据加工，主要包括数据清洗、数据分组、数据检索、数据抽取等处理方法。

(4)数据探索。通过探索式分析检验假设值的形成方式，可在数据之中发现新的特征，对整个数据集有个全面认识，以便后续选择对应的分析策略。

(5)分析数据。数据整理完毕,就要对数据进行综合分析和相关分析,用到的方法有分类、聚合等数据挖掘算法。Excel 是最简单的数据分析工具,FineBI、Python 等是专业数据分析工具。

(6)可视化结果。借助可视化数据,能有效直观地表述想要呈现的信息、观点和建议,如金字塔图、矩阵图、漏斗图、帕累托图等,同时还可以使用报告等形式与他人交流。

3)常见的数据分析方法

(1)PEST 分析。PEST 分析是利用环境扫描分析总体环境中的政治、经济、社会与科技等四种因素的一种模型。这也是在作市场研究时,外部分析的一部分,能给予公司一个针对总体环境中不同因素的概述。

使用这个策略工具能有效地了解市场的成长或衰退、企业所处的情况、潜在的营运方向。一般用于宏观分析。

(2)SWOT 分析。SWOT 分析又称优劣分析法或道斯矩阵,是一种企业竞争态势分析方法,是市场营销的基础分析方法之一,通过评价自身的优势、劣势及外部竞争上的机会和威胁,在制定发展战略前对自身进行深入全面的分析以及竞争优势的定位。SWOT 分析图如图 1-1 所示。

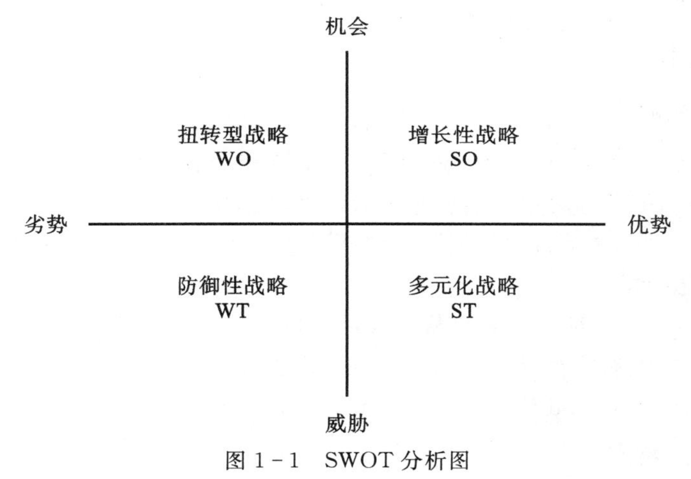

图 1-1　SWOT 分析图

(3)5W2H 分析。5W2H 分析是用五个以 W 开头的英语单词和两个以 H 开头的英语单词进行设问,发现解决问题的线索,寻找发明思路,进行设计构思,从而找出新的发明项目,如图 1-2 所示。

What:是什么? 目的是什么? 做什么工作?

Why:为什么要做? 可不可以不做? 有没有替代方案?

Who:谁? 由谁来做?

When:何时? 什么时间做? 什么时机最适宜?

Where:何处? 在哪里做?

How:怎么做? 如何提高效率? 如何实施? 方法是什么?

How much:多少? 做到什么程度? 数量如何?

4)数据分析报告

数据分析报告是通过对项目数据全方位的科学分析来评估项目的可行性,为投资方决

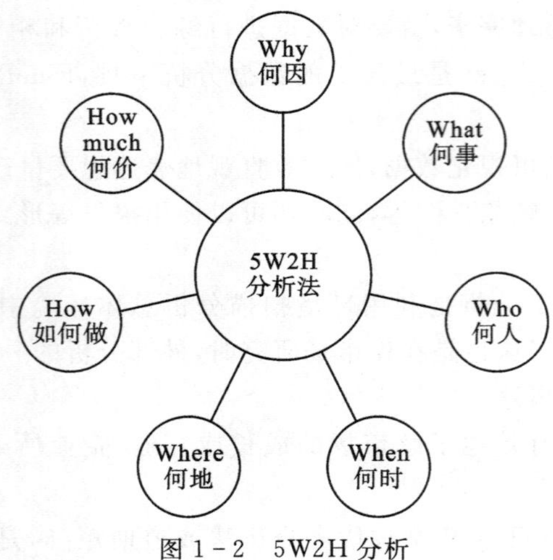

图 1－2　5W2H 分析

策项目提供科学、严谨的依据，降低项目投资的风险。数据分析报告是项目可行性判断的重要依据，应该结构合理，逻辑清晰；实事求是，反映真相；篇幅适宜，简洁、有效。

1.2.2　信息技术

1. 信息技术的概念

信息技术(Information Technology, IT)，是主要用于管理和处理信息所采用的各种技术的总称，信息技术的处理对象是信息。一般认为，凡是涉及信息的产生、获取、检测、识别、变换、传递、处理、存储、显示、控制、利用、反馈等与信息活动相关的，增强人类信息功能的技术都可被称作信息技术。

现代信息技术主要是应用计算机科学和通信技术来设计、开发、安装和实施信息系统及应用软件，主要包括传感技术、计算机与智能技术、通信技术和控制技术等，也常被称为信息和通信技术(Information and Communications Technology, ICT)。

2. 信息技术的特点

(1)信息性。信息技术具有区别于其他技术的特征。具体表现为，信息技术的服务主体是信息，核心功能是提高信息处理与利用的效率、效益。由信息的秉性决定信息技术还具有普遍性、客观性、相对性、动态性、共享性、可变换性等特性。

(2)技术性。信息技术具有技术的一般特征。具体表现为，方法的科学性，工具设备的先进性，技能的熟练性，经验的丰富性，作用过程的快捷性，功能的高效性等。

3. 信息技术的应用

人类对信息的处理几乎伴随着人类文明的整个发展进程，在这个过程当中人们不断地寻求着改善和提高信息处理技术的方法，大致来说可以分为三个阶段。

(1)手工信息处理时期(古代信息技术时期)：该时期的人们通过视觉、听觉等方式来收集信息，并用人工书写的方式将信息记录下来。在这一时期主要是通过书信和报纸来传递信息，信息传递时效性很差。我国古代四大发明中的造纸术与印刷术就属于这一时期的技术成果。

(2)机械信息处理时期(近代信息技术时期):随着人类文明的进步,科学技术的发展产生了一些机械式或电动式的处理工具,信息不再完全依赖人工书写记录与运算(如可以在卡片上穿孔表示数据并进行处理的机械装置等)。在这一时期主要是通过电报、电话、广播、电视等来传递信息,信息传递时效性有所提高。

(3)计算机信息处理时期(现代信息技术时期):从人类第一台电子计算机的诞生开始,人类逐渐进入新的信息技术时代。计算机以其不可替代的高运算速度、可持续性、大容量存储等特性成为信息处理的主要工具,其结合现代通信技术带来的信息高速公路让人们进入真正的信息时代。现在,以计算机为核心的信息技术几乎涉及人类社会的方方面面,正不断地改变着人们的学习、工作与生活方式。

1.3 信息化与信息社会

1.3.1 信息化的概念

信息化是指培养、发展以计算机等智能化工具为代表的新生产力,并使之造福于社会的历史过程。与智能化工具相适应的生产力,称为信息化生产力。信息化以现代通信、网络、数据库技术为基础,将所研究对象各要素汇总至数据库,供特定人群生活、工作、学习、辅助决策等,是与人类息息相关的各种行为相结合的一种技术,使用该技术后,可以极大地提高各种行为的效率,并且降低成本,为推动人类社会进步提供极大的技术支持。

1.3.2 信息(技术)产业

信息产业又称为信息技术产业,它是运用信息手段和技术,收集、整理、储存、传递信息情报,提供信息服务,并提供相应的信息手段、信息技术等服务的产业。

信息技术产业主要包括三个产业部门。

(1)信息处理和服务产业:该行业的特点是利用现代的电子计算机系统收集、加工、整理、储存信息,为各行业提供各种各样的信息服务,如计算机中心、信息中心和咨询公司等。

(2)信息处理设备行业:该行业特点是从事电子计算机的研究和生产(包括相关机器的硬件制造)、计算机的软件开发等活动,计算机制造公司、软件开发公司等可算作这一行业。

(3)信息传递中介行业:该行业的特点是运用现代化的信息传递中介,将信息及时、准确、完整地传到目的地。因此,印刷业、出版业、新闻广播业、通信邮电业、广告业都可归入其中。

1.3.3 信息(化)社会

1. 信息(化)社会的概念

信息社会也称信息化社会,是脱离工业化社会以后,信息将起主要作用的社会。所谓信息社会,是以电子信息技术为基础,以信息资源为基本发展资源,以信息服务性产业为基本社会产业,以数字化和网络化为基本社会交往方式的新型社会。

在农业社会和工业社会中,物质和能源是主要资源,人们所从事的是大规模的物质生产。而在信息社会中,信息成为比物质和能源更为重要的资源,以开发和利用信息资源为目的的信息经济活动迅速扩大，逐渐取代工业生产活动而成为国民经济活动的主要内容。

信息经济在国民经济中占据主导地位，并构成社会信息化的物质基础。以计算机、微电子和通信技术为主的信息技术革命是社会信息化的动力源泉。

由于信息技术在资料生产、科研教育、医疗保健、企业和政府管理以及家庭中的广泛应用，从而对经济和社会发展产生了巨大而深刻的影响，从根本上改变了人们的生活方式、行为方式和价值观念。

2. 信息(化)社会的特点

(1)在信息社会中，信息、知识成为重要的生产力要素，和物质、能量一起构成社会赖以存在的三大资源。

(2)信息社会的经济是以信息经济、知识经济为主导的经济，它有别于农业社会以农业经济为主导，工业社会以工业经济为主导。

(3)在信息社会，劳动者的知识成为基本要求。

(4)科技与人文在信息、知识的作用下更加紧密地结合起来。

(5)人类生活不断趋向和谐，社会可持续发展。

3. 信息社会面临的主要问题

(1)信息污染：主要表现为信息虚假、信息垃圾、信息干扰、信息无序、信息缺损、信息过时、信息冗余、信息误导、信息泛滥、信息不健康等。信息污染是一种社会现象，它像环境污染一样应当引起人们的高度重视。

(2)信息犯罪：主要表现为黑客攻击、网上“黄赌毒”、网上诈骗、窃取信息等。

(3)信息侵权：主要是指知识产权侵权，还包括侵犯个人隐私权等。

(4)计算机病毒：它是具有破坏性的程序代码，通过复制、网络传输潜伏于计算机的存储器中，时机成熟时发作。发作时，轻者消耗计算机资源，使效率降低；重者破坏数据、软件系统，有的甚至破坏计算机硬件，使网络瘫痪。

(5)信息侵略：信息强势国家通过信息垄断和大肆宣扬自己的价值观，用自己的文化和生活方式影响其他国家。

1.4 计算机中的数据表示

数据是信息的载体，各种各样的信息，如数字、文字、图像、声音和视频等，在计算机中都可以变成数据。人们在生活中常见的信息，不论是数字还是多媒体，计算机都不能直接进行处理，计算机只能识别由 0 和 1 组成的序列，通常称为二进制编码形式。采用二进制表示生活中的信息才能够被计算机所识别、处理和传输。

1.4.1 进制的概念

进制也就是进位制，是人们规定的一种进位方法。对于任何一种进制，如 x 进制，就是表示某一位置上的数运算时是逢 x 进一位。十进制是逢十进一，十六进制是逢十六进一，二进制就是逢二进一，以此类推，x 进制就是逢 x 进位。

首先，人们日常生活中常用的是十进位制，有 0～9 十个数字，逢十进一。我们常见的还有六十进制，比如时钟就是使用六十进制。还有七进制，用来计算星期，等等。

人们在发明了电子计算机以后，在使用计算机进行计算时，发现用十进制很困难。因为计算机计算的原理最早使用继电器开关，只能表示开和关两种状态。所以就产生了二进制，逢二进一：0，1，10，11，100，101，110，……

后来，人们发现这样计算下去进位太快，为了表示十进制的一些数字，比如10000，就要用一个很长的二进制数字（10011100010000），非常不方便，于是用若干个开关组合的方式表示状态。每个开关都是开和关两个状态，根据排列组合的原理，用2组可以表示4种状态，3组表示8种状态，4组表示16种状态，这大大减少了数列的长度。但是，为什么不用5组、6组表示32种、64种状态呢？因为阿拉伯数字只有0～9 10个数字，超过10就要用A、B、C、D、E和F来表示十进制数的10、11、12、13、14和15，到了16才进1。但是字母只有26个，超过这个数，就没有别的世界通用的符号了。所以，目前计算机中采用的主要是二进制、八进制和十六进制的表示方法。

简单点说，这些进制的目的就是为了让计算机可以表示数字，进行计算。差别是机器内部运算靠的是开关，所以基础是二进制，必不可少，为了节约数位，缩短表示，用八进制或者十六进制。但是平常人们日常生活不用它们，所以输出给人们看的时候，就转换成十进制。

1.4.2 计算机和二进制数据

计算机是一种电气设备，内部采用的都是电子元件，用电子元件表示两种状态是最容易实现的，比如电路的通和断、电压高低等，而且稳定和容易控制。把两种状态用0和1来表示，就是用二进制数表示计算机内部的数据。因此，计算机是一个二进制数字世界。在二进制系统中只有两个数："0"和"1"。不论是指令还是数据，在计算机中都采用了二进制编码形式。即便是图形、声音等这样的信息，也必须转换成二进制数编码形式，才能存入计算机中。

计算机存储器中存储的都是由"0"和"1"组成的信息。但它们却分别代表各自不同的含义，有的表示机器指令，有的表示二进制数据，有的表示英文字母，有的则表示汉字，还有的可能是表示色彩与声音。存储在计算机中的信息采用了各自不同的编码方案，就是同一类型的信息也可以采用不同的编码形式。

虽然计算机内部均用二进制数来表示各种信息，但计算机与外部交往仍采用人们熟悉和便于阅读的形式，如十进制数据、文字显示以及图形描述等。其间的转换则由计算机系统的硬件和软件来实现。

采用二进制表示的主要优点：

(1)数字装置简单可靠，所用元件少，只有两个数码0和1，因此每一位数都可以用任何具有两个不同稳定状态的元件来表示。

(2)基本运算规则简单，运算操作方便。

采用二进制表示的主要缺点：

(1)用二进制表示一个数时，位数太多。

(2)需要转换。实际使用中，一般采用十进制将数字送入数字系统，然后由计算机将十进制数转换为二进制数进行处理。处理之后，再由计算机将二进制数转换为十进制数供人们阅读。

1.4.3 计算机中常见的数据单位

在计算机中能够直接表示和处理的数据有两大类，它们是数值数据和符号数据。数值数据用于表示数量的多少，可带有表示数值正负的符号位。日常所使用的十进制数要转换成等值的二进制数才能在计算机中存储和操作。符号数据又叫非数值数据，包括英文字母、汉字、数字、运算符号以及其他专用符号。它们在计算机中也要被转换成二进制编码的形式。

计算机中常见的数据单位为位、字节和字。

1. 位(bit)

位是计算机中存储数据的最小单位，指二进制数中的一个位数，其值为“0”或“1”，称为比特。一位二进制数有两种状态，两位二进制数可以表示四种状态，位数越多，能够表示的状态就越多。

2. 字节(Byte)

字节是计算机存储容量的基本单位，计算机存储容量的大小通常用字节的多少来衡量，用“B”表示。一个字节通常可以表示为 8 位。

除了字节以外，还有 KB(千字节)、MB(兆字节)、GB(吉字节)和 TB(太字节)，它们的换算关系为

1 Byte＝8 bit

1 KB＝2^{10} Byte＝1024 Byte

1 MB＝2^{10} KB＝2^{20} Byte

1 GB＝2^{10} MB＝2^{20} KB＝2^{30} Byte

1 TB＝2^{10} GB＝2^{40} Byte

一张光盘容量为 600 MB≈600000000 B(6 亿 B)，可容纳 6 亿英文字符、3 亿汉字字长。

3. 字(word)

字是中央处理器对数据进行处理的单位，字中所含的二进制位数称为字长。一个字通常由一个或若干个字节组成。计算机字的长度越长，则其精度和速度越高。字长通常有 8 位、16 位、32 位、64 位等。如果一个计算机的字由 8 个字节组成，则字的长度为 64 位，通常被称为 64 位机。

1.5 数制与数制之间的转换

1.5.1 数制的概念

数制是人们利用符号进行计数的科学方法，用一组固定的数字和一套统一的规则来表示数目的方法称为数制。数制有很多种，在计算机中常用的数制有二进制、八进制、十进制和十六进制。数制有进位计数制与非进位计数制之分，目前一般使用进位计数制。在日常生活中，人们习惯于用十进制计数。

1. 基数与位权

在进位计数制中有基数和位权两个基本概念。

1)基数

计数制允许选用的基本数字符号的个数叫基数。例如，十进制数的基数就是十，基本数字符号有10个，它们是0、1、2、3、4、5、6、7、8、9。在基数为r的计数制中，包含r个不同的数字符号，每当数位计满r就向高位进1，即逢r进一，例如，在十进制中就是逢十进一。

2)位权

一个数字符号处在一个数的不同位时，它所代表的数值是不同的。每个数字符号所表示的数值等于该数字符号值乘以一个与数码所在位有关的常数，这个常数叫做“位权”，简称“权”。位权的大小是以基数为底，数字符号所在位置的序号为指数的整数次幂（注意：序号＝位号－1，整数部分的个位位置的序号是0）。

3)常用的进位制

常用的进位制如表1-1所示。

表1-1　常用进位制

项目	十进制	二进制	八进制	十六进制
基数	10	2	8	16
数字	0～9	0,1	0～7	0～9,A,B,C,D,E,F

2. 计算机常用的数制类型

1)十进制计数

在一个十进制数中，不同位置上的数字符号代表的值是不同的。例如：

$$\begin{aligned}(256.73)_{10} &= 2\times10^2+5\times10^1+6\times10^0+7\times10^{-1}+3\times10^{-2}\\ &= 200+50+6+0.7+0.03\\ &= 256.73\end{aligned}$$

十进制数具有以下特点：

(1)数字的个数等于基数10，即0，1，…，9十个数字。

(2)最大的数字比基数小1，采用逢十进一。

(3)每个数字符号都带有暗含的“权”，这个“权”是10的幂次，“权”的大小与该数字离小数点的位数及方向有关。

2)二进制计数

二进制数制由0和1两个基本符号组成，其特点是逢二进一。在二进制数中，当数字符号处于不同位置上时，所表示的数值也不同。如：

$$(1110)_2=1\times2^3+1\times2^2+1\times2^1+0\times2^0$$

二进制数具有以下特点：

(1)数字的个数等于基数2，即0，1两个数字。

(2)最大的数字比基数小1，采用逢二进一。

(3)每个数字符号都带有暗含的“权”，这个“权”是2的幂次，“权”的大小与该数字离小数点的位数及方向有关。

二进制数的性质：

(1)移位性质。小数点左移一位，数值减小一半；小数点右移一位，数值扩大一倍。

(2)奇偶性质。最低位为0，该数为偶数；最低位为1，该数为奇数。

3)八进制

在八进制计数系统中，基数为8，有0～7共8个不同的数字符号，规则为逢八进一。对于一个八进制数，不同位置上的数字符号代表的值是不同的。

如八进制数762.16可以表示为

$(762.16)_8=7\times8^2+6\times8^1+2\times8^0+1\times8^{-1}+6\times8^{-2}$

4)十六进制

在十六进制计数系统中，基数为16，有0～9、A、B、C、D、E、F共16个不同数字符号，其中A～F分别对应十进制数的10～15，规则为逢十六进一。在一个十六进制数中，不同位置上的数字符号代表的值是不同的。

如十六进制数1BF3.A可以表示为

$(1BF3.A)_{16}=1\times16^3+11\times16^2+15\times16^1+3\times16^0+10\times16^{-1}$

由以上内容可以看出，各种进位计数制中的权的值恰好是基数的某次幂。因此，对任何一种进位计数制表示的数都可以写出按其权展开的多项式之和。

几种进制之间的对应关系见表1-2。

表1-2 几种进制数之间的对应关系

十进制数	二进制数	八进制数	十六进制数
0	00000	0	0
1	00001	1	1
2	00010	2	2
3	00011	3	3
4	00100	4	4
5	00101	5	5
6	00110	6	6
7	00111	7	7
8	01000	10	8
9	01001	11	9
10	01010	12	A
11	01011	13	B
12	01100	14	C
13	01101	15	D
14	01110	16	E
15	01111	17	F

1.5.2 数制间的转换

把一个数由一种进制转换为另一种进制称为进制之间的转换。虽然计算机通常采用二进制表示信息，但是二进制在实际的使用中不是很直观和方便，通常在操作中使用十进制数输入输出。假设我们要计算 A 和 B 两个数的加法运算，首先要将 A 和 B 两个十进制的数转化为二进制数，然后经计算机识别和处理，最终将和转化为十进制数输出，这个转换过程由计算机系统自动完成。

1. 二进制、八进制、十六进制数转化为十进制数

二进制、八进制、十六进制数转换为十进制数的规律是相同的。把二进制、八进制、十六进制数按位权展开多项式和的形式，求其最后的和，就是其对应的十进制数，简称“按权求和”。

例 1 把二进制数 $(11000.11)_2$ 转换为十进制数。

$$
\begin{aligned}
(11000.11)_2 &= 1\times2^4+1\times2^3+0\times2^2+0\times2^1+0\times2^0+1\times2^{-1}+1\times2^{-2} \\
&= 16+8+0+0+0+0.5+0.25 \\
&= 24.75
\end{aligned}
$$

例 2 把八进制数 $(237)_8$ 转换为十进制数。

$$
\begin{aligned}
(237)_8 &= 2\times8^2+3\times8^1+7\times8^0 \\
&= 128+24+7 \\
&= 159
\end{aligned}
$$

例 3 把十六进制数 $(23B.01)_{16}$ 转换为十进制数。

$$
\begin{aligned}
(23B.01)_{16} &= 2\times16^2+3\times16^1+11\times16^0+0\times16^{-1}+1\times16^{-2} \\
&= 512+48+11+0.0039 \\
&= 571.0039
\end{aligned}
$$

2. 十进制数转化为二进制、八进制、十六进制数

在进制转化中，整数部分和小数部分的转化规则不同，所以在转化时分为整数部分的转化和小数部分的转化。

1）整数部分的换算

将已知的十进制数的整数部分反复除以 r（r 为基数，取值为 2、8、16，分别表示二进制、八进制和十六进制），直到商是 0 为止，并将每次相除之后所得到的余数倒排列，即第一次相除所得的余数为 r 进制数的最低位，最后一次相除所得余数为 r 进制数的最高位。

例 4 把十进制数 $(100)_{10}$ 转换为二进制数。

除 2 取余		余数
2⌊100	…	0(最低位)
2⌊50	…	0
2⌊25	…	1
2⌊12	…	0
2⌊6	…	0
2⌊3	…	1
2⌊1	…	1(最高位)
0		

因此，$(100)_{10}=(1100100)_2$。

例 5 把十进制数 $(100)_{10}$ 转换为十六进制数。

除16取余 余数

16|100 … 4 (最低位)

16|6 … 6 (最高位)

0

因此,$(100)_{10}=(64)_{16}$。

2)小数部分的换算

将已知的十进制数的纯小数(不包括乘后所得整数部分)反复乘以 R,直到乘积的小数部分为0或小数点后的位数达到精度要求为止。第一次乘 R 所得的整数部分为 K_1,最后一次乘 R 所得的整数部分为 K_m,则所得 R 进制小数部分为 $0.K_1\cdots K_m$。

例6 把十进制数$(0.625)_{10}$转换为二进制数。

乘2取整 整数部分

0.625

× 2

1.250 1(最高位)

× 2

0.500 0

× 2

1.000 1(最低位)

因此,$(0.625)_{10}=(0.101)_2$。

例7 $(0.3125)_{10}=(\qquad)_8$

乘8取整 整数部分

0.3125

× 8

2.5 2(最高位)

× 8

2.000 2(最低位)

因此,$(0.3125)_{10}=(0.22)_8$。

3. 二进制数与八进制数的相互换算

二进制数换算成八进制数:以小数点为基准,整数部分从右向左,三位一组,最高位不足三位时,左边添0补足三位;小数部分从左向右,三位一组,最低位不足三位时,右边添0补足三位。然后将每组的三位二进制数用相应的八进制数表示,即得到八进制数。

八进制数换算成二进制数:将每一位八进制数用三位对应的二进制数表示。

例8 把二进制数$(10110001.0101011)_2$转换成八进制数。

原始数据 10110001.0101011

分组数据 10 110 001.010 101 1

补0数据 010 110 001.010 101 100

八进制 2 6 1 . 2 5 4

因此，$(10110001.0101011)_2=(261.254)_8$。

例 9　把八进制数$(2376.473)_8$转换成二进制数。

原始数据　2376.473

分组数据　2　3　7　6　.　4　7　3

二进制　010 011 111 110 . 100 111 011

去 0 数据　10 011 111 110 . 100 111 011

因此，$(2376.473)_8=(10011111110.100111011)_2$。

4. 二进制数与十六进制数的相互换算

二进制数换算成十六进制数：以小数点为基准，整数部分从右向左，四位一组，最高位不足四位时，左边添 0 补足四位；小数部分从左向右，四位一组，最低位不足四位时，右边添 0 补足四位。然后将每组的四位二进制数用相应的十六进制数表示，即可得到十六进制数。

十六进制数换算成二进制数：将每一位十六进制数用四位相应的二进制数表示。

例 10　将二进制数$(10110001.0101011)_2$转换成十六进制数。

原始数据　10110001.0101011

分组数据　1011 0001.0101 011

补 0 数据　1011 0001.0101 0110

十六进制　B　1　.　5　6

因此，$(10110001.0101011)_2=(B1.56)_{16}$。

例 11　将十六进制数$(2376.483)_{16}$转换成二进制数。

原始数据　2376.483

分组数据　2　3　7　6　.　4　8　3

二进制　0010 0011 0111 0110 . 0100 1000 0011

去 0 数据　10 0011 0111 0110 . 0100 1000 0011

因此，$(2376.473)_{16}=(10001101110110.010010000011)_2$。

1.6　计算机中的信息编码

1.6.1　西文信息编码

计算机不仅能进行数值数据处理，还能进行非数值数据处理，最常用的非数值数据处理是字符数据处理。字符在计算机中也用二进制数表示，每个字符对应一个二进制数，称为二进制编码。

字符编码在不同的计算机上应该是一致的，以便于交换与交流。目前计算机普遍采用的是 ASCII(American Standard Code for Information Interchange)码，中文的含义是“美国标准信息交换代码”。ASCII 编码由美国国家标准局制定，后被国际标准化组织 ISO 采纳，作为国际通用的信息交换标准代码。

ASCII 码有两个版本：7 位码版本和 8 位码版本。国际上通用的是 7 位码版本，即用 7 位二进制表示数字、英文字母、常用符号(如运算符、括号、标点符号等)及一些控制符等。7

位二进制数一共可以表示 $2^7=128$，即 128 个字符，其中包括 0～9 共 10 个数字，26 个小写英文字母，26 个大写英文字母，34 个通用控制符和 32 个专用字符，如表 1-3 所示。

表 1-3　基本 ASCII 码表

$D_3D_2D_1D_0$	$D_6D_5D_4$							
	000	001	010	011	100	101	110	111
0000	NUL	DLE	SP	0	@	P	`	p
0001	SOH	DC1	!	1	A	Q	a	q
0010	STX	DC2	“	2	B	R	b	r
0011	ETX	DC3	#	3	C	S	c	s
0100	EOT	DC4	$	4	D	T	d	t
0101	ENQ	NAK	%	5	E	U	e	u
0110	ACK	SYN	&	6	F	V	f	v
0111	BEL	ETB	‘	7	G	W	g	w
1000	BS	CAN	(	8	H	X	h	x
1001	HT	EM	)	9	I	Y	i	y
1010	LF	SUB	*	:	J	Z	j	z
1011	VT	ESC	+	;	K	[	k	{
1100	FF	FS	,	<	L	\	l	|
1101	CR	GS	-	=	M	]	m	}
1110	SO	RS	.	>	N	^	n	～
1111	SI	US	/	?	O	_	o	DEL

1.6.2　中文信息编码

用计算机处理汉字时，必须先将汉字代码化，即对汉字进行编码。西方的基本字符比较少，编码比较容易，因此在一个计算机系统中，输入、内部处理、存储和输出都可以使用同一代码。汉字种类繁多，编码比较困难，因此在一个汉字处理系统中，输入、内部处理、存储和输出的要求都不尽相同，所以用的代码也不尽相同。根据汉字处理过程中不同的要求，主要有以下四类编码：汉字输入编码、汉字交换码、汉字内码和汉字字型码。它们之间的关系如图 1-3 所示。

1. 输入码

中文的字数繁多、字形复杂、字音多变，常用汉字就有 7000 个左右。在计算机系统中使用汉字，首先遇到的问题就是如何把汉字输入计算机中。为了能直接使用标准键盘进行输入，必须为汉字设计相应的编码方法。输入码是一种用来将汉字输入计算机的键盘符号。一个好的输入编码法应满足：

(1)编码短，击键次数少。

(2)重码少，可盲打。

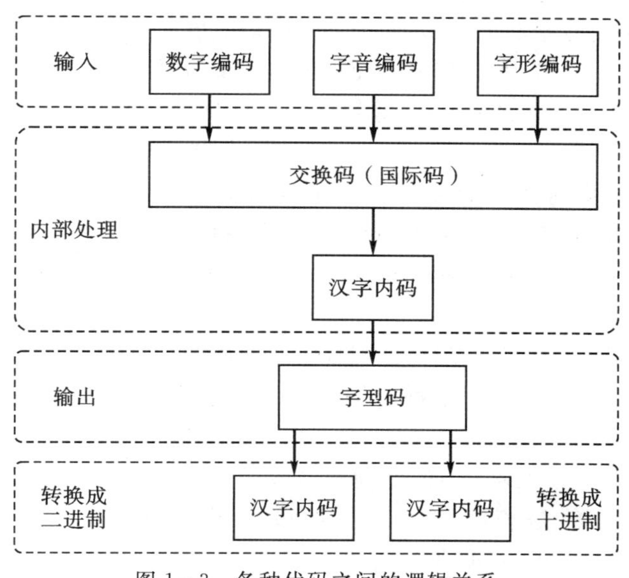

图 1-3 各种代码之间的逻辑关系

(3)好学好记。尽管目前理论上的编码法有数百上千种，但常用的输入编码不外乎以下几类：数字编码、字音编码、字形编码和音形编码。

2. 汉字内码

汉字内码是汉字在设备或信息处理系统内部最基本的表示形式，是在设备和信息处理系统内部存储、处理、传输汉字用的代码。在西文计算机中，没有交换码和内码之分。目前，世界各大计算机公司一般均以 ASCII 码为内码来设计计算机系统。汉字数量多，用一个字节无法区分，一般用两个字节来存放汉字的内码。两个字节共有 16 位，可以表示 $2^{16}=65536$ 个可区别的码，如果两个字节各用 7 位，则可表示 $2^{14}=16384$ 个可区别的码。现在我国的汉字信息系统一般都采用这种与 ASCII 码相容的 8 位码方案，用两个 8 位码字符构成一个汉字内码。

3. 汉字交换码

汉字信息在传递、交换中必须规定统一的编码才不会造成混乱。目前国内计算机常用汉字编码标准有 GB 2312—1980、BIG5、GBK 等。汉字机内编码通常占用两个字节，第一个字节的最高位是 1，这样不会与存储 ASCII 码的字节混淆。

1)GB 2312 字符集

GB 2312 又称为 GB 2312—1980 字符集，全称为《信息交换用汉字编码字符集基本集》，由原中国国家标准总局发布，1981 年 5 月 1 日实施，是中国国家标准的简体中文字符集。它所收录的汉字已经覆盖 99.75%的使用频率，基本满足了汉字的计算机处理需要。

GB 2312 收录简化汉字及一般符号、序号、数字、拉丁字母、日文假名、希腊字母、俄文字母、汉语拼音符号、汉语注音字母，共 7445 个图形字符。包括 6763 个汉字，其中一级汉字 3755 个，二级汉字 3008 个；包括拉丁字母、希腊字母、日文平假名及片假名字母、俄语西里尔字母在内的 682 个全角字符。

GB 2312 中对所收汉字进行了“分区”处理，每区含有 94 个汉字/符号。这种表示方式也称为区位码。它是用双字节表示的，两个字节中前面的字节为第一字节，后面的字节为第二字节。习惯上称第一字节为“高字节”，而称第二字节为“低字节”。高字节使用了 0xA1—0xF7(把 01～87 区的区号加上 0xA0)，低字节使用了 0xA1—0xFE(把 01～94 区的区号加上 0xA0)。

以 GB 2312 字符集的第一个汉字“啊”为例，它的区号为 16，位号为 01，则区位码是 1601，在大多数计算机程序中，高字节和低字节分别加 0xA0，得到程序的汉字处理编码 0xB0A1。计算公式是 0xB0=0xA0+16，0xA1=0xA0+1。

2)GBK 字符集

GBK 字符集是 GB 2312 的扩展(K)，GBK 1.0 收录了 21886 个符号，它分为汉字区和图形符号区，汉字区包括 21003 个字符。GBK 字符集主要扩展了繁体中文字的支持。

3)BIG5 字符集

BIG5 又称大五码或五大码，BIG5 字符集共收录 13053 个中文字，该字符集在中国台湾地区使用。耐人寻味的是该字符集重复地收录了两个相同的字：“兀”(0xA461 及 0xC94A)、“嗀”(0xDCD1 及 0xDDFC)。

BIG5 码使用了双字节储存方法，以两个字节来编码一个字。第一个字节称为“高位字节”，第二个字节称为“低位字节”。高位字节的编码范围 0xA1—0xF9，低位字节的编码范围 0x40—0x7E 及 0xA1—0xFE。

尽管 BIG5 码内包含一万多个字符，但是没有考虑社会上流通的人名、地名、方言、化学及生物科等用字，没有包含日文平假名及片假名字母。

例如在中国台湾地区视“着”为“著”的异体字，故没有收录“着”字。康熙字典中的一些部首用字(如“亠”“疒”“辵”“癶”等)、常见的一些人名用字(如“堃”“煊”“栢”“喆”等)也没有收录到 BIG5 之中。

4)GB 18030 字符集

GB 18030 的全称是 GB 18030—2000《信息交换用汉字编码字符集基本集的扩充》，是我国政府于 2000 年 3 月 17 日发布的新的汉字编码国家标准，2001 年 8 月 31 日后在中国市场上发布的软件必须符合本标准。

GB 18030 字符集标准解决了汉字、日文假名、朝鲜语和中国少数民族文字组成的大字符集计算机编码问题。该标准的字符总编码空间超过 150 万个编码位，收录了 27484 个汉字，覆盖中文、日文、朝鲜语和中国少数民族文字，满足中国、日本和韩国等东亚地区信息交换中多文种、大字量、多用途、统一编码格式的要求。并且与 Unicode 3.0 版本兼容，填补 Unicode 扩展字符字汇“统一汉字扩展 A”的内容，与以前的国家字符编码标准(GB 2312，GB 13000.1)兼容。

5)ANSI 编码

不同的地区制定了不同的标准，由此产生了 GB 2312、BIG5、JIS 等编码标准。这些使用两个字节来代表一个字符的各种汉字延伸编码方式，称为 ANSI 编码。在简体中文系统下，ANSI 编码代表 GB 2312 编码；在日文操作系统下，ANSI 编码代表 JIS 编码。

6)Unicode 字符集

Unicode 字符集(Universal Multiple-Octet Coded Character Set)是通用多八位编码字符集的简称，支持 650 种语言。Unicode 允许在同一服务器上混合使用不同语言组的不同语言。它是由一个名为Unicode学术学会(Unicode Consortium)的机构制订的字符编码系统,支持现今世界各种不同语言的书面文本的交换、处理及显示。该编码于1990年开始研发,1994年正式公布,最新版本是2022年9月13日的Unicode 15.0。Unicode是一种在计算机上使用的字符编码。它为每种语言中的每个字符设定了统一并且唯一的二进制编码,以满足跨语言、跨平台进行文本转换、处理的要求。

4. 汉字字型码

汉字字型码又称汉字输出码或汉字发生器编码。汉字输出码的作用是输出汉字。但汉字机内码不能直接作为每个汉字输出的字型信息,还需根据汉字内码在字型库中检索出相应汉字的字型信息后才能由输出设备输出。对汉字字型经过数字化处理后的一串二进制数称为汉字输出码。

1.7 常见数制转换工具

Windows计算器可以方便快捷地进行二进制、八进制、十进制、十六进制之间的任意转换。打开Windows计算器,在"查看"菜单中选择"科学型",如图1-4所示。

图1-4 科学计算器窗口

假如我们要把十进制数98转换成到二进制数,首先通过计算器输入98,然后选中"二进制"单选按钮,计算器就会输出对应的二进制数,如图1-5所示。

如果要转换成其他进制,选中对应的单选项即可。需要注意的是在四个进制选项后面还有四个单选项,它们的作用是定义数的长度,"字节"把要转换数的长度限制为一个字节,即八位二进制数,"单字"是两个字节长度,"双字"是四个字节长度,"四字"是八个字节长度。

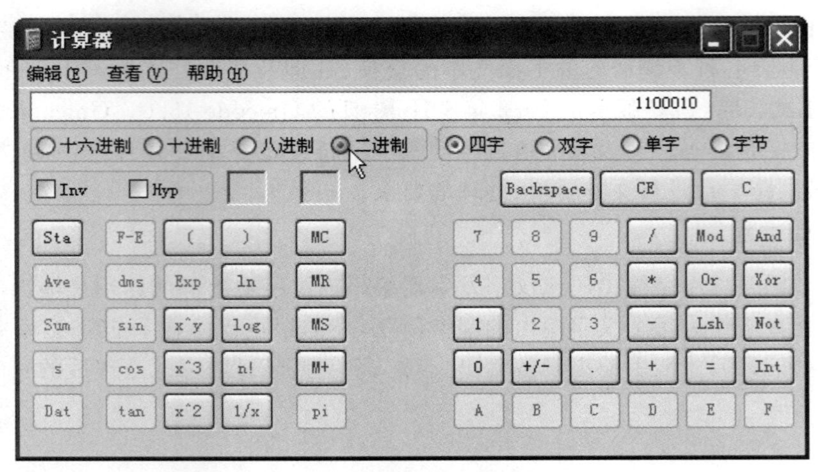

图 1-5 科学计算器计算二进制转化窗口

思考与讨论

1. 什么是信息？信息在当前世界的重要性如何？谈谈你所知道的信息技术及其应用都有哪些。

2. 科学社会学的奠基人贝尔纳曾说："科学与战争一直是极其密切地联系着的。"今天，倘若我们要追溯愈演愈烈的信息化战争之科技源头的话，无疑就是1946年世界第一台计算机"ENIAC"诞生所开启的电子信息科技革命。谈谈你所知道的信息化时代的战争和传统战争的区别。

习题与练习

1. 以下关于信息的叙述，正确的是(　　)。

A. 数据就是信息　　B. 数据是信息的载体

C. 信息是数据的载体　　D. 信息是数据的表现形式

2. 物质、能量和(　　)是人类社会赖以发展的三个重要资源。

A. 时间　　B. 金钱

C. 信息　　D. 数据

3. 以下关于数字经济的叙述，(　　)是不正确的。

A. 数字经济改变人们观念和思维

B. 数字经济的发展改变着人们的生活观念

C. 数字经济的发展改变着人们的思维模式

D. 数字经济是虚拟经济

4.(　　)是对数据进行重新审查和校验的过程，目的是删除重复信息、纠正存在的错误，并提供数据一致性。

A. 数据清洗　　B. 数据分组

C. 数据抽取　　D. 数据整合

5. 数据(　　)是将数据以图形图像形式表示,并利用数据分析工具发现其中未知信息的处理过程。

A. 可视化　　B. 格式化

C. 形式化　　D. 业务化

6. 数据加工处理的目的不包括(　　)。

A. 提升数据质量,包括精准度和适用度

B. 筛选数据,使其符合企业发展的预想

C. 分类排序,使检索和查找快捷、方便

D. 便于分析,降低复杂度,减少计算量

7. IT 是(　　)的简称缩写。

A. 计算机技术　　B. 电子技术

C. 互联网技术　　D. 信息技术

8. 以(　　)为主的信息技术革命是社会信息化的动力源泉。

A. 计算机技术　　B. 微电子技术

C. 通信技术　　D. 计算机、微电子和通信技术

9. (　　)不属于目前新兴的信息技术。

A. 云计算　　B. 大数据

C. 在线自动排版　　D. 人工智能

10. (　　)不是信息社会面临的主要问题。

A. 信息污染　　B. 信息犯罪

C. 计算机病毒　　D. 盗版软件

11. 以下关于计算机中数据单位的叙述,(　　)是不正确的。

A. 1 MB 等于 1000 KB　　B. 1 Byte 等于 8 bit

C. Byte 是计算机存储容量的基本单位

D. 一个字节通常可以表示为 8 位

12. 在计算机中,图片是以(　　)形式存储的。

A. 二进制　　B. 八进制

C. 十进制　　D. 十六进制

13. 计算机中存储数据的最小单位是(　　)。

A. bit　　B. word

C. Byte　　D. KB

14. 以下关于二进制的叙述,(　　)是不正确的。

A. 低位向高位运算,逢 2 进 1　　B. 高位向低位运算,借 1 当 2

C. 二进制的基数是 2　　D. 二进制由 1 和 2 组成

15. 以下不属于二进制优点的是(　　)。

A. 运算简单　　B. 易于理解

C. 速度快　　D. 便于物理实现

16. 以下关于计算机数据单位“字”的叙述,(　　)是不正确的。

A. 字是中央处理器对数据进行处理的单位

B. 计算机字的长度越短，则其精度和速度越高

C. 字中所含的二进制位数称为字长

D. 如果一个计算机的字由 8 个字节组成，则字的长度为 64 位，通常被称为 64 位机

17. 以下关于十六进制的叙述，(　　)是不正确的。

A. 十六进制计数系统中基数为 16　　B. 由 0～16 共 16 个数组成

C. 低位向高位运算，逢 16 进 1　　D. 高位向低位运算，借 1 当 16

18. ASCII 中文含义是(　　)。

A. 二进制编码　　B. 常用的字符编码

C. 美国标准信息交换码　　D. 汉字国际码

19. ASCII 值为 0000000 的是(　　)。

A. NUL　　B. 0 码

C. a　　D. A

20. 根据汉字处理过程中不同的要求，主要编码不包括(　　)。

A. 汉字输入编码　　B. 汉字交换码

C. 汉字内码　　D. 汉字字型码

第2章　信息素养与道德法规

随着各种信息技术的发展与普及，人类当前已经进入了信息社会，那么在信息社会中我们应当具备一些什么样的基础素质呢？伴随信息化的迅速发展，个人及社会又面临着什么样的伦理风险与道德挑战呢？本章主要介绍信息社会中需要具备的信息素养及道德法规等相关内容。

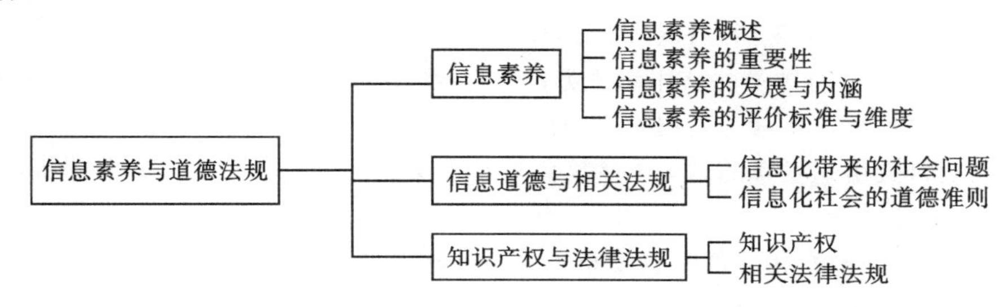

2.1　信息素养

当前，信息爆炸对人们的综合素质带来的挑战日益严峻，国民是否具有足够的信息素养成为影响国家综合实力的重要方面。大学生作为国家未来发展的有生力量，其信息素养是国民信息素养的重要体现。

2.1.1　信息素养概述

我们当前所处的信息时代是一个知识与技术爆炸的新时代。移动互联网、云计算、物联网、大数据、人工智能等新一代信息技术的应用，加快了各种知识信息的流通速度，提高了个人获取知识的便利性；但数据爆炸使得各种信息真伪混杂，增加了受众辨别信息真假的困难；各种新技术的快速应用与普及，改变了人们原有的学习、工作、生活方式与方法，让不少人慢慢跟不上时代的发展与变化。

早在1974年，美国信息产业协会主席保罗·泽考斯基(Paul Zurkowski)就提出了信息素养这一全新概念，并解释为利用大量的信息工具及主要信息源使问题得到解答的技能。信息素养概念一经提出，便得到广泛传播和使用。世界各国的研究机构与学者纷纷围绕如何提高信息素养展开了广泛探索和深入研究。

我国政府也一直十分重视与信息化相关的各种改革。2018年4月，教育部印发《教育信息化2.0行动计划》，标志着中国的教育信息化从1.0时代正式迈入2.0时代，这是中国教育发展史上的重要里程碑，将对实现教育强国梦起到重要的推动作用。《教育信息化2.0行动计划》指出，到2022年要基本实现信息化应用水平和师生信息素养普遍提高，推动从提升信息技术应用能力向全面提升信息素养转变、从融合应用向创新发展转变，努力构建“互联网＋”条件下的人才培养新模式，发展基于“互联网＋教育”服务新模式，探索信息时代教育治理新模式。从高校服务国家发展战略视角看，《教育信息化2.0行动计划》还是变革创新人才培养模式的计划，是促进高校教育教学内涵式发展的计划，是全面提升大学生信息素养的计划。

2.1.2 信息素养的重要性

自20世纪以来，随着信息技术的发展与普及，信息素养的重要性逐渐被人们所认知。如今，信息素养受到各国政府的关注与重视，信息素养已成为信息化时代学习者和劳动者的必备素质。

2003年9月，联合国教科文组织主办“信息素养专家会议”，会上发布的《布拉格宣言》指出，信息素养是有效参与信息社会的先决条件。

2005年11月，联合国教科文组织主办的“信息素养和终生学习高层研讨会”发布《亚历山大宣言》，再次提出信息素养是终生学习的核心。

联合国教科文组织发布的《2030年教育行动框架》中也包含了对信息素养提出的专门要求。

在我国，近年来教育相关部门也发布了一系列相关的政策文件，对信息素养的培育提出明确要求。其中，中小学、职校以及高等学校的数字项目规范都对信息素养给出了明确的界定，尤其强调了在中小学的培育。

2018年4月，教育部印发《中小学数字校园建设规范（试行）》，将用户信息素养提升作为数字校园建设的目标之一。

2018年4月，教育部发布《教育信息化2.0行动计划》，提出信息素养全面提升行动。

2020年6月，教育部发布《职业院校数字校园规范》，提出注重学生信息素养和信息化职业能力的全面提升。

2020年12月，教育部发布《中国教育监测与评价统计指标体系（2020年版）》，首次将“学生信息素养达标率”纳入其中。

2021年3月，教育部发布《高等学校数字校园建设规范（试行）》，提出在信息素养方面，以学分课程为主、嵌入式教学为辅。

信息素养的重要性主要体现在以下几个方面。

1. 日常生活

信息素养与我们的生活密切相关，在日常生活中，当人们可以随时了解与自身生活相关的信息时，就能提高生活质量。

2. 学习与终生学习

计算机普及之前，大学生的专业学习主要是依靠图书馆中的图书和期刊。学生们频繁地往返于图书馆、宿舍和教室之间，形成“三点一线”的生活学习模式。这种模式中，对图书馆的利用存在种种不便，如占位难，图书复本有限，摘录不便等。而现在的图书馆已不限于提供纸本的信息资料，图书馆通过购买各种类型的数据库，将大量信息资源通过网络服务提供给师生。师生通过网络访问图书馆的数据库服务器，或者采用IP限定的方式访问远程的服务器就可以直接浏览和下载各种文献信息资料。数字图书馆和电子资源的繁荣要求学生除了会使用计算机之外，还要对必要的信息资源和数据库的使用方法有较为深刻的了解，这是对大学生信息素养的基本要求。

信息素养能力还是终身学习的法宝。要不断学习和更新知识，除了参加学校教育外，更重要的是要学会如何自主学习。信息素养能力具有自我定向的特性，具有信息素养能力的人通常能按照特定的需求，寻求知识、寻找事实，评价和分析问题，产生自己的意见和建议，在经历成功寻求知识的激动和喜悦中，也为自己准备和积累了终生学习的能力和经验。同时，具备信息素养能力的人，在寻求知识的过程中经常与他人交流思想，这样可以加深自己对知识的理解，激发创造力，并能在一个更大的空间和社会团体中重新定位自己，找到人生新的价值。信息素养是自我学习、终生学习的必备能力，也是创造学习型社会的重要条件。

3. 求职与工作

在就业压力日趋严峻，就业竞争越发激烈的形势下，拥有良好的信息素养更有机会在竞争中脱颖而出，相反就可能陷入信息两难困境：要么面对大量信息像没头苍蝇到处乱飞，误打误撞，浪费时间和精力；要么没有掌握必要的信息技能，失去了本应属于自己的好机会。

4. 科技创新

在信息社会中，科技创新是推动社会前进的重要因素。科技创新是一个国家和民族在全球竞争中凸显优势的重要途径，也是一个国家持续发展的重要基石。科技创新离不开信息，科研人员必须全面、系统、准确地掌握本领域的相关信息。但是在信息资源激增的环境下，科研人员在其科学研究和工作中面临数量巨大的信息选择，信息质量的不确定性和数量的膨胀对科技人员认识和评价信息、快速找到有用信息的能力提出挑战。拥有大量信息并不意味着就能产生思辨能力和创新意识，良好的信息素养才是科技创新的基础。

2.1.3　信息素养的发展与内涵

信息素养的内涵在不同时期（时间）、不同国家（空间）存在着一定的差异。当今社会，随着大数据、人工智能等新兴技术的广泛深入应用，对个体所应具备的信息素养提出了新的要求。

工业时代，大众媒体的单向传播特性使得该阶段信息素养评价主要聚焦于信息的使用、查找与获取、理解与吸收、评价等低阶素养；到了信息时代，人们被赋予更强的能动性，这使得信息素养的评价指标也随之扩展到信息交流与分享、加工与整合以及生产与制作等方面，信息道德与法律也在这一阶段受到重视；而智能时代的到来对人的信息素养提出了更高要求，信息安全、人机交互与协作、信息创新、信息思维以及终生学习等高阶素养开始进入人们的视野，并成为衡量人们能否适应智能社会发展的新的关键指标。

信息素养主要包括信息意识、信息知识、信息技术和信息道德四个方面，即能够判断什么时候需要信息，并且懂得如何去获取信息，如何去评价和有效利用所需的信息。

在我国，针对教育的实际情况，学生的信息素养培养主要包含以下五个方面的内容：

(1)热爱生活，有获取新信息的意愿，能够主动地从生活实践中不断地查找、探究新信息。

(2)具有基本的科学和文化常识,能够较为自如地对获得的信息进行辨别和分析,正确地加以评估。

(3)可灵活地支配信息,较好地掌握选择信息、拒绝信息的技能。

(4)能够有效地利用信息、表达个人的思想和观念,并乐意与他人分享不同的见解或信息。

(5)无论面对何种情境,能够充满自信地运用各类信息解决问题,有较强的创新意识和进取精神。

对于信息时代的大学生,信息素养主要表现为以下八个方面的能力:

(1)运用信息工具:能熟练使用各种信息工具,特别是网络工具。

(2)获取信息:能根据自己的学习目标有效地收集各种学习资料与信息,能熟练地运用阅读、访问、讨论、参观、实验、检索等获取信息的方法。

(3)处理信息:能对收集的信息进行归纳、分类、存储记忆、鉴别、遴选、分析综合、抽象概括和表达等。

(4)生成信息:在信息收集的基础上,能准确地概述、综合、表达所需要的信息,使之简洁明了、通俗流畅并且富有个性特色。

(5)创造信息:在收集的多种信息交互作用的基础上,迸发创造思维的火花,产生新信息的生长点,从而创造新信息,达到收集信息的终极目的。

(6)发挥信息的效益:善于运用接收的信息解决问题,让信息发挥最大的社会和经济效益。

(7)信息协作:使信息和信息工具作为跨越时空、"零距离"交往和合作的中介,成为延伸自己的高效手段,同外界建立多种和谐的合作关系。

(8)信息免疫:浩瀚的信息资源往往良莠不齐,需要有正确的人生观、价值观、甄别能力,以及自控、自律和自我调节能力,能自觉抵御和消除垃圾信息及有害信息的干扰和侵蚀,并且完善合乎时代的信息伦理素养。

2.1.4 信息素养的评价标准与维度

在当今社会,信息素养与人们的生活密切相关,那么应该用什么样的指标来评价信息素养的水准呢?

1. 信息素养的评价标准

2001 年,美国大学与研究图书馆协会标准委员会评议通过了《高等教育信息素养能力标准》,包含五大标准,22 项表现指标和 87 个表现效果,较为全面地反映了信息素养的要求,其五大标准为

标准一

具有信息素养的学生有能力决定所需信息的性质和范围。

表现指标:

- 定义和描述信息需求。
- 可以找到多种类型和格式的信息来源。
- 权衡获取信息的成本和收益。

- 重新评估所需信息的性质和范围。

标准二

具有信息素养的学生可以有效地获得需要的信息。

表现指标：

- 选择最适合的研究方法或信息检索系统来查找需要的信息。
- 构思和实现有效的搜索策略。
- 运用各种各样的方法从网上或亲自获取信息。
- 改进现有的搜索策略。
- 摘录、记录和管理信息及其出处。

标准三

具有信息素养的学生可以评估信息和它的出处，然后把筛选出的信息融合到自己的知识库和价值体系中。

表现指标：

- 从收集到的信息中总结要点。
- 清晰表达并运用初步的标准来评估信息和它的出处。
- 综合主要思想来构建新概念。
- 通过对比新旧知识来判断信息是否增值，或是否前后矛盾，是否独具特色。
- 决定新的知识对个人的价值体系是否有影响，并采取措施消除分歧。
- 通过与其他人、学科专家和/或行家的讨论来验证对信息的诠释和理解。
- 决定是否应该修改现有的查询。

标准四

不管个人还是作为一个团体的成员，具有信息素养的学生能够有效地利用信息来实现特定的目的。

表现指标：

- 能够把新旧信息应用到策划和创造某种产品或功能中。
- 能够修改产品或功能的开发步骤。
- 能够有效地与别人就产品或功能进行交流。

标准五

具有信息素养的学生熟悉许多与信息使用有关的经济、法律和社会问题，并能合理合法地获取信息。

表现指标：

- 有信息素养的学生了解与信息和信息技术有关的伦理、法律和社会经济问题。
- 有信息素养的学生遵守与获取和使用信息资源相关的法律、规定、机构性政策和礼节。
- 有信息素养的学生在宣传产品或性能时声明引用信息的出处。

2. 信息素养的评价维度

《北京地区高校信息素质能力指标体系》是我国较为全面且系统的大学生信息素养评价体系，该体系包含 7 个维度、19 项指标。

维度一

具备信息素质的学生能够了解信息以及信息素质能力在现代社会中的作用、价值与力量。

指标：

(1)具备信息素质的学生具有强烈的信息意识。

指标描述：

• 了解信息的基本知识。
• 了解信息在学习、科研、工作、生活各方面产生的重要作用。
• 认识到寻求信息是解决问题的重要途径之一。

(2)具备信息素质的学生了解信息素质的内涵。

指标描述：

• 了解信息素质是一种综合能力(信息素质是个体知道何时需要信息,并能够有效地获取、评价、利用信息的综合能力)。
• 了解这种能力是开展学术研究必备的基础能力。
• 了解这种能力是成为终身学习者必备的能力。

维度二

具备信息素质的学生能够确定所需信息的性质与范围。

指标：

(1)具备信息素质的学生能够识别不同的信息源并了解其特点。

指标描述：

• 了解信息是如何生产、组织与传递的。
• 认识不同类型的信息源,了解它们各自的特点。
• 认识不同层次的信息源,了解它们各自的特点。
• 认识到内容雷同的信息可以在不同的信息源中出现。
• 熟悉所在学科领域的主要信息源。

(2)具备信息素质的学生能够明确地表达信息需求。

指标描述：

• 分析信息需求,确定所需信息的学科范围、时间跨度等。
• 在使用信息源的过程中增强对所需信息的深入了解。
• 通过与教师、图书馆员、合作者等人的讨论,进一步认识和了解信息的需求。
• 用明确的语言表达信息需求,并能够归纳描述信息需求的关键词。

(3)具备信息素质的学生能够考虑到影响信息获取的因素。

指标描述：

• 确定所需信息的可获得性与所需要的费用。
• 确定搜集所需信息需要付出的时间与精力。
• 确定搜集所需信息和理解其内容是否需要应用新的语种和技能。

维度三

具备信息素质的学生能够有效地获取所需要的信息。

指标：

(1)具备信息素质的学生能够了解多种信息检索系统,并使用最恰当的信息检索系统进行信息检索。

指标描述：

- 了解图书馆有哪些信息检索系统，了解在每个信息检索系统中能够检索到哪些类型的信息。
- 了解图书馆信息检索系统中常见的各种检索途径，并且能读懂信息检索系统显示的信息记录格式。
- 理解索书号的含义，了解图书馆文献的排架是按照索书号顺序排列的。
- 了解检索词中受控词（表）的基本知识与使用方法。
- 能够在信息检索系统中找到"帮助"信息，并能有效地利用"帮助"。
- 能够使用网络搜索引擎，掌握网络搜索引擎常用的检索技巧。
- 了解网络搜索引擎的检索与图书馆提供的信息检索系统检索的共同点与差异。
- 能够根据需求（查全或是查准）评价检索结果，确定检索是否要扩展到其他信息检索系统中。

（2）具备信息素质的学生能够组织与实施有效的检索策略。

指标描述：

- 正确选择检索途径，确定检索标识。
- 综合应用自然语言、受控语言及其词表，确定检索词。
- 选择适合的用户检索界面。
- 正确使用所选择的信息检索系统提供的检索功能。
- 能够根据需求（查全或是查准）评价检索结果、检索策略，确定是否需要修改检索策略。

（3）具备信息素质的学生能够根据需要利用恰当的信息服务获取信息。

指标描述：

- 了解图书馆能够提供的信息服务内容。
- 能够利用图书馆的馆际互借、查新服务、虚拟咨询台、个性化服务等。
- 能够了解与利用其他信息服务机构提供的信息服务。

（4）具备信息素质的学生能够关注常用的信息源与信息检索系统的变化。

指标描述：

- 能够使用各种新知通报服务。
- 能够订阅电子邮件服务和加入网络讨论组。
- 习惯性关注常用的印刷型/电子型信息源。

维度四

具备信息素质的学生能够正确地评价信息及其信息源，并且把选择的信息融入自身的知识体系中，重建新的知识结构。

指标：

（1）具备信息素质的学生能够应用评价标准评价信息及其信息源。

指标描述：

- 分析比较来自多个信息源的信息，评价其可信性、有效性、准确性、权威性、时效性。
- 辨认信息中存在的偏见、欺诈与操纵。
- 认识到信息中会隐含不同价值观与政治信仰。

(2)具备信息素质的学生能够将选择的信息融入自身的知识体系中,重构新的知识体系。

指标描述:

• 能够从所搜集的信息中提取、概括主要观点与思想。

• 通过与教师、专家、合作者、图书馆员的讨论来充分理解与解释检索到的信息。

• 比较同一主题所检索到的不同观点,确定接受与否。

• 综合主要观点形成新的概念。

• 应用、借鉴、参考他人的工作成果,形成自己的知识、观点或方法。

维度五

具备信息素质的学生能够有效地管理、组织与交流信息。

指标:

(1)具备信息素质的学生能够有效地管理、组织信息。

指标描述:

• 能够认识参考文献中对不同信息源的描述规律。

• 能够按照要求的格式(如文后参考文献著录规则等),正确书写参考文献与脚注。

• 能够采用不同的方法保存信息(如打印、存档、发送到个人电子信箱等)。

• 能够利用某种信息管理方法管理所需信息,并能利用某种电子信息管理系统。

(2)具备信息素质的学生能够有效地与他人交流信息。

指标描述:

• 选择最能支持交流目的的媒介、形式,选择最适合的交流对象。

• 能够利用多种信息技术手段和信息技术产品进行信息交流。

• 采用适合于交流对象的风格清楚地进行交流。

• 能够清楚地、有条理地进行口头表述与交流。

维度六

具备信息素质的学生作为个人或群体的一员能够有效地利用信息来完成一个具体的任务。

指标:

(1)具备信息素质的学生能够制定一个独立或与他人合作完成具体任务的计划。

(2)具备信息素质的学生能够确定完成任务所需要的信息。

(3)具备信息素质的学生能够通过讨论、交流等方式,将获得的信息应用到解决任务的过程中。

(4)具备信息素质的学生能够提供某种形式的信息产品。

维度七

具备信息素质的学生了解与信息检索、利用相关的法律、伦理和社会经济问题,能够合理、合法地检索和利用信息。

指标:

(1)具备信息素质的学生了解与信息相关的伦理、法律和社会经济问题。

指标描述:

• 了解在电子信息环境下存在的隐私与安全问题。

- 能够分辨网络信息的无偿服务与有偿服务。
- 了解言论自由的限度。
- 了解知识产权与版权的基本知识。

(2)具备信息素质的学生能够遵循在获得、存储、交流、利用信息过程中的法律和道德规范。

指标描述：

- 尊重他人使用信息源的权利，不损害信息源。
- 了解图书馆的各种电子资源的合法使用范围，不恶意下载与非法使用。
- 尊重他人的学术成果，不剽窃；在学术研究与交流时，能够正确引用他人的思想与成果。
- 合法使用有版权的文献。

2.2　信息化社会问题与信息道德

2.2.1　信息化带来的社会问题

我国从20世纪90年代初开始信息化进程，经过30多年的发展，已经成为信息化较为发达的国家之一。当前，以互联网、大数据、人工智能等为代表的新一代信息技术在我国蓬勃发展，深刻改变着人们的工作、学习、娱乐等生活方式，信息化对社会发展的影响是全方位的，但也会给社会带来伦理风险。当前最常见的社会问题如下。

1. 网络犯罪

伴随信息化迅速发展，人们越来越依赖网络，网络犯罪和网络乱象也因此有了机会和平台。网络犯罪是人们运用计算机技术，借助互联网所进行的各种犯罪，具有智能性、隐蔽性、互动性、跨国性，以及低成本、低龄化、涉及面广等特点。网络犯罪的情形极其复杂，比如用网络赌博、洗钱、盗窃、操纵股市、窃取国家或单位保密信息及个人隐私等。网络犯罪不仅是对法律的严重挑战，也是对主流道德底线的蔑视。

2. 网络乱象

与网络犯罪相比，网络乱象更易破坏社会道德环境。虚假信息、网络侵权、随意跟帖评论、负面信息扎堆、虚假低俗广告、网络淫秽色情等各种问题，污染了人们的正常生活。

3. 情绪化表达的挑战

随着信息化的发展，论坛、微博、微信、抖音等成为公众的主要表达渠道之一。网络的虚拟性能使许多传播主体的真实身份隐蔽起来。于是，一些人在信息制作和发送方面随心所欲，不辨是非，窥私猎奇，把网络当成了自己释放压力、缓解孤独苦闷、发泄愤懑、获得虚荣快感、博得关注与认同的私有平台。这些不负社会责任的情绪化表达由于自媒体的叠加效应而不断放大，容易导致人们是非善恶界限模糊，道德判断和评价能力下降。

4. 电信诈骗

电信诈骗是指通过电话、网络和短信方式，编造虚假信息，设置骗局，对受害人实施远程、非接触式诈骗，诱使受害人打款或转账的犯罪行为，通常以冒充他人及仿冒、伪造各种合法外衣和形式的方式达到欺骗的目的，如冒充公检法、商家/公司/厂家、国家机关工作人员、银行工作人员等，以伪造和冒充招工、刷单、贷款、手机定位等形式进行诈骗。从2000年以来，随着科技的不断发展，一系列新信息技术工具的出现和被使用，使得一些不法分子借助手机、固定电话、网络等通信工具和其他信息化技术实施的非接触式的诈骗迅速发展与蔓延，给广大人民群众造成了巨大的损失。

(1)常见电信诈骗情形

- 冒充社保、医保、银行、电信等工作人员进行诈骗。
- 冒充公检法、邮政工作人员进行诈骗。
- 以销售廉价飞机票、火车票及违禁物品为诱饵进行诈骗。
- 冒充熟人进行诈骗。
- 利用中大奖进行诈骗。
- 利用无抵押贷款进行诈骗。
- 利用虚假广告信息进行诈骗。
- 利用高薪招聘进行诈骗。
- 虚构汽车、房屋、教育退税进行诈骗。
- 冒充黑社会敲诈实施诈骗。
- 虚构绑架、出车祸诈骗。
- 利用汇款信息进行诈骗。
- 利用虚假彩票信息进行诈骗。
- 利用虚假股票信息进行诈骗。
- QQ聊天冒充好友借款诈骗。
- 虚构重金求子、婚介等诈骗。
- 利用神医迷信诈骗。
- 诱骗受害人安装远程控制软件。

其中，公安部公布五类最高发的电信网络诈骗案件种类，分别是刷单返利、虚假投资理财、虚假网络贷款、冒充客服、冒充公检法。

(2)电信诈骗预防注意事项

- 不要随意在网络上办理贷款和信用卡，如不熟悉互联网金融相关知识，应到各大银行等正规信贷机构办理信用卡及贷款，避免上当受骗。
- 恶意刷单本身就是违法行为，所有自称可以刷单赚钱的行为均属诈骗行为，提醒广大群众尤其是大学生警惕网络上各种招聘信息的骗局，不要被小利益所诱惑，陷入连环骗局。
- 凡是涉及汇款、借款等问题时，一定要谨慎对待，及时与其本人电话联系确认身份，避免受骗。
- 购物时一定要选择正规的购物网站，不要通过微信、QQ等方式直接转账，因为对方一旦拉黑你，个人权益将无法得到保障。牢记天上不会掉馅饼！陌生链接不点击！陌生二维码不扫描！
- 接到“退款”“返钱”一类的电话不可轻信，应第一时间通过网购平台联系商家进行核实，如的确属实，务必通过网购平台正规渠道进行退款。
- 诈骗分子通过假网站，以价格非常优惠为诱饵，低价“海外代购”，等你付了代购款之后,以“商品被海关扣下,要加缴关税”等类似理由要求加付“关税”,当然,货物是永远也收不到的;伪装购物网站客服,以店铺缺货要退款为由,骗取银行卡号及动态密码等信息,切勿上当受骗。

- 下载软件时,务必选择官网或正规应用商店等渠道,不听信他人宣传通过扫码或点击链接随意下载。切勿在来路不明的 App 里进行投资,不要在网上购买彩票。在不确认对方身份的情况下,不轻易涉及金钱来往,更不要轻易相信高收益、高回报的投资产品。
- 公民有义务配合公安机关进行调查。但是在现实情况中,公安机关是不会通过电话告知某某涉嫌犯罪而要实施抓捕,也不会索要银行卡号和密码以验证是否涉及犯罪,更没有所谓的安全账户让当事人进行转账。在接到类似电话无法判断时,广大群众要首先拨打 110 进行咨询。
- 网恋需谨慎,要验证真实身份,不要轻易投入感情,需要投入资金的时候更要谨慎,此类好友鼓动你投资、参与博彩或者骗取借款用于支付生活费、医药费等行为,就是借着恋爱之名实施诈骗。

(3)预防电信诈骗牢记“五要五不”口诀

- 陌生来电要警惕,不大意。
- 网络信息要查证,不轻信。
- 可疑链接要谨慎,不乱点。
- 资金转账要核实,不着急。
- 一旦受骗要报警,不犹豫。

2.2.2 信息化社会的道德准则

1. 信息道德

信息道德(information morality)是指在信息领域中用以规范人们相互关系的思想观念与行为准则,是人们在信息的采集、加工、存储、传播和利用等信息活动各个环节中,用来规范其间产生的各种社会关系的道德意识、道德规范和道德行为的总和。它通过社会舆论、传统习俗等,使人们形成一定的信念、价值观和习惯,从而使人们自觉地通过自己的判断规范自己的信息行为。

信息道德作为信息管理的一种手段,与信息政策、信息法律有密切的关系,它们各自从不同的角度实现对信息及信息行为的规范和管理。信息道德以其巨大的约束力在潜移默化中规范人们的信息行为,信息政策和信息法律的制定和实施必须考虑现实社会的道德基础,所以说,其是信息政策和信息法律建立和发挥作用的基础;而在自觉、自发的道德约束无法涉及的领域,以法制手段调节信息活动中的各种关系的信息政策和信息法律则能够发挥充分的作用;信息政策弥补了信息法律滞后的不足,其形式较为灵活,有较强的适应性,而信息法律则将相应的信息政策、信息道德固化为成文的法律、规定、条例等形式,从而使信息政策和信息道德的实施具有一定的强制性,更加有法可依。信息道德、信息政策和信息法律三者相互补充、相辅相成,共同促进各种信息活动的正常进行。

2. 信息道德准则

目前为止,很多国家都在信息道德建设方面给予了极大的关注。其中很多团体、组织,尤其是计算机专业的组织，纷纷提出了各自的伦理道德原则、伦理道德戒律等，比较著名的主要有计算机伦理十戒、文明上网自律公约、南加利福尼亚大学网络伦理声明，很多国家的计算机协会也制定了相关伦理道德规则。

道德研究的最终目的不只是向人们揭示道德规范和标准，而且将其切实贯彻在道德实践中，使那些具有"普适性"的道德原则，成为人们行动抉择和结果预测时的一种准则，作为主体行为选择时的一种依据。网络道德就是用于调整、规范网络使用者的思想、言论和行为的道德准则。网络道德一旦形成，就会像传统道德一样，依靠人的内心信念和自治自律来约束自己在使用网络过程中的行为，使自己的行为合乎网络的伦理道德，合乎国际通用法则，合乎社会发展利益。例如，2006 年中国互联网协会发布的《文明上网自律公约》，号召互联网从业者和广大网民从自身做起，在以积极态度促进互联网健康发展的同时，承担起应负的社会责任，始终把国家和公众利益放在首位，坚持文明办网，文明上网。公约全文如下：

自觉遵纪守法，倡导社会公德，促进绿色网络建设；
提倡先进文化，摒弃消极颓废，促进网络文明健康；
提倡自主创新，摒弃盗版剽窃，促进网络应用繁荣；
提倡互相尊重，摒弃造谣诽谤，促进网络和谐共处；
提倡诚实守信，摒弃弄虚作假，促进网络安全可信；
提倡社会关爱，摒弃低俗沉迷，促进少年健康成长；
提倡公平竞争，摒弃尔虞我诈，促进网络百花齐放；
提倡人人受益，消除数字鸿沟，促进信息资源共享。

2.3 知识产权与法律法规

2.3.1 知识产权

1. 知识产权的概念

知识产权又称"知识所属权"或"智慧财产权"，指"权利人对其智力劳动所创作的成果享有的财产权利"，它是智力创造性劳动取得的成果，并且是由智力劳动者对其成果依法享有的一种权利。知识产权的对象是人的心智，人的智力的创造，属于"智力成果权"，它是指在科学、技术、文化、艺术领域从事一切智力活动而创造的精神财富依法所享有的权利。

这种权利被称为人身权利和财产权利，也称为精神权利和经济权利。所谓人身权利，是指权利同取得智力成果的人的人身不可分离，是人身关系在法律上的反映。

根据 1967 年 7 月在斯德哥尔摩签订的《建立世界知识产权组织公约》第二条第八款的规定，知识产权包括以下一些权利：对文学、艺术和科学作品享有的权利；对演出、录音、录像和广播享有的权利；对人类一切活动领域的发明享有的权利；对科学发现享有的权利；对工业品外观设计享有的权利；对商标、服务标记、商业名称和标志享有的权利；对制止不正当竞争享有的权利；以及在工业、科学、文学或艺术领域里一切智力活动所创造的成果享有的权利。

传统的知识产权是专利权、商标权和版权的总和，由于当代科学技术的迅速发展，不断创造出高新技术的智力成果又给知识产权带来了一系列新的保护客体，因此也使得传统的知识产权内容在不断扩展。

2. 知识产权的内容

1)著作权

著作权是指自然人、法人或者其他组织对文学、艺术和科学作品享有的财产权利和精神权利的总称。在我国,著作权即指版权。广义的著作权还包括邻接权,我国著作权法称之为“与著作权有关的权利”。

著作权人可以许可他人行使著作财产权,并依照约定或者著作权法有关规定获得报酬。著作权和邻接权中的人身性权利,不得许可。

使用他人作品应当同著作权人订立许可使用合同,许可使用的权利是专有使用权的,应当采取书面形式,但是报社、期刊社刊登作品除外。著作权法规定可以不经许可的除外。

随着人类社会不断发展,进入工业社会、信息化社会后知识产权的内容更加丰富,也在不断地加入新的内容。发明专利、商标以及工业品外观设计等方面又组成了工业产权。工业产权包括专利、商标、服务标志、厂商名称、原产地名称、制止不正当竞争,以及植物新品种权和集成电路布图设计专有权等,在一些国家可通过申请专利来对计算机软件等发明进行知识产权保护,在我国是采用著作权法来保护计算机软件产品的。

我们平时所说的正版即“正确地使用版权”。版权是属于版权所有人的,版权所有人提出使用条件,使用者只要符合条件,就算是正确地使用,就不违反版权法。一般来说我们购买了正版产品,只是获得了其使用权,而未获得其复制、出售或修改的权利。

盗版则是指在未经版权所有人同意或授权的情况下,对其复制的作品、出版物等进行由新制造商制造与正版完全一致的复制品并再分发的行为。在绝大多数国家和地区,此行为被定义为侵犯知识产权的违法行为,甚至构成犯罪,会受到所在国家的处罚。盗版出版物通常包括盗版书籍、盗版软件、盗版音像作品以及盗版网络知识产品。盗版购买者无法得到法律的保护,也不会得到应有的后续服务(如升级、技术支持等)。

所以不使用盗版软件,不复制扩散未经授权的正版软件等文明使用计算机行为也是现代计算机用户需要遵守的规定。

2)专利和技术秘密

专利权是指国家根据发明人或设计人的申请,以向社会公开发明创造的内容,以及发明创造对社会具有符合法律规定的利益为前提,根据法定程序在一定期限内授予发明人或设计人的一种排他性权利。

技术许可合同包括专利实施许可、技术秘密使用许可等合同。技术许可合同是合法拥有技术的权利人,将现有特定的专利、技术秘密的相关权利许可他人实施、使用所订立的合同。技术许可合同中关于提供实施技术的专用设备、原材料或者提供有关的技术咨询、技术服务的约定,属于合同的组成部分。就尚待研究开发的技术成果或者不涉及专利、专利申请或者技术秘密的知识、技术、经验和信息所订立的合同,不属于民法典第八百六十二条规定的技术许可合同。

技术许可合同的许可人应当保证自己是所提供的技术的合法拥有者,并保证所提供的技术完整、无误、有效,能够达到约定的目标。

技术许可合同可以约定实施专利或者使用技术秘密的范围,但是不得限制技术竞争和技术发展。此处所称的“实施专利或者使用技术秘密的范围”,包括实施专利或者使用技术秘密的期限、地域、方式以及接触技术秘密的人员等。

3)商标

商标权是民事主体享有的在特定的商品或服务上以区分来源为目的排他性使用特定标志的权利。商标权的取得方式包括通过使用取得商标权和通过注册取得商标权两种方式。通过注册获得商标权又称为注册商标专用权。在我国,商标注册是取得商标的基本途径。商标法第三条规定:“经商标局核准注册的商标为注册商标,包括商品商标、服务商标和集体商标、证明商标;商标注册人享有商标专用权,受法律保护。”

商标注册人可以通过签订商标使用许可合同,将其注册商标许可给他人在一定时间和地域范围内使用。许可人应当监督被许可人使用其注册商标的商品质量。被许可人应当保证使用该注册商标的商品质量。

注册商标的转让不影响转让前已经生效的商标使用许可合同的效力,但商标使用许可合同另有约定的除外。

我国 2021 年 1 月 1 日实施的民法典中第一百二十三条规定:“民事主体依法享有知识产权。知识产权是权利人依法就下列客体享有的专有的权利:(一)作品;(二)发明、实用新型、外观设计;(三)商标;(四)地理标志;(五)商业秘密;(六)集成电路布图设计;(七)植物新品种;(八)法律规定的其他客体。”

3. 知识产权的特点

(1)无形性:知识产权的客体通常为智力劳动成果,而智力劳动成果本身是以一种信息状态存在于这个世界上,既看不见也摸不着,因而称其具有无形性。

(2)专有性:又称为独占性或垄断性。知识产权为权利主体所专有,权利人以外的任何人,未经权利人同意或者法律的特别规定,都不能享有或者使用这种权利。

(3)时间性:知识产权都只是在一定的时间期限内有效,即只在规定期限内对其进行保护,超过了这一特定期限,知识产权便自动消失。

(4)地域性:一般来说,知识产权只在所确认和保护的地域内有效;即除签有国际公约或双边互惠协定外,经一国法律所保护的某项权利只在该国范围内发生法律效力。

(5)确认性:因智力财富是无形的,所以知识产权需在依法申报审查后才能确认得到法律的保护。

(6)双重性:既有某种人身权(如签名权)的性质,又包含财产权的内容。但商标权是一个例外,它只保护财产权,不保护人身权。

4. 我国相关知识产权保护期限

知识产权是具有时间性的,在我国,知识产权相关保护期限如表 2-1 所示。

表 2-1 中国知识产权保护期限

知识产权类型	保护期限
商标权	自核准注册之日起 10 年
外观设计专利	自专利申请日起 10 年
实用新型专利	自专利申请日起 10 年
发明专利	自专利申请日起 20 年
公民的作品发表权	作者生前终生及死亡后 50 年
商业秘密	不确定

2.3.2 相关法律法规

我国目前在知识产权、计算机系统安全保护及互联网管理、信息安全等方面已经具有较完备的相关法律和法规体系，现罗列其中若干，读者可在我国相关法律文献中查阅详细内容。

- 《中华人民共和国计算机信息系统安全保护条例》(1994)
- 《计算机信息网络国际联网安全保护管理办法》(1997)
- 《中华人民共和国计算机信息网络国际联网管理暂行规定》(1997)
- 《全国人民代表大会常务委员会关于维护互联网安全的决定》(2000)
- 《集成电路布图设计保护条例》(2001)
- 《互联网新闻信息服务管理规定》(2005)
- 《信息网络传播权保护条例》(2006)
- 《文明上网自律公约》(2006)
- 《互联网信息服务管理办法》(2011)
- 《计算机软件保护条例(修订)》(2013)
- 《中华人民共和国著作权法实施条例》(2013)
- 《最高人民法院、最高人民检察院关于办理利用信息网络实施诽谤等刑事案件适用法律若干问题的解释》(2013)
- 《中华人民共和国网络安全法》(2016)
- 《中华人民共和国电信条例》(2016)
- 《中华人民共和国民法典》(2020)
- 《中华人民共和国著作权法》(2020)
- 《中华人民共和国专利法》(2020)
- 《中华人民共和国数据安全法》(2021)
- 《最高人民法院关于审理使用人脸识别技术处理个人信息相关民事案件适用法律若干问题的规定》(2021)
- 《中华人民共和国反电信网络诈骗法》(2022)
- 其他法律法规及各地方政府颁布的相关政策、制度等

思考与讨论

1. 你知道“国家网络宣传周”吗？我们平时上网时见到的哪些行为属于违背网络道德但不犯法，哪些行为属于违法？

2. 2021年，国家网信办发布《互联网用户账号名称信息管理规定(征求意见稿)》，新增有关IP属地的相关规定。2022年4月，微博发布IP属地功能升级公告，公告表示升级后微博会显示评论的IP属地，并且个人主页也会展示账号IP属地。请谈谈你对此项措施的看法。

习题与练习

1. 最早是(　　)提出了信息素养这一概念。

A. 中国　　B. 美国

C. 英国　　D. 德国

2. 信息素养的内涵不包括(　　)。

A. 信息能力　　B. 信息技术

C. 信息知识　　D. 信息道德

3. (　　)不是信息素养评价指标。

A. 认识不同类型的信息源,了解它们各自的特点

B. 认识不同层次的信息源,了解它们各自的特点

C. 认识到内容雷同的信息可以在不同的信息源中出现

D. 能在网络上查找信息

4. 对于信息时代的大学生,(　　)不是信息素养的主要表现。

A. 能熟练使用各种信息工具,特别是网络传播工具

B. 能根据自己的学习目标有效地收集各种学习资料与信息

C. 能对收集的信息进行归纳、分类、存储、鉴别、遴选、分析、抽象概括和表达等

D. 对网上获取的信息深信不疑,并尽可能地去传播宣传

5. (　　)是指在信息领域中用以规范人们相互关系的思想观念与行为准则。

A. 信息意识　　B. 信息技术

C. 信息道德　　D. 信息知识

6. (　　)违反了信息道德,但还未违反相关法规。

A. 因为好奇,趁别人不在时偷窥别人计算机中的隐私信息

B. 在网上发布谣言

C. 将在网上看到的地震信息四处传播,造成社会恐慌,后发现该信息是虚假的

D. 使用他人信息在网上进行贷款,注册账号等行为

7. (　　)、信息政策和信息法律三者相互补充,共同促进各种信息活动的正常进行。

A. 信息道德　　B. 信息能力

C. 信息技术　　D. 信息素养

8. 小王购买了一份正版软件,则他获得的是该软件的(　　)。

A. 使用权　　B. 著作权

C. 版权　　D. 经销权

9. (　　)不是知识产权的特点。

A. 无形性　　B. 时间性

C. 地域性　　D. 泛有性

10. 若学校机房已购买一种正版软件,某学生为兼职需使用该软件制作作品,但因个人原因无法去机房使用该软件,该生在网上下载了此软件的盗版使用。该行为(　　)。

A. 是合法的,因为学校已经买过该正版软件

B. 是合法的，因为网上还有很多人也下载并使用了该盗版软件

C. 是合法的，因为该同学只是自己使用

D. 是不合法的，因为该行为侵犯了软件版权所有者的权益

11. 知识产权是具有时间性的，在我国(　　)受保护期限为 20 年。

A. 外观专利　　B. 软件著作权

C. 发明专利　　D. 实用新型专利

12. 企业信息系统使用盗版软件的风险与危害不包括(　　)。

A. 企业应用软件不能正常运行　　B. 侵犯知识产权的法律风险

C. 盗版软件安装不上，运行不了　　D. 不能获得升级和技术支持服务

13. 根据我国著作权法规定，侵犯他人著作权所承担的赔偿责任属于(　　)。

A. 道德责任　　B. 民事责任

C. 行政责任　　D. 刑事责任

14. (　　)不属于知识产权保护之列。

A. 专利　　B. 商标

C. 著作和论文　　D. 定理和公式

15. (　　)没有知识产权的双重性质。

A. 软件著作权　　B. 商标

C. 发明专利　　D. 某小说的版权

第3章　信息安全与计算机病毒

计算机技术、网络技术、通信技术不断发展，其正改变着人们的生活和工作方式，人们的工作已离不开计算机和各种信息工具，我们每个人乃至整个社会越来越依赖信息系统和各种数据。近年来计算机病毒和网络黑客等信息犯罪也变得异常活跃，已经成为全球化的社会问题，所以如何保护好信息安全就显得非常重要。本章主要介绍信息安全及计算机病毒相关内容。

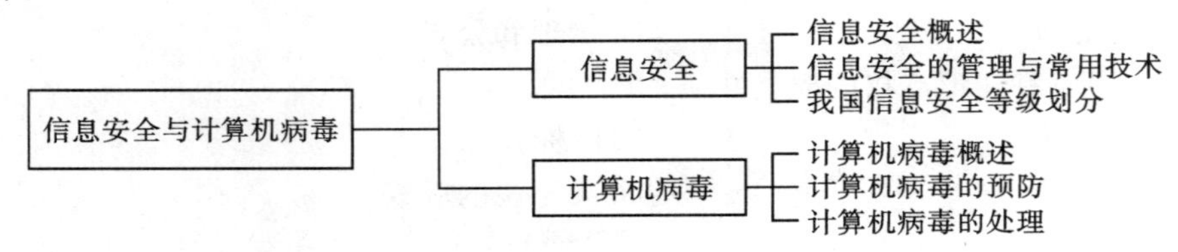

3.1　信息安全

3.1.1　信息安全概述

信息安全是指信息系统（包括硬件、软件、数据、人、物理环境及其基础设施）受到保护，不会因偶然的或者恶意的原因而遭到破坏、更改、泄露，系统可连续可靠正常地运行，信息服务不中断，最终实现业务连续性。信息安全主要包括以下五方面的内容，即需保证信息的保密性、真实性、完整性、未授权拷贝和所寄生系统的安全性。

信息安全学科可分为狭义安全与广义安全两个层次，狭义的安全是建立在以密码论为基础的计算机安全领域，早期中国信息安全专业通常以此为基准，辅以计算机技术、通信网络技术与编程等方面的内容；广义的信息安全是一门综合性学科，从传统的计算机安全到信息安全，不但是名称的变更也是对安全发展的延伸，安全不再是单纯的技术问题，而是将管理、技术、法律等问题相结合的产物。

1. 信息安全主要内容

（1）实体安全：主要包括环境安全、设备安全和媒体安全，它用来保证硬件和软件本身的安全，也是防止对信息威胁和攻击的基础。

（2）运行安全：主要包括备份与恢复、病毒的检测与消除、电磁兼容等，用来保证计算机能在良好的环境里持续工作。

(3)信息资产安全:主要包括确保计算机信息系统资源和信息资源不受自然和人为有害因素的威胁和危害。

(4)人员安全:主要包括人的基本安全素质(安全知识、安全技能、安全意识等)和人的深层安全素质(情感、认知、伦理、道德、良心、意志、安全观念、安全态度等)。

2. 信息安全基本要素

信息安全的基本要素主要有以下七种。

(1)保密性:信息不泄漏给非授权的用户、实体或者过程的特性。

(2)完整性:数据未经授权不能进行改变的特性,即信息在存储或传输过程中保持不被修改、不被破坏和丢失的特性。

(3)可用性:可被授权实体访问并按需求使用的特性。

(4)真实性:信息内容真实可靠,能对信息的来源进行判断的特性。

(5)不可抵赖性:通过技术和有效的责任机制,防止用户否认其行为的特性。

(6)可核查性:能为出现的网络安全问题提供调查依据和手段的特性。

(7)可控性:对信息的传播及内容具有控制能力,访问控制即属于可控性。

3. 信息安全的重要性

现如今,信息已成为现代社会发展的一个先决条件,是现代社会最重要的资源之一,因此,信息安全的重要性也越加凸显。从最高层次来讲,信息安全关系到国家的安全;对组织机构来说,信息安全关系到正常运作和持续发展;就个人而言,信息安全是保护个人隐私和财产的必然要求。无论是个人、组织还是国家,保持关键的信息资产的安全性都是非常重要的。

信息作为一种资源,它的普遍性、共享性、增值性、可处理性和多效用性,使其对人类具有特别重要的意义。信息安全的实质就是要保护信息系统或信息网络中的信息资源免受各种类型的威胁、干扰和破坏,即保证信息的安全性。信息安全是任何国家、政府、部门、行业都必须十分重视的问题,是一个不容忽视的国家安全战略。

3.1.2 信息安全的管理与常用技术

1. 信息安全的管理措施

计算机信息系统的安全必须引起使用单位的重视,所以应当建立并健全计算机系统的信息安全管理制度。信息安全措施多种多样,但总体来说主要是技术层面及管理层面相结合,其中管理制度非常重要,七分管理三分技术,严格且完善的管理措施可以最大限度弥补技术上的漏洞和不足,其内容主要为

(1)建立信息安全管理的组织体系;

(2)指定信息安全策略;

(3)加强相关人员安全管理和培训;

(4)信息系统及数据分类管理;

(5)物理介质和环境安全管理。

2. 信息安全常用技术

1)数据备份及恢复

数据备份:保证数据安全的一项重要措施,指为防止系统出现操作失误或系统故障等情

况导致数据丢失，而将全部或部分数据集合从应用主机的存储器复制到其他的存储介质的过程。

数据恢复：根据需要将备份的数据恢复到需要使用的计算机或信息设备上的过程；另一种数据恢复是指通过技术手段，将保存在各种计算机硬盘、存储磁带库、可移动存储、数码存储卡等设备上丢失的电子数据进行抢救和恢复的技术。

2)防火墙技术

防火墙技术：一种保护计算机网络安全的技术性措施，是用来阻挡外部不安全因素影响的内部网络屏障，其目的就是防止外部网络用户未经授权的访问。防火墙本身具有较强的抗攻击能力，它是提供信息安全服务、实现网络和信息安全的基础设施。

根据防火墙介质不同可分为软件防火墙、硬件防火墙或软硬结合防火墙。

根据防火墙位置不同可分为网络防火墙和计算机防火墙。

3)信息数据加密(解密)技术

信息数据加密技术：最常用的安全保密手段，利用技术手段把重要的数据变为乱码(加密)传送，使其不能被非法用户读取。

信息数据解密技术：在加密信息到达目的地后再用相同或不同的手段还原，使其能够被用户理解。

4)用户访问控制技术

用户访问控制技术：系统对用户身份及其所属的预先定义的策略组限制其使用数据资源能力的手段。访问控制的主要目的是限制访问主体对客体的访问，从而保障数据资源在合法范围内得以有效使用和管理。

5)信息确认技术

信息确认技术是通过严格限定信息的共享范围来防止信息被伪造、篡改和假冒的技术。通过信息确认，应使合法的接收者能够验证他所收到的信息是否真实；使发信者无法抵赖他发信的事实；使除了合法的发信者之外，别人无法伪造信息。

信息确认方案主要内容有

- 合法的接收者能够验证他收到的信息是否真实。
- 发信者无法抵赖自己发出的信息。
- 除合法发信者外，别人无法伪造消息。
- 当发生争执时可由第三人仲裁。

按照其具体目的，信息确认系统可分为消息确认、身份确认和数字签名。例如，当前安全系统所采用的一些签名算法，就可以防止别人伪造信息。

3.1.3 我国信息安全等级划分

1. 我国计算机信息系统安全保护等级划分

1999 年 9 月 13 日由中华人民共和国公安部提出并组织制定，国家质量技术监督局发布的《计算机信息系统安全保护等级划分准则》，于 2001 年 1 月 1 日实施，其中把计算机信息安全划分为 5 个等级(GB 17859—1999)，由低至高为

第 1 级　用户自主保护级。本级的计算机信息系统可信计算基通过隔离用户与数据，使用户具备自主安全保护的能力。它具有多种形式的控制能力，对用户实施访问控制，即为

用户提供可行的手段，保护用户和用户组信息，避免其他用户对数据的非法读写与破坏。

第2级　系统审计保护级。与用户自主保护级相比，本级的计算机信息系统可信计算基实施了粒度更细的自主访问控制，它通过登录规程、审计安全性相关事件和隔离资源，使用户对自己的行为负责。

第3级　安全标记保护级。本级的计算机信息系统可信计算基具有系统审计保护级所有功能。此外，还提供有关安全策略模型、数据标记以及主体对客体强制访问控制的非形式化描述；具有准确地标记输出信息的能力；消除通过测试发现的任何错误。

第4级　结构化保护级。本级的计算机信息系统可信计算基建立于一个明确定义的形式化安全策略模型之上，它要求将第三级系统中的自主和强制访问控制扩展到所有主体与客体。此外，还要考虑隐蔽通道。本级的计算机信息系统可信计算基必须结构化为关键保护元素和非关键保护元素。计算机信息系统可信计算基的接口也必须明确定义，使其设计与实现能经受更充分的测试和更完整的复审。加强了鉴别机制；支持系统管理员和操作员的职能；提供可信设施管理；增强了配置管理控制。系统具有相当的抗渗透能力。

第5级　访问验证保护级。本级的计算机信息系统可信计算基满足访问监控器需求。访问监控器仲裁主体对客体的全部访问。访问监控器本身是抗篡改的，必须足够小，能够分析和测试。为了满足访问监控器需求，计算机信息系统可信计算基在其构造时，排除那些对实施安全策略来说并非必要的代码；在设计和实现时，从系统工程角度将其复杂性降低到最低程度。支持安全管理员职能；扩充审计机制，当发生与安全相关的事件时发出信号；提供系统恢复机制。系统具有很高的抗渗透能力。

【注】GB表示国标，主要有GB、GB/T、GB/Z三种。其中GB为强制性国家标准，GB/T是推荐性国家标准，GB/Z是指导性国家标准。

ISO为国际标准化组织，国际标准化认证。

2. 我国涉密信息等级划分

《中华人民共和国保守国家秘密法》将涉密信息等级分为“绝密”“机密”“秘密”三级。

绝密：最重要的国家秘密，泄露会使国家的安全和利益遭受特别严重的损害。

机密：重要的国家秘密，泄露会使国家的安全和利益遭受严重的损害。

秘密：一般的国家秘密，泄露会使国家的安全和利益遭受损害。

如违反了《中华人民共和国保守国家秘密法》，对涉密信息造成泄露，将会受到法律的制裁，承担相应的后果，涉密人员应加强保密意识，重视保密工作。

3.2 计算机病毒

3.2.1 计算机病毒概述

“计算机病毒”一词最早是由美国计算机病毒研究专家弗雷德·科恩(Fred Cohen)博士在其论文《电脑病毒实验》中提出的。计算机病毒就是一段可执行代码或一个程序，是计算机编程人员编写的具有破坏性的指令或代码。因为这类代码程序就像生物病毒一样，具有自我繁殖、互相传染以及激活再生等生物病毒特征，所以我们称这类代码程序为计算机病毒。

1. 计算机病毒的定义

1994 年 2 月 18 日，我国正式颁布实施了《中华人民共和国计算机信息系统安全保护条例》，在第二十八条中明确指出，计算机病毒指“编制或者在计算机程序中插入的破坏计算机功能或者破坏数据，影响计算机使用，并能自我复制的一组计算机指令或者程序代码”。

2. 计算机病毒的产生

计算机病毒是计算机技术和以计算机为核心的社会信息化进程发展到一定阶段的必然产物。其产生的过程可分为程序设计→传播→潜伏→触发→运行→实行攻击，究其产生的原因主要为以下几种：

(1)一些计算机爱好者满足自己的表现欲，故意编制出一些特殊的计算机程序。而此种程序流传出去就演变成计算机病毒，此类病毒破坏性一般不大。

(2)产生于个别人的报复心理。如著名的 CIH 病毒就是因此而诞生的。

(3)来源于软件加密。一些商业软件公司为了不让自己的软件被非法复制和使用，运用加密技术，编写一些特殊程序附在正版软件上，如遇到非法使用，则此类程序自动激活，于是就会产生一些新病毒，如巴基斯坦病毒。

(4)产生于游戏。编程人员在无聊时互相编制一些程序输入计算机，让程序去销毁对方的程序，如最早的“磁芯大战”。

(5)用于研究或实验而设计的“有用”程序。由于某种原因失去控制而扩散出来。

(6)由于政治、经济和军事等特殊目的，一些组织或个人也会编制一些程序用于进攻对方电脑，给对方造成灾难或直接经济损失。

3. 计算机病毒的特性

计算机病毒作为一种计算机程序，和一般程序相比具有以下五个主要的特点。

(1)传播性(传染性)：计算机病毒具有自我复制的能力，可以通过 U 盘、光盘、电子邮件、网络等中介进行传播。从一个文件或一台计算机传染到其他没有被感染病毒的文件或计算机，每一台被感染了病毒的计算机本身既是一个受害者，又是计算机病毒的传播者。

(2)隐蔽性：计算机病毒一般不易被人察觉，它们将自身附加在正常程序中或隐藏在磁盘中较隐蔽的地方，有些病毒还会将自己改名为系统文件名，不通过专门的杀毒软件，用户一般很难发现它们。另外病毒程序的执行是在用户所不知的情况下进行的，不经过专门的代码分析，病毒程序与正常程序没有什么区别。正是由于这种隐蔽性，计算机病毒得以在用户没有觉察的情况下扩散传播。

(3)潜伏性：大部分的计算机病毒在感染计算机后，一般不马上发作，它可以长期隐藏在其中，可以是几周或者几个月，甚至是几年，只有在满足其特定条件后才对系统进行破坏。

(4)可激发性：有些病毒被设置了一些如日期等激活条件，只有当满足了这些条件时才会实施攻击。

(5)破坏性：计算机病毒一旦侵入系统，都会对系统及应用程序造成不同程度的影响。轻者会占用系统资源，降低计算机的性能，重者可以删除文件、格式化磁盘，导致系统崩溃，甚至使整个计算机网络瘫痪。病毒破坏的程度取决于编写者的用心。

4. 计算机病毒的种类

计算机病毒有不同的分类方式，甚至同一种病毒根据不同的分类方式也会被归于不同的类型，以下介绍三种最常见的计算机病毒分类方式。

1)根据计算机病毒的破坏性分类

(1)良性病毒：一般是编程人员恶作剧的产物，只是为了表现其自身，并不会彻底破坏系统和数据，但会降低系统工作效率的一类计算机病毒。

(2)恶性病毒：指那些一旦发作后，就会破坏计算机系统或数据，造成计算机系统瘫痪的一类计算机病毒。

2)根据病毒的连接方式分类

(1)源码型病毒：攻击高级语言所编写的源程序，这类病毒在源程序编译之前插入其中，随源程序一起编译、连接成可执行文件，使病毒成为合法文件的一个部分，该类型病毒较为少见。

(2)入侵型病毒：可用自身代替正常程序中的部分模块。因这类病毒一般是攻击某些特定程序，比较难以发现且较难清除。

(3)操作系统型病毒：可用其自身部分替代或加入操作系统的部分功能。这类病毒直接感染操作系统，会导致系统瘫痪或崩溃，危害性较大。

(4)外壳型病毒：通常将自身附在正常程序的开头或结尾，相当于给正常程序加了个外壳。大部分的文件型病毒都属于这一类。

3)根据病毒的传染方式分类

(1)引导型病毒：能感染到软硬盘中的主引导记录，感染系统引导区的病毒。

(2)文件型病毒：又称为“寄生病毒”，是文件感染者。它主要运行在计算机的存储器中，通常感染扩展名为COM、EXE、SYS等类型的文件。

(3)混合型病毒：同时具有引导型病毒和文件型病毒特点的病毒。

(4)宏病毒：用Basic语言编写的病毒程序，是寄存在Office文档上的宏代码，宏病毒主要影响对文档的各种操作。

3.2.2 计算机病毒的预防

计算机病毒一般来说都会破坏计算机的功能或数据，影响计算机的使用，在日常生活中我们应提高自身安全意识，加强病毒防范。

1.计算机病毒的预防方向

计算机病毒的预防手段主要分为软件、硬件及操作使用三个方面。具体预防措施为

(1)软件方面：安装杀毒软件及软件防火墙，及时更新病毒库。

(2)硬件方面：安装防病毒卡或硬件防火墙，采取内外网隔离等手段。

(3)操作使用方面：不下载不明文件，不安装不明软件，不打开不明链接，不访问不正当网页，不扫描陌生二维码，尽量不连接开放式或不明Wi-Fi。

2.计算机病毒日常预防措施

(1)安装主流杀毒软件。如360、诺顿等，定时进行病毒库的更新。

(2)定时升级操作系统。及时进行系统补丁更新安装，避免系统漏洞被黑客或病毒利用。

(3)重要数据的备份。尽量将重要数据文件存放在C盘以外空间，可存在U盘、光盘或

网络云盘上。

(4)设置健壮密码。用户在设置账号密码(如系统密码、电子邮件密码、上网账号、QQ账号等)时,应尽量使用不少于8位字符长度的密码,不要使用一些特殊意义字符(如出生年月或姓名拼音)或过于简单的数字(如8个1、12345678)作为密码,在系统允许的情况下,最好选择大小写字母和数字的复合组合作为密码。

(5)安装防火墙。接入互联网的电脑,特别是使用宽带上网的,最好能安装防火墙,可选择火绒、360、瑞星、诺顿等个人防火墙。防火墙可阻挡来自网络上大部分攻击,防止个人重要信息被窃取。

(6)不要在互联网上随意下载或安装软件。病毒的一大传播途径就是网络,潜伏在网络上的各种下载程序中,如果随意下载、打开软件则极易中病毒。

(7)不要轻易打开电子邮件的附件。造成大规模破坏的许多病毒,都是通过电子邮件传播的。即使熟人发送的邮件附件也不一定保险,有的病毒会自动检查受害人电脑上的通信录并向其中的所有地址自动发送带毒文件。比较妥当的做法是先将附件保存下来,用杀毒软件彻底检查,没有危险后再打开。

(8)不要轻易访问带有非法性质的网站或不健康内容的网站。这类网站一般都会含有恶意代码,轻则出现浏览器首页被修改无法恢复,注册表被锁等故障,重则可能会因中毒等原因造成文件丢失、硬盘被格式化等重大损失。

(9)尽量避免在无防毒软件的机器上使用U盘、移动硬盘等可移动储存介质。使用别人的移动存储介质时先进行病毒查杀。

(10)培养基本计算机安全意识。

3.2.3 计算机病毒的处理

计算机病毒的处理主要在硬件及软件两个方面。

(1)硬件方面:中病毒后首先断开计算机和外部的连接,防止病毒继续传播感染;并对使用的U盘等工具先行进行查毒或格式化,确保其无毒,防止病毒二次感染,若U盘中有重要数据或需确保U盘不被病毒感染,应使用带有写保护功能的U盘,此类U盘一般不会被病毒感染。

(2)软件方面:使用杀毒软件进行全盘查杀,若发生引导文件感染导致在Windows系统下无法查杀干净的情况,则使用DOS引导盘在Windows系统外进行查杀或格式化重做系统进行查杀;针对不同的病毒使用不同的杀毒软件或方法,比如U盘病毒专杀、蠕虫病毒专杀软件等。

思考与讨论

1. 信息安全在当前社会的重要性如何?请从个人信息安全和国家信息安全角度阐述其重要性及应如何注意安全防范。

2. 查找新闻与资料,了解每年计算机病毒会造成多大的危害。你都知道哪些计算机病毒,结合自身经历,谈谈个人该如何防范计算机病毒。

3. 什么是信息战?信息战和传统战争有什么区别?

习题与练习

1.(　)不是信息安全的基本要素。

A. 保密性　　B. 完整性

C. 可用性　　D. 不可控性

2. 下列不属于信息安全影响因素的是(　　)。

A. 硬件因素　　B. 软件因素

C. 人为因素　　D. 操作技巧

3. 我国计算机信息系统安全保护等级划分为(　　)级。

A. 2　　B. 3

C. 4　　D. 5

4.《计算机信息系统安全保护等级划分准则》(GB 17859—1999)中的 GB 表示(　　)。

A. 国家强制标准　　B. 国家推荐标准

C. 国家指导标准　　D. 国际标准

5.(　　)不是信息安全相关技术。

A. 数据压缩　　B. 数据加密

C. 防火墙　　D. 访问控制

6.(　　)不是《中华人民共和国保守国家秘密法》涉密信息等级。

A. 保密　　B. 秘密

C. 机密　　D. 绝密

7. 以下关于信息安全的叙述,(　　)是不正确的。

A. 当今社会,信息安全已经上升到国家战略层面

B. 信息安全措施管理,需三分靠管理,七分靠技术

C. 对组织机构来说,信息安全关系到正常运作和持续发展

D. 就个人而言,信息安全是保护个人隐私和财产的必然要求

8.(　　)不是信息系统的安全防护措施。

A. 关键的信息让非法用户改不了　　B. 重要的文件让非法用户拷不走

C. 系统的操作让非法用户学不会　　D. 机密的数据让非法用户看不懂

9.(　　)不属于计算机病毒的特点。

A. 暴露性　　B. 传播性

C. 破坏性　　D. 潜伏性

10. 某金融企业需开发移动终端业务处理系统,为控制数据安全风险,采取的数据安全措施不包括(　　)。

A. 用户身份认证　　B. 业务数据处理权限控制

C. 数据分布式存储　　D. 数据传输时加密

11.(　　)不符合使用计算机时应注意的信息安全操作。

A. 重要数据应及时备份　　B. 不要访问吸引人的非法网站

C. 密码最好使用六位随机数字　　D. 不要点击来历不明的链接

12.(　　)不符合使用手机时应注意的信息安全操作。

A. 设置手机开机密码　　B. 开会时手机关机

C. 不随意扫描街头销售的二维码　　D. 手机报废前应清除其中的数据

13. 下列关于计算机病毒的说法中错误的是(　　)。

A. 计算机病毒就是程序代码

B. 当前计算机病毒最主要的传播途径是网络传播

C. 计算机病毒可以破坏数据与软件,也可以破坏硬件

D. 完备的数据备份可以预防计算机病毒

14.(　　)最可能成为计算机病毒传播的载体。

A. U 盘　　B. 扫描仪

C. 硬盘　　D. 键盘

15.(　)不能起到提升系统安全的作用。

A. 安装杀毒软件　　B. 提升硬件性能

C. 升级软件系统　　D. 更新软件补丁

第4章 计算机与计算思维

随着现代计算机技术的日新月异,计算机以其崭新的姿态伴随人类迈入了新的世纪。它以快速、高效、准确等特性,成为人们日常生活与工作的最佳帮手。熟练地操作计算机,将是每个职业人员必备的技能。以计算机技术为核心的现代信息技术正在影响和改变着人类的生产、生活和学习方式,尤其是影响着人类的创造性思维。计算思维概念的提出,使人类对计算机应用的认识达到了一种新的高度。本章主要介绍电子计算机及计算思维等相关内容。

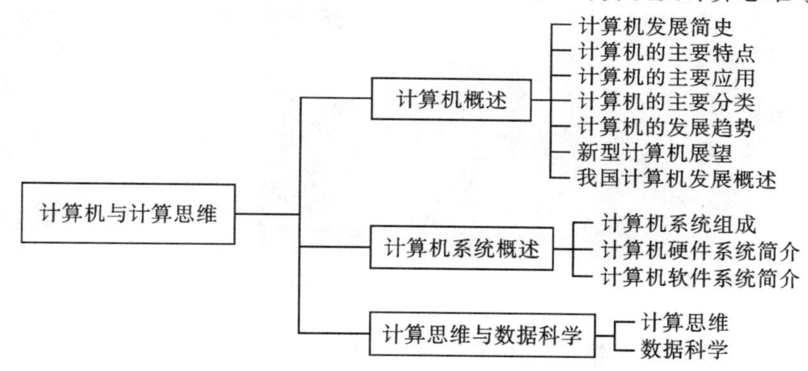

4.1 计算机概述

计算机技术是当前信息技术中最为重要的组成部分,计算机的发展历史丰富而复杂,远比许多人想象的久远。人类是会计算的生物,随着人类文明的发展,人类需要计算的数据量越来越大,对于计算工具的需求也就越来越高。从最早的结绳记事到算盘,再到后来的加法器、拆分机、机械计算机、电子计算机、新一代计算机等,人类对计算工具的研制一直都未停止,本书后面所说的计算机均为电子计算机的简称。

4.1.1 计算机发展简史

电子计算机(electronic computer)俗称电脑,是一种具有存储记忆功能,可以进行数值计算及逻辑计算,还能够按照程序运行,自动、高速处理海量数据的现代化智能电子设备,是人类文明最伟大的发明之一。

1. 计算机的产生

美国研制电子计算机的想法产生于第二次世界大战期间。当时激战正酣,各国的武器装备研发竞争激烈，为此美国陆军军械部在马里兰州设立了“弹道研究实验室”，用于研究弹道计算。美国军方要求该实验室每天为陆军炮弹部队提供 6 张射表以便对导弹的研制进行技术鉴定。但按当时的计算工具，实验室即使雇用 200 多名计算员加班加点工作也大约需要两个多月的时间才能算完一张射表。为了改变这种不利的状况，第一台电子计算机的初始设想——“高速电子管计算装置的使用”被提出并获得军方资助，之后便成立了一个以美国宾夕法尼亚大学莫希利、埃克特为首的研制小组。

1946 年 2 月，第一台通用电子计算机 ENIAC（即“埃尼阿克”）诞生，这台计算机由 17468 个电子管、70000 个电阻器、10000 个电容器、1500 个继电器和 6000 多个开关组成，重达 30 t，占地约 170 m^2（长 30.48 m，宽 6 m，高 2.4 m），耗电 174 kW，耗资近 50 万美元。ENIAC 采用的是十进制，每秒只能运行 5 千次加法运算（是使用继电器运转的机电式计算机的 1000 倍、手工计算的 20 万倍）。当年的 ENIAC 和现在的计算机相比，还不如一些高级袖珍计算器，但它的诞生为人类开辟了一个崭新的信息时代，使人类社会发生了巨大的变化。ENIAC 宣告了一个新时代的开始，打开了人类科学计算的大门。

第一台通用电子计算机 ENIAC 如图 4-1 所示。

图 4-1　ENIAC 计算机

ENIAC 作为人类历史上第一台电子计算机，本身存在一些缺陷，其中最主要的两个缺点为

（1）ENIAC 使用十进制，但是电子计算机是由各种电器开关及电子元器件组成的，十进制并不适合电子计算机。

（2）ENIAC 没有存储器，无法将数据存储在其内，它用布线接板进行控制，每次计算调整甚至要搭接几天，计算速度也就被这一工作抵消了。

针对 ENIAC 的缺陷，著名的计算机科学家冯·诺依曼提出了相关改进思路，两个最重要的思想为

（1）电子计算机应采用二进制表示数据和指令。

（2）电子计算机应采用存储器存储数据和指令序列（程序）。

冯·诺依曼（见图 4-2）被后人称为“现代计算机之父”，其对世界上第一台电子计算机 ENIAC 的设计提出改进建议，1945 年 3 月，他在和其他人共同讨论的基础上起草了一个全新的“存储程序通用电子计算机方案”——EDVAC（electronic discrete variable automatic computer 的缩写）。这个方案对后来计算机的设计有决定性的影响，特别是确定计算机的结构，采用存储程序以及二进制编码等，至今仍为电子计算机设计者所遵循。

冯·诺依曼计算机体系结构明确奠定了计算机由五个部分组成，即运算器、控制器、存储器、输入设备和输出设备，并描述了这五部分的职能和相互关系，为计算机的设计树立了

图4-2　约翰·冯·诺依曼

一座里程碑。直到现在，计算机绝大多数还是采用冯·诺依曼计算机体系结构。

2. 计算机的发展

人类所使用的计算工具是随着生产力的发展和社会文明的进步，从简单到复杂、从低级到高级的一个必然的发展过程。伴随着人类文明的发展，计算工具相继出现了，如结绳记事中的绳结，再到算筹、算盘、计算尺、手摇机械计算机、电动机械计算机等，直到1946年世界上第一台电子计算机(ENIAC)的诞生。

电子计算机从诞生开始，在70多年中经过了电子管、晶体管、集成电路(IC)和超大规模集成电路(VLSI)四个阶段的发展，计算机的体积越来越小，功能越来越强，价格越来越低，应用越来越广泛，目前正朝着第五代计算机方向发展。

1)第一代电子计算机(电子管，1946—1958)

第一代计算机又称电子管计算机，体积较大，运算速度较低，存储容量不大，而且价格昂贵，使用也不方便，为了解决一个问题，所编制的程序的复杂程度难以表述。这一代计算机主要用于科学计算，只在重要部门或科学研究部门使用。

【注】电子管是一种早期的电信号放大器件，被封闭在玻璃容器(一般为玻璃管)中。早期应用于电视机、收音机、计算机等电子产品中，后来逐渐被半导体材料制作的放大器和集成电路取代，但在一些高保真的音响器材中仍在使用。电子管如图4-3所示。

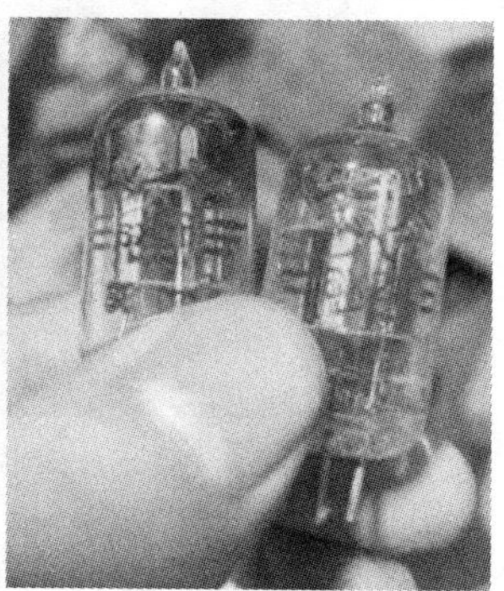

图4-3　电子管

2)第二代电子计算机(晶体管，1958—1965)

第二代计算机也称晶体管计算机，全部采用晶体管作为电子器件，其运算速度比第一代计算机的速度提高了近百倍，体积为原来的几十分之一。在软件方面开始使用计算机算法语言。这一代计算机不仅用于科学计算，还用于数据处理和事务处理及工业控制。

【注】晶体管是一种固体半导体器件(包括二极管、三极管、场效应管、晶闸管等)，具有检波、整流、放大、开关、稳压、信号调制等多种功能。晶体管是规范操作电脑、手机和所有其他现代电子电路的基本构建块。晶体管如图 4-4 所示。

图 4-4 晶体管

3)第三代电子计算机(集成电路，1965—1970)

第三代计算机属于中小规模集成电路计算机，这一时期的主要特征是以中小规模集成电路为电子器件，并且出现操作系统，使计算机的功能越来越强，应用范围越来越广。它们不仅用于科学计算，还用于文字处理、企业管理、自动控制等领域，出现了计算机技术与通信技术相结合的信息管理系统，可用于生产管理、交通管理、情报检索等领域。

【注】集成电路是一种微型电子器件或部件。集成电路是通过先进的制作工艺，将一个电路中所需的晶体管、电容、电阻、电感等元件和互连布线一起封装在一小块或几小块半导体晶片(介质基片)上，成为具有所需电路功能的微型结构。因为所有元件在结构上已组成一个整体，所以具有微型化、低功耗、智能化和高可靠性等优点。集成电路如图 4-5 所示。

图 4-5 集成电路

4)第四代电子计算机(大/超大规模集成电路，1970 至今)

第四代计算机属于大、超大、极大规模集成电路计算机，是从 1970 年以来采用大规模集成电路(LSI)和超大规模集成电路(VLSI)为主要电子器件制成的计算机。例如 80386 微处理器，在面积约为 10 mm×10 mm 的单个芯片上，可以集成大约 32 万个晶体管。

第四代计算机的另一个重要分支是以大规模、超大规模集成电路为基础发展起来的微处理器和微型计算机。微型计算机的性能主要取决于它的核心器件——微处理器(CPU)的性能。

4.1.2 计算机的主要特点

1. 运算速度快

电子计算机具有神奇的运算速度,其速度已达到每秒几十亿次乃至上百亿次。例如,为了将圆周率 π 的近似值计算到 707 位,一位数学家曾为此花十几年的时间,而如果用现代的计算机来计算,瞬间就能达到小数点后 200 万位。MIPS(Million Instructions Per Second,单字长定点指令平均执行速度)即计算机每秒钟执行的百万指令数,是衡量计算机(CPU)速度的一个指标。

2. 计算精度高

精度高是计算机又一显著的特点。在计算机内部数据采用二进制表示,二进制位数越多表示数的精度就越高。目前计算机的计算精度已经能达到几十位有效数字。从理论上说随着计算机技术的不断发展,计算精度可以提高到任意精度。

3. 记忆能力强

在计算机中有容量很大的存储装置,它不仅可以长久地存储大量的文字、图形、图像、声音等信息资料,还可以存储指挥计算机工作的程序。

4. 具有逻辑判断能力

因为采用了二进制,计算机能够进行各种基本的逻辑判断并且根据判断的结果自动决定下一步该做什么。有了这种能力,计算机才能求解各种复杂的计算任务,进行各种过程控制和完成各类数据处理任务。这种逻辑判断能力是计算机处理逻辑推理问题的前提,也是计算机能实现信息处理高度智能化的重要因素。

5. 自动完成各种操作

计算机是由内部控制和操作的,只要将事先编制好的应用程序输入计算机,计算机就能自动按照程序规定的步骤完成预定的处理任务。

6. 可靠性高

计算机是由各种电子元器件和线路接口等组成的,其耐用性一般都是以“万小时”为单位,因此计算机具有很高的可靠性,可以不知疲惫地以正常状态连续工作。

7. 高通用性

自 ENIAC 之后的电子计算机适用性越来越广,其具有非常快的运算速度。在各种系统软件及应用软件的配合下,已经广泛应用于人类社会的科研、生产、经济、生活、学习、娱乐等各个领域,成为现代人类社会不可缺少的工具。

4.1.3 计算机的主要应用

计算机的应用领域已渗透到社会的各行各业,正在改变着传统的工作、学习和生活方式,推动着社会的发展。计算机的主要应用领域如下。

1. 科学计算(或数值计算)

科学计算是指利用计算机来完成科学研究和工程技术中提出的数学问题的计算。在现代科学技术工作中,科学计算问题是大量和复杂的。利用计算机的高速计算、大存储容量和连续运算的能力,可以解决人工无法解决的各种科学计算问题。如地震预测、气象预报、航天技术等。

2. 数据处理(或信息处理)

数据处理是指对各种数据进行收集、存储、整理、分类、统计、加工、利用、传播等一系列活动的统称。据统计,80%以上的计算机主要用于数据处理,这类工作量大面宽,决定了计算机应用的主导方向。

如电子数据处理(electronic data processing,EDP),它是以文件系统为手段,实现一个部门内的单项管理,管理信息系统(management information system,MIS),它是以数据库技术为工具,实现一个部门的全面管理,以提高工作效率,决策支持系统(decision support system,DSS),它是以数据库、模型库和方法库为基础,帮助管理决策者提高决策水平,改善运营策略的正确性与有效性等。目前,数据处理已广泛应用于办公自动化、企事业计算机辅助管理与决策、情报检索、图书管理、电影电视动画设计、会计电算化等各行各业。信息正在形成独立的产业,多媒体技术使信息展现在人们面前的不仅是数字和文字,也有声情并茂的声音和图像信息。

3. 辅助技术

计算机辅助技术主要包括 CAD、CAM、CAI 和 CAE。

1)计算机辅助设计(computer aided design,CAD)

计算机辅助设计是利用计算机系统辅助设计人员进行工程或产品设计,以实现最佳设计效果的一种技术。它已广泛应用于飞机、汽车、机械、电子、建筑和轻工等领域。

2)计算机辅助制造(computer aided manufacturing,CAM)

计算机辅助制造是利用计算机系统进行生产设备的管理、控制和操作的过程。将 CAD 和 CAM 技术集成,实现设计生产自动化,这种技术被称为计算机集成制造系统(CIMS)。它的实现将真正做到无人化工厂(或车间)。

3)计算机辅助教学(computer aided instruction,CAI)

计算机辅助教学是在计算机辅助下进行的各种教学活动,是以对话方式与学生讨论教学内容、安排教学进程、进行教学训练的方法与技术。CAI 为学生提供一个良好的个人化学习环境。综合应用多媒体、超文本、人工智能和知识库等计算机技术,可以克服传统教学方式上单一、片面的缺点。它的使用能有效缩短学习时间、提高教学质量和教学效率,实现最优化的教学目标。

4)计算机辅助工程(computer aided engineering,CAE)

计算机辅助工程是用计算机辅助求解复杂工程和产品结构强度、刚度、屈曲稳定性、动力响应、热传导、三维多体接触、弹塑性等力学性能的分析计算以及结构性能的优化设计等问题的一种近似数值分析方法。从广义上说,计算机辅助工程包括很多,它可以包括工程和制造业信息化的所有方面。传统的 CAE 主要指用计算机对工程和产品进行性能与安全可靠性分析,对其未来的工作状态和运行行为进行模拟,及早发现设计缺陷,并证实未来工程、产品功能和性能的可用性和可靠性。

4. 过程控制(实时控制)

过程控制是利用计算机及时采集检测数据,按最优值迅速地对控制对象进行自动调节或自动控制。采用计算机进行过程控制,不仅可以大大提高控制的自动化水平,而且可以提高控制的及时性和准确性,从而改善劳动条件、提高产品质量及合格率。因此,计算机过程控制已在机械、冶金、石油、化工、纺织、水电、航天等部门得到广泛的应用。

5. 人工智能(智能模拟)

人工智能(artificial intelligence)是利用计算机模拟人类的智能活动,诸如感知、判断、理解、学习、问题求解和图像识别等。人工智能主要表现在机器人、专家系统和模式识别三个方面。现今人工智能的研究已取得不少成果,有些已开始走向实用阶段,例如,能模拟高水平医学专家进行疾病诊疗的专家系统,具有一定思维能力的智能机器人等。

6. 网络应用

计算机技术与现代通信技术的结合构成了计算机网络。计算机网络的建立,不仅解决了一个单位、一个地区、一个国家中计算机之间的通信,各种软、硬件资源的共享问题,还大大促进了国际间的文字、图像、视频和声音等各类数据的传输与处理。

7. 多媒体技术

随着计算机技术的发展与成熟,人们有能力将文本、音频、视频、图形、图像和动画等媒体综合起来,构成一种全新的概念,即多媒体(multimedia)。多媒体技术就是通过计算机对语言文字、数据、音频、视频等各种信息进行存储和管理,使用户能够通过多种感官跟计算机进行实时信息交流的技术。多媒体技术所展示、承载的内容实际上都是计算机技术的产物。

8. 嵌入式系统

嵌入式系统是以应用为中心,以现代计算机技术为基础,能够根据用户需求(功能、可靠性、成本、体积、功耗、环境等)灵活裁剪软硬件模块的专用计算机系统。嵌入式系统广泛存在于如数码相机、高档电动玩具、智能家用电器等设备中。

4.1.4　计算机的主要分类

1. 按规模分类

按照计算机的规模或运算速度、输入输出能力、存储能力等因素划分,通常将计算机分为巨型机、大型机、小型机、微型机等几类。

巨型机(supercomputer)又称为“超级计算机”或“超级电脑”,其运算速度快,存储量大,结构复杂,价格昂贵,主要用于尖端科学研究领域等。

大型机(mainframe)也称为“大型计算机”,它包括通常所说的大型机和中型机,规模次于巨型机,有比较完善的指令系统和丰富的外部设备,主要用于计算机网络和大型计算中心中。

小型机(mini-supercomputer)较之大型机成本较低,维护也较容易。小型机用途广泛,现可用于科学计算和数据处理,也可用于生产过程自动控制和数据采集及分析处理等。

微型机(micro computer / personal computer)又称为“微型电脑”或“个人电脑”,简称

PC。采用微处理器、半导体存储器和输入输出接口等芯片组成，它较之小型机体积更小、价格更低、灵活性更好、可靠性更高、使用更加方便。随着计算机技术的不断进步，计算机性能也越来越强，目前许多微型机的性能已超过以前的大中型机。

2. 按其工作模式分类

按照计算机工作模式，可将其分为服务器和工作站两类。

服务器是一种可供网络用户共享的高性能计算机，服务器一般具有大容量的存储设备和丰富的外部设备，其上运行网络操作系统，要求有较高的运行速度，为此，很多服务器都配置了双CPU。服务器上的资源可供网络用户共享。

工作站是普通计算机，它的独到之处就是易于联网，配有大容量主存、大屏幕显示器，特别适合于办公自动化。

3. 按用途分类

按照用途可将计算机分为通用型计算机和专用型计算机。

4.1.5 计算机的发展趋势

随着计算机的不断发展，计算机的性能应向着巨型化、微型化、智能化、多媒体化、网络化等方向发展。

1. 巨型化

巨型化是指为了适应尖端科学技术的需要而发展的高运算速度、大存储容量和强大功能的超级计算机。人们对计算机的依赖性越来越强，特别是在军事和科研教育方面对计算机的存储空间和运行速度等要求会越来越高。研制巨型机是为满足天文、气象、地质、核反应堆等尖端科学的需要，其可以记忆巨量知识信息，模拟人脑思维。巨型计算机的研制水平、生产能力及应用程度已成为衡量一个国家经济实力和科技水平的重要标志。

2. 微型化

微型化就是进一步提高集成度，利用高性能的超大规模集成电路研制出质量更可靠、性能更优良、价格更低廉、整机更小巧的微型计算机。随着微型处理器（CPU）的出现，计算机中开始使用微型处理器，使得计算机体积缩小了，成本也降低了。另一方面，软件行业的飞速发展提高了计算机内部操作系统的便捷度，计算机外部设备也趋于完善。

3. 智能化

智能化是指让计算机具有模拟人的感觉、行为、思维过程的机理，使计算机具备逻辑推理、学习等能力。计算机智能化是未来发展的必然趋势。现代计算机具有强大的功能和运行速度，但与人脑相比，其智能化和逻辑能力仍有待提高。人类在不断探索如何让计算机能够更好地反映人类思维，使计算机能够具有人类的逻辑思维判断能力，可以通过思考与人类沟通交流，并抛弃以往依靠编码程序来运行计算机的方法，直接对计算机发出指令。

总体来说，计算机发展的大趋势是速度越来越快，价格越来越低，体积越来越小。

4. 多媒体化

早期计算机处理的信息主要是字符和数字。但是，人们更习惯通过图片、文字、声音、影像等多种形式的多媒体信息来交流。多媒体技术可以集图形、图像、音频、视频、文字为一体,使信息处理的对象和内容更加接近真实世界。

5. 网络化

网络化是指通过网络应用模式实现更大范围内的信息资源"共享"。网络化可以充分利用计算机的宝贵资源并扩大计算机的使用范围,为用户提供方便、及时、可靠、广泛、灵活的信息服务。

互联网将世界各地的计算机连接在一起,人类从此进入了互联网时代。计算机网络化彻底改变了人类世界,人们通过互联网进行沟通、交流,教育资源共享、信息查阅共享等,特别是无线网络的出现,极大地提高了人们使用网络的便捷性,未来计算机将会进一步向网络化方向发展。

4.1.6 新型计算机展望

在第四代计算机之后,因为制造工艺已经走到瓶颈期,人们不再按照制造计算机的电路芯片对计算机分类了。计算机未来的发展方向可能是量子计算机、光子计算机、生物计算机、能识别人类自然语言的计算机、高速超导计算机、激光计算机、DNA 计算机、神经元计算机和生物计算机等。

1. 量子计算机

目前,我们使用的计算机主要采用半导体材料,而未来的量子计算机则使用原子的量子态作为中央处理器和内存。原子就是我们在高中化学里面学过的组成物质的基本单位,原子可以单独形成物质,也可以组成较大的分子形成物质。量子态是原子的一种特殊状态,处于量子态的原子具有诸多新特性,科学家们正是利用这些特性来实现数据运算和存储的。

在功能方面,量子计算机有很多优于传统计算机的方面。首先,量子计算机的速度非常快。一般来说,一台 40 位的量子计算机用 100 步就能模拟的系统,用一台 1 万亿位的传统计算机完成需要几年之久。其次,在通信领域,采用量子编码加密可保证信息的安全性,因为量子算法被破译的可能性几乎为零。最后,量子计算机可以进行大数的因式分解和复杂的数学运算,这是传统计算机望尘莫及的。

2. 光子计算机

光子计算机是一种由光信号进行数字运算、逻辑操作、信息存储和处理的新型计算机。它由激光器、光学反射镜、透镜、滤波器等光学元件和设备构成,靠激光束进入反射镜和透镜组成的阵列进行信息处理,以光子代替电子,光运算代替电运算。光子具有不带电荷、没有静止质量、超高速的运算速度、超大规模的信息存储容量、能量消耗小、散发热量低等特性。光的并行、高速,天然地决定了光子计算机的并行处理能力很强,具有超高运算速度。

3. 生物计算机

生物计算机又称仿生计算机,它的主要原材料是生物工程技术产生的蛋白质分子,并以此作为生物芯片,是以生物芯片取代在半导体硅片上集成数以万计的晶体管制成的计算机。生物计算机芯片本身还具有并行处理的功能,其运算速度要比当今最新一代的计算机快 10 万倍,能量消耗仅相当于普通计算机的十亿分之一,存储信息的空间仅占百亿亿分之一。

生物计算机有很多优点,主要表现在以下几个方面:首先,它体积小、功效高。在 1 mm^2 的面积上,可容纳几亿个电路,比目前的集成电路小得多。当生物计算机的内部芯片出现故障时，不需要人工修理，能自我修复，所以生物计算机具有永久性和很高的可靠性。其次，生物计算机的元件是由有机分子组成的生物化学元件，它们是利用化学反应工作的，所以只需要很少的能量就可以工作，因此不会像电子计算机那样，工作一段时间后机体会发热，生物计算机的电路间也没有信号干扰。

4.1.7 我国计算机发展概述

人类文明的发展史与计算工具的发展是息息相关的，中国作为历史悠久的文明古国，有着极其璀璨的历史及文化，早在上千年前，就在数学、医药、建筑、天文、经济、社会等领域建立了一项项伟大的成就，这些都离不开大量数据的计算。

算盘是中国古代的计算工具，是由早在春秋时期便已普遍使用的筹算逐渐演变而来的。算盘是一种十分便捷且有效的计算工具，具有轻便、快速、易学等特点，可解决各种复杂运算，甚至可以开多次方。算盘曾是世界上广为使用的计算工具，直到现在，在亚洲和中东的部分地区仍在继续使用算盘。算盘是现代计算机的前身，是古代中国计算技术的符号，尽管已经进入电子计算机时代，但看一看古老的中国算盘，我们不能不钦佩祖先的极大智慧。中国算盘如图 4-6 所示。

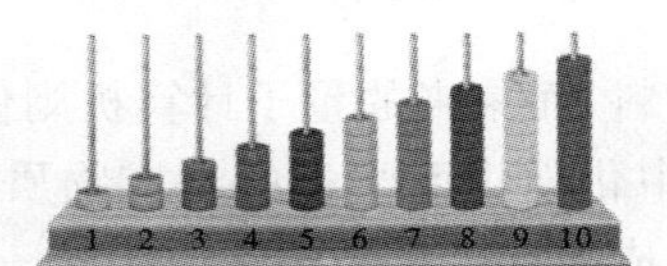

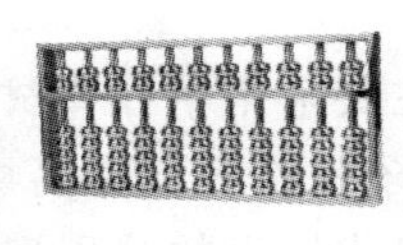
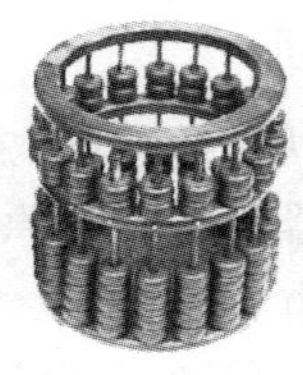
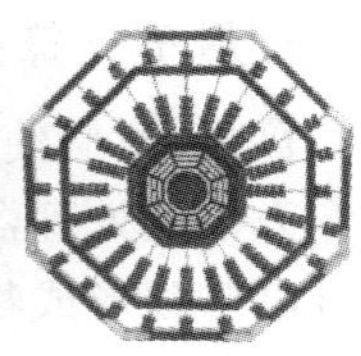

图 4-6 中国算盘

1. 中国电子计算机发展史

电子计算机作为人类文明史上的一项重要发明，对于一个国家各个方面的发展都具有举足轻重的作用。早在 1956 年，我国政府在《十二年科学技术发展规划》中，就把电子计算机列为科学技术发展的重点之一，并在 1957 年筹建了中国第一个计算技术研究所。现在，更是在《国家信息化发展战略纲要》中明确将包括计算机在内的信息技术上升到国家战略的重要地位，充分表现出几代领导人的高瞻远瞩。

中国的计算机（主要指电子计算机）事业起步于 20 世纪 50 年代中期，与国外同期的先进计算机水平相比，起步晚了约 10 年，在计算机的发展过程中，中国经历了各种困难，走过了一段不平凡的历程。我国的计算机事业先后经历了西方大国的封锁、中苏关系恶化等各种困境。直到现在，西方一些国家还在对我们进行技术封锁和制裁。

中国自主研发的计算机为国防和科研事业都做出了重要贡献，并且推动了计算机产业的发展。截至目前，中国既研制出了世界上计算速度最快的高性能计算机，也成为国际上最大的微机生产基地和主要市场。与此同时，中国计算机事业的发展呈现出多元化的发展趋势，与国外发达国家基本同步形成了一系列新的学科，这些学科也获得了快速的发展，很多领域在技术研发或产业化上达到甚至超越了同期国外水平。

2. 中国的超级计算机

1)中国超级计算机发展史

超级计算机将大量的处理器集中在一起以处理庞大的数据量,运算速度比常规计算机快许多倍。从结构上看,超级计算机和普通计算机大同小异,但并行化处理的超级计算机可以处理庞大的数据,进而影响到各个行业运行与发展,其意义十分重大。超级计算机多用于国家高科技领域和尖端技术研究,是一个国家科研实力的体现,对国家安全、经济和社会发展具有举足轻重的意义,是国家科技发展水平和综合国力的重要标志。

20世纪70年代,随着国力的增长,中国对超级计算机的需求日益激增,中长期天气预报、模拟风洞实验、三维地震数据处理,以及新武器的开发和航天事业等都对计算能力提出了新的要求。为此中国开始了对超级计算机的研发,并于1983年研制成功银河一号超级计算机,后继续成功研发了银河二号、银河三号、银河四号等银河系列的超级计算机,使我国成为世界上少数几个能发布5至7天中期数值天气预报的国家之一。1992年研制成功曙光一号超级计算机,在发展银河和曙光系列的同时,中国发现由于向量型计算机自身的缺陷很难继续发展,因此需要发展并行型计算机,于是中国开始研发神威超级计算机。

目前,中国在超级计算机方面处于国际先进水平。中国是第一个以发展中国家的身份制造了超级计算机的国家,中国在1983年研制出的第一台超级计算机银河一号,使中国成为世界上继美国、日本之后第三个能独立设计和研制超级计算机的国家。

2011年中国拥有世界最快的500个超级计算机中的74个。

2013年,我国天河二号(又称银河二号)大型超级计算机以峰值计算速度每秒5.49亿亿次及持续计算速度每秒33.86千万亿次的优异性能位居第41届世界大型超级计算机TOP500榜首。

2016年TOP500组织发布的一期世界超级计算机500强榜单中,神威·太湖之光超级计算机和天河二号超级计算机位居前两位。神威·太湖之光的实测计算速度比天河二号提高了三倍,是当时美国最快的超级计算机速度的5倍,也是世界上第一台运算速度达到10亿亿次量级的超级计算机。而比性能更加重要的是,神威·太湖之光是全部使用自主研制的芯片制造而成,实现了我国超级计算机核心技术的自主可控。

在2019年6月举办的国际超算大会(ISC)上发布了第53届全球超算TOP500名单,这份超级计算机TOP500名单中,中国以219台上榜数继续位列第一位,美国以116台排第二位。除了中国和美国在超算数量上排名第一和第二外,其他拥有超算比较多的国家还有:日本29台排名第三,法国19台排名第四,英国18台排名第五,德国14台排名第六。

但在总运算能力上,美国超算的平均运算能力依旧强于中国。从总算力占比上看,美国超算占比为37.1%,中国超算占比为32.3%,但是随着近年来中国国力的快速发展,中国上榜超算数量也快速增长,中美超算性能差距在一步步缩小。中国超级计算机如图4-7所示。

2)超级计算机应用举例

(1)科研及高端制造。在飞行器制造领域,经常要计算飞机附近空气的流动,以及飞行器本身的受力情况。最常用的计算方法是把空气、机体分割成一个个小块,分别计算每个小块的运动和受力,再整合起来得到整体的运动和受力情况。一般来说,分割得越精细,每个小块越小,计算越准确,但分割得越精细,计算量也就会越大。而利用超级计算机的强悍算

图 4-7 中国超级计算机

力进行模拟仿真运算，则可以为科研和高端制造节省非常多的时间成本和经济成本。计算机模拟仿真如图 4-8 所示。

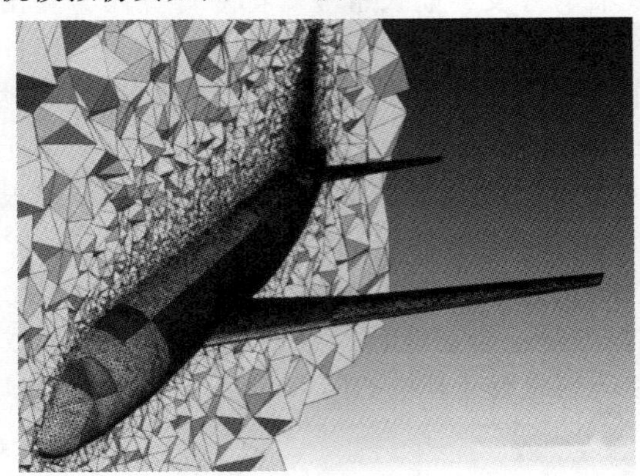

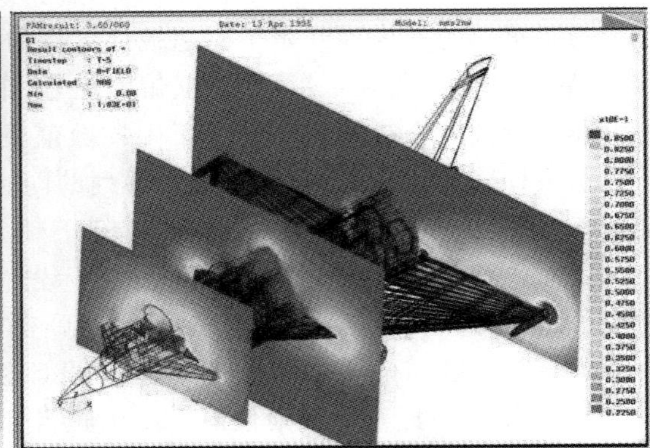

图 4-8 计算机模拟仿真

在科研和工程领域，还有许许多多类似的计算任务，例如原子基本性质的量子力学计算、药物反应过程的分子动力学模拟、黑洞碰撞的相对论模拟、大气运动和天气变化的预测、桥梁设计中的受力计算等。超级计算机已经成为现代科研与高端制造等领域不可或缺的条件之一。

(2)药品及疫苗研发。依靠常规的研发手段，一种疫苗的研发周期需要 15 年左右。我国是世界上第一批成功研制出新冠疫苗的国家之一。中国新冠疫苗研发能处于全球领先位置，背后既有科研工作者的不懈努力，也有国家体制机制保障的原因，而超级计算机就是疫苗研制科研工作者背后的主要助力之一。中国超级计算机助力抗疫报道如图 4-9 所示。

3. 中国的新一代计算机

我国在科技方面已经有了很大进步，但是依然有一些关键技术需要攻破，这样才能确保持续发展。科技兴国，科技强国，只有科技足够强大，国家发展才能后顾无忧。

量子技术一直都是各国研究的一个主要领域，超导量子比特与光量子比特是国际公认的有望实现可扩展量子计算的物理体系。量子计算机对特定问题的求解超越超级计算机(即量子计算优越性)，是量子计算发展的第一个里程碑。

中国科学院量子信息与量子科技创新研究院潘建伟等组成的科研团队，与中科院上海技术物理研究所、上海微系统与信息技术研究所合作，在超导量子和光量子两种系统的量子计算方面取得重要进展，使我国成为目前世界上唯一在两种物理体系达到“量子计算优越性”里程碑的国家。

图 4-9 中国超算助力抗疫

2021 年底，超导量子计算研究团队构建了 66 比特可编程超导量子计算原型机“祖冲之二号”，实现了对“量子随机线路取样”任务的快速求解，比目前最快的超级计算机快一千万倍；计算复杂度比谷歌的超导量子计算原型机“悬铃木”高一百万倍，使得我国首次在超导体系达到了“量子计算优越性”里程碑。光量子计算研究团队构建了 113 个光子 144 个模式的量子计算原型机“九章二号”，处理特定问题的速度比超级计算机快亿亿倍，并增强了光量子计算原型机的编程计算能力。

同时，我国在生物计算等领域也在积极进行产业链布局，加大科研投入，确保走在国际前列。

4.2　计算机系统概述

4.2.1　计算机系统组成

计算机系统由计算机硬件系统和计算机软件系统两大部分组成。计算机硬件系统由一系列电子元器件及有关设备按照一定逻辑关系连接而成，是计算机系统的物质基础。计算机软件系统由系统软件和应用软件组成，计算机软件指挥、控制计算机硬件系统，使之按照预定的程序运行。计算机硬件相当于计算机的躯体，计算机软件相当于计算机的灵魂。一台不装备任何软件的计算机称为裸机。计算机系统的基本组成如图 4－10 所示。

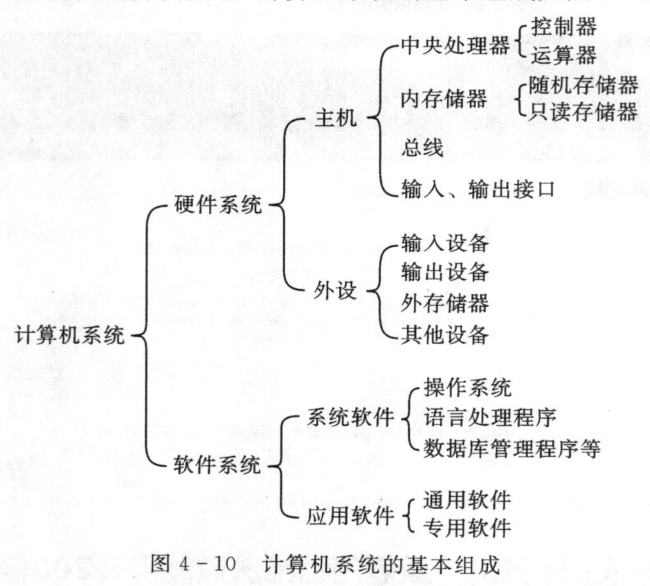

图 4－10　计算机系统的基本组成

4.2.2　计算机硬件系统简介

从诞生至今，计算机技术得到了长足发展，类型已经多种多样，性能、结构、应用领域也都有很大变化。但大多数计算机的基本工作原理，仍是以冯・诺依曼提出的模型为结构。冯・诺依曼提出的计算机系统由运算器、控制器、存储器、输入设备、输出设备五大功能部件组成，在此先进行大致介绍，在本书后面的章节会有具体讲解。冯・诺依曼体系结构如图 4－11 所示。

1. 运算器与控制器

运算器和控制器结合在一起，称为中央处理器(CPU)，CPU 和主存储器合称为主机。运算器是按照指令功能，在控制器作用下，对信息进行加工与处理的部件，可以进行算术运算和逻辑运算。

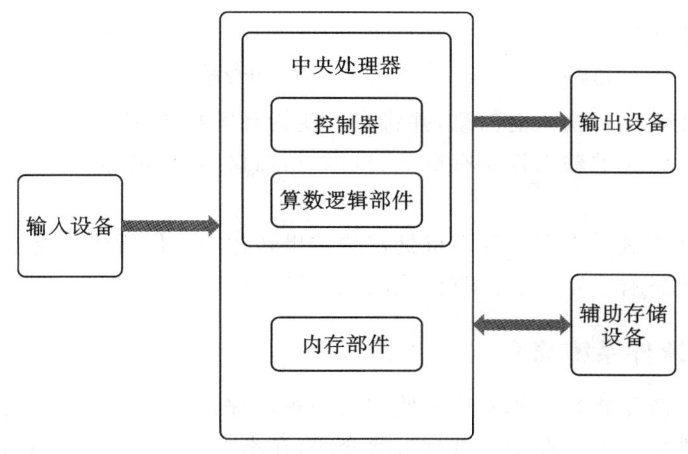

图4-11 冯·诺依曼体系结构

1)运算器

运算器包括寄存器、执行部件和控制电路三个部分。运算器能执行多少种操作和操作速度如何标志着运算器能力的强弱,甚至标志着计算机本身的能力。运算器的基本操作包括加、减、乘、除四则运算,与、或、非、异或等逻辑操作,以及移位、比较和传送等操作。

运算器的基本功能。

(1)对数值数据进行算术/逻辑运算。

(2)暂存参与运算的数据中间结果或最终结果。

(3)操作数据、数据单元的选择。

2)控制器

控制器是计算机中的控制部件,它用来协调和控制计算机各个部件的工作。控制器主要由程序计数器(PC)、指令寄存器(IR)、指令译码器、时序信号产生器、操作控制信号形成部件等部件组成。

控制器的基本功能。

(1)取指令:从内存中取出指令(码)送至CPU。

(2)分析指令:对指令码进行分析译码,判断其功能、操作数寻址方式等。

(3)执行指令:根据指令分析的结果,执行相应操作。

2. 存储器

存储器是指具有记忆功能的物理器件,用于存储信息,分为内部存储器(内存)和辅助存储器(外存)。

1)内存

内存是指半导体存储器,主要分为随机存储器(RAM)和只读存储器(ROM)。RAM可随意写入读出,断电后内容消失;ROM只可读出,不能写入,断电后内容不消失。

2)外存

外存是指磁性存储器(硬盘)和光电存储器(光盘)等,它是内存的扩充,可以作为永久性存储器。

3. 输入/输出设备

1)输入设备

输入设备是接收用户输入的信息,并将它们变为计算机能识别的形式(二进制数)存放到内存中的设备。常见的输入设备有键盘、鼠标、扫描仪、麦克风等。

2)输出设备

输出设备是将存放在内存中计算机处理的结果转化为人们所能接受的形式并输出的设备。常见的输出设备有显示器、打印机、绘图仪、投影仪等。

4.2.3 计算机软件系统简介

计算机软件系统是指计算机系统所使用的各种程序以及有关资料的集合,通常分为系统软件和应用软件两大类。在此先进行大致介绍,在本书后面的章节会有具体讲解。

1. 系统软件

系统软件负责管理、监控、维护、开发计算机的软硬件资源,在用户与计算机之间提供一个友好的操作界面和开发应用软件的环境,常用的系统软件有操作系统、程序设计语言和语言编译程序、数据库管理系统、网络软件和系统服务程序等。这类软件是人与计算机联系的桥梁,其主要任务是简化计算机的操作,使得计算机硬件所提供的功能得到充分利用,有了这个桥梁,人们可以方便地使用计算机。系统软件的主要特征是作为人机交互接口,管理软硬件资源。

在计算机上,系统软件配备得越丰富,机器发挥的功能就越充分,用户使用起来就越方便。因此,用户熟悉系统软件,就可以有效地使用和开发应用软件。

系统软件特点:

(1)通用性。系统软件的功能不依赖于特定的用户,无论哪个应用领域的用户都要用到它。

(2)基础性。其他软件基本都要在系统软件的支持下运行。

2. 应用软件

应用软件是为了解决现实中某些具体问题而开发和研制的各种软件,其主要特征是功能相对单一且具体。应用软件可以是应用软件包,也可以是用户定制的程序。

通用程序包括文字处理软件(如 Word、WPS)、电子表格软件(如 Excel)、图形软件(Photoshop)等。

应用定制程序如某单位的信息管理系统、工资管理程序等。

4.3 计算思维与数据科学

思维是人类所具有的高级认识活动。按照信息论的观点,思维是对新输入信息与脑内储存知识经验进行一系列复杂的心智操作的过程,思维方式的养成对于一个人来说是非常重要的。

4.3.1 计算思维

1. 计算思维概述

计算思维(computational thinking,CT)是运用计算机科学的基础概念进行问题求解、系统设计,以及人类行为理解等涵盖计算机科学之广度的一系列思维活动。计算思维的概念由美国科学家周以真于2006年首次提出。2010年,周以真教授又指出计算思维是与形式化问题及其解决方案相关的思维过程,其解决问题的表示形式应该能有效地被信息处理代理执行。

计算思维就是以【计算机】→【人类或机器】→【能够有效地执行】的方式形成一个问题并表达其解决方案的思维过程。计算思维描述了在制定一个问题以承认一个计算解决方案时的心理活动,解决方案可以由人或机器来完成。

通俗地说,计算思维就是运用计算机科学的基础概念进行问题求解、系统设计,以及人类行为理解等涵盖计算机科学之广度的一系列思维活动。它能为问题的有效解决提供一系列的观点和方法,可以更好地加深人们对计算本质以及计算机求解问题的理解,还能克服"知识鸿沟",便于计算机科学家与其他领域专家交流。

计算思维是一种综合的、跨学科的思维方式和能力。现如今人类社会已经进入信息时代,在这个充满计算的世界里,计算思维被认为是成为一个有知识的公民和在所有"STEM"工作中取得成功的基本能力,而且它具有创造性地解决问题和在所有其他学科中进行创新的潜力。

【注】STEM由科学(science)、技术(technology)、工程(engineering)和数学(mathematics)四部分的英文首字母组成,是美国鼓励学生主修科学、技术、工程及数学的一项计划。属于STEM计划的专业,涵盖了工程类、数学、生物科学、计算机科学、物理科学等领域。

2. 计算思维的特性

计算思维的特性主要有以下几点:

(1)面向所有人,所有领域;

(2)是概念化,不是编程;

(3)是基础的能力,不是死记硬背的技能;

(4)是人的思考方式,不是计算机的思考方式;

(5)是数学思维和工程思维的补充与结合;

(6)是一种思想。

我国谭浩强教授在《计算机教育》上发表的题为"研究计算思维,坚持面向应用"一文中也指出:计算机思维是一种科学思维方法,所有人都应学习和培养。但学习的内容和具体要求是因人而异的,对不同人群有不同的要求。计算思维不是悬空的、不可捉摸的抽象概念,是体现在各个环节中的。

不要把计算思维想象得高不可攀,难以捉摸。其实,计算思维并非现在才有,自古就有之,随着计算工具的发展而发展。如算盘就是一种没有存储设备的计算机(人脑作为存储设备),提供了一种用计算方法来解决问题的思想和能力;图灵机是现代数字计算机的数学模型,是有存储设备和控制器的;现代计算机的出现强化了计算思维的意义和作用。

事实上，人们在学习和应用计算机过程中不断地培养着计算思维。正如学习数学的过程就是培养理论思维的过程，学物理的过程就是培养实证思维的过程。学生学习程序设计，其中的算法思维就是计算思维。

培养和推进计算思维包含两个方面：

(1)深入掌握计算机解决问题的思路，总结规律，更好、更自觉地应用信息技术。

(2)把计算机处理问题的方法用于各个领域，推动在各个领域中运用计算思维，使各学科更好地与信息技术相结合。

计算思维不是孤立的，它是科学思维的一部分，其他如形象思维、抽象思维、系统思维、设计思维、创造性思维、批判性思维等都很重要，不要脱离其他科学思维孤立地提计算思维。在学习和应用计算机的过程中，在培养计算思维的同时，也培养了其他的科学思维(如逻辑思维、实证思维)。

3. 培养计算思维的优点

计算思维是人类大脑的一种思维方式，在问题解决的不同阶段会用到数学思维，在设计和评价复杂系统时会用到工程思维，在理解概念时会用到科学思维。可以看出，计算思维是多种思维的综合应用，因此培养与锻炼计算思维可以获得以下收益。

1)提高数学能力

计算思维必不可少的就是计算，数学对于计算思维是必不可少的。在锻炼计算思维的时候，可以把数学知识实际应用起来，有利于培养对数学的兴趣，激发学习数学的热情，明白数学在生活中的使用方式。

2)提高逻辑思维能力，养成严谨的习惯

在计算思维实现的过程中，建立数学模型需要有多种选择的语句，和分别对应的实现步骤，这些都非常有利于培养逻辑思维能力和严谨的思维习惯。在思考过程中，一旦出现了纰漏，整个计算过程就会出现失败，需要重新检查数学建模中出现了哪些问题和错误，需要耐心、严谨和抗挫折的能力。

3)培养思考问题和解决问题的能力

计算思维本身就是为了解决问题而提出的，是为了解决问题而提倡的一种思维方式，这对于思考问题和解决问题能力的养成非常有效。

现如今，计算机已进入社会的各行各业，计算思维便于人机沟通，便于使用计算机去解决问题和实现目的。它不是要人们像计算机一样思考，而是一种架起人机交流之桥梁的核心思维模式。在用计算思维解决问题时，人负责把实际问题转化为可计算的问题，并设计算法让计算机去执行，计算机负责具体的运算任务，通过运算，达到人想要实现的工作目标，并将这个结果呈现出来，这就是计算思维里的人机分工。

4.3.2 数据科学

1. 数据科学概述

数据科学(data science)是一门利用数据学习知识的学科，其目标是通过从数据中提取出有价值的部分来生产数据产品。它结合了诸多领域中的理论和技术，包括应用数学、统计、模式识别、机器学习、数据可视化、数据仓库以及高性能计算。数据科学通过运用各种相关的数据来帮助非专业人士理解问题。

2. 数据科学组成结构

数据科学是随着计算机的普及与发展而兴起的一门综合性的热门学科，其各学科领域组成结构如图 4－12 所示。

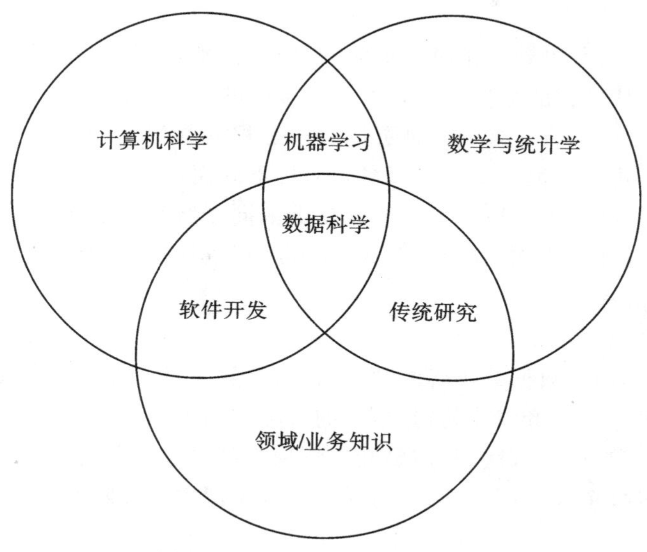

图 4－12　数据科学的组成结构

3. 数据科学应用方向

数据科学这个词包括的范围可以很广，从求职和工作背景来看待数据科学的应用方向，可将其分为四个方向(梯队)，如图 4－13 所示。这四个方向(梯队)可以想象成一个金字塔，塔尖的需求量比较少，塔底的需求量比较大，不同的工作有不同的求职导向和工作要求，大家应该根据自己喜欢什么来选择发展目标。

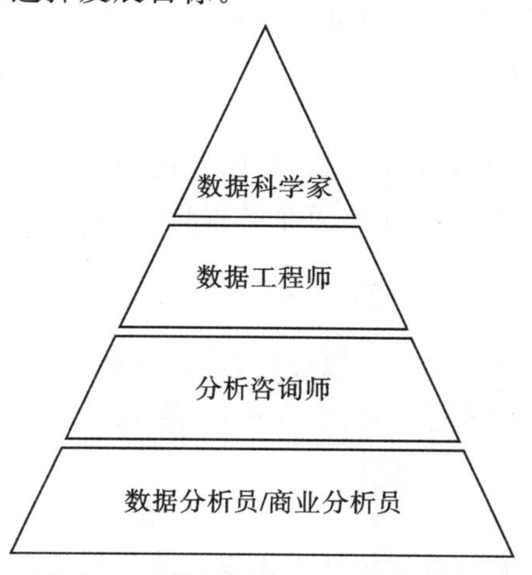

图 4－13　数据科学工作应用阶梯图

1)第一方向

这个方向(梯队)更偏向于科学家与研究工作。作为第一梯队的数据科学家,定位就是掌舵者或研究方案的制定者,所以必须要具备强大的算法设计能力、建模能力。这个职位一般都会录用博士级别且具有经验的人,难度较大。

2)第二方向

第二个方向(梯队)可以看作是第一梯队的执行者,他们把第一梯队数据科学家设计出来的方案变成现实,从最初的数据收集到平台成型后的每次更新。

第二梯队主要有两个分支。一个是更偏向于工程的数据工程师,他们把设计方案从技术层面上加以实现,建立数据模型,收集数据,分析不同模型的优缺点等,并用这些模型来预测产品开发团队的产品是否合格。另一个分支更偏向于统计和建模,这个分支的数据专家一般都活跃在金融领域。比如,有的人会在一些金融公司做云分析,对公司不同种类的对冲基金产品进行数据分析等。

3)第三方向

第三个方向(梯队)是数据分析咨询师,这种岗位除了专业能力还需要一定的交际能力。比如说,你在会计事务所或者保险公司,需要的就是如何根据具体问题找到最合适的数据集和模型。一般不需要自己写算法,只需要知道哪种模型最适合解决问题,然后把这个模型推荐给客户、老板或者投资人。所以说,你对模型的理解能力和交际能力是同样重要的。

4)第四方向

第四个方向(梯队)就业面最宽泛,岗位一般为数据分析、商业分析、商业智能开发等。

4. 数据科学的就业优势

数据科学技术可以帮助人们正确地处理数据并协助人们在生物学、社会科学、人类学等领域进行研究。此外,数据科学对商业竞争也有极大的帮助,各个行业的头部公司基本都组建了自己的相关研究部门,通过大数据分析消费者行为与偏好,例如国外有奈飞、迪士尼、谷歌等,国内有百度、阿里、腾讯、京东、小米等。

现今,在各类招聘网上随便一搜,就能发现各行各业中都有很多数据分析的岗位。数据科学的就业优势主要有以下几点。

1)前景

在全球范围内,数据科学需求量都非常可观,提供给求职者很多机会。作为领英上增长最快的工作,预计到2026年将创造1150万个数据科学岗位。这使得数据科学成为21世纪非常具有成长性的行业。

2)薪资

数据科学是收入最高的行业之一。以美国为例,根据Glassdoor网站统计,美国的初级数据科学工作者每年的平均收入都能达到113000美元。这使得数据科学成为一个利润丰厚的职业选择。

3)全面提升硬实力

数据科学的工作需要强大的数学统计知识以及编程技巧,掌握这些技能对于个人成长,以及职业发展都打下了坚实的基础。

4)工作内容有成就感

数据科学帮助各个行业实现冗余任务的自动化,帮助公司作出基于数据理论的明智决策。各行各业的公司都会依赖数据科学为自身或者客户提供帮助,这让数据科学工作者在组织中具有较为重要的地位。

5. 从事数据科学工作需具备的能力

在数据科学方面的面试中,应聘者不但需要展现自己优秀的基本功,还要注重沟通,表现出商业意识。一般来说,数据科学相关面试会考量应聘者以下几种能力:

(1)编程能力。编程能力是数据科学的基本功,良好的编程能力是开始数据科学工作的基础。核心的编程能力要求掌握SQL、Python或者R语言,算法和算法复杂度分析的知识也要考察。

(2)统计和机器学习知识与应用。统计和机器学习的知识是数据科学建模的基础,也是区别于数据分析的主要方面。但是机器学习的知识与应用经验的积累却无法在短期内速成。所以对于要在数据科学领域脱颖而出的应聘者,统计和机器学习的基础知识至关重要。

(3)数据科学案例分析能力。数据科学案例分析能全面考查一个面试者是否懂得独立解决一个数据科学问题,这个过程涉及诸多细节。通过考查面试者对于数据科学案例分析问题的思考过程,面试官可以很容易地看出面试者的强项和弱项,从而对面试者的综合能力有较好的判断。

(4)行为软实力。行为面试的部分主要考查求职者自身的性格特点、经历,处理问题习惯,以及与团队工作内容和公司文化等的匹配程度,整体而言与其他技术职位类似。

思考与讨论

1. 对比世界计算机发展,谈谈我国的计算机发展历程,以及贡献较大的科学家或研究人员,分享他们的故事。

2. 请结合习近平主席在科学家座谈会上的讲话,谈谈你所知道的我国老一辈科学家,以及我们当前应当如何看待自己的学业。

3. 什么是超级计算机,我国在超算领域发展如何?超级计算机在我国各领域发展中具有什么作用?

习题与练习

1. 冯·诺依曼对ENIAC提出的两点改进思路是(　　)。

A. 使用二进制和采用存储器　　B. 使用二进制和使用显示器
C. 使用十进制和采用存储器　　D. 使用二进制和加入CPU

2. 冯·诺依曼计算机体系结构明确了计算机由运算器、控制器、(　　)、输入设备和输出设备组成。

A. 系统软件　　B. 存储器
C. 应用软件　　D. CPU

3. 从功能上说,计算机主要由输入设备、输出设备、存储器和(　　)组成。

A. 控制器　　B. 运算器
C. CPU　　D. 显示器

4.(　　)不属于电子计算机经历的四个阶段。

A. 电子管　　B. 晶体管

C. 集成电路　　D. 液晶面板

5.(　　)不属于计算机的主要特点。

A. 速度快　　B. 精度高

C. 记忆力强　　D. 无逻辑判断能力

6. 计算机在航空航天方面的应用属于(　　)应用领域。

A. 科学计算　　B. 数据处理

C. 人工智能　　D. 计算机辅助

7. 某单位自行研发的人事管理系统属于计算机(　　)应用领域。

A. 科学计算　　B. 数据处理

C. 人工智能　　D. 计算机辅助

8. 能模拟高水平医学专家的疾病诊疗系统属于计算机(　　)应用领域。

A. 科学计算　　B. 数据处理

C. 人工智能　　D. 计算机辅助

9. 计算机辅助设计简称为(　　)。

A. CAD　　B. CAI

C. CAM　　D. CAE

10. 按照规模分类,计算机的分类不包括(　　)。

A. 巨型机　　B. 大型机

C. 服务器　　D. 微型机

11.(　　)不是我国的超级计算机。

A. 银河一号　　B. 天河二号

C. Frontier　　D. 神威·太湖之光

12. 一个完整的计算机系统由(　　)组成。

A. 硬件系统和软件系统　　B. 系统软件和应用软件

C. 硬件系统和系统软件　　D. 主机和外设

13. 在微型计算机中,运算器和控制器结合组成(　　)。

A. 主机　　B. CPU

C. ALU　　D. MPU

14. 计算机硬件系统中,RAM 是(　　)的缩写简称。

A. 逻辑控制器　　B. 高速缓存

C. 随机存储器　　D. 只读存储器

15.(　　)不属于计算机系统中的主机范畴。

A. 硬盘　　B. 主板

C. 内存　　D. 中央处理器

16.(　　)不是计算机输入设备。

A. 扫描仪　　B. 麦克风

C. 打印机　　D. 鼠标

17. 计算机软件系统分为(　　)。

A. 系统软件和操作系统　　B. 数据库软件和应用软件

C. 数据库软件和语言处理软件　　D. 系统软件和应用软件

18. 以下关于计算机软件的叙述,(　　)是错误的。

A. 系统软件负责管理、监控、维护、开发计算机的软硬件资源

B. 操作系统、程序设计语言和语言编译程序、数据库管理系统都属于系统软件

C. 应用软件是为了解决现实中某些具体问题而开发和研制的

D. 应用软件作为人机交互接口

19. 以下关于计算思维的叙述,(　　)是错误的。

A. 计算思维只针对计算机专业人员

B. 计算思维是基础能力,而不是死记硬背的知识技能

C. 计算思维是人的一种思维方式

D. 计算思维是数学思维和工程思维的补充与结合

20. 以下关于数据科学的叙述,(　　)是错误的。

A. 数据科学是一门利用数据学习知识的学科

B. 数据科学结合了数学、统计、模式识别、机器学习、数据可视化等诸多领域

C. 数据科学通过运用各种相关的数据来帮助非专业人士理解问题

D. 数据科学是随着人工智能技术普及而兴起的一门学科

第5章　计算机硬件系统

自第一台计算机 ENIAC 诞生以来，计算机技术已经得到了很大的发展，但计算机硬件系统的基本结构没有发生大的变化，仍然属于冯·诺依曼体系计算机。计算机硬件由主机和外设两大部分组成。为方便理解，本章将以现实中微型计算机的常见硬件组件为单位给大家加以介绍。

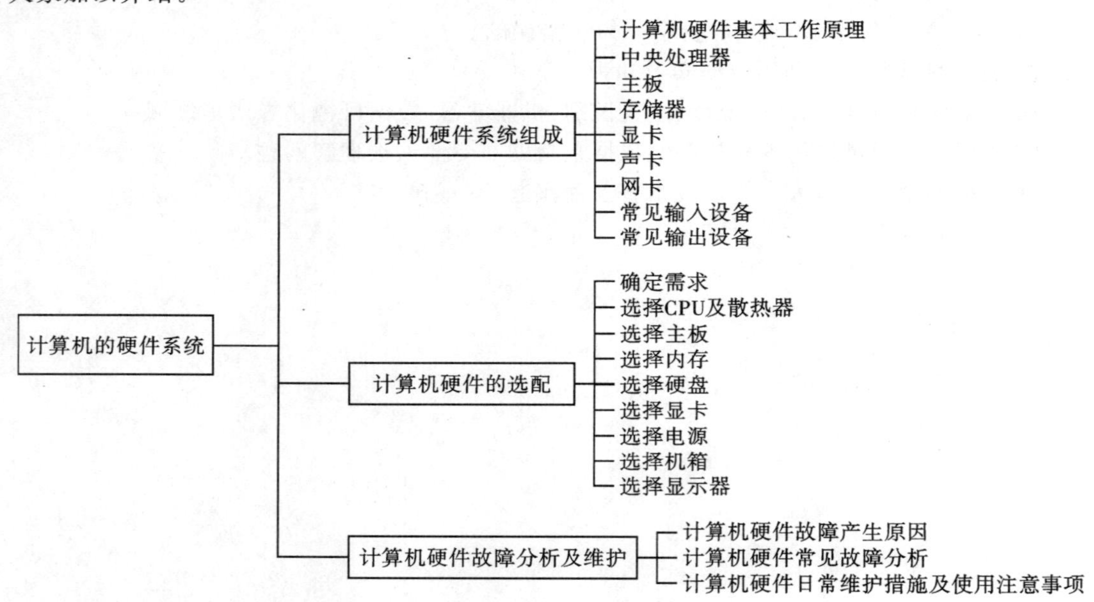

5.1　计算机硬件系统组成

计算机硬件是计算机的重要组成部分，是指组成计算机的各种物理设备，也就是人们在现实生活中看得见、摸得着的各种实际物理设备。下面我们以大家比较熟悉的 PC 机为对象进行介绍。

5.1.1　计算机硬件基本工作原理

计算机硬件系统包括计算机的主机和外部设备。按照冯·诺依曼体系划分的五大功能部分相互配合，协同工作。其工作原理简述为，首先由输入设备接收外界信息（程序和数据），控制器发出指令将数据送入（内）存储器，然后向内存储器发出取指令命令；在取指令命令下，程序指令逐条送入控制器；控制器对指令进行译码，并根据指令的操作要求，向存储器和运算器发出存数、取数命令和运算命令，经过运算器计算并把计算结果存在存储器内；最后在控制器发出的取数和输出命令的作用下，通过输出设备输出计算结果。计算机硬件基本工作原理如图 5－1 所示。

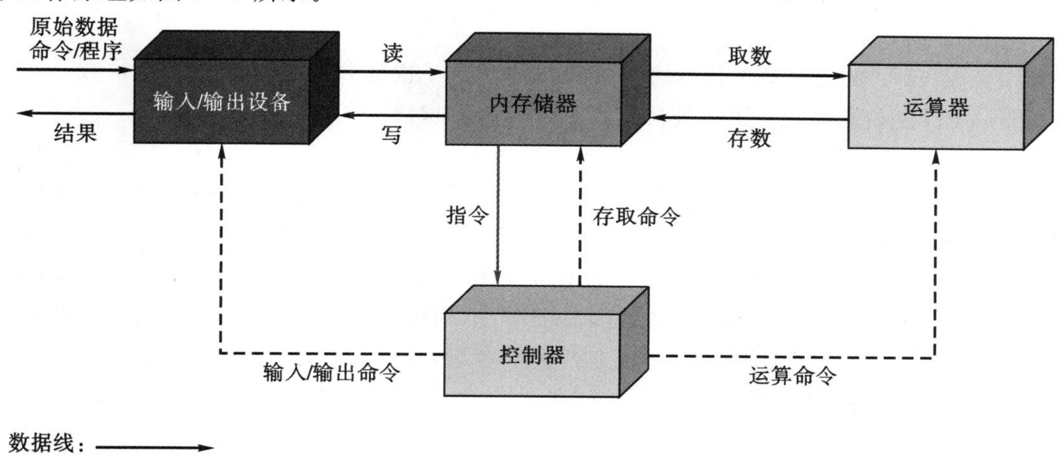

图 5－1　计算机硬件基本工作原理

5.1.2　中央处理器

中央处理器(central processing unit，CPU)是计算机最基本也是最重要的部件之一。中央处理器作为计算机系统的运算和控制核心，主要包括运算器、控制器两个部分，其中还包括高速缓冲存储器及实现它们之间联系的数据总线和控制总线。

1. CPU 主要结构

通常来讲，CPU 从逻辑上可以划分成三个模块，分别是控制单元、运算单元和存储单元，这三部分由 CPU 内部总线连接起来。CPU 内部结构如图 5－2 所示。

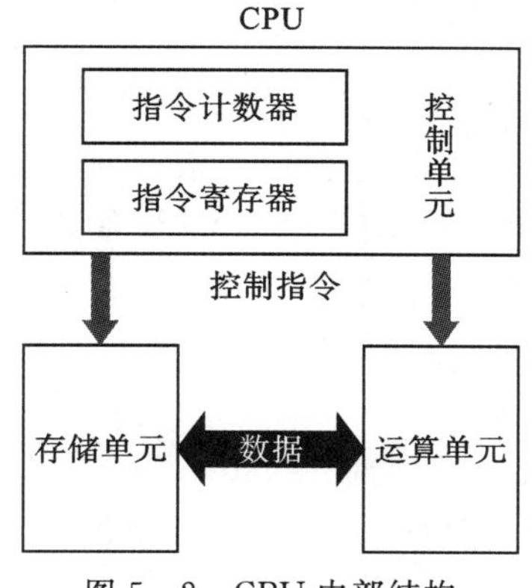

图 5－2　CPU 内部结构

2. CPU 主要性能指标

计算机的运算性能在很大程度上由 CPU 的性能决定，CPU 的主要性能指标有主频、字长、缓存、核心数、线程数和制造工艺等。

1)主频

主频也叫时钟频率,单位是兆赫(MHz)或吉赫(GHz),一般用来表示 CPU 运算、处理数据的性能。通常主频越高,CPU 处理数据的性能就越高。

2)字长

字长是 CPU 的主要技术指标之一,指的是 CPU 一次能并行处理的二进制位数。通常情况下,CPU 的位数越高,CPU 进行运算时的速度就越快。

3)缓存

缓存(cache)也是 CPU 的重要指标之一,而且有无缓存、缓存的结构和大小对 CPU 速度的影响非常大,CPU 内缓存的运行频率极高,一般是和处理器同频运作,工作效率远远大于系统内存和硬盘。实际工作时,CPU 往往需要重复读取同样的数据块,而缓存容量的增大可以大幅度提升 CPU 内部读取数据的命中率,不用再到内存或者硬盘上寻找,以此提高系统性能。但是从 CPU 芯片面积和成本因素来考虑,缓存都很小,一般以 MB 或 KB 计算容量。CPU 中缓存一般为 1 至 3 级,即 L1 Cache(一级缓存)至 L3 Cache(三级缓存)。

4)核心数

处理器发展到如今,时钟频率已经接近现有生产工艺的极限,通过提高频率提升处理器性能基本走到了尽头,连提出摩尔定律的英特尔都放弃了攀登频率高峰的努力,改而提升运行效率。多核处理器技术是 CPU 设计中的一项先进技术,是将多个物理处理器核心整合到一个半导体处理器中,以增强计算性能。多核处理器相较之前的单核处理器,能带来更多的性能和生产力优势,因而最终成为一种广泛普及的计算模式。

5)线程数

线程数是一种逻辑的概念,简单地说,就是可同时执行任务的逻辑核心数。CPU 多线程可通过复制处理器上的结构状态,让同一个处理器上的多个线程同步执行并共享处理器的执行资源,提高处理器运算部件的利用率。一般来说,CPU 的线程数大于等于核心数。

【注】在 Windows 的设备管理器中可查看计算机中 CPU 的情况,此处显示的即为当前 CPU 的线程数。设备管理器中 CPU 信息如图 5-3 所示。

6)制造工艺

CPU 制造工艺又叫 CPU 制程,它的先进与否决定了 CPU 的性能优劣。CPU 的制造是一项极为复杂的过程,当今世界上只有少数几家厂商具备研发和生产 CPU 的能力。制造工艺是指电路与电路之间的距离,目前主流的 CPU 制造工艺已达纳米级别,最新的 CPU 制造工艺已达到 10 nm 以下。

5.1.3 主板

主板又叫主机板(mainboard)、系统板(systemboard)或母板(motherboard),是计算机最基本也是最重要的部件之一。主板一般为矩形电路板,上面安装了组成计算机的主要电路系统,一般有 BIOS 芯片、I/O(Input/Output 即输入/输出)控制芯片、键盘和面板控制开关接口、指示灯插接件、扩充插槽、主板及插卡的直流电源供电接插件等元件。

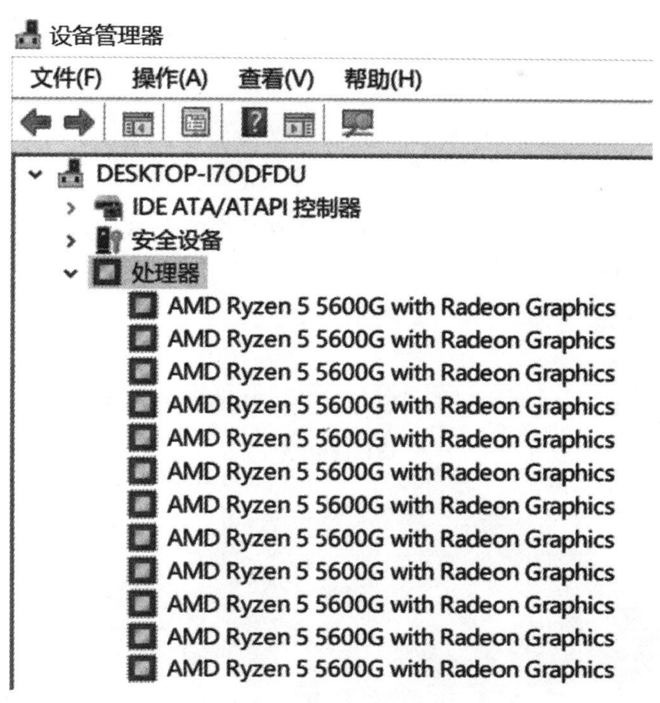

图 5-3 设备管理器中 CPU 信息

1. 主板的常见分类

1)按照支持的 CPU 品牌分

按照主板支持的 CPU 品牌主要分为 Intel(英特尔)和 AMD(美国超威半导体公司)两大类,每大类里又根据所具体支持的处理器芯片分为若干种。例如目前常见的有

Intel 系列:Z690、Z490 系列;B660、B460 系列;H610 系列等。

AMD 系列:X570 系列;B550 系列;B450 系列等。

2)按照版型大小分

不同的使用环境对主机的大小会有不同的要求,所以主板根据版型大小也大致分为 E-ATX(加强型)、ATX(标准型)、M-ATX(紧凑型)和 Mini-ITX(迷你型)四种。

E-ATX:加长(宽)的超大型主板,外观形状一般为长方形,大小一般为 347 mm×330 mm 左右。

ATX:标准型主板,外观形状一般为长方形,大小一般为 305 mm×244 mm 左右。

M-ATX:紧凑型主板,外观形状一般为正方形,大小一般为 244 mm×244 mm 左右。

Mini-ITX:迷你主板,外观形状一般为正方形,大小一般为 170 mm×170 mm 左右。

一般来说,主板尺寸越大,插槽和接口的数量也就越多,可以扩展的外接设备就越多,但所需机箱的尺寸也就越大,对所占空间要求越大。

3)按照印制电路板的工艺分

主板的平面是 PCB 印刷电路板,看似一体的主板实际上是由多层印刷电路板压制在一起的。主板(印刷电路板)层数一般来说在两层以上,多的可以达到十层以上,目前主流的主板一般为 4~6 层。通常来说,印刷电路板层数相对多的主板,电气性能会比印刷电路板层数少的主板好，所以系统稳定性好，但选择时也不能单纯要求层数越多越好，也要考虑性价比等其他现实因素。

4)按照生产厂家分

目前国内市场上的主板品牌制造厂商的制作水平和市场占有率大致可以分为一线、二线和其他。

一线品牌：华硕、微星、技嘉(主板三大厂目前都是中国台湾公司)。

二线：华擎、七彩虹、铭瑄、映泰等。

2. 主板的主要组成

1)主板的各部件组成

主板的印刷电路板上布满了电子元器件、插座、插槽和外部接口，如图 5-4 所示。

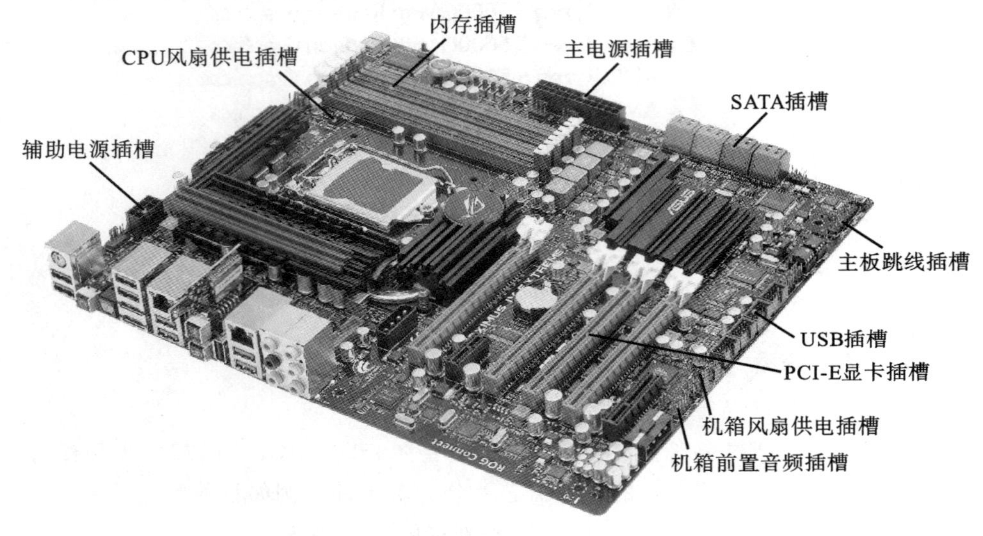

图 5-4 主板

2)芯片组

主板的核心是主板芯片组(chipset)，它决定了主板的规格、性能和大致功能。芯片组几乎决定了主板的功能，进而影响到整个电脑系统性能的发挥，芯片组是主板的灵魂。

(1)北桥芯片和南桥芯片。在传统的芯片组构成中，一直沿用南桥芯片与北桥芯片搭配的方式，其中北桥芯片起着主导性的作用，也称为主桥(host bridge)。

北桥芯片提供对 CPU 类型和主频的支持，系统高速缓存的支持，主板的系统总线频率、内存管理(内存类型、容量和性能)、显卡插槽规格，ISA/PCI/AGP 插槽、ECC 纠错支持等。

南桥芯片提供对 I/O 的支持，提供对 KBC(键盘控制器)、RTC(实时时钟控制器)、USB(通用串行总线)、Ultra DMA/33(66)EIDE 数据传输方式和 ACPI(高级能源管理)等的支持，以及决定扩展槽的种类与数量、扩展接口的类型和数量。

从主板上的位置来看，北桥芯片一般离 CPU 较近，在北桥芯片上面都会加装一个散热器帮助其散热。而南桥芯片一般离 CPU 较远，有时南桥芯片上面不加装散热器。

(2)BIOS 芯片。BIOS(basic input/output system，基本输入/输出系统)芯片全称是

ROM-BIOS,是只读存储器基本输入/输出系统的简写。BIOS实际是一组被固化到电脑中,为电脑提供最低级、最直接硬件控制的程序,它是连通软件程序和硬件设备之间的枢纽。从功能上看,BIOS主要包括两个部分:自检及初始化。

加电自检(power on self test,POST),用于电脑刚接通电源时对硬件部分的检测,检查电脑是否良好。

初始化,包括创建中断向量,设置寄存器,对一些外部设备进行初始化和检测等,其中很重要的一部分是BIOS设置,主要是对硬件设置一些参数,当电脑启动时会读取这些参数,并和实际硬件设置进行比较,如果不符合,会影响系统的启动。

3)主要接口

主板上的扩展插槽又称为"总线插槽",是主机通过系统总线与外部设备联系的通道,用作外设接口电路的适配卡都插在扩展槽内。

(1)CPU接口。因Intel和AMD各自推出自己独有的CPU接口,所以主板的CPU接口也各不相同,需根据所搭配的CPU进行选择。一般来说CPU接口是有方向性的,安装CPU时需对应正确方向,不正确的安装可能会造成CPU损坏。CPU接口如图5-5所示。

图5-5　CPU接口

(2)内存接口。主板上的内存接口(插槽)一般在CPU的旁边,目前主流的主板上一般有2~4个内存接口(ATX和MATX主板一般是4根,ITX主板是2根),根据主板所支持的内存类型不同,内存插槽中间偏移的不同位置会有一个小挡片,对应不同类型内存的豁口位置。内存插入前需要先将两侧的卡扣打开(有些主板的内存插槽只有一侧可以开),内存豁口对应插槽的小挡片,从内存两侧垂直用力向下按压内存,直到听见"咔"的一声,卡扣自动扣上。内存接口如图5-6所示。

图5-6　内存接口(插槽)

(3)硬盘接口。

①机械硬盘接口。机械硬盘接口可分为IDE(integrated drive electronics,电子集成驱动器)接口和SATA(serial advanced technology attachment,串行高级技术附件,一种基于行业标准的串行硬件驱动器接口)接口。

SATA硬盘接口比IDE硬盘接口传输速度高,且SATA线细小不占空间,因此SATA接口已经取代IDE接口成为主流机械硬盘接口。SATA与IDE接口及数据线如图5-7与图5-8所示。

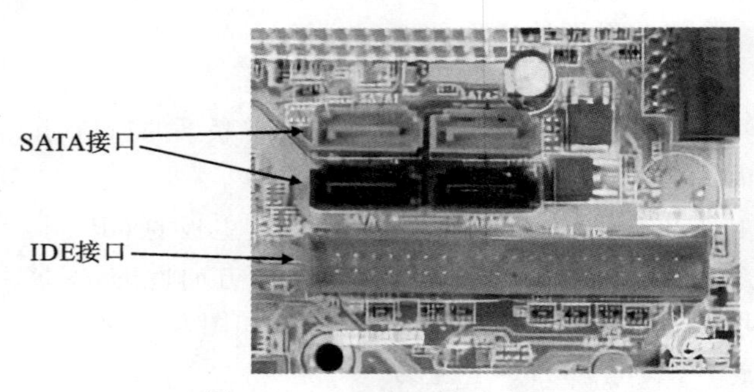

图5-7 SATA与IDE接口

图5-8 SATA接口与IDE接口数据线

②固态硬盘接口。固态硬盘是当前较为流行的硬盘种类,当前固态硬盘接口主要有SATA接口、M2接口及PCI-E等。

SATA 3.0是最为常见的固态硬盘接口;M.2接口能够同时支持PCI-E通道以及SATA信道等,根据用户不同需求选择合适的接口;PCI-E接口硬盘在性能提升的基础上,成本也高了不少。

(4)PS/2接口。PS/2接口的功能比较单一,仅能用于连接键盘和鼠标。一般情况下,鼠标的接口为绿色,键盘的接口为紫色。目前绝大多数主板依然配备该接口,但支持该接口的鼠标和键盘越来越少,大部分外设厂商也不再推出基于该接口的外设产品,更多的是推出USB接口的外设产品。PS/2虽然呈圆形,但是其中针脚却是不对称的,因此安装时需注意对齐方向。PS/2接口如图5-9所示。

图5-9 PS/2接口

(5)USB接口。USB(universal serial bus,通用串行总线)接口是如今最为流行的接口,通过集线器扩展最大可以支持127个外设，并且可以独立供电，其应用非常广泛。USB接口可以从主板上获得500 mA的电流，支持热拔插，真正做到了即插即用。一个USB接口可同时支持高速和低速USB外设的访问，由一条四芯电缆连接，其中两条是正负电源，另外两条是数据传输线。

USB接口自推出以来，已成功替代串口和并口，成为21世纪大量计算机和智能设备的标准扩展接口和必备接口之一。USB接口有多种类型，最常见的有Type-A、Type-B、Type-C、Mini USB与Micro USB等。

Type-A（标准USB）接口是电脑、电子配件中最广泛的接口标准，鼠标、U盘、数据线上大多都是此接口，体积也最大。一般来说，黑色为USB 2.0接口，蓝色为USB 3.0接口。USB Type-A接口如图5-10所示。

Type-B接口一般用于打印机、扫描仪、USB HUB等外部USB设备。USB Type-B接口如图5-11所示。

图5-10　USB Type-A接口

图5-11　USB Type-B接口

Type-C接口拥有比Type-A及Type-B均小得多的体积，是最新的USB接口外形标准，这种接口没有正反方向区别，可以随意插拔。USB Type-C接口如图5-12所示。

Mini USB接口与Micro USB接口也是较为常见的USB接口。与标准USB接口相比，Mini USB接口与Micro USB接口更小，更加适用于移动类型等小型电子设备。Mini USB接口与Micro USB接口如图5-13所示。

图5-12　USB Type-C接口

图5-13　Mini USB接口与Micro USB接口

（6）PCI（PCI-E）。PCI（peripheral component interconnect，外设部件互连标准）是个人电脑中使用最为广泛的接口，几乎所有的主板产品上都带有这种插槽。

PCI-E（PCI express的简称）是PCI总线的一种，它沿用了现有的PCI编程概念及通信标准，但基于更快的串行通信系统，主要用于独立显卡等设备的连接。PCI接口与PCI-E接口如图5-14所示。

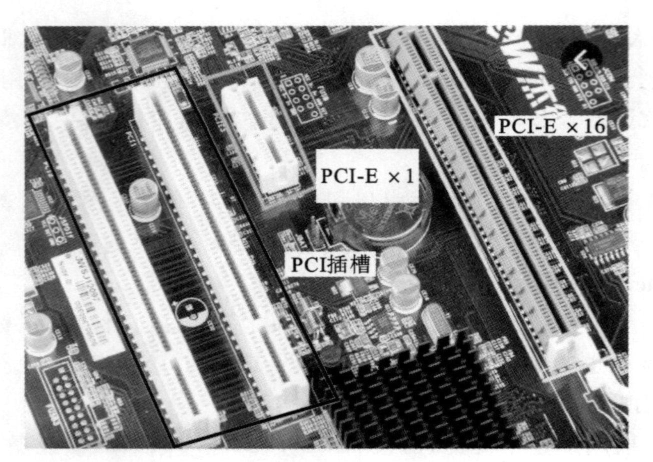

图 5-14　PCI 与 PCI-E

(7)视频接口。目前很多主板上芯片组集成了显示芯片,运用这种芯片组的主板就可以不需要独立显卡实现普通的显示功能,以满足一般的家庭娱乐和商业用途,节省用户购买显卡的开支。目前常见的视频接口有 DP 接口、DVI 接口、HDMI 接口和 VGA 接口等。

DP(display port)是一种高清数字显示接口标准,可以连接电脑和显示器,也可以连接电脑和家庭影院,DP 可用于同时传输音频和视频。DP 接口作为 DVI 的继任者,也可以简单理解成 HDMI 的加强版。它在传输视频信号的同时加入对高清音频信号传输的支持,同时支持更高的分辨率和刷新率。

DVI(digital visual interface,数字视频接口)是一种视频接口标准,设计的目的是用来传输未经压缩的数字化视频。

HDMI(high definition multimedia interface,高清多媒体接口)是一种全数字化视频和声音发送接口,可以发送未压缩的音频及视频信号。HDMI 可以同时发送音频和视频信号,由于音频和视频信号采用同一条线材,大大简化了系统线路的安装难度。

VGA(video graphics array,视频图形阵列)是 IBM 于 1987 年提出的一个使用模拟信号的电脑显示标准,具有广泛的应用范围。

DP 接口、DVI 接口、HDMI 接口及 VGA 接口如图 5-15 所示。

(8)网络接口。目前基本上所有的主板上都集成了网络通信芯片,用户不需要再购买单独的网卡。网络接口如图 5-16 所示。

(9)音频接口。目前基本上所有的主板上也都集成了音频处理芯片,用户不需要再购买单独的声卡。一般来说,平时主要使用的就三个接口:粉色为麦克风接口,绿色为音频输出接口(连接耳机或音响),蓝色为音频输入接口(外接设备输入或录音使用)。音频接口如图 5-17 所示。

3. 主板的主要性能指标

1)支持 CPU 的类型与频率范围

CPU 只有在相应主板的支持下才能达到其额定频率,CPU 主频等于其外频乘以倍频,CPU 的外频由其自身决定,而由于技术的限制,主板支持的倍频是有限的,就使得其支持的 CPU 最高主频也受限制。因此,在选购主板时,一定要使其足够支持所选的 CPU,并且留

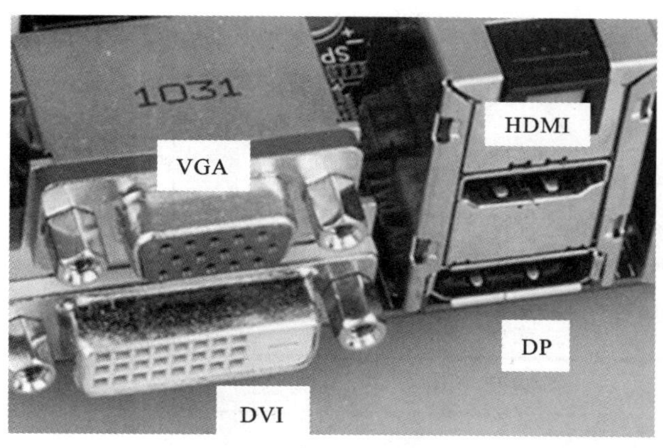

图 5-15　DP接口、DVI接口、HDMI接口及VGA接口

图 5-16　网络接口

图 5-17　音频接口

有一定的升级空间。

2)对内存的支持

内存插槽的类型表现了主板所支持,即所能采用的内存类型,插槽的线数与内存条的引脚数一一对应。内存插柄一般有2～4个插槽,表现了其不同程度的扩展性。

3)扩展性能和外围接口

为后期方便升级或更换配件,须考虑主板有没有多余的外围接口,如USB 3.0接口、PCI-E接口、M.2接口的数量。

4)做工及用料

主板PCB层数:用料好一些的是8层,平均是6层,差一些的是4层。

供电电感:多少相供电。CPU插槽周围的供电越多则供电能力越好、越稳定。

散热:是否有M.2散热,是否有扩展型散热片等。

5.1.4　存储器

计算机的存储器可分成内存储器和外存储器。内存储器在程序执行期间被计算机频繁地使用,并且在一个指令周期期间可直接访问。外存储器要求计算机从一个外存储装置,例如硬盘或U盘中读取信息。存储器的层次化结构如图5-18所示。

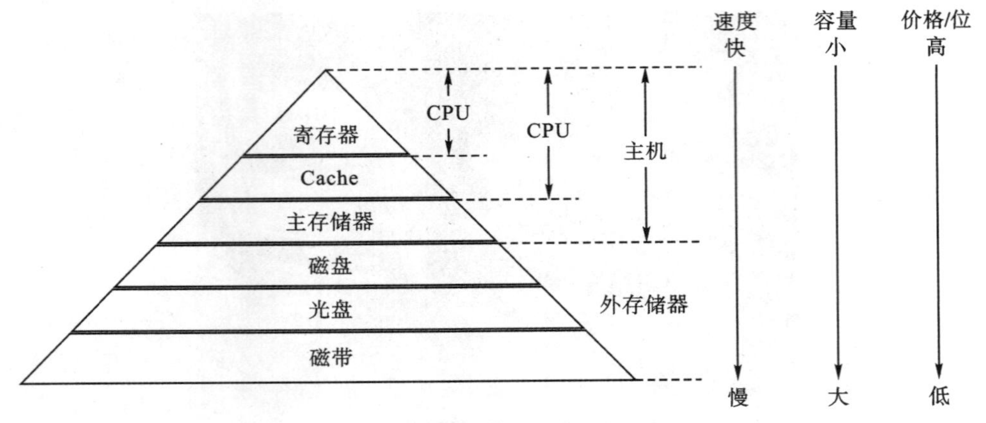

图 5-18 存储器层次化结构

1. 内存储器

内存储器(memory)也称为主存储器,是计算机最基本,也是最重要的部件之一。内存储器用于存储程序和数据,是 CPU 与外存储器进行沟通的桥梁,CPU 可直接随机地进行读写访问。内存一般由半导体 MOS 存储器组成。内存储器有多种类型,一般最常见的有 ROM 和 RAM。

ROM(read-only memory,只读存储器),是一种只能读出事先所存数据的固态半导体存储器。

RAM(random access memory,随机存储器)用于存储当前使用的程序、数据、中间结果和与外存交换的数据,其特点是断电时将丢失其存储内容,故主要用于存储短时间使用的程序。计算机和手机中一般将其称为内存(条)/运行内存,因性价比问题目前内存通常使用 DRAM 类型。PC 机使用的内存条如图 5-19 所示。

【注】不同类型内存条的卡口数量及位置各不相同。

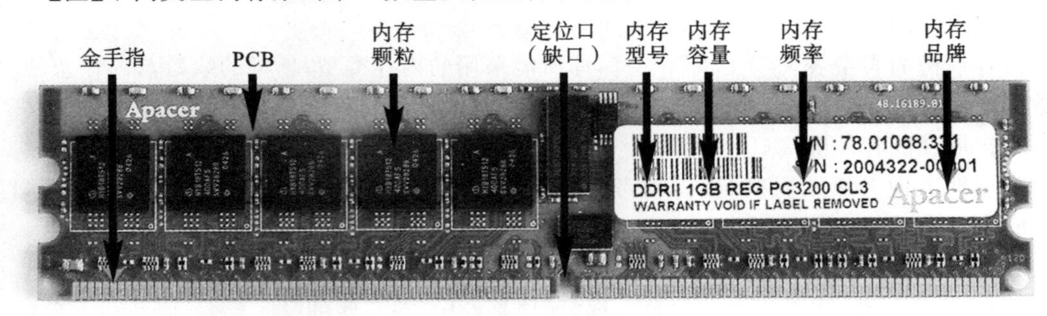

图 5-19 内存条

Cache(缓存)是指访问速度比一般随机存取存储器(RAM)快的一种高速存储器,通常它不像系统主存那样使用 DRAM 技术,而使用昂贵但较快速的 SRAM 技术。

2. 外存储器

外存储器也称为辅存储器,是指除内存及缓存以外的储存器,此类储存器一般断电后仍然能保存数据,主要用于存放当前不活跃或需长期存放的程序和数据。常见的外存储器有硬盘、U盘、光盘等。而目前主流的硬盘又分为机械硬盘和固态硬盘两类。

1)机械硬盘

机械硬盘(hard disk drive,HDD),主要由盘片、磁头、盘片转轴、控制电机、磁头控制器、数据转换器、接口及缓存等部分组成。机械硬盘都是磁碟型的,数据储存在磁碟扇区里,其优点是价格便宜,容量一般较大,长时间保存数据比固态硬盘安全;但缺点是读写数据慢,体积一般较大,重量较重,而且转速越高的硬盘的噪声就越大。

机械硬盘规格多为3.5英寸和2.5英寸,3.5英寸硬盘常用于台式机,转速多为7200 r/min左右,而2.5英寸硬盘多用于笔记本电脑,转速多为5400 r/min。机械硬盘内部结构如图5-20所示。

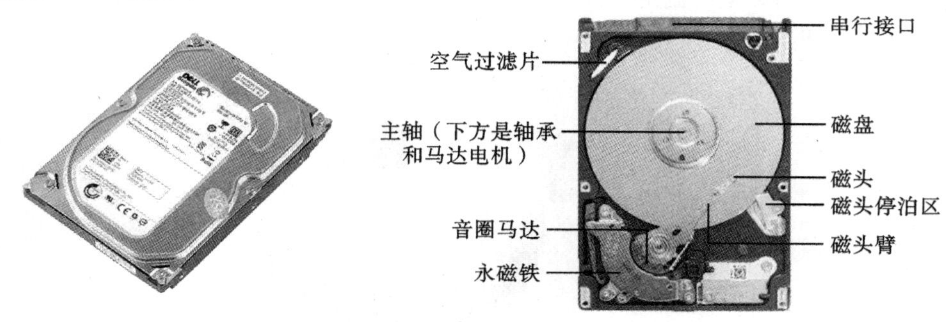

图5-20　机械硬盘内部结构

2)固态硬盘

固态硬盘(solid state disk或者solid state drive,SSD),是一种主要以闪存作为永久性存储器的电脑存储设备。固态硬盘内部不存在任何机械部件,优点是读取速度快,体积小、重量轻,抗摔性较强,无噪声;但缺点是价格高,容量较小(相对机械硬盘而言),而且一旦有一块闪存发生故障,整块硬盘的数据都会丢失。目前市面常见的固态硬盘多为SATA和M.2两种接口。固态硬盘如图5-21所示。

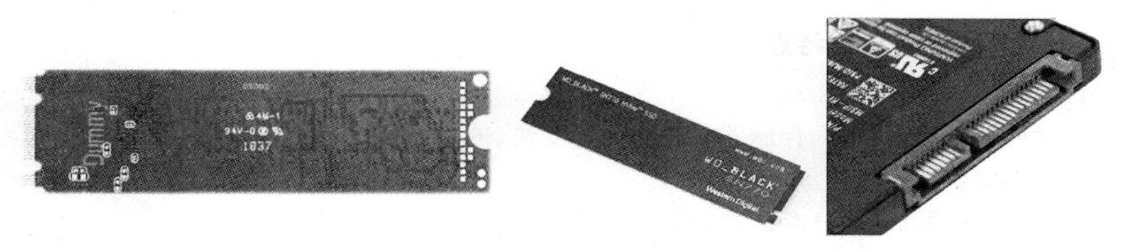

图5-21　固态硬盘

3)U盘

U盘(USB flash disk)谐音也称"优盘",是闪存的一种,故有时也称作闪盘。U盘与硬盘的最大不同是,它不需物理驱动器,即插即用,且便于携带。U盘如图5-22所示。

4)光盘

光盘(optical disc)又称为光碟,是以光信息作为存储的载体并用来存储数据的一种物品。根据光盘结构不同,主要分为CD、DVD、蓝光光盘等几种类型;而不可擦写光盘(如CD-ROM、DVD-ROM)和可擦写光盘(如CD-RW、DVD-RAM)结构上没有区别,它们主要

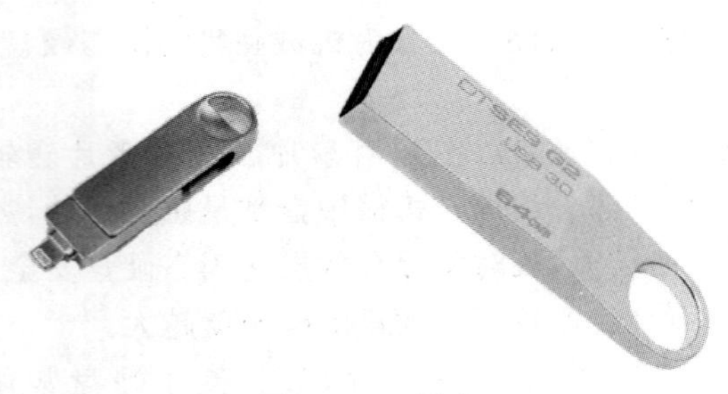

图 5 - 22 U 盘

的区别是材料的应用和某些制造工序的不同。光盘如图 5 - 23 所示。

图 5 - 23 光盘

5)云盘

云盘不是一种特定类型的存储设备,而是互联网云技术的产物,是通过互联网云存储技术实现的互联网存储服务。企业或个人通过互联网使用云盘服务商提供的存储空间进行数据和资料的存储,优点是可削减成本、可扩展性高、可访问性好等,缺点是数据安全和稳定性会受服务提供商的政策或经营等影响。

3. 内、外存储器对比特点

1)内存储器

相对外存储器而言,内存储器的特点为速度快、价格高、容量小。

2)外存储器

相对内存储器而言,外存储器的特点为速度慢、价格低、容量大。

4. 存储器的主要性能指标

1)内存储器

(1)存储容量:目前主流的 Win 10(64 位)系统一般开机启动自身就会占用 1.5～2.5 GB的内存,因此推荐最低配置 8 GB 内存,若条件允许最好配置 16 GB 内存。

(2)频率:内存频率是影响内存性能的另一重要指标,内存频率代表着内存可以在什么样的频率下稳定工作。内存频率越高速度越快,但是还要考虑 CPU 和主板是否兼容更高频率的内存。

2)外存储器

(1)硬盘容量:硬盘是日常使用计算机时主要的存储设备,因此硬盘容量的大小主要看使用频率和使用内容，相对而言容量越大越好。

(2)硬盘转速：硬盘转速指硬盘中主轴的转速。现在市面上的机械硬盘主要为 5400 r/min和 7200 r/min 两种速度。在容量和价格差不多的情况下，首选 7200 r/m 的高速硬盘产品。

(3)传输速率：主要指硬盘外部和内部数据的传输速率，它们的单位是 Mb/s(兆比特每秒)，速度越快越好。

(4)硬盘缓存：指硬盘内部的高速内存。缓存容量越大越好，这直接关系到硬盘的读取速度。

5.1.5　显卡

显卡(video card、display card、graphics card、video adapter)又称为显示卡，是计算机中一个重要的组成部分，承担输出显示图形的任务。

显示芯片(video chipset)是显卡的主要处理单元，因此又称为图形处理器(graphic processing unit，GPU)，还经常被称为显示核心、视觉处理器。GPU 是一种专门做图像和图形相关运算工作的微处理器，GPU 决定了显卡的档次和大部分性能。在处理 3D 图形时，GPU 使显卡减少了对 CPU 的依赖，大大减轻了 CPU 的负担，提高了显示能力和显示速度，因此显卡性能对运行大型游戏和进行专业图形设计等任务非常重要。

1. 显卡的常见类型

1)显示芯片

目前市场上主流显卡的显示芯片主要由 NVIDIA 和 AMD(ATI)两大厂商制造，通常将采用 NVIDIA 显示芯片的显卡称为 N 卡，而将采用 AMD 显示芯片的显卡称为 A 卡。

英特尔不但是世界上最大的 CPU 生产销售商，也是世界最大的 GPU 生产销售商。其 GPU 现在完全是集成显卡，用于英特尔的主板和笔记本。

2)集显或独显

集显：相对独立显卡，集显功耗低，价格便宜，但性能较差，且需占用 CPU 和内存性能。

独显：独立显卡性能较强，功耗较大(一般需独立供电)，基本不占用 CPU 和内存性能，但价格较高。独立显卡如图 5-24 所示。

图 5-24　独立显卡

2. 显卡的主要性能指标

衡量一个显卡好坏的方法有很多，除了使用测试软件测试比较外，还有很多指标可供用户比较显卡的性能，影响显卡性能的高低主要有显卡频率、显示存储器等性能指标。

1）显示芯片

显卡所支持的各种 3D 特效由显示芯片的性能决定，采用什么样的显示芯片大致决定了这块显卡的档次和基本性能。

2）显存

显存也被叫做帧缓存，它的作用是用来存储显卡芯片处理过或者即将提取的渲染数据。如同计算机的内存一样，显存是用来存储要处理的图形信息的部件。因此显存容量越大，速度越快越好。

3）显卡频率

显卡的核心频率指显示核心的工作频率，其工作频率在一定程度上反映显示核心的性能。在同样级别的芯片中，核心频率高的显卡则性能要强一些。

5.1.6 声卡

声卡（sound card）也叫音频卡或声效卡，是计算机多媒体系统中最基本的组成部分，是实现声波/数字信号相互转换的一种硬件。

1. 声卡的常见类型

声卡发展至今，主要分为板卡式、集成式和外置式三种接口类型，以适用不同用户的需求。

（1）集成式。因为大多数用户对声卡都满足于能用就行，更愿将资金投入能增强系统性能的其他部分，所以现在主板大多集成有音频处理芯片。此类产品集成在主板上，具有不占用 PCI 接口、成本更为低廉、兼容性更好等优势，能够满足普通用户的绝大多数音频需求。

（2）板卡式。卡式产品（即平时说的独立声卡）是现今市场上的中坚力量，产品涵盖低、中、高各档次，主要以 PCI 接口方式连接主板，拥有更好的性能及兼容性，适合追求更高音质的用户。板卡式声卡如图 5 - 25 所示。

图 5 - 25　板卡式声卡

（3）外置式。此类声卡通过 USB 接口与主板连接，具有使用方便、便于移动等优势。但这类产品主要应用于特殊环境。外置式声卡如图 5 - 26 所示。

图5-26 外置式声卡

2. 声卡的主要性能指标

(1)采样的位数。声卡采样的位数有8位、16位、32位等。位数越大,精度越高,所录制的声音质量也越好。

(2)最高采样频率。最高采样频率即每秒钟采集样本的数量,采样频率越高效果越好。

(3)数字信号处理器。数字信号处理器(DSP)是一块单独的专用于处理声音的处理器。带DSP的声卡要比不带DSP的声卡能提供更好的音质和更高的速度。

5.1.7 网卡

网卡(network interface controller,NIC)也称为网络适配器,是用来允许计算机在计算机网络上进行通信的计算机硬件。每一个网卡都有一个被称为MAC的地址。

1. 网卡的常见类型

(1)集成网卡与独立网卡。同集成声卡一样,出于性价比等原因,集成网卡(integrated LAN)是把网卡芯片集成到主板上,具有成本低廉、使用方便、实用性高等优点,能满足用户日常大部分应用的需求。目前市面上的台式机主板基本都集成有有线网卡,个别主板也集成有无线网卡;笔记本电脑则是无线网卡与有线网卡均有。

当用户需要同时进行多个网络连接或板载网卡出现问题时可考虑独立网卡。独立网卡有板卡式和便携式两种,板卡式网卡一般安装在主机箱内,使用PCI接口连接主板;便携式网卡使用USB接口连接主板。

(2)有线网卡与无线网卡。有线网卡就是我们平时所熟知的网卡,一般是通过网线连接上网。

无线网卡(wireless network interface controller)是一种终端无线网络设备,它能够帮助计算机连接到无线网络上,例如Wi-Fi或者蓝牙。

常见独立网卡如图5-27所示。

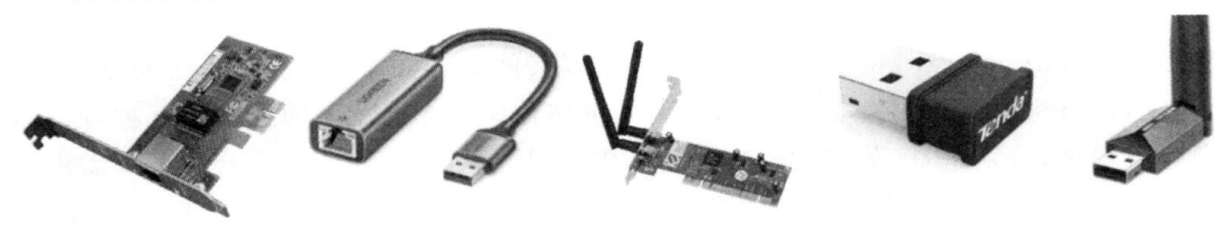

图5-27 常见独立网卡

2. 网卡的主要性能指标

(1)上网方式:无线上网卡通常包含蓝牙模块,一般来说比有线上网卡要贵。

(2)传输速率:指网卡每秒钟接收或发送数据的能力,单位是 Mb/s(兆位/秒),越快越好。

(3)主芯片:主控制芯片是网卡的核心元件,一块网卡性能的好坏主要是看这块芯片的质量。

(4)支持接口类型:目前常见的接口主要有以太网的 RJ-45 接口、细同轴电缆的 BNC 接口和粗同轴电缆 AUI 接口、FDDI 接口、ATM 接口等。

(5)全双工/半双工:网卡的半双工是指一个时间段内发送数据和接收数据只有一个动作发生。

网卡的全双工是指网卡在发送数据的同时能够接收数据,两者同步进行。目前的网卡一般都支持全双工。

5.1.8 常见输入设备

1. 键盘

键盘(keyboard)是最常用也是最主要的输入设备,通过键盘可以将英文字母、汉字、数字、标点符号等输入计算机中,从而向计算机发出命令、输入数据等。还有一些键盘带有各种快捷键,可以直接进行一些快捷操作。

键盘的常见分类有以下三种。

(1)按工作原理分。键盘根据工作原理的不同分为以下三种。

薄膜式键盘(membrane)内部是一片双层胶膜,胶膜中间夹有一条条的银粉线,胶膜与按键对应的位置会有一个碳心接点。按下按键后,碳心接触特定的几条银粉线,即会产生不同的信号。薄膜式键盘优点是无机械磨损、低价格、低噪声和低成本,目前市场上最多的就是这种键盘。薄膜式键盘如图 5-28 所示。

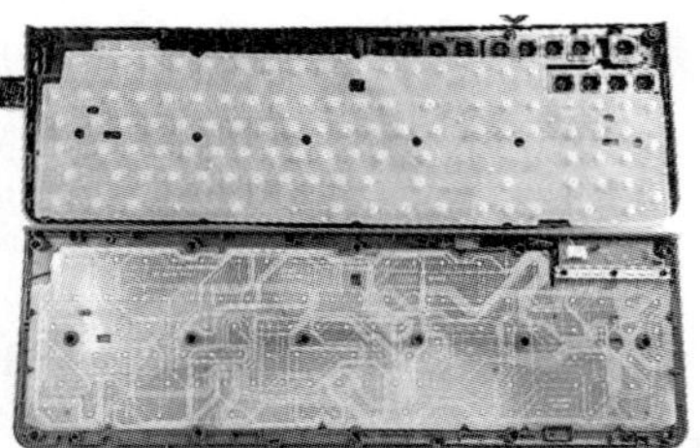

图 5-28 薄膜式键盘

机械键盘(mechanical keyboard)采用类似金属接触式开关,工作原理是使触点导通或断开。机械轴是机械键盘的核心组件,MX 系列机械轴应用在键盘上的主要有五种,通过轴帽颜色可以辨别,分别是青、茶、黑、红、白,手感相差很大,可以满足不同用户的各种需求。

机械键盘的主要优点有寿命长、易维护,打字节奏感强,长期使用手感不变等;主要缺点是防水防尘能力差,因为成本较高导致售价偏高等。机械键盘如图 5-29 所示。

静电容键盘(capacitives)是利用电容容量的变化来判断按键的开和关,在按下按键后,

图 5-29 机械键盘

开关中电容容量发生改变，从而实现触发，整个过程不需要开关的闭合。正是由于无物理接触点就可以实现敲击，因而磨损更小，使用寿命更长。静电容键盘如图 5-30 所示。

图 5-30 静电容键盘

(2)按接口类型分。键盘按照接口类型可分为 PS/2 接口键盘和 USB 接口键盘。PS/2 接口键盘和 USB 接口键盘如图 5-31 所示。

图 5-31 PS/2 接口键盘和 USB 接口键盘

(3)依按键数分。键盘的按键数曾出现过 83 键、87 键、93 键、96 键、101 键、102 键、104 键、107 键等。104 键的键盘是在 101 键键盘的基础上为 Windows 9x 平台增加了三个快捷键(有两个是重复的)，所以也被称为 Windows 9x 键盘。

2. 鼠标

鼠标(mouse)是最常用的计算机输入设备,也是计算机显示系统纵横坐标定位的指示器,因形似老鼠而得名。

1)鼠标的常见类型

(1)按接口类型分:串行鼠标、PS/2 鼠标、USB 鼠标等。

(2)按工作原理分:机械鼠标(滚球鼠标)、光电鼠标等。

(3)按连接方式分:有线连接、无线连接(2.4G 和蓝牙)等。

(4)按外形分:两键鼠标、三键鼠标、滚轴鼠标、感应鼠标等。

常见鼠标如图 5-32 所示。

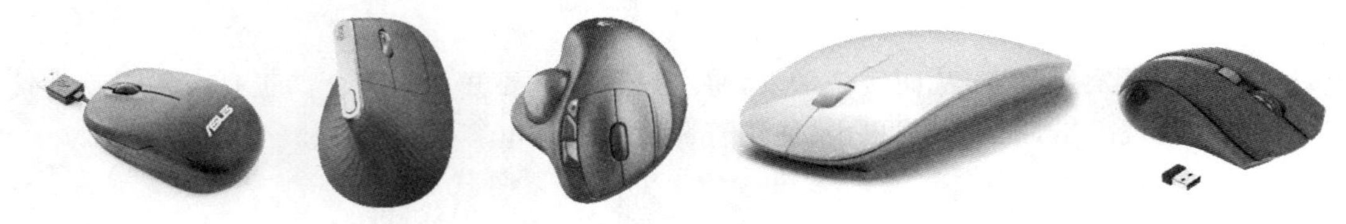

图 5-32　鼠标

2)鼠标的主要性能指标

(1)采样率:鼠标的采样率直观地说就是鼠标的灵敏度。鼠标的采样率一般用 DPI (dots per inch)作为单位。DPI 一般指每英寸的像素点数,鼠标厂商对 DPI 的定义是"每次位移信号对应移动的点数",所以 DPI 越高,鼠标越灵敏,价格也就越贵。

(2)刷新率:刷新率是鼠标的光学引擎以每秒帧数的速度反馈给鼠标的微型控制单元(MCU)的参数值。鼠标的刷新率一般用帧/秒(FPS)作为单位。FPS 测量用于保存和显示动态视频的信息量。每秒帧数越多,显示的动作就越流畅。

(3)回报率:回报率是鼠标微型控制单元(MCU)将信号处理好后,再反馈给主机的数值,单位是 Hz。回报率是游戏玩家非常重视的鼠标性能参数,从理论上说,更高的回报率更能发挥鼠标的性能,对于游戏玩家更具实际意义,我们在鼠标广告中常见的 USB 回报率指的就是这个。

3. 扫描仪

扫描仪(scanner)是一种捕获影像的装置,作为一种光机电一体化的电脑外设产品,扫描仪是继鼠标和键盘之后的第三大计算机输入设备,它可将影像转换为计算机可以显示、编辑、存储和输出的数字格式,是功能很强的一种输入设备。

1)扫描仪的常见类型

(1)鼓式扫描仪:又称为滚筒式扫描仪,是专业印刷排版领域应用最广泛的产品,使用的感光器件是光电倍增管。

(2)平板式扫描仪:又称平台式扫描仪、台式扫描仪,这种扫描仪是办公用扫描仪的主流产品。扫描幅面一般为 A4 或者 A3。

(3)大幅面扫描仪:又称工程图纸扫描仪,一般指扫描幅面为 A1、A0 幅面的扫描仪。

(4)底片扫描仪:又称胶片扫描仪,分辨率很高,专门用于胶片扫描。

(5)其他扫描仪:此外还有一部分扫描仪是专业领域使用的,如条码扫描仪、枪式扫描仪、实物3D扫描仪、笔式扫描仪等。

常见扫描仪如图5-33所示。

图5-33 扫描仪

2)扫描仪的主要性能指标

(1)分辨率:分辨率表示了扫描仪对图像细节的表现能力,通常用每英寸长度上扫描图像所含的像素点的多少来表示。

(2)灰度级:灰度级表示灰度图像的亮度层次范围。级数越多说明扫描仪图像亮度范围越大、层次越丰富。

(3)色彩数:色彩数表示彩色扫描仪所能产生颜色的范围,通常用表示每个像素点颜色的数据闰数即比特位(bit)表示。比如36 bit表示每个像素点上有2^{36}种颜色。

(4)扫描速度:扫描速度通常用一定分辨率和图像尺寸下的扫描时间表示。

(5)扫描幅面:表示扫描图稿尺寸的大小,常见的有A4幅面,其他有A3、A0幅面等。

5.1.9 常见输出设备

1. 显示器

显示器(display/screen)也称为监视器,是计算机重要的I/O设备。它是一种将一定的电子文件通过特定的传输设备显示到屏幕上的显示工具。大多数情况下显示器都是作为输出设备,但是触摸屏显示器(如手机屏幕等)则既是输出设备也是输入设备。

1)显示器的常见类型

(1)阴极射线管显示器。阴极射线管显示器(CRT)是一种使用阴极射线管(cathode ray tube)的显示器。主要由五部分组成:电子枪(electron gun)、偏转线圈(deflection coils)、荫罩(shadow mask)、高压石墨电极、荧光粉涂层(phosphor)及玻璃外壳。

CRT显示器有色彩丰富、分辨率高及响应速度快等优点;但在辐射、占地体积、刷新、可视面积等方面都有缺点。CRT显示器如图5-34所示。

(2)等离子显示器。等离子显示器(plasma display panel,PDP)又称为电浆显示屏,是一种平面显示屏幕。等离子显示器并不是液晶显示器。后者虽然也很轻薄,但是用的技术却有很大不同。液晶显示器通常会使用一到两个大型荧光灯或是LED当作其背光源,而等离子显示器的发光原理是在真空玻璃管中注入惰性气体或水银蒸气,加电压之后,使气体产生等离子效应,放出紫外线,激发荧光粉而产生可见光,利用激发时间的长短来产生不同的亮度。

等离子显示器优点有面板尺寸大、厚度薄,没有视角问题,在任何环境灯光下,任何位置

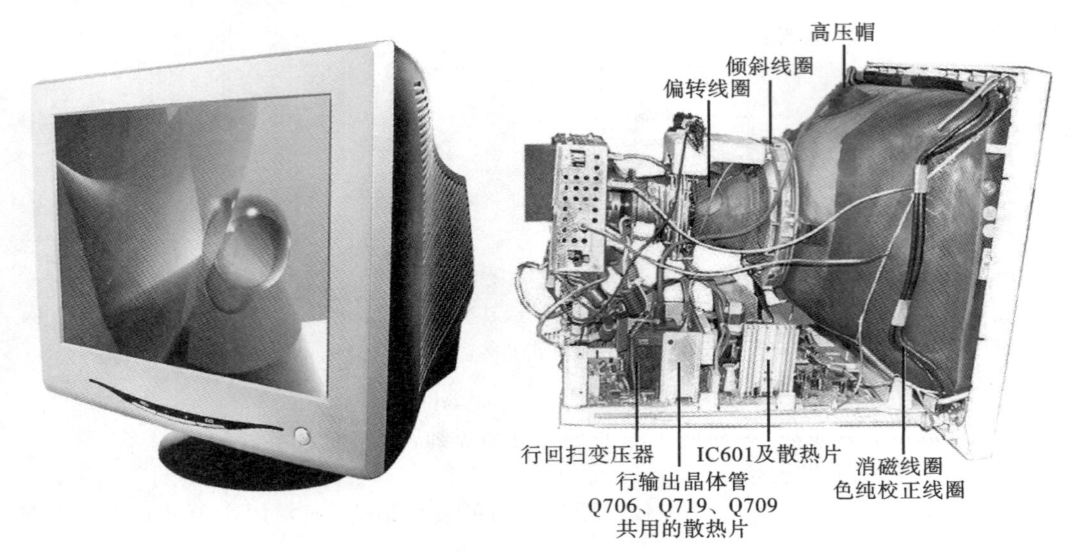

图 5-34 CRT 显示器

都可观赏到最佳画质;缺点为寿命短,若是在明亮环境之中观看时,亮度对比略逊于液晶显示器等。等离子显示器如图 5-35 所示。

图 5-35 等离子显示器

(3)液晶显示器。液晶显示器(liquid crystal display,LCD),是在两片平行的玻璃基板当中放置液晶盒,下基板玻璃上设置 TFT(薄膜晶体管),上基板玻璃上设置彩色滤光片,通过 TFT 上的信号与电压改变来控制液晶分子的转动方向,从而达到控制每个像素点偏振光出射与否而达到显示目的。LCD 是一种介于固态与液态之间的物质,本身是不能发光的,需要借助额外的光源才行。因此,灯管数目关系着液晶显示器亮度。

冷阴极荧光灯管(cold cathode fluorescent lamp,CCFL)是一种照明光源,由于其具有灯管细小、结构简单、灯管表面温升小且亮度高、易加工成各种形状(直管形、L 形、U 形、环形等)、使用寿命长、显色性好、发光均匀等优点,所以经常作为液晶屏、广告灯箱、扫描仪等使用。

发光二极管(light-emitting diode,LED)显示器的影像仍是以液晶产生,发光二极管只是当作光源,在技术上仍是 LCD 显示器,或叫 LED 背光液晶。其优点是体积小、功耗低、寿命长、成本低、亮度高、可视角度远和刷新率高等;缺点是色彩表现比较差,特别是在液晶屏折叠的地方颜色偏差更为明显。

有机发光二极管(organic light-emitting diode,OLED)显示器虽然和 LED 只有一个字母之差,但实际上两者描述的是完全不同的事物。LED 仅是背光源,而 OLED 则自身能够发光,因此不需要背光源。OLED 用的是有机物料,它不用灯光照射就能自主发光,对比度更好些。OLED 在满足平面显示器的应用上显得非常突出。OLED 显示屏比 LCD 更轻薄,亮度高、功耗更低、响应更快、清晰度高、柔性好、发光效率高,能满足消费者对显示技术的新需求,目前越来越多的 OLED 产品被投入全球市场。

量子点发光二极管(quantum dot light emitting diodes,QLED)显示屏其实也是基于 LED 显示屏(LED LCD 显示屏)的,QLED 是指把传统的白光 LED 转换为蓝光 LED 背光,并加入量子点强化膜,LED 放在背光模组和偏光镜之间,每当量子点强化膜受到光或电的刺激时便会发出有色光线,它能够改变光源发出的光线颜色,通过分散的 LED 发光二极管的光来显示颜色,有滤光片的作用。QLED 在亮度上进步非常大,光暗对比度比传统 LED 显示器好,并且在颜色方面色域更丰富。

各种液晶显示器在外观上没有明显的区分,如图 5-36 所示。

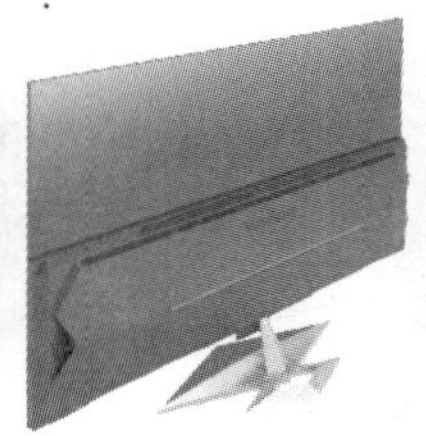

图 5-36 液晶显示屏

2)显示器的主要性能指标

(1)可视面积。可视面积是实际可以使用的屏幕范围,一般来说是显示器所标示的尺寸,根据使用者的使用环境与距显示器的距离可以推算确定适合的显示器面积大小。

(2)最佳分辨率。分辨率是显示器重要的参数之一。传统 CRT 显示器所支持的分辨率较有弹性,而液晶的像素间距已经固定,所以支持的显示模式不像 CRT 那么多。液晶的最佳分辨率也叫最大分辨率,在该分辨率下,液晶显示器才能显现最佳影像。因此在使用液晶显示器时最好将显卡的输出信号设定为最佳分辨率状态。

(3)点距。点距也称像素点距,是显示器的一个非常重要的硬件指标。点距是指一种给定颜色的一个发光点与离它最近的相邻同色发光点之间的距离,这种距离不能用软件来更改,这一点与分辨率是不同的。在任何相同分辨率下,点距越小,图像就越清晰。

(4)对比度。对比度是指图像最亮的白色区域与次暗的黑色区域之间的比值。在 CRT 显示器中,对比度对其性能的影响并不太大。而在液晶显示器中,对比度却是衡量其好坏的主要参数之一。在液晶显示器中,对比度越高意味着显示器所能呈现的色彩层次越丰富。

(5)亮度。在 CRT 显示器中亮度并不是一个很重要的衡量其性能好坏的参数。而在液晶显示器中,亮度却与对比度一起成了衡量液晶显示器好坏的主要参数之一。在液晶显示器中,亮度越高,画面会更亮丽、更清晰。

(6)可视角度。一般而言,LCD 的可视角度都是左右对称的,但上下不一定对称,常常是上下角度小于左右角度。一般来说，显示器的可视角度越大越好。

(7)色彩。液晶显示器的色彩表现能力是一个重要指标，显示器本身的色彩很重要，尤其是“色域”尤为重要，色域越广显示出来的图像色彩就越丰富、越逼真。

(8)刷新率。显示器的刷新率指每秒钟出现新图像的数量，单位为赫兹(Hz)。刷新率越高，图像的质量就越好，闪烁越不明显，人的感觉就越舒适。

(9)响应时间。显示器响应时间一般以毫秒(ms)为单位，指的是液晶显示器对输入信号的反应速度，液晶颗粒由暗转亮或者由亮转暗的反应时间。响应时间越短，那么移动的画面就不会出现拖影现象，画面清晰度的精度就越高。

2. 打印机

打印机(printer)是计算机的输出设备之一，用于将计算机处理结果打印在相关介质上。

1)打印机的常见类型

(1)针式。针式打印机在打印机历史的很长一段时间上曾经占有着重要的地位，针式打印机具有极低的打印成本和很好的易用性，以及单据打印的特殊用途。但是它很低的打印质量、很大的工作噪声也使它无法适应高质量、高速度的商用打印需要，所以目前只在银行、超市等用于票单打印的地方使用。

针式打印机的耗材是色带，色带的使用成本最便宜，不足之处是打印效果不理想，不能打彩色图文。针式打印机如图 5 - 37 所示。

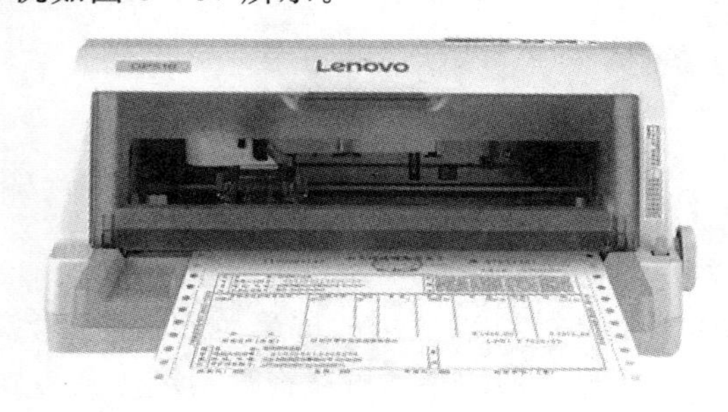

图 5 - 37 针式打印机

(2)喷墨式。喷墨打印机因其有着良好的打印效果与较低价位的优点而占领了广大中低端市场。此外喷墨打印机还具有更为灵活的纸张处理能力，在打印介质的选择上，喷墨打印机也具有一定的优势：既可以打印信封、信纸等普通介质，还可以打印各种胶片、照片纸、光盘封面、卷纸、T 恤转印纸等特殊介质。

喷墨打印机的耗材是墨盒(其中是墨水)，使用成本适中，打印彩色效果已是最好，打印精度较高，但一般喷墨彩色保持不及激光耐久，时间长容易褪色，受潮易化。喷墨打印机如图 5 - 38 所示。

(3)激光式。激光打印机是高科技发展的一种新产物，为用户提供了更高质量、更快速、更低成本的打印方式。虽然激光打印机的价格要比喷墨打印机昂贵得多，但从单页的打印成本上讲，激光打印机则要便宜很多。

激光打印机的耗材是硒鼓(其中是墨粉)，使用成本较贵，打印精度很高，但打印彩色效果不如喷墨打印机。激光打印机如图 5 - 39 所示。

(4)热敏式。热敏打印技术最早使用在传真机上，已在 POS 终端系统、银行系统、医疗

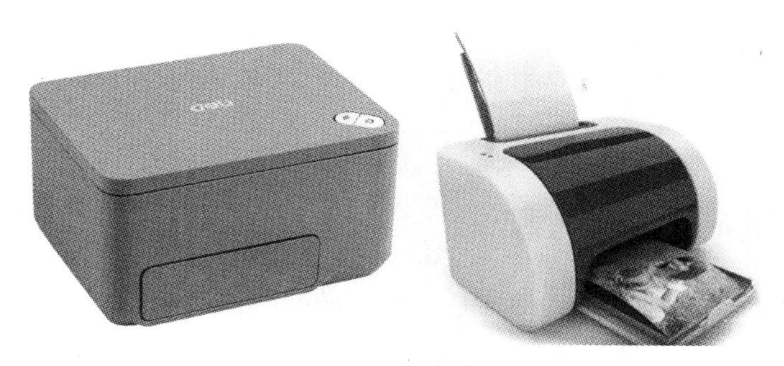

图5-38 喷墨打印机

图5-39 激光打印机

仪器等领域得到广泛应用。热敏打印机只能使用专用的热敏纸，热敏纸上涂有一层遇热就会产生化学反应而变色的涂层，类似于感光胶片，不过这层涂层是遇热后变色，利用热敏涂层的这种特性产生了热敏打印技术。热敏打印机具有速度快、噪声低、打印清晰、使用方便的优点。

热敏打印机的耗材通常为热敏打印纸。但打印出来的单据不能永久保存，如果用最好的热敏纸，在避光良好的状态下能保存十年。热敏打印机如图5-40所示。

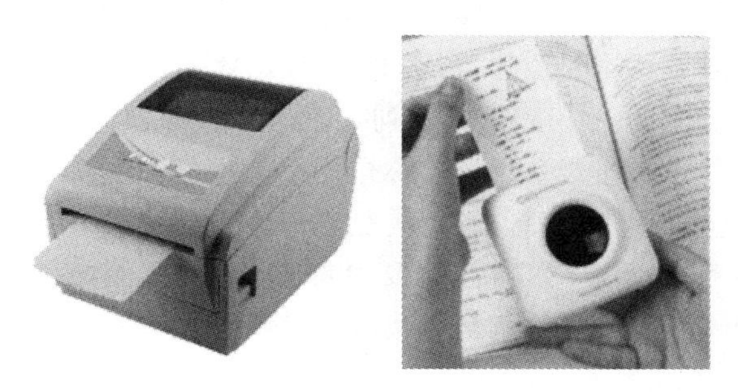

图5-40 热敏打印机

2）打印机的主要性能指标

（1）分辨率。分辨率是衡量打印机质量的一项重要技术指标。打印机分辨率一般指最大分辨率，计算单位是DPI，其含义是指每英寸内打印的点数，打印分辨率越大，打印质量越好。

（2）打印速度。打印速度就是每分钟能打印多少张，一般分为彩色文稿打印速度和黑白文稿打印速度。一般来说，打印速度越快越好。

（3）打印幅面。打印幅面是衡量打印机输出文图页面大小的指标。打印机的打印幅面越大,打印的范围越大。

(4)打印成本。打印成本就是单张打印的费用,一般来说主要由打印耗材和打印纸张决定。

5.2 计算机硬件的选配

计算机硬件选配应遵循实用原则,大致可参考以下几个步骤。

5.2.1 确定需求

明晰自己计算机的主要使用用途,大致可分为修图作图、剪辑视频、编程、玩游戏、日常办公等。可查看主要使用的软件(如 Photoshop 或英雄联盟等)官网推荐配置作为选购参考。

5.2.2 选择 CPU 及散热器

1. CPU

CPU 即中央处理器,是一台电脑的核心,我们在选购 CPU 时,一定要从综合性能与价格以及个人用途去考虑,切勿片面地追求某一项。选择 CPU 主要考虑性能、品牌、搭配主板及发热量等几个问题。

目前市面上的 CPU 主要为 Intel 和 AMD 两个品牌,两者各有自己的簇拥者与独特之处,相对来说,Intel 的市场占有率更高些。

1)Intel

Intel 的民用处理器主要有三大系列,主打高端市场的酷睿(Core)产品系列、主打中端市场的奔腾(Pentium)产品系列,以及主打低端市场的赛扬(Celeron)产品系列。

每个系列中又分很多具体的型号等,若预算不太紧张,推荐选择酷睿系列中的 i3 系列或 i5 系列,若预算充足可以考虑 i5 或 i7 系列。

【注】英特尔Ⓡ酷睿™处理器系列的名称包括了一个品牌修饰符,放置于名称的其余部分之前。目前英特尔Ⓡ酷睿™处理器系列的品牌修饰符包括 i3、i5、i7 和 i9。品牌修饰符数字越大表示其提供的性能级别越高,但还要参考具体代次,例如 i5 - 12600 的性能就高于 i7 - 6700,因为前者是 12 代 i5 而后者是 6 代 i7。英特尔处理器命名规范如图 5 - 41 所示。

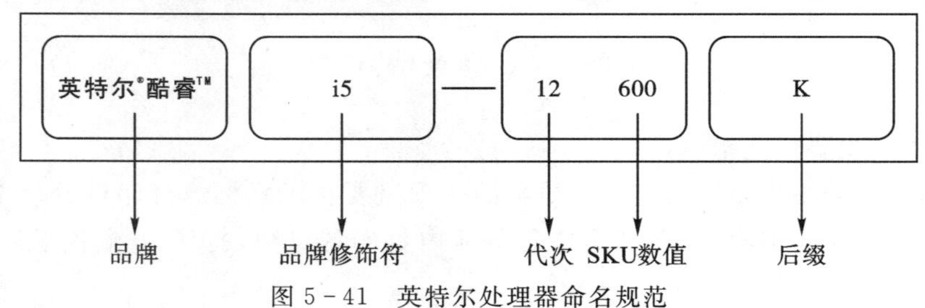

图 5 - 41 英特尔处理器命名规范

2)AMD

在 2016 年之后,AMD 摆脱了追随英特尔 CPU 命名的规则,推出全新的处理器架构——Zen 第一代。Zen 是处理器的架构名，而锐龙+数字才是 CPU 真正的型号名称。一般来说在同代架构的基础上，数字越高性能肯定越好。

3)选购细节

不同品牌的 CPU 具体型号后面会有不同的后缀，用以和同类型其他 CPU 进行区分。

Intel 公司的 CPU 常见后缀有 K(可以超频并带核显)、F(不带核显且不可以超频)、KF(可以超频不带核显)。

AMD 公司的 CPU 常见后缀有 X(高性能)、G(带核显)。

用户在市场上选购 CPU 时还经常会发现，同款 CPU 又分为盒装及散装(散片)两种，那二者有什么区别呢？一般来说，只要是正规来源的 CPU，不管是盒装还是散片都是 Intel/AMD 公司生产的，都没有质量问题。通常盒装自带包装盒(有的型号产品还自带散热)，且拥有质保；而散片不带散热且可能没有原厂质保(购买时需和商家确认)，但是散片的价格一般会比盒装价格低 20%左右。

2. 散热器

散热器是帮助 CPU 散发热量的东西，CPU 过热一方面会加速老化，另一方面也会大幅度降低性能，所以选择一个好的散热器很有必要。

散热分为水冷和风冷方式，哪种散热方式更好仁者见仁智者见智，但同等级的水冷散热肯定比风冷散热贵。

1)风冷散热

目前主流的散热方式还是风冷散热。风冷式散热器主要是通过热传导将热量通过散热管传递到散热片上，然后通过散热片上的风扇将热量用风吹走。选购时重点关注导热管、底座、散热片及风扇风量。风冷散热器如图 5-42 所示。

图 5-42 风冷散热器

(1)导热管。导热管是影响热量传递的关键部件，导热管越粗(大部分是 6 mm，也有少量 8 mm 的)、数量越多，散热效果也越好。导热管还分镀镍和无镀镍，镀镍的热管呈亮闪闪的银色，有防锈防腐的作用，因此能高效地使用很长时间。导热管如图 5-43 所示。

(2)底座。散热器底座一般看表面是否光滑平整，且使用时需搭配导热硅胶。

(3)散热片。散热片担当着将热量分散到空气中的重任，因此其与空气的接触面积越大越好，也就是说，散热片越多散热能力也越好。

(4)风扇。散热器导出的热量能够及时排走主要看风扇的性能。风扇主要关注风量和噪声值两个参数即可。风量用 CFM 表示，数值越大散热越好；而噪声值越低噪声也就越小。另外还要注意一下有没有 PWM 智能温控。

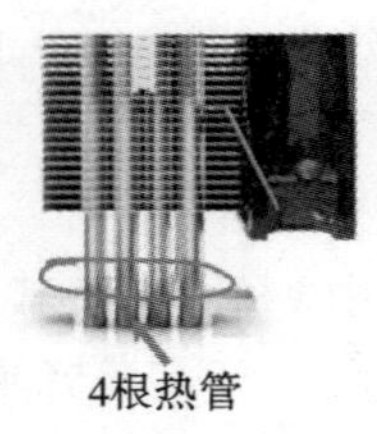

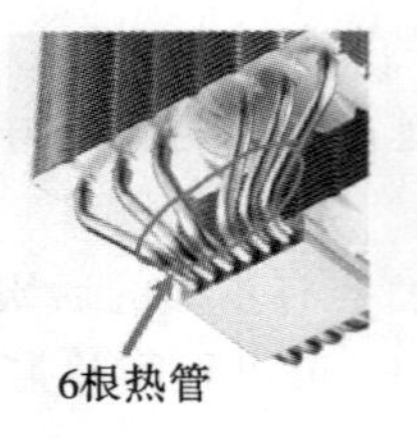

图 5-43 风冷散热器导热管

2)水冷散热

首先强调，尽量不要使用过于便宜的杂牌水冷散热系统，不然万一遇到漏液会十分麻烦，且可能对主机内其他配件造成损坏。

水冷式散热器是利用微泵使散热管中的冷却液循环进行散热。散热器上的吸热部分从CPU上吸收热量，吸热部分吸收的热量循环到散热片上降温然后再循环回去。这种方式散热性更好，但是价格比较高且占空间较大。是否需要搭配水冷散热器，具体参照所选择的CPU发热量及使用时是否会超频等因素。

水冷散热器主要分为一体式水冷和分体水冷，对于普通用户来说，分体水冷散热器需要安装和维护，技术不过关会加大漏液风险，所以还是选择成品的一体式水冷散热器更为安全可行；而对于专业用户来说，分体水冷散热器更加具有动手操作的乐趣。水冷散热器如图5-44所示。

图 5-44 水冷散热器

5.2.3 选择主板

主板的选择不难，根据CPU推荐的主板型号和自己的预算，选择一个一二线品牌的即可。主要看主板带的网卡和声卡符不符合你的需求，以及有没有带无线网卡和蓝牙模块。

若预算充足，推荐华硕或微星两个一线品牌的产品，另外经常会有板U(主板与CPU)套装，搭配的板U套装价格会比二者单独购买便宜。

5.2.4 选择内存

选择内存条时，要参照CPU的频率(内存的核心频率最好等于或稍大于CPU的外频)，以及主板支持的内存规格和最大容量。数量上可买单根(后续方便扩容)，或买两根或四根(双数可配对双通道使用，优先使用2、4接口)，且考虑到兼容性等问题，为稳妥起见，多根内存条最好购买同样的品牌与型号。

5.2.5 选择硬盘

硬盘分为机械硬盘和固态硬盘两种，可根据自己的实际需求来进行选择。固态硬盘速度快，但相对容量较小，价格较贵。机械硬盘容量大，价格便宜，但相对速度较慢。所以，预算充足时可以选择全固态硬盘；预算一般可以选择固态硬盘加机械硬盘的组合；追求高性价比则选择全机械硬盘。

另外，在选购固态硬盘时需注意参照已选择的主板所支持的固态硬盘接口类型及接口数量。

5.2.6 选择显卡

用户根据自己的需求和预算，确定需不需要单独配置独立显卡。若只是简单娱乐或日常办公等，在之前选择 CPU 和主板时选择集成 GPU 芯片或显卡即可。若需要独立显卡，则根据自己对显示处理能力的需求选择一个一二线品牌即可。选好后，注意在选配电源时预算相对应的电源功率，在选择机箱时考虑机箱尺寸是否满足独立显卡的尺寸大小。

5.2.7 选择电源

根据显卡确定功率大小后，大致计算 CPU、主板、硬盘、显卡等主要配件的功率，在此基础之上富裕 30%～50%功能配额再选购电源功率。

稳定的电源是一切的基础，因此尽量选择一二线电源。预算充足尽量选择金牌全模组以上的电源。

5.2.8 选择机箱

机箱的选择主要考虑机箱大小、外观及前后接口搭配等。

想要把电脑放在桌面上可以选择中塔，小塔甚至迷你机箱，预算充足的话还可以选择异形机箱；喜欢声音小的可以选择带静音棉的静音机箱；希望有更强的散热性能可以选择预留散热扇位置多的机箱等。

【注】选购机箱时一定要参考主板、散热器及独立显卡等配件的尺寸大小。

5.2.9 选择显示器

显示器的选择，在不考虑预算的情况下，优先从以下方面进行考虑。

1. 面板材质

首先关注的应当是显示器的面板材质，也就是我们常听到的 IPS 显示器、VA 显示器等。绝大部分情况下，优先选择 IPS 面板，少部分特殊情况选择 VA 面板。

2. 大小

一般来说，人的可视视角大约为 120°，当集中注意力的时候视角大约为 25°。通常舒适视角约为 40°。假设需要购买的显示器宽度为 A，显示器距你的距离为 B，你的舒适视角为 C，则可通过公式 $A=2B\tan(C/2)$ 计算出参考数值。显示器主流尺寸对比如图 5-45 所示。

3. 分辨率

分辨率和显卡性能挂钩，在显卡能保证一定帧数的情况下，显示器分辨率越高，画质

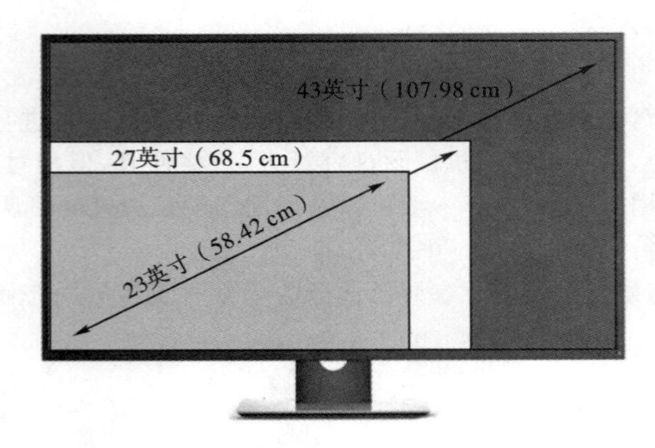

图 5－45　显示器主流尺寸对比

越好。

4. 色彩

色彩是直接决定屏幕观感下限的重要参数，色彩包含了色域、色深和色温。人类的视觉神经对色彩的敏感性远大于对亮度的敏感性(因为人眼的瞳孔作用等同于相机的光圈，可以控制进光量)，生理结构决定了一个人可以很轻易地观察出一台显示器的色彩好不好，但是亮度太低、太高则不太容易察觉出来。

特别是从事设计与创作用途的显示器更要注意显示器的色彩参数、色彩空间，比如DCI-P3 和 Adobe RGB 则因需求而不同。

5. 刷新率和响应时间

若主要为了玩游戏，特别是射击类等游戏，还需要考虑刷新率和响应时间，刷新率越高越好，响应时间越小越好。

6. 其他

根据自己实际需求和喜好，还要考虑显示器的接口种类和数量、曲面屏还是平面屏，长宽比为 16∶9 还是 16∶10 或带鱼屏等。

5.3　计算机硬件故障分析及维护

随着信息化时代的到来，计算机作为一种智能化的设备，已经走进了千万家和各行各业，为人们的生活、生产和学习带来了极大便利。计算机在为人们带来极大便利的同时，也逐渐成为人们生活以及娱乐中不可缺少的一项必备设施。但随着计算机更新速度的持续性加快，计算机硬件设备发生故障的比例也越来越多，对计算机的正常使用产生了一定的影响。相对来说，作为普通用户，对于出现损坏的硬件设备是没有技术能力和设备进行维修的，这里主要对计算机硬件的故障情况进行分析，以供读者参考，对问题进行排查。

5.3.1　计算机硬件故障产生原因

1. 人为因素

计算机在使用过程中可能会因为人为原因(如数据传输过程当中拔掉相关存储设备或

直接按电源开关关机等)而出现问题。

2. 环境因素

计算机所处的环境也可能会引起各种故障,如由于计算机所连接的电源线路出现异常,从而使得与电源所连接部分发生故障,进而使得计算机硬件内部元器件受损。当计算机长时间处于灰尘较多的环境之中,会使得内部元器件发生老化,且工作性能显著降低。此外,由于目前构成计算机的电子元器件均会受磁性影响,因此应当避免磁性物质接近电子计算机各部件。

3. 硬件自身因素

由于计算机硬件自身内部设施存在性能质量等方面的问题,如硬件内部设备出现断裂、电路板漏电等方面的现象,会使得计算机硬件出现故障。

5.3.2 计算机硬件常见故障

1. 自动重启或死机故障

引起计算机自动重启或死机的因素有很多,最有可能的原因主要包括以下3方面。

1)CPU存在问题

不管是CPU温度过高还是功能电路受损,计算机都有可能会进行自我保护,自我进行重启或死机。

2)内存方面的问题

如果计算机内存与主板之间连接不佳,或不同内存之间兼容性不好,或内存数据加载量过大,同样会使得计算机出现自动重启或死机的现象。

3)电源方面存在的问题

计算机电源的稳定性和输出功率对计算机运行是否稳定影响非常大。若给计算机供电的电源性能水平低下,或者电源功率不能提供计算机运行所需要功率的大小,计算机同样会出现自动重启或死机的状态。

2. CPU故障

CPU就是我们常称的中央处理器,是计算机核心硬件设备,它若一旦发生问题,计算机的功能则会迅速丧失。CPU最有可能出现的故障及原因主要包括以下3方面。

1)CPU散热不良

CPU在工作时会产生大量的热量,从而导致CPU自身温度升高。当温度升高时,作为CPU逻辑元件的硅晶体管的漏电流会增大,这样直接导致CPU工作不稳定,寿命也变短,而且容易损坏。因此CPU的散热至关重要,一般都需要有专门的CPU散热器及风扇或其他制冷设备来给CPU降温以保证CPU能够正常工作。如果散热设备没有正确连接或散热设备自身出现故障,也会引起CPU散热不良的故障,从而引发种种电脑故障。

2)CPU设置不当

CPU设置不当主要是指用户没有正确地设置CPU的电压或频率,从而引发的CPU故障。这类故障通常是由于用户对CPU"超频"后,电压、频率等设置不正确,从而影响了CPU工作的稳定性及使用寿命。

此外,有时超频后虽然表面上看能够正常运行,但一些电路元件在超频一段时间后才会出现损伤问题。这类故障出现的时间长短不一，但会造成电容因工作在不正常状态下，出现非正常老化和软击穿等故障。

3)CPU 物理损坏

CPU 物理损坏故障一般是指因为外界因素如氧化、腐蚀、积尘、引脚折断等造成的故障。如果在安装 CPU 时没有对准 CPU 插槽上的方向而强行插入 CPU 时，就容易造成 CPU 引脚弯曲或损坏。有时在拆卸 CPU 时不小心也会造成 CPU 的损坏。

另外，如果电脑长期处于湿度比较大的环境中，也容易出现 CPU 引脚生锈从而导致 CPU 故障的问题。

3. 内存故障

内存(也称为主存)就是平时我们说的“内存条”，也是计算机核心硬件设备之一，它若一旦发生问题，计算机也很可能进入瘫痪状态。内存最有可能出现的故障及原因主要包括以下 4 方面。

1)开机无显示

由于内存条原因出现此类故障是比较普遍的现象，一般是因为内存条与主板内存插槽接触不良造成(在排除内存本身故障的前提下)的，只要用橡皮擦来回擦拭其金手指部位即可解决问题(不要用酒精等清洗)，还有就是内存损坏或主板内存槽有问题也会造成此类故障。

2)系统运行不稳定，经常产生非法错误

出现此类故障一般是由于内存芯片质量不良或软件原因引起，如若确定是内存条原因只有更换一途。

3)Windows 经常自动进入安全模式

此类故障一般是由于主板与内存条不兼容或内存条质量不佳引起。

4)随机性死机

此类故障一般是由于采用了几种不同芯片的内存条，相互之间因为兼容性问题导致，因此在同时使用多条内存时尽量使用同品牌同型号的内存。另外还有一种较为常见的可能是内存条与主板接触不良引起电脑随机性死机。

4. 硬盘故障

作为个人电脑中主要的存储设备，硬盘出现故障的概率并不大。但由于硬盘中保存有大量的数据与资料，如若硬盘出现故障，则会造成相当严重的后果。硬盘最有可能出现的故障及原因主要包括以下 2 方面。

1)硬盘的数据线或电源线问题

对于如今的大硬盘而言，大都使用 80 芯的数据线。当出现硬盘已正常连接，但在主板 BIOS 中看不到硬盘，或者硬盘型号出现乱码的现象时，应首先考虑利用替换法更换一根确认没有问题的数据线和电源线，并且仔细检查数据线和电源线与硬盘接口的接触情况，以及数据线和电源线与主板接口的接触情况。

2)硬盘本身问题

若确认排除数据线即电源线的问题后仍然无法看到硬盘，或者硬盘型号出现乱码，则只能通过替换法来检查是否是硬盘本身出了故障。具体方法是将疑似故障硬盘拆下后挂接在其他工作正常的电脑中，看硬盘是否能够工作，如果能够正常工作，则说明硬盘本身没有问题；如果依然检测不到硬盘，则说明硬盘已经出现了严重的故障，建议返回给生产厂商进行维修。

5. 电源故障

电源是一台计算机的“动力核心”，一旦出现故障，其表现的形式是多种多样的。通常情况下，计算机发生任何间歇性死机或不稳定现象均有可能与电源是否正常有关。当出现上述故障时，最简捷、直观的诊断和解决方法就是采用“替换法”，即另找一个规格、型号相近的电源进行替换，然后观察是否还有之前出现的问题。另外电源功率不足也很容易导致各种故障，比如CPU、显卡工作不稳定，硬盘出现读写错误甚至坏道、刻录机无法正常刻盘等故障。

目前市场上电源产品品牌与型号繁多，质量也良莠不齐。但普遍存在的一个问题就是电源的实际功率达不到标称功率，例如有些标明500W的电源，实际功率也许350W都不到。因此我们在选购电源时，一定要秉持功率富裕的原则，并且一定要选择品牌知名度较高、口碑较好的产品。

6. 显示器故障

显示器在我们的工作和生活中拥有着重要的作用，因目前使用中基本都是各类液晶显示器，下面主要以液晶显示器为例，其出现的故障及原因主要包括以下两方面。

1)开机时显示器的画面抖动但一段时间后恢复正常

这种现象多发生在潮湿的环境，可能是显示器内部受潮的缘故。解决电器潮湿的问题即可不再出现。

2)显示器黑屏或闪屏

(1)主机和显示器的连接线接触不良或连接线质量问题。可能是连接线接触不良造成：可将连接线的接头卸下，进行简单清理，有条件的也可用无水酒精进行清理。然后再插回去，看看是否恢复正常。

若排除接触不良的原因，则有可能是连接线质量问题或内部出现损坏，可换根确认无问题的连接线试试。

(2)灰尘过多导致温度过高。先尝试清洁机箱内部，如果没有解决问题，可能是显卡或显示器损坏，建议找专业人员维修。

(3)显示器周围有干扰源。电脑显示器附近若是存在强磁场，会使电脑屏幕闪烁和产生波纹，可以尝试将电脑放在没有电子设备的空地或空房间里检查。

5.3.3 计算机硬件日常维护措施及使用注意事项

1. 计算机硬件日常维护措施

1)CPU的日常维护措施

CPU的日常维护主要包括如下两个方面的措施。

(1)电脑CPU的温度水平总是处于偏高的水平。CPU的温度若长期处于偏高水平，即使CPU的温度水平不足以达到报警水平，但是其对计算机硬件自身也会存在一定的影响。具体的维护措施如下：将CPU散热风扇以及散热片上面的灰尘进行清理，灰尘过多会影响到计算机的散热效果以及使得风扇转速水平显著下降；此外还可以在 CPU 的表面位置与散热片之间涂抹一些硅脂，从而有效提高热量的散发效率。

(2)涂抹硅脂之后，CPU 的温度未降反升。对于这种状况，可进行如下处理：应该在 CPU 芯片的表面薄薄地涂抹一层硅脂，以基本可以覆盖芯片为准。若涂抹的硅脂厚度过大，反而会影响散热。

2)主板的日常维护

主板日常维护方法主要包括以下两种。

(1)系统处于正常状态，当将主板卸下来之后，重新安装之后开机未产生任何响应。具体的处理办法首先对计算机电源进行全面检查，若更换后依然存在故障，那么就可以怀疑主板存在故障。将主板进行仔细检查后，发现整体出现扭曲，则可断定为安装不合理而造成主板线路接触不佳。将主板重新卸下后，然后重新进行安装，开机后正常运行。

(2)长期使用后，系统时钟不准。对于一台长期使用的计算机，系统时间往往会变慢，经过多次校准，但是过不了多久仍然会出现变慢的情形。对此，可采取如下处理措施：之所以会发生时钟变慢的情形，主要原因是电脑主板电池电量不足，但是若更换电池后仍然不能解决，那么此时应该对主板的时钟电路进行仔细检查，可以使用无水乙醇对控制时钟的电路进行清洗，如果仍然有故障存在，则需要联系厂家对其进行维修；或者可能是病毒影响篡改了系统时钟。

3)内存的日常维护方法

当添加一条新的内存条之后，开机报警，系统不能正常启动运行。具体处理办法：根据报警的声音判定为内存故障，将机箱打开仔细检查，发现内存条未能很好地插入至插槽之中，此时可均匀用力将内存条插入正确的插槽之中，将电源完全接后之后，自行检查显示正常。

4)硬盘的日常维护方法

对于硬盘而言，其日常维护方法主要有以下两个方面。

(1)系统常常无法正确地识别硬盘。对于此种情况，可做如下处理：这种情况一般是硬盘自身、主板、BIOS 设置等方面出现问题。经替换的方法对其进行反复性检查，然后将上述各个部分的问题一一排除后，进一步检查发现，硬盘数据线出现扭曲等情况，替换硬盘数据线即可解决。

(2)系统识别的硬盘容量小于硬盘实际容量。例如硬盘的实际容量大小为 800 GB，但是在 Windows 系统中发现其只有 200 GB，对于这种现象的处理方法：将计算机重启，进入 BIOS 设置程序，经自动检查功能查看硬盘的基本属性，结果发现可对硬盘的容量大小进行正确地鉴别。重启后，格式化，计算机可正常使用。

2. 计算机硬件使用注意事项

计算机作为常见的学习、科研、办公、管理、娱乐等方面的工具，已经深入到了人们生活中的方方面面，但是计算机本身又是相对精密的电子产品，因此在使用计算机的时候应当爱护并按照规范去使用，使用时的注意事项主要有

(1)爱护计算机相关设备，搬运及使用计算机时注意轻拿轻放，避免震动。操作计算机需使用正常力度，不摔打、震动计算机。

(2)保持计算机清洁卫生，防止汗水饮料等液体、异物进入硬件设备。

(3)防止磁性物质接近计算机及相关设备。

(4)正确开关计算机,关机后关闭外接电源。

(5)在停电频繁时和接到停电通知时,要及时关机,如果已经停电,须关闭电脑总电源,防止突然来电损坏计算机硬件设施。

(6)尽量不要擅自更换计算机系统部件。若需拆装硬件,注意先释放人体静电,拆装硬件过程中一定要断电操作。

(7)注意环境卫生,避免灰尘过多。根据使用环境情况,定期清理灰尘。

思考与讨论

1. 制约我国工业发展的“卡脖子”技术都有哪些?如果不能解决这些“卡脖子”技术,会给我们带来什么样的影响?

2. 你认为我国是否应自行研制及生产(硅)芯片?其主要技术难点是什么?简述当前我国自主生产芯片所取得的成就和主要困难。

习题与练习

1. 计算机硬件系统包括计算机的(　　)。

A. 主机和外部设备　　B. 硬件系统和软件系统

C. 主板和 CPU　　D. 主机和显示器

2. 按照冯·诺依曼体系划分五大功能部分为运算器、(　　)、存储器、输入设备和输出设备。

A. 内存　　B. 寄存器

C. 控制器　　D. CPU

3. 计算机硬件系统是由(　　)、存储器、输入设备和输出设备几部分组成。

A. RAM　　B. ROM

C. 寄存器　　D. 中央处理器

4. 数据经过(　　)进入 CPU。

A. 键盘　　B. 内存

C. 硬盘　　D. 显示器

5. CPU 是(　　)的简称。

A. 运算器　　B. 控制器

C. 寄存器　　D. 中央处理器

6. (　　)不是 CPU 的主要性能指标。

A. 主频　　B. 带宽

C. 字长　　D. 核心数

7. (　　)接口是如今最为流行的接口,可以独立供电,支持热拔插,做到了即插即用。

A. USB　　B. SATA

C. IDE　　D. PCI

8.(　　)不是当前PC常见的视频接口。

A. DP　　B. DVI

C. HDMI　　D. PS/2

9. PC机音频接口中粉色的接口一般连接(　　)。

A. 音箱　　B. 耳机

C. 麦克风　　D. 网线

10. 以下关于存储器的叙述,(　　)是不正确的。

A. 内存又称主存　　B. 一般来说内存容量比硬盘小

C. 主存储器速度比辅存储器快　　D. 硬盘不属于辅存

11.(　　)的存储速度最快。

A. 寄存器　　B. Cache

C. 主存　　D. 辅存

12.(　　)是内存的一种,断电后数据清空。

A. 优盘　　B. ROM

C. RAM　　D. 硬盘

13. 主存相对于辅存的特点是(　　)。

A. 容量小、速度快、价格高　　B. 容量小、速度快、价格低

C. 容量大、速度慢、价格低　　D. 容量大、速度快、价格高

14. 以下几种设备,(　　)存储速度最慢。

A. 机械硬盘　　B. 固态硬盘

C. 光盘　　D. 软盘

15. 高速缓存Cache与内存相比,特点为(　　)。

A. 容量小、速度快、成本高　　B. 容量小、速度快、成本低

C. 容量大、速度快、成本高　　D. 容量大、速度慢、成本低

16. 下列关于ROM的叙述,(　　)是不正确的。

A. 平时正常使用时,CPU不能向ROM写入或数据

B. ROM中的信息断电后不会消失

C. ROM是一种只能读取其中数据的外存

D. ROM常用于存储各种固定程序和数据

17. LCD显示器指的是(　　)。

A. 液晶显示器　　B. 等离子显示器

C. 彩色图像显示器　　D. 阴极射线管显示器

18.(　　)不是打印机的主要性能指标。

A. 分辨率　　B. 打印速度

C. 打印成本　　D. 打印容量

19. 以下关于打印机的叙述,(　　)是不正确的。

A. 激光打印机比喷墨打印机打印速度快

B. 激光打印机的耗材是墨盒

C. 喷墨打印机的价格一般比激光打印机便宜

D. 热敏打印机的耗材是热敏打印纸

20.（　　）不是 Intel 民用处理器主要系列。

A. 酷睿　　　　B. 奔腾

C. 赛扬　　　　D. 志强

第6章 计算机软件系统

计算机软件系统和计算机的硬件系统一样，是完整计算机系统不可或缺的一部分。若把计算机硬件系统比作人类的身体，那软件系统则相当于人类的灵魂。系统软件作为人机交互接口，管理软硬件资源，应用软件则针对现实中某些具体问题或功能需求而被开发与使用。本章主要介绍常见操作系统以及常见应用软件等相关内容。

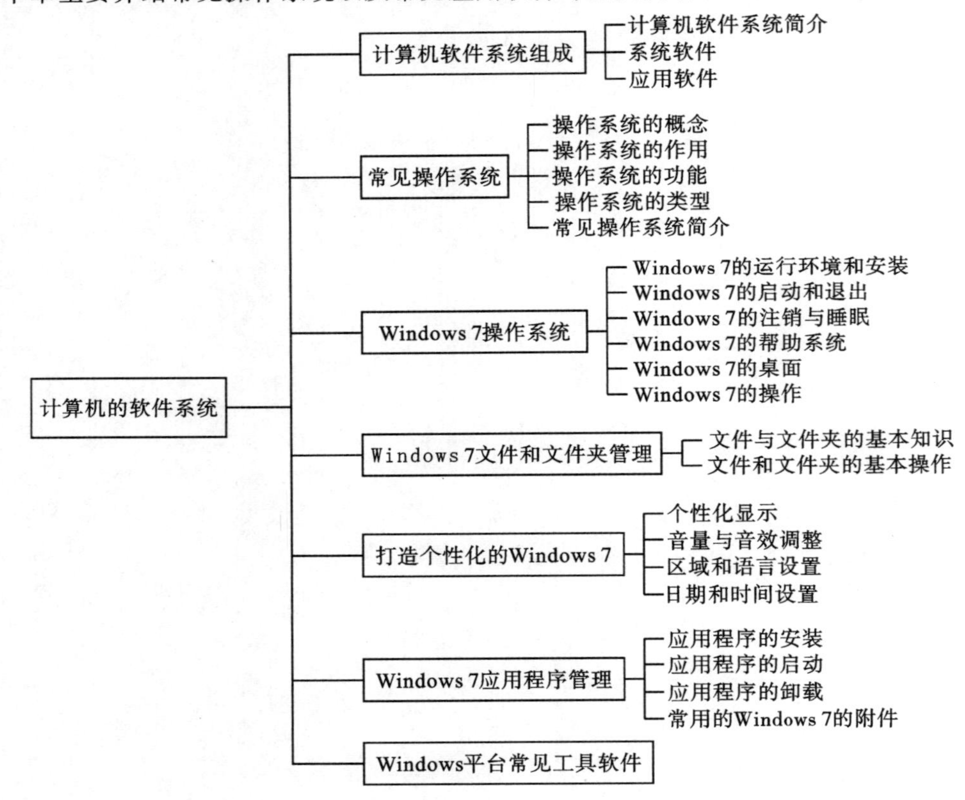

6.1 计算机软件系统组成

6.1.1 计算机软件系统简介

计算机软件（Software）系统和计算机硬件系统一样，都是计算机不可或缺的重要组成部分。计算机软件系统是指计算机运行的各种程序、数据及相关的文档资料。计算机软件系统通常被分为系统软件和应用软件两大类,虽然各自的用途不同,但它们都存储在计算机存储器中,是以某种格式编码书写的程序或数据。

6.1.2 系统软件

系统软件是指控制和协调计算机及外部设备,支持应用软件开发和运行的系统,是无需用户干预的各种程序的集合,主要功能是调度,监控和维护计算机系统;负责管理计算机系统中各种独立的硬件,使得它们可以协调工作。系统软件使得计算机使用者和其他软件将计算机当作一个整体而不需要顾及底层每个硬件是如何工作的。

系统软件又可分为操作系统、语言处理程序、数据库管理等种类。其中操作系统是核心的系统软件。

6.1.3 应用软件

应用软件是指为特定领域开发、并为特定目的服务的一类软件。应用软件是直接面向用户需要的,它们可以直接帮助用户提高工作质量和效率,甚至可以帮助用户解决某些难题。应用软件可以细分很多种类,如工具软件、游戏软件、管理软件等。

6.2 常见操作系统

操作系统是目前计算机都必备的软件。如微软公司开发的 Windows 操作系统、苹果公司开发的 iOS 操作系统和谷歌公司开发的 Android 操作系统都是常见的计算机操作系统,这些操作系统不仅用在计算机上而且还用在手机上,其中 iOS 和 Android 操作系统分别用在苹果手机和其他手机上,现在流行的手机应用程序(application,简称 App)都是在这两个操作系统上运行的。由于操作系统是计算机系统工作时不可缺少的软件,所以通常把操作系统称之为计算机系统软件。我国的计算机用户普遍使用 Windows 操作系统,因为该操作系统的人机交互界面在计算机的显示器屏上是一个个可视化的窗口,所以微软公司给该计算机操作系统命名为 Windows。不论哪一种计算机操作系统,它的主要功能都是管理和控制计算机系统中的所有硬件和软件资源,它能够合理地组织计算机工作流程,并为用户提供一个良好的工作环境和友好的接口。Windows 操作系统所管理的计算机硬件资源主要有处理器、存储器、输入/输出设备等。它所管理的软件资源都是以文件形式存在磁盘上的。因此从资源管理和用户接口的观点看,操作系统具有处理机管理、存储管理、设备管理、文件管理和提供用户接口等功能。

6.2.1 操作系统的概念

操作系统(operating system)简称 OS,是管理和控制计算机硬件与软件资源的计算机程序,是直接运行在“裸机”上的最基本的系统软件,任何其他软件都必须在操作系统的支持下才能运行,因此操作系统是计算机系统中最为核心的必不可少的系统软件。

操作系统是用户和计算机的接口,用于管理计算机的硬件及软件资源。操作系统的功能包括管理计算机系统的硬件、软件及数据资源,控制程序运行,改善人机界面,为其他应用软件提供支持，让计算机系统所有资源最大限度地发挥作用，提供各种形式的用户界面，使用户有一个好的工作环境，为其他软件的开发提供必要的服务和相应的接口等。

【注】裸机指的是未安装任何软件的计算机。

6.2.2 操作系统的作用

操作系统的主要作用有两个：

(1)屏蔽硬件物理特性和操作细节，为用户使用计算机提供了便利，简单地说就是改善人机操作界面，为用户提供更加友好的使用环境。

(2)有效管理系统资源，提高系统资源使用效率。如何有效地管理、合理地分配系统资源，提高系统资源的使用效率是操作系统必须发挥的主要作用。

6.2.3 操作系统的功能

操作系统的主要功能是资源管理，程序控制和人机交互等。计算机系统的资源可分为设备资源和信息资源两大类。设备资源指的是组成计算机的硬件设备，如中央处理器、主存储器、磁盘存储器、打印机、磁带存储器、显示器、键盘输入设备和鼠标等。信息资源指的是存放于计算机内的各种数据，如文件、程序库、知识库、系统软件和应用软件等。

操作系统位于底层硬件与用户之间，是两者沟通的桥梁。用户可以通过操作系统的用户界面，输入命令。操作系统则对命令进行解释，驱动硬件设备，实现用户要求。以现代观点而言，一个标准个人电脑的 OS 应该提供以下的功能：

- 进程管理(Processing management)
- 内存管理(Memory management)
- 文件系统(File system)
- 网络通信(Networking)
- 安全机制(Security)
- 用户界面(User interface)
- 驱动程序(Device drive)

6.2.4 操作系统的类型

操作系统根据不同分法可分为不同的类型，在此我们主要介绍其中最主要的六类，即批处理操作系统、分时操作系统、实时操作系统、网络操作系统、分布式操作系统和嵌入式操作系统。

1. 批处理操作系统

批处理操作系统由单道批处理系统(又称为简单批处理系统)和多道批处理系统组成。单道批处理系统用户一次可以提交多个作业，但系统一次只处理一个作业，处理完一个作业后，再调入下一个作业进行处理。这些调度、切换系统自动完成，不需人工干预。单道批处理系统一次只能处理一个作业，系统资源的利用率不高。多道批处理系统，把同一个批次的作业调入内存，存放在内存的不同部分，当一个作业由于等待输入输出操作而让处理机出现空闲，系统自动进行切换，处理另一个作业。因此它提高了资源利用率。

批处理操作系统的特点：不需人工干预，进行批量处理。

2. 分时操作系统

分时操作系统的特点是可有效增加资源的使用率。

把计算机与许多终端连接起来，每个终端有一个用户在使用。分时操作系统将CPU的时间划分成若干个片段，称为时间片。用户交互式地向系统提出命令请求，分时操作系统接受每个用户的命令，采用时间片轮转方式处理服务请求，并通过交互方式在终端上向用户显示结果。每个用户轮流使用一个时间片而使每个用户并不感到有别的用户存在。

分时操作系统的特点：交互性、多路性、独立性、及时性。

3. 实时操作系统

实时操作系统是指使计算机能及时响应外部事件的请求在规定的严格时间内完成对该事件的处理，并控制所有实时设备和实时任务协调一致地工作的操作系统。实时操作系统要追求的目标是对外部请求在严格时间范围内做出反应，有高可靠性和完整性。

其主要特点是资源的分配和调度，首先要考虑实时性然后才是效率。此外，实时操作系统应有较强的容错能力。

4. 网络操作系统

通常运行在服务器上的操作系统，是基于计算机网络的，是在各种计算机操作系统上按网络体系结构协议标准开发的软件，包括网络管理、通信、安全、资源共享和各种网络应用。其目标是相互通信及资源共享。在其支持下，网络中的各台计算机能互相通信和共享资源。

其主要特点是与网络的硬件相结合来完成网络的通信任务。

5. 分布式操作系统

分布式操作系统是为分布计算系统配置的操作系统。大量的计算机通过网络被连接在一起，可以获得极高的运算能力及广泛的数据共享。这种系统被称作分布式系统。分布式操作系统是网络操作系统的更高形式，它保持了网络操作系统的全部功能，而且还具有透明性、可靠性和高性能等。网络操作系统和分布式操作系统虽然都用于管理分布在不同地理位置的计算机，但最大的差别是网络操作系统知道确切的网址，而分布式系统则不知道计算机的确切地址；分布式操作系统负责整个的资源分配，能很好地隐藏系统内部的实现细节，如对象的物理位置等。这些都是对用户透明的。

6. 嵌入式操作系统

嵌入式操作系统是使用非常广泛的操作系统。嵌入式设备一般使用专用的嵌入式操作系统（经常是实时操作系统，如VxWorks、eCos），以及某些功能缩减版本的Linux（如Android，Tizen，MeeGo，webOS）或者其他操作系统。某些情况下，嵌入式操作系统指的是一个自带了固定应用软件的巨大泛用程序；在许多最简单的嵌入式系统中，所谓的操作系统就是指其上唯一的应用程序。

6.2.5 常见操作系统简介

在人们的生活中常见的操作系统有DOS操作系统、Windows操作系统、UNIX操作系统、Linux操作系统、iOS操作系统和Android操作系统。

1. DOS系统

DOS是磁盘操作系统的缩写，是个人计算机上的一类操作系统。DOS是1979年由微软公司为 IBM 个人电脑开发的操作系统，它是一个单用户单任务的操作系统。它们在 1985 年到 1995 年及其之后的一段时间内占据操作系统的统治地位，直到微软推出 Windows 视窗操作系统后才被逐渐取代。

DOS 操作系统操作界面为黑色底白色字的文字界面，如图 6－1 所示。

```
$Revision: 1.160 $ $Date: 2006/01/25 17:51:49 $
Options: apmbios pcibios eltorito

ata0 master: QEMU HARDDISK ATA-7 Hard-Disk (10 MBytes)
ata0  slave: Unknown device
ata1 master: QEMU CD-ROM ATAPI-4 CD-Rom/DVD-Rom
ata1  slave: Unknown device

Booting from Floppy...

NEC IO.SYS for MS-DOS (R)  Version 3.30
Copyright (C) 1988 NEC Corporation
Copyright (C) 1981-1987 Microsoft Corporation

Current date is Tue  8-22-2006
Enter new date (mm-dd-yy):
Current time is  3:39:29.01
Enter new time:

Microsoft(R) MS-DOS(R)  Version 3.30
             (C)Copyright Microsoft Corp 1981-1987

A>dir

 Volume in drive A is MSD330BD
 Directory of  A:\

COMMAND  COM     25308   2-02-88  12:00a
FDISK    COM     55029   8-08-88   8:39p
FORMAT   COM     11968   7-13-88   2:04p
SYS      COM      4921   7-13-88   4:25p
        4 File(s)   1303040 bytes free

A>_
```

图 6－1 DOS 操作系统界面

2. Windows 系统

Microsoft Windows，是微软公司研发的一套操作系统，它问世于 1985 年，是个人电脑上第一个可视化图形界面的操作系统，Windows 采用了图形化模式 GUI，比起从前的 DOS 需要键入指令使用的方式更为人性化。因其简单易用，界面友好，Windows 操作系统迅速占领了个人电脑的操作系统市场，目前也是全球个人电脑中占有率最高的操作系统。Windows 操作系统操作界面如图 6－2 所示。

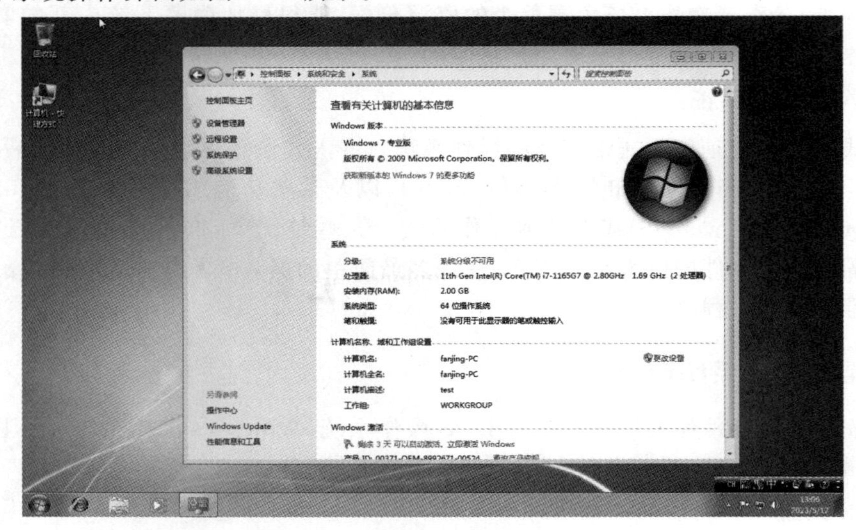

图 6－2 Windows 操作系统界面

3. UNIX 系统

UNIX 操作系统是由 KenThompson、Dennis Ritchie 和 Douglas McIlroy 于 1969 年在 AT&T 的贝尔实验室开发的一个强大的多用户、多任务操作系统，支持多种处理器架构系统。

UNIX 操作系统操作界面如图 6－3 所示。

图 6－3　UNIX 操作系统界面

4. Linux 系统

Linux 操作系统诞生于 1991 年，是一套类 UNIX 操作系统。Linux 存在着许多不同的 Linux 版本，但它们都使用了 Linux 内核。Linux 可安装在各种计算机硬件设备中，比如手机、平板电脑、路由器、视频游戏控制台、台式计算机、大型机和超级计算机。其主要特性为完全免费、完全兼容 POSIX1.0 标准、多任务多用户、界面良好、支持多种硬件平台。

Linux 操作系统操作界面如图 6－4 所示。

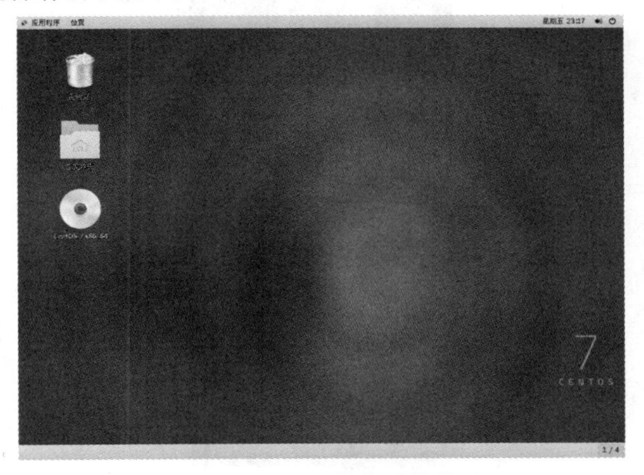

图 6－4　Linux 操作系统界面

5. iOS 系统

iOS 是由苹果公司开发的移动操作系统，于 2007 年 1 月 9 日在 Macworld 大会上公布。最初是设计给 iPhone 使用的，后来陆续套用到 iPod touch、iPad 以及 Apple TV 等产品上。iOS 属于类 UNIX 的商业操作系统。

iOS 操作系统操作界面如图 6－5 所示。

图 6－5　iOS 操作系统界面

6. Android 系统

Android 是由 Google 公司于 2007 年宣发的一种基于 Linux 的自由及开放源代码的操作系统，主要使用于移动设备，如智能手机和平板电脑等。

Android 操作系统操作界面如图 6－6 所示。

图 6－6　Android 操作系统界面

6.3 Windows 7 操作系统

6.3.1 Windows 7 的运行环境和安装

微软公司于1983年开始研制 Windows 操作系统。到目前为止，Windows 操作系统已经在个人计算机操作系统中占有主导地位，而 Windows 7 作为 Windows Vista 的继任者，它不论是在功能方面还是在操作便利方面都有了很大的改善，其优点足够吸引广大用户和各界厂商。

Windows 7 系统对硬件要求较“低”，如果硬件配置符合以下要求，都可以安装 Windows 7 操作系统。

- 中央处理器：奔腾 3.0（或者相同级别）以上、AMD、CORE 等主流的处理器。
- 内存：至少要求 512 MB 的 DDR2 内存。
- 硬盘空间：5 GB 以上的硬盘剩余空间用于安装系统。
- 显卡：128 MB 以上的显存。
- 声卡：最新的 PCI 声卡。
- 显示器：要求分辨率在 1024×768 像素以上或者可支持触摸技术的显示设备。
- 磁盘分区格式：NTFS

Windows 7 提供了两种安装方法：一种是在裸机系统中直接全新安装 Windows 7；另一种是通过在 Windows XP 等其他操作系统中升级安装 Windows 7。不论使用哪种安装方法，Windows 7 都提供安装向导界面指导用户按照安装提示一步一步地完成安装工作。

6.3.2 Windows 7 的启动和退出

使用 Windows 7 之前，必须先启动它，使用完之后应该退出 Windows 7，以节省电力，减少计算机的损耗。下面介绍正确启动与退出 Windows 7 操作系统的方法。

1. Windows 7 启动

根据 Windows 7 启动前计算机是否加电可以将启动分为冷启动和热启动两种。

1）冷启动

在安装 Windows 7 之后，用户按下电脑上的电源开关启动计算机之后，系统将会自动进行计算机硬件的自检，引导操作系统启动等一系列复杂动作，最终在屏幕上出现用户登录界面，用户通过选择账户并输入正确的密码，就能登录 Windows 7 系统了。

2）热启动

计算机在使用过程中，在不关闭电源的情况下使计算机启动的过程，称为热启动。热启动有以下几种方法。

（1）单击“开始”按钮，打开“开始”菜单，单击“关机”按钮右侧的小三角按钮，然后在弹出的菜单中选择“重新启动”按钮。

（2）按下电脑机箱上的“Reset”按钮。

（3）在通电状态按“Ctrl＋Alt＋Del”组合键，在出现的桌面右下角选择“重新启动”计算机。

对于安装了 Windows 7 的计算机，在开机时会自动对计算机中的一些基本硬件设备进行检测，确认各设备工作正常后，将系统的控制权交给操作系统 Windows 7，此后屏幕上将显示 Windows 7 引导画面，如图 6-7 所示。

若电脑中已添加多个用户账号，系统随后将显示如图 6-8 所示的画面，单击某个用户的图标，即可进入对应用户的操作系统界面—桌面；若电脑中只设置了一个用户，且没有设置密码，系统则直接显示登录界面，稍等片刻即可进入 Windows 7 操作系统界面。

图 6-7 Windows 7 启动界面

图 6-8 多用户 Windows 7 启动界面

2. Windows 7 退出

Windows 7 系统要求用户完整退出，以便保存更改后系统的信息，为下一次系统启动提供完整的信息，所以要求使用者在执行关闭计算机之前首先要执行退出操作，即先关掉所有打开的程序，然后单击“开始”菜单中的“关机”按钮，如图 6-9 所示。

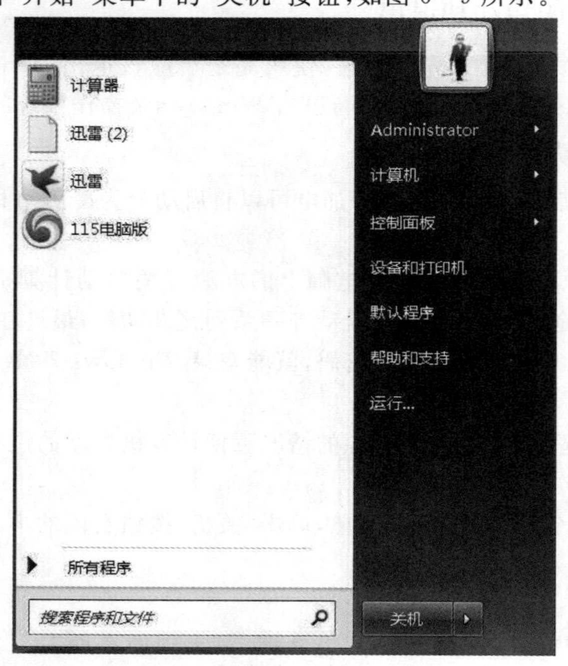

图 6-9 “开始”菜单对话框

6.3.3　Windows 7 的注销与睡眠

Windows 7 允许多个用户共用同一台计算机，为了方便不同用户快速登录系统，Windows 7 提供了注销功能。注销可以中止所有当前用户的进程且不会影响系统进程和服务。注销只是用户切换、重启 Windows 7 操作系统，也就是注册表重新读写一次，电脑不会重新自检，也不会对内存清空。那么，当用户希望注销账户时，可以通过以下方式：在“开始”菜单中单击“关机”按钮右侧的小三角按钮，然后在弹出的菜单中选择“注销”按钮。

当用户暂时不需要使用计算机时，但是又不想关闭计算机，这时可以让系统进入睡眠状态，在这种状态下，用户的工作和设置会保存在内存中，当用户需要再次开始工作时，只需要按下键盘上的任意键，稍等几秒钟后计算机就会恢复到工作状态。进入睡眠状态的方式如下：在“开始”菜单中单击“关机”按钮右侧的小三角按钮，然后在弹出的菜单中选择“睡眠”按钮。

6.3.4　Windows 7 的帮助系统

Windows 7 的帮助系统提供了有关其操作的所有帮助和支持，如遇到了什么问题，可以通过以下两种方式打开帮助。

(1)单击“开始”按钮，打开“开始”菜单，然后单击“帮助与支持”按钮，打开 Windows 帮助窗口。

(2)Windows 操作系统帮助的快捷键为“F1”键。

6.3.5　Windows 7 的桌面

登录 Windows 7 后出现在屏幕上的整个区域即成为“系统桌面”，也可简称“桌面”。其主要包括桌面图标、任务栏、“开始”菜单、桌面背景等部分，如图 6 - 10 所示。下面主要介绍 Windows 7 桌面中的各组成部分及其操作方法。

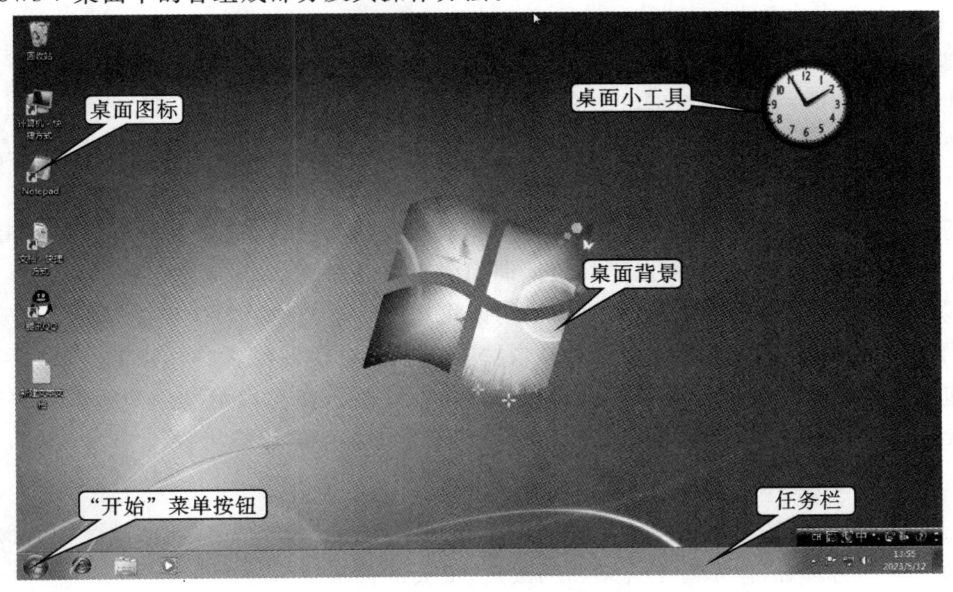

图 6 - 10　Windows 7 桌面

1. 桌面图标

桌面图标实际上是一种快捷方式，用于快速地打开相应的项目及程序。在 Windows 7 中默认的桌面图标只有“回收站”，“计算机”“网络”“回收站”等图标用户可以根据自己的需求进行增添和删除。图标的主要操作有以下两种。

1)排列图标

在桌面空白处右击鼠标，在弹出的快捷菜单中选择不同的排列方法(选择按名称、大小、类型和修改时间排列)，如图 6-11 所示。

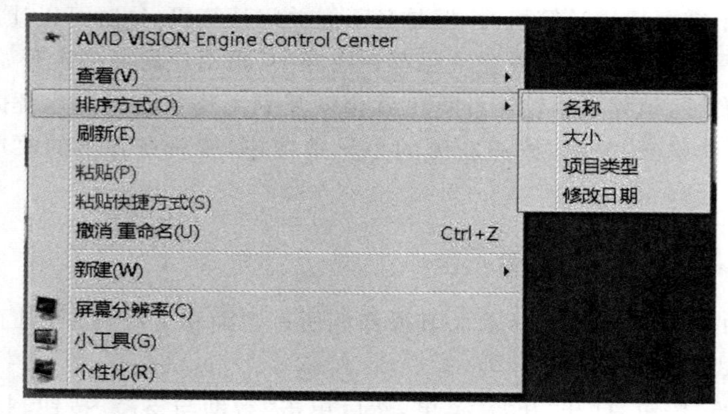

图 6-11 快捷菜单对话框

2)选择图标

选择图标的方式有以下三种。

(1)选择单个图标：用鼠标单击该图标；

(2)选择多个连续的图标：用鼠标单击第一个图标，再按住 Shift 键的同时单击要选择的最后一个图标；

(3)选择多个非连续的图标：按住 Ctrl 键的同时，用鼠标逐个单击要选择的图标。

桌面图标中通常有计算机、回收站和网络，下面对它们进行简单介绍。

①计算机：用户通过该图标可以实现对计算机硬盘驱动器、文件夹和文件的管理，在其中用户可以访问连接到计算机的硬盘驱动器、照相机、扫描仪和其他硬件以及有关信息。

②回收站：回收站保存了用户删除的文件、文件夹、图片、快捷方式和 Web 页等。这些项目将一直保留在回收站中，直到用户清空回收站。我们许多误删除的文件就是从其中找到的。灵活地利用各种技巧可以更高效地使用回收站，使之更好地为自己服务。

③网络：“网络”显示指向共享计算机、打印机和网络上其他资源的快捷方式。只要打开共享网络资源(如打印机或共享文件夹)，快捷方式就会自动创建在“网络”上。“网络”文件夹还包含指向计算机上的任务和位置的超级链接。这些链接可以帮助用户查看网络连接，将快捷方式添加到网络位置，以及查看网络域中或工作组中的计算机。

2. “开始”菜单

“开始”菜单是 Windows 操作系统的重要标志。Windows 7 的“开始”菜单依然以原有的“开始”菜单为基础，但是有了许多新的改进，极大改善了使用效果。

在“开始”菜单中如果命令右边有图标“▶”，表示该项下面有子菜单。例如：计算机右侧有图标“▶”，选择此命令就会展开子菜单，如图 6-12 所示。

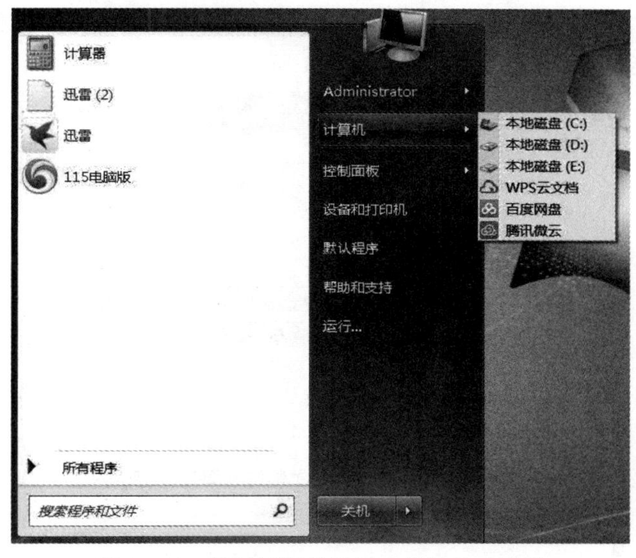

图 6-12 “开始”菜单展开子菜单的对话框

3. 任务栏

任务栏是位于桌面最下方的一个小长条，它显示了系统正在运行的程序、打开的窗口和当前时间等内容。用户通过任务栏可以完成许多操作，也可以对它进行设置。

1)任务栏组成

任务栏可分为“开始”菜单按钮、快速启动工具栏、窗口按钮栏、任务栏控制区、语言栏和状态提示区等几部分，如图 6-13 所示，下面详细介绍任务栏的各个部分。

图 6-13 Windows7 任务栏组成

(1)“开始”菜单按钮：单击此按钮，可以打开“开始”菜单，在用户操作过程中，要用它打开大多数的应用程序，详细内容在前面已经做了介绍。

(2)快速启动工具栏：它由一些小型的按钮组成，单击可以快速启动程序，一般情况下，它包括网上浏览工具 Internet Explorer 图标、收发电子邮件的程序 Outlook Express 图标和显示桌面图标等。

(3)窗口按钮栏：当用户启动某项应用程序而打开一个窗口后，在任务栏上会出现相应的有立体感的按钮，表明当前程序正在被使用，在正常情况下，按钮是向下凹陷的，而把程序窗口最小化后，按钮则是向上凸起的，这样可以使得用户观察更方便。

(4)语言栏：在此用户可以选择各种语言输入法，单击“语言栏”按钮，在弹出的菜单中进行选择可以切换为中文输入法，语言栏可以最小化以按钮的形式在任务栏显示，单击右上角的还原小按钮，它也可以独立于任务栏之外。

(5)状态提示区:该区域的图标显示当前的一些系统信息,如当前时间、音量等。

用户在任务栏上的非按钮区域右击,在弹出的快捷菜单中选择“属性”命令,即可打开“任务栏和「开始」菜单属性”对话框,如图 6－14 所示。

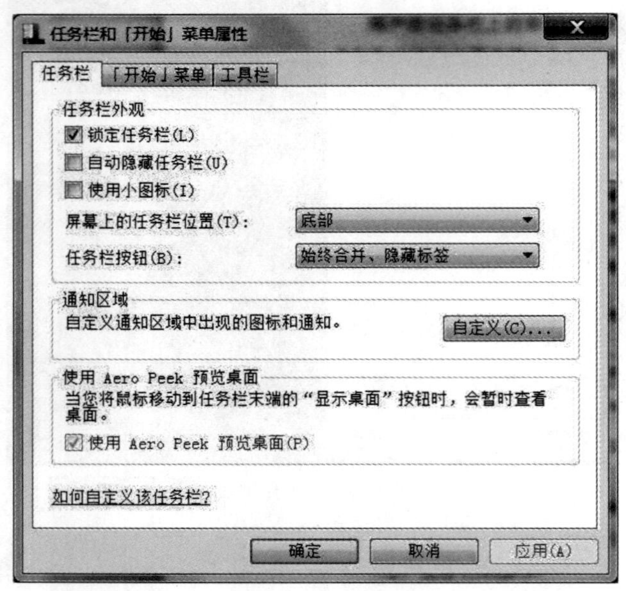

图 6－14　“任务栏和「开始」菜单属性”对话框

2)任务栏的操作

任务栏的操作包括以下几种。

(1)改变任务栏的尺寸:将鼠标的指针移到任务栏框内边缘处,此时鼠标指针变为一个双向的箭头,按住鼠标左键进行上下拖动。调整任务栏的尺寸,扩大到原来一倍左右。

(2)改变任务栏的位置:将鼠标的指针移到任务栏空白处,并拖动到桌面其他区域(上方、左边、右边)。

(3)任务栏其他操作:在任务栏的空白处单击右键,在弹出的快捷菜单中选择“属性”命令,可以进行以下操作。

①锁定任务栏:当锁定后,任务栏不能被随意移动或改变大小。

②自动隐藏任务栏:当用户不对任务栏进行操作时,它将自动消失,当用户需要使用时,可以把鼠标放在任务栏位置,它会自动出现。

③使用小图标:使任务栏中的窗口按钮都变为小图标。

④屏幕上任务栏的位置:用户可以自主设置任务栏在屏幕的底部、顶部、左侧、右侧。

(4)任务栏中添加工具栏:在任务栏上的非按钮区右击,在弹出的快捷菜单中的“工具栏”菜单项下选择所要添加的工具栏名称,此时在任务栏上会出现添加的内容。

4. 桌面“小工具”

Windows 7 的桌面上可以添加一些“小工具”,例如:日历、天气、时钟等。这些小工具直接附着在桌面上,给用户提供了很多方便。

1)添加小工具

新安装的 Windows 7 操作系统的桌面上并没有显示“小工具”,用户必须根据自己的需求添加桌面“小工具”。

右击桌面的空白处,在弹出的快捷菜单中选择“小工具”命令,用户可以在弹出的对话框中看到多个常用的“小工具”,如图 6-15 所示。双击要添加的“小工具”图标,即可将其添加到桌面。

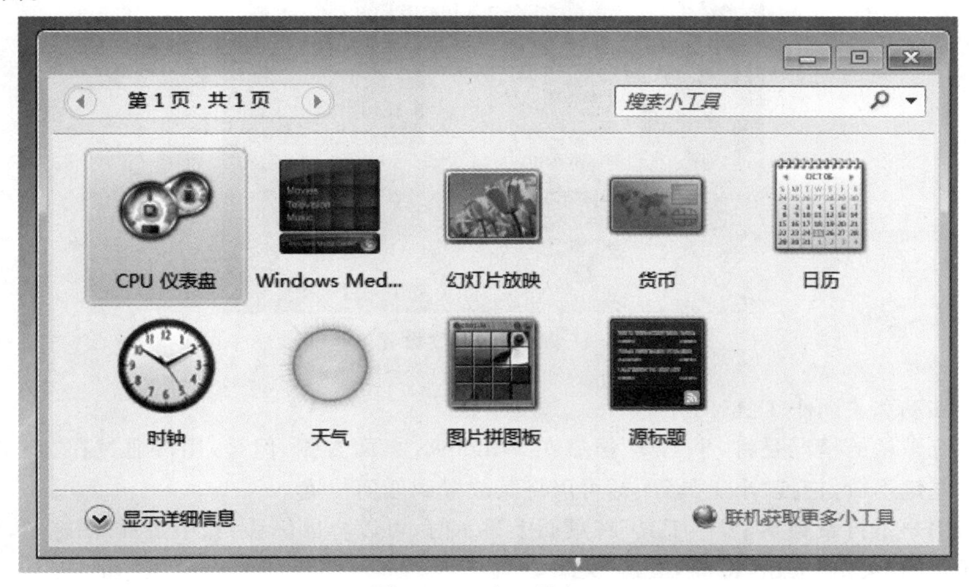

图 6-15　小工具窗口

2)设置小工具

为了满足不同用户的需求,大多数“小工具”都提供了一些设置功能。下面以时钟小工具为例:

(1)将鼠标移动到时钟小工具上,在其右上角会显示相应的图标,如图 6-16 所示。单击其中的图标,即可打开时钟小工具的设置界面。

图 6-16　Windows 7 时钟窗口

(2)在时钟设置界面中,可以切换时钟的样式,设置时钟的名称、时区以及是否显示秒针等,设置完成以后单击“确定”按钮。

不同的小工具,设置界面也不尽相同,但是有些设置是一样的,比如:设置小工具的透明度,在小工具的图标上点击右键,在弹出的快捷菜单中选择“不透明度”命令,然后在弹出的子菜单中可以选择图标的透明度,数值越低,小工具越接近透明,如图 6-17 所示。

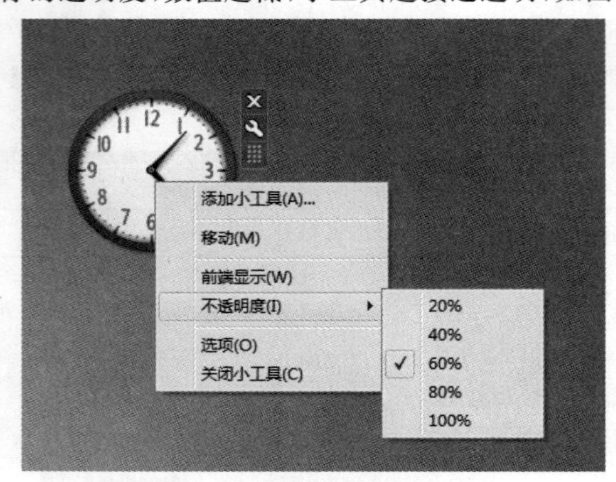

图 6-17　时钟透明度设置菜单

3)移动和关闭小工具

系统默认的情况是将“小工具”停靠在 Windows 桌面右侧,但是,用户通过在“小工具”上按住左键不放,拖拽“小工具”图标可以将其放置到任何位置。

当用户不再希望某个“小工具”在桌面上显示时,可以将鼠标移到“小工具”图标上,然后单击显示的“关闭”按钮,将“小工具”关闭。

6.3.6　Windows 7 的操作

1. 鼠标的基本操作

(1)指向:不单击鼠标键,移动鼠标,将指针移到某一个具体的对象上,用来确定指向该对象;

(2)单击:指按一下鼠标的左键;

(3)双击:指快速连续按两下鼠标左键;

(4)右击:指按一下鼠标右键,通常在某一个对象上点击鼠标右键,弹出与该对象有关的菜单;

(5)拖拽:将鼠标指针指向已选定的对象,按住鼠标左键,移动鼠标到新的位置,释放鼠标左键。

鼠标指针指向屏幕的不同部位时,指针的形状会有所不同。此外有些命令也会改变鼠标指针的形状。用鼠标操作对象不同,鼠标指针形状也不同,鼠标主要形状如表 6-1 所示。

表 6-1　鼠标指针的形状和功能说明

指针形状	功能说明
(箭头指针)	正常选择
(箭头?指针)	求助符号,指向某个对象并单击,即可显示关于该对象的说明

续表

指针形状	功能说明
	指示当前操作正在后台运行
	指示当前操作正在进行，等操作成后，才能往下进行
	指向窗口左/右两侧边界位置，可左右拖动改变窗口大小
	指向窗口上下两侧边界位置，可上下拖动改变窗口大小
	指向窗口四角位置，拖动可改变窗口大小
	指向超级链接的对象，单击可打开相应的对象

当然，用户可以通过“控制面板”中的“鼠标”选项，进入“鼠标属性”设置对话框，在其中“方案”下拉框中选择不同的方案，鼠标将在显示器上显示不同的样式。

2. 键盘操作

Windows 7 定义了许多常用的快捷键，熟练使用这些快捷键，可以帮助我们更方便地进行 Windows 操作，常用的快捷键如下。

- Delete：删除被选择的选择项目，将被放入回收站
- Shift＋Delete：删除被选择的选择项目，直接删除而不是放入回收站
- Alt＋F4：关闭当前应用程序
- Alt＋Tab：切换当前程序
- Ctrl＋C：复制
- Ctrl＋X：剪切
- Ctrl＋V：粘贴
- Ctrl＋Z：撤销

3. 窗口的基本操作

1）Windows 7 窗口的基本组成

Windows 7 系统的窗口基本组成如图 6－18 所示。

（1）标题栏：在 Windows 7 中，标题栏位于窗口的最顶端，不显示任何标题，而在最右端有“最小化”“最大化/还原”“关闭”三个按钮，用来改变窗口的大小和关闭窗口操作。用户还可以通过标题栏来移动窗口。

（2）地址栏：其类似于网页中的地址栏，用来显示和输入当前窗口地址。用户也可以点击右侧的下拉按钮，在弹出的列表中选择路径，给快速浏览文件带来了方便。

（3）搜索栏：窗口右上角的搜索栏主要是用于搜索电脑中的各种文件。

（4）工具栏：给用户提供了一些基本的工具和菜单任务。

（5）导航窗格：在窗口的左侧，它提供了文件夹列表，并且以树状结构显示给用户，帮助用户迅速定位所需的目标。

（6）窗口主体：在窗口的右侧，它显示窗口中主要内容，例如：不同的文件夹和磁盘驱动等。

（7）详细信息窗格：用于显示当前操作的状态，即提示信息，或者当前用户选定对象的详细信息。

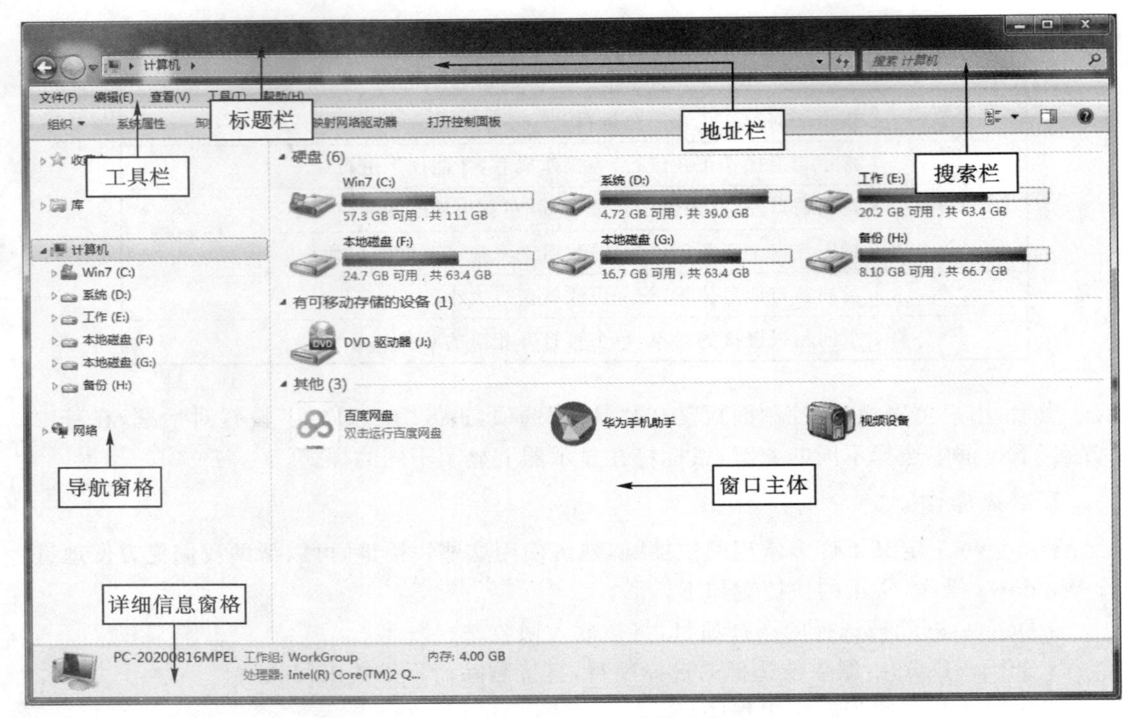

图 6-18　Windows 7 计算机窗口

2)Windows 7 窗口的基本操控

(1)调整窗口的大小。在 Windows 7 中,用户不但可以通过标题栏最右端的"最小化""最大化/还原"按钮来改变窗口的大小,还可以通过鼠标来改变窗口的大小。当鼠标悬停在窗口边框的位置,在鼠标指针变成双向箭头时,按住鼠标左键进行拖拽,即可调整窗口的大小。

(2)多窗口排列。用户在使用计算机时,打开了多个窗口,而且需要它们全部处于显示状态,那么就涉及排列问题。Windows 7 提供了 3 种排列方式:层叠方式、堆叠方式、并排方式,右击任务栏的空白区,弹出一个快捷菜单,如图 6-19 所示。

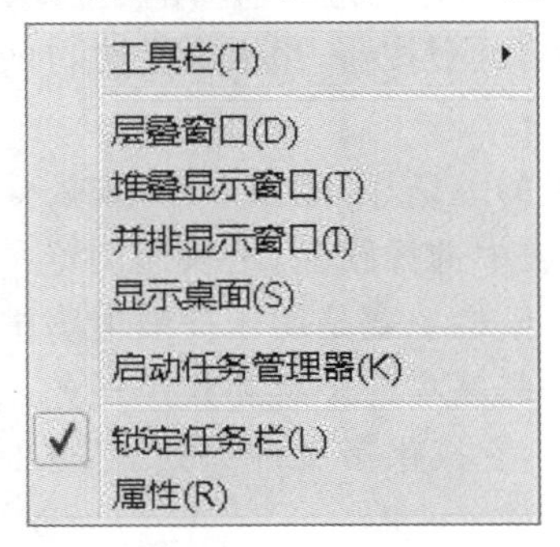

图 6-19　窗口排列菜单

层叠窗口:把窗口按照打开的先后顺序依次排列在桌面上,如图 6-20 所示。

堆叠显示窗口:系统在保证每个窗口大小相当的情况下,使窗口尽可能沿水平方向延

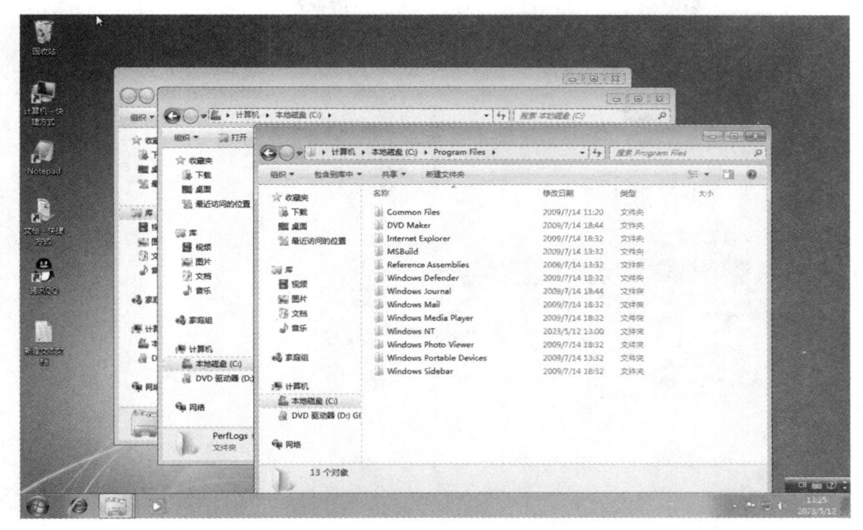

图 6－20　层叠窗口排列界面

伸，如图 6－21 所示。

图 6－21　堆叠窗口排列界面

并排显示窗口：系统在保证每个窗口大小相当的情况下，使窗口尽可能沿垂直方向延伸，如图 6－22 所示。

3）多窗口切换预览

用户在日常使用计算机时，桌面上常常会打开多个窗口，那么，用户可以通过多窗口切换预览的方法找到自己需要的窗口，下面介绍两种窗口切换预览方法。

（1）单击任务栏上的程序按钮来实现程序间的切换；

（2）使用“Alt＋Tab”组合键进行切换：按住 Alt 键不放，通过按 Tab 键来选择不同的窗口。

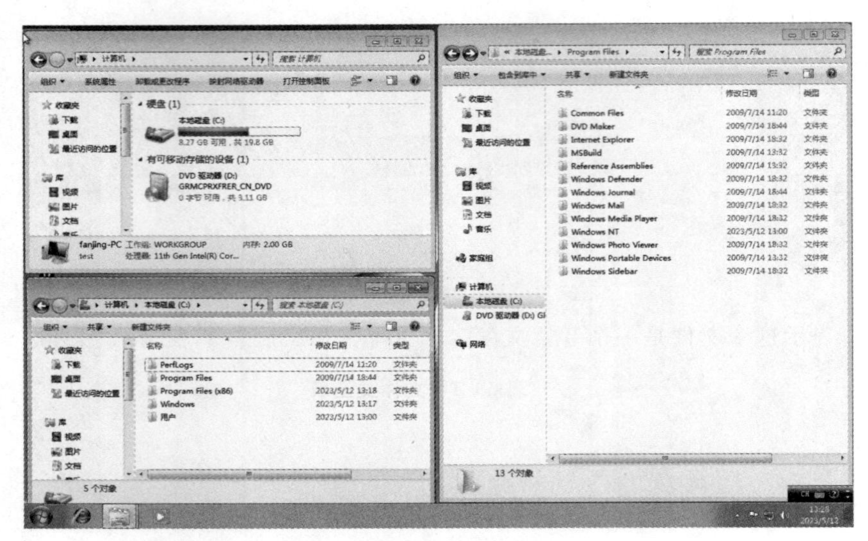

图 6－22　并排窗口排列界面

6.4　Windows 7 文件和文件夹管理

6.4.1　文件与文件夹的基本知识

1. 文件的概念

文件就是用户赋予了名字并存储在磁盘上的信息的集合，它可以是用户创建的文档，也可以是可执行的应用程序或一张图片、一段声音等。

2. 文件夹和子文件夹

文件夹是系统组织和管理文件的一种形式，是为方便用户查找、维护和存储文件而设置的，用户可以将文件分门别类地存放在不同的文件夹中。在文件夹中可存放所有类型的文件和下一级文件夹、磁盘驱动器及打印队列等内容。

磁盘是存储信息的设备，一个磁盘上通常存储了大量的文件。为了便于管理，将相关文件分类后存放在不同的目录中。这些目录在 Windows 7 中称为文件夹。

3. 文件的路径

文件的路径是指文件存放的位置。一般分为绝对路径和相对路径。

(1)绝对路径：是指从根目录开始查找一直到文件所处位置所要经过的所有目录，目录名之间用反斜杠(\)隔开。例如：C:\Windows\music\gao\good.mp3。

(2)相对路径：是指从当前目录开始到文件所在位置之间的所有目录。例如当前目录为 C:\Windows\music，则 C:\Windows\music\gao\good.mp3 的相对路径为\gao\good.mp3。

4. 文件的命名方法

(1)中文 Windows 7 允许使用长文件名，即系统下路径和文件名的总长度不超过 260

个字符；这些字符可以是字母、空格、数字、汉字或一些特定符号；

(2)在一个目录中使用句点(.)来分隔文件基本名和扩展名；

(3)文件名对大小写不敏感的。例如 OSCAR，Oscar 和 oscar 将被认为是相同的名字；

(4)不能有以下列出的一些符号：| " \ < > * / ：?。

5. 文件类型

文件名一般由主文件名和扩展名组成，扩展名由多个英文字符组成，用来表示文件的类型。文件名和扩展名之间用"."隔开。例如"apple. mp3"的文件名中，apple 是文件名，mp3 为扩展名，表示这个文件是一个音乐文件。常见的文件扩展名如表 6-2 所示。

表 6-2 文件类型表

扩展名	文件类型
*.txt	文本文件
.docx、.doc	Word 文件
*.avi	音频、视频交错文件
*.bat	批处理文件
*.exe	可执行文件
*.dll	动态链接库文件
*.gif	采用 GIF 格式压缩的图像文件
*.jpg	采用 JPEG 格式压缩的图像文件
*.ioc	图标文件
*.ini	初始化信息文件
*.html	主页文件
*.psd	Adobe Photoshop 的位图文件格式
.zip、.rar	压缩文件格式
*.c	C 语言文件
*.mpg	采用 MPEG 格式压缩的视频文件
*.mp3	采用 MPEG 格式压缩的音频文件
.rmvb，.rm	采用 REAL 格式压缩的音频文件
*.pdf	Adobe Acrobat 文档格式
.xlsx、.xls	Excel 文件格式
.pptx、.ppt	PowerPoint 文件格式

6. 文件的树形存储结构

在各个层次的不同文件夹里存放不同类型和用途的文件，可以使文件的存放达到分门别类的目的。各层文件夹和文件组成的结构称为文件的树型存储结构。最上层的文件夹称为根，下面链接的文件夹称为树枝。

6.4.2 文件和文件夹的基本操作

1. 创建新文件夹

用户可以通过“桌面”“我的电脑”或“Windows 资源管理器”的“浏览”窗口来创建新的文件夹，创建新文件夹可执行下列操作步骤：

（1）双击“计算机”图标，打开“计算机”对话框。

（2）双击要新建文件夹的磁盘，打开该磁盘。

（3）选择“文件”选项卡下的“新建”展开子菜单中的“文件夹”命令或在桌面单击右键，在弹出的快捷菜单中选择“新建”展开子菜单中的“文件夹”命令，即可新建一个文件夹，第二种情况操作如图 6－23 所示。

（4）在新建的文件夹名称文本框中输入文件夹的名称，按回车键或用鼠标单击其他地方即可。

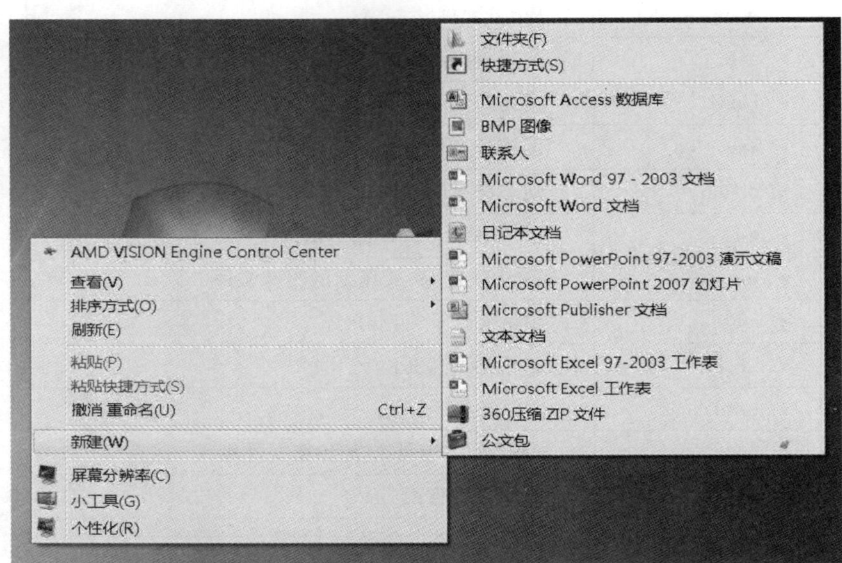

图 6－23 新建文件夹菜单

2. 重命名文件和文件夹

重命名文件或文件夹就是给文件或文件夹重新命名一个新的名称，使其更符合用户的要求。

重命名文件或文件夹的具体操作步骤如下：

（1）选择要重命名的文件或文件夹。

（2）单击“文件”下拉菜单中的“重命名”命令，或单击右键，在弹出的快捷菜单中选择“重命名”命令。

（3）当文件或文件夹的名称将处于编辑状态（蓝色反白显示），用户可直接键入新的名称进行重命名操作。

也可在文件或文件夹名称处直接单击两次（两次单击间隔时间应稍长一些，以免使其变为双击），使其处于编辑状态，键入新的名称进行重命名操作。

3. 选定文件或文件夹

(1)单个文件或文件夹：单击该文件或文件夹。

(2)多个连续的文件或文件夹：

①按住 Shift 键不放，单击第一个文件或文件夹和最后一个文件或文件夹；

②在要选择的文件或文件夹的外围单击并拖动鼠标，则文件或文件夹周围将出现一虚线框，鼠标经过的文件或文件夹将被选中。

(3)多个不连续的文件或文件夹：单击第一个文件或文件夹，按住 Ctrl 键，单击其余要选择的文件或文件夹。

(4)所有文件或文件夹：按下快捷键“Ctrl＋A”，或选择“编辑”菜单中的“全选”命令。

4. 复制、移动文件和文件夹

1)移动与复制的区别

在实际应用中，有时用户需要将某个文件或文件夹移动或复制到其他地方以方便使用，这时就需要用到移动或复制命令。

从执行的结果看：复制之后，在原位置和目标位置都有这个文件；而移动后，只有在目标位置有这个文件。从执行的次数看：在复制中，执行一次“复制”命令可以“粘贴”无数次；而在移动中，执行一次“剪切”命令却只能“粘贴”一次。

2)操作方法

(1)在“编辑”下拉菜单中选择“复制”或“剪切”命令；

选定目标地，在“编辑”下拉菜单中选择“粘贴”命令。

(2)快捷键：按“Ctrl＋C”或“Ctrl＋X”组合键，选定目标地，按“Ctrl＋V”组合键。

(3)鼠标拖动，常用的方法有

同一磁盘中的复制：选中对象——按 Ctrl 键再拖动选定的对象到目标地；

不同磁盘中的复制：选中对象——拖动选定的对象到目标地；

同一磁盘中的移动：选中对象——拖动选定的对象到目标地；

不同磁盘中的移动：选中对象——按 Shift 键再拖动选定的对象到目标地。

(4)快捷菜单：单击鼠标右键，在弹出的快捷菜单中选择“复制”或“剪切”命令，选定目标地，再单击鼠标右键，选择“粘贴”命令。

5. 删除文件或文件夹

当有的文件或文件夹不再需要时，用户可将其删除，以利于对文件或文件夹进行管理。删除后的文件或文件夹将被放到“回收站”中，用户可以选择将其彻底删除或还原到原来的位置。

删除文件或文件夹的操作如下：

(1)选定要删除的文件或文件夹。若要选定多个相邻的文件或文件夹，可按着 Shift 键进行选择；若要选定多个不相邻的文件或文件夹，可按着 Ctrl 键进行选择。

(2)选择“文件”下拉菜单中的“删除”命令，或右击，在弹出的快捷菜单中选择“删除”命令。

(3)弹出“确认文件/文件夹删除”对话框，如图 6－24(a)、(b)所示。

(4)若确认要删除该文件或文件夹，可单击“是”按钮；若不删除该文件或文件夹，可单击

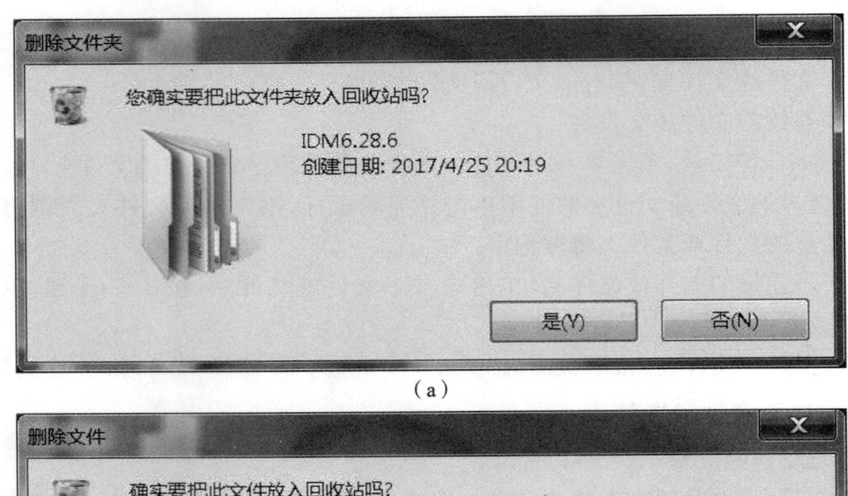

(a)

(b)

图 6-24 “删除文件”对话框

“否”按钮。

从网络位置删除的项目、从可移动媒体(例如 U 盘)删除的项目或超过“回收站”存储容量的项目将不被放到“回收站”中,而被彻底删除,不能还原。

6. 恢复删除的文件或文件夹

Windows 提供了一个恢复被删除文件的工具,即回收站。如果没有被删除的文件,它显示为一个空纸篓的图标,如果有被删除的文件,则显示为装有废纸的纸篓图标。

借助“回收站”,可以将被删除的文件或文件夹恢复。

方法一 双击“回收站”图标,打开“回收站”窗口,选择要恢复的文件或文件夹,单击“文件”菜单中的“还原”或单击右键,选择“还原”命令,则选定对象自动恢复到删除前的位置。

方法二 选择要恢复的文件或文件夹,直接拖拽到某一文件夹或驱动器中。

方法三 双击“回收站”图标,打开“回收站”窗口,双击要恢复的文件或文件夹,在弹出属性对话框中单击“还原”按钮,即可将文件或文件夹恢复,如图 6-25 所示。

7. 创建快捷方式

可以设置成快捷方式的对象有应用程序、文件、文件夹、打印机等。

1)快捷菜单法

选定对象,单击鼠标右键,在弹出的快捷菜单中选择“发送到”,在展开的子菜单中选择“桌面快捷方式”命令。

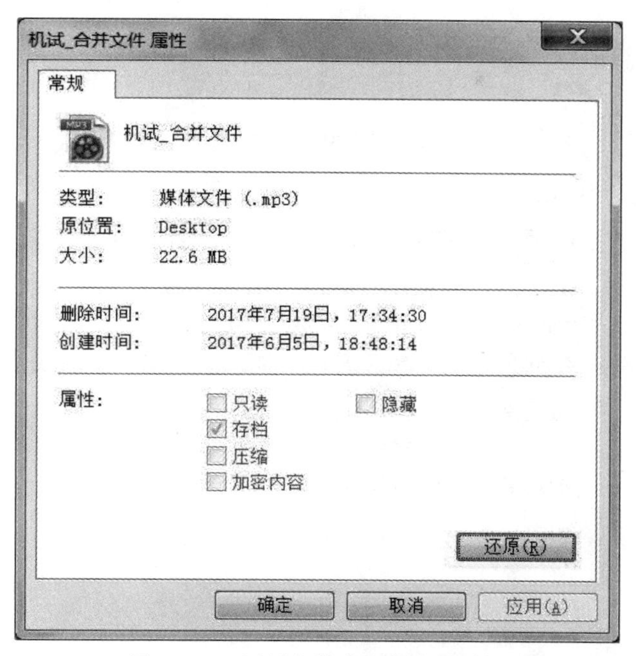

图 6-25　还原文件或文件夹对话框

2)拖放法

选定对象,单击鼠标右键并拖拽到目标位置后松开右键,在弹出的快捷菜单中选择“在当前位置创建快捷方式”命令。

3)直接在桌面上创建快捷方式。

在桌面空白处单击鼠标右键,在弹出的快捷菜单中选择“新建”→“快捷方式”命令,出现创建快捷方式对话框,在命令行中输入项目的名称和位置。如果不清楚项目的详细位置,可以单击浏览按钮来查找该项目。

8. 查看或修改文件或文件夹的属性

文件或文件夹包含三种属性:只读、隐藏和存档。若将文件或文件夹设置为“只读”属性,则该文件或文件夹不允许更改和删除;若将文件或文件夹设置为“隐藏”属性,则该文件或文件夹在常规显示中将不被看到;若将文件或文件夹设置为“存档”属性,则表示该文件或文件夹已存档,有些程序用此选项来确定哪些文件需做备份。一个文件可以具有上述一种或多种属性。

更改文件或文件夹属性的操作步骤如下:

(1)选中要更改属性的文件或文件夹。

(2)选择“文件”下拉菜单中的“属性”命令,或单击右键,在弹出的快捷菜单中选择“属性”命令,打开“属性”对话框。

(3)打开“常规”选项卡,如图 6-26 所示。

(4)在该选项卡的“属性”选项组中选中需要的属性复选框。

(5)单击“确定”按钮即可应用该属性。

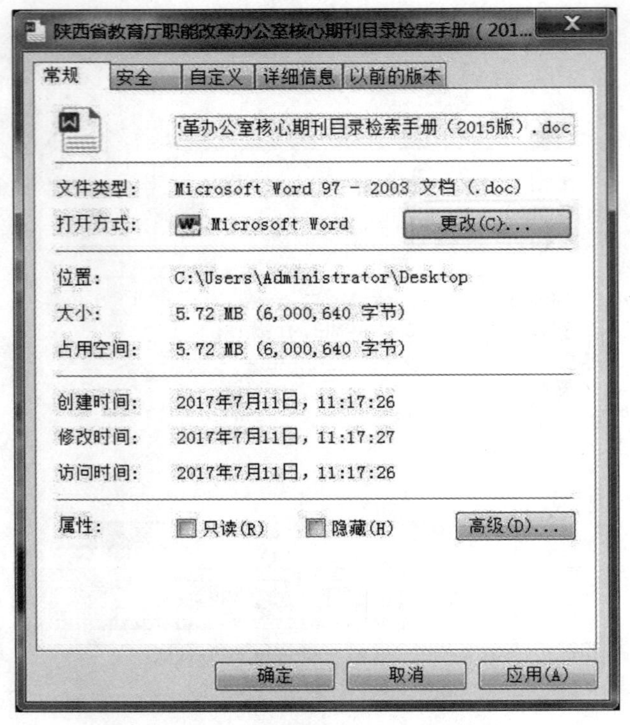

图 6-26　Word 文档属性对话框

6.5　打造个性化的 Windows 7

Windows 7 操作系统具有极为人性化的界面，并且提供了丰富的自定义选项，用户可以根据自己的个性更换桌面主题，更改窗口的颜色和透明度，自选桌面背景和图标，自定义任务栏和“开始”菜单等。通过这些设置，可以使用户的桌面更加赏心悦目，满足用户的个性化需求。

6.5.1　个性化显示

本节主要介绍了 Windows 7 操作系统在显示方面的个性化设置，比如：屏幕分辨率和刷新频率的修改，桌面主题、背景、图标的设置，自定义任务栏和“开始”菜单等等。

1. 修改屏幕的分辨率和刷新频率

一般情况下，Windows 7 系统会自动检测显示器，并且设置最佳的屏幕分辨率以及刷新频率。如果系统默认的设置不正确，或者用户需要使用其他的分辨率，可以右击桌面空白处，在弹出的快捷菜单中选择“屏幕分辨率”命令，如图 6-27 所示。

打开设置屏幕分辨率窗口，在屏幕分辨率设置对话框中，在“分辨率”下拉框中选择要使用的分辨率，如图 6-28 所示。

然后单击“高级设置”链接文字，打开“监视器”选项卡，以便调整刷新频率，如图 6-29 所示。

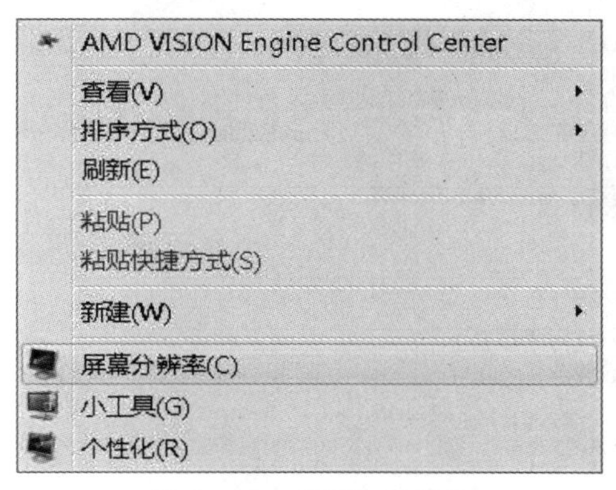

图 6-27 桌面快捷菜单

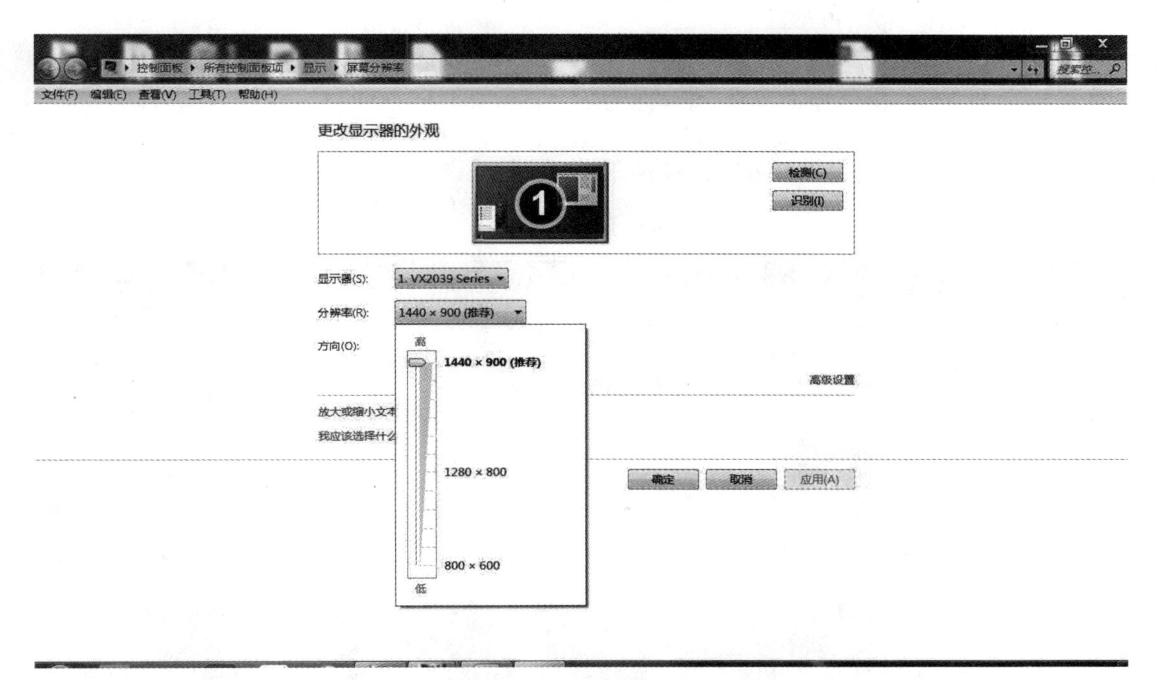

图 6-28 选择屏幕分辨率

2. 更换桌面主题

Windows 7 操作系统为了方便用户对 Windows 外观进行设置，系统提供了多个主题，用户只需要选择自己喜欢的主题，即可快速地使桌面背景、窗口边框颜色等个性化。

Windows 7 的主题分为基本主题和 Aero 主题两大类，其中 Aero 主题更为美观，功能更为强大，但是对电脑的硬件配置要求更高。更换桌面主题的步骤如下。

(1)右击桌面空白处，在弹出的快捷菜单中选择“个性化”命令，打开设置个性化窗口。

(2)在列表中选择将要使用的主题，如果电脑不支持 Aero 主题，将无法查看及使用该区域的主题，如图 6-30 所示。

3. 更改窗口的颜色和透明度

如果用户对系统默认的颜色不满意，可以右击桌面空白处，在弹出的快捷菜单中选择

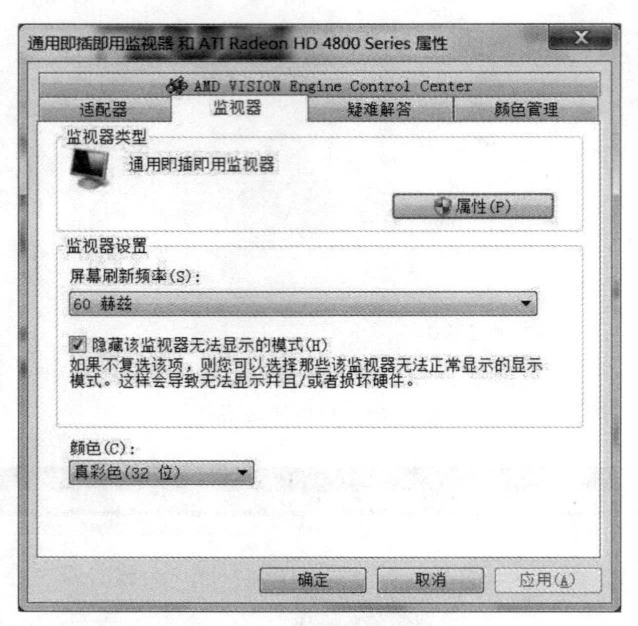

图 6－29　设置刷新频率对话框

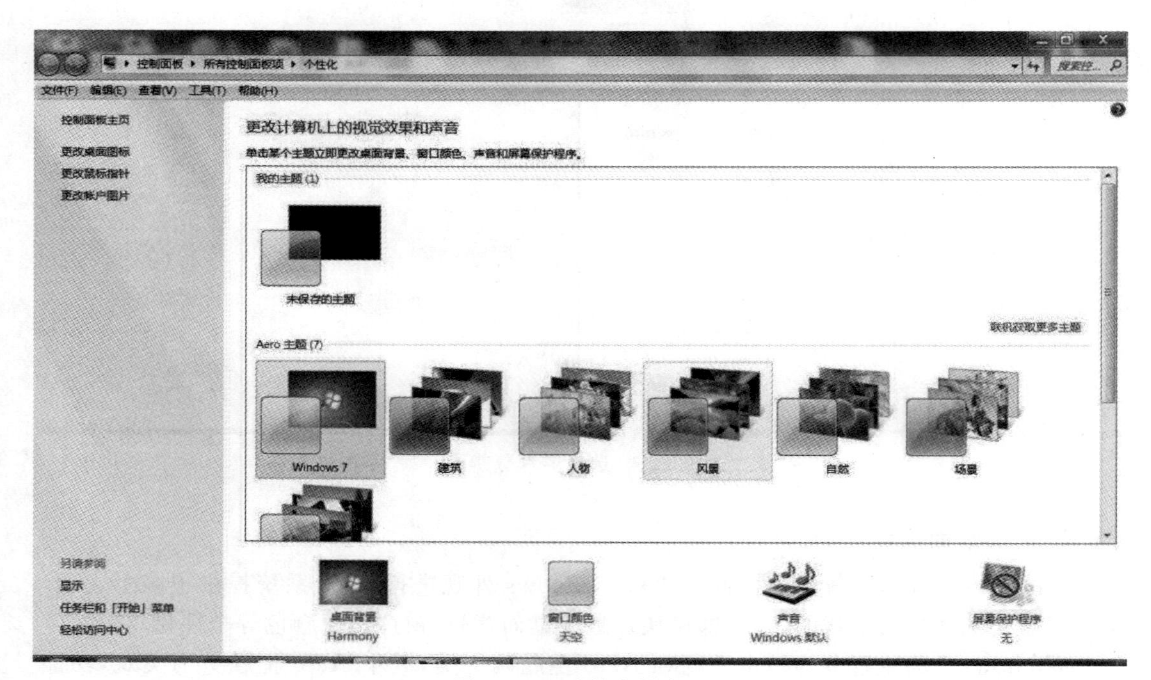

图 6－30　选择主题窗口

“个性化”命令，打开设置个性化窗口，然后单击下方“窗口颜色”连接文字，打开设置“窗口颜色和外观”对话框，如图 6－31 所示。

系统向用户提供了多种配色方案，当用户选择一种主题时，只需单击颜色方块即可应用这些配色方案，然后可以通过拖拽下方“颜色浓度”滑块，调整颜色的浓度，如图 6－32 所示。

图 6-31　设置“窗口颜色和外观”对话框

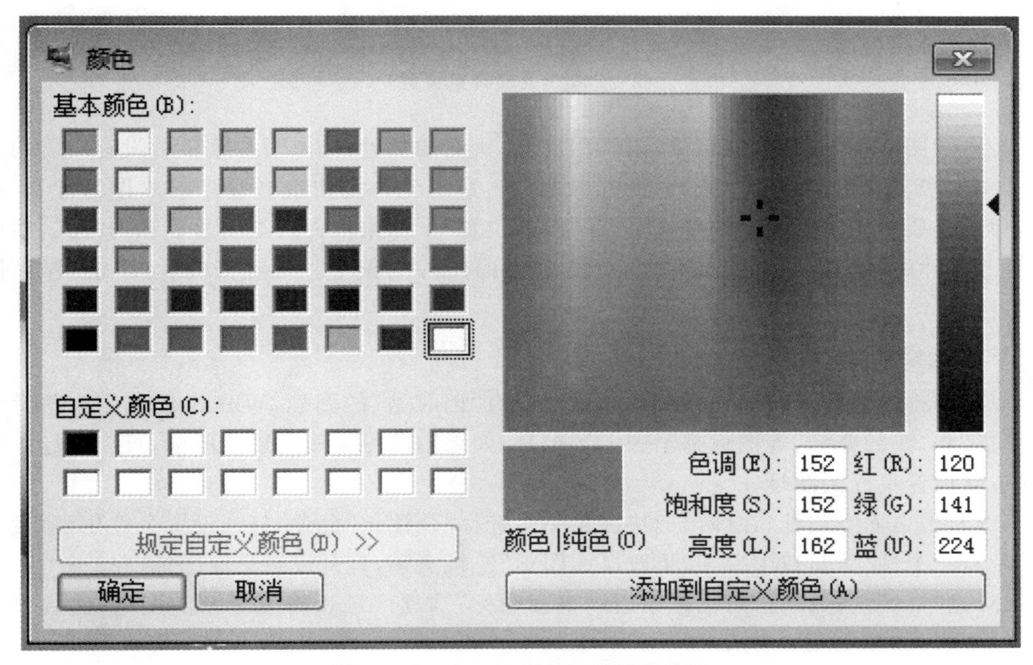

图 6-32　窗口的颜色和透明度设置

4. 自选桌面背景

以往的 Windows 操作系统只能设置一张图片作为桌面背景，而在 Windows 7 操作系统中，用户可以指定多张图片作为桌面背景，系统根据用户设置的更改图片时间间隔定时更换背景图片。具体的操作步骤如下。

(1)右击桌面空白处，在弹出的快捷菜单中选择“个性化”命令，打开设置个性化窗口。

(2)在“个性化”窗口中单击“桌面背景”链接文字,打开设置桌面背景窗口,如图 6 - 33 所示。

图 6 - 33　桌面背景设置

(3)在“图片位置”下拉菜单中选择背景图片所在的位置,如果下拉菜单中没有所需的位置,则单击“浏览”按钮,在弹出的对话框中选择。系统允许用户选择多张图片作为背景,在列表中选择要使用的图片上的复选框,在“图片位置”下拉菜单中选择图片显示的方式,然后在“更改图片时间间隔”下拉菜单中选择更换桌面图片的频率。设置完成后,单击“保存修改”按钮。

5. 自选桌面图标

Windows 7 操作系统默认情况下桌面上只有“回收站”的图标,Windows 老用户熟悉的“计算机”和“我的文档”等图标都消失了。但是,如果用户习惯使用这些图标,可以通过以下步骤重新设置桌面的图标。

(1)右击桌面空白处,在弹出的快捷菜单中选择“个性化”命令,打开设置个性化窗口。

(2)在“个性化”窗口中单击“更改桌面图标”链接文字,打开设置桌面图标窗口。

(3)在“桌面图标设置”对话框中,在“桌面图标”选项区域选择要显示的图标,然后单击“确定”按钮,如图 6 - 34 所示。

6. 自定义任务栏

Windows 7 操作系统提供了丰富的自定义功能,用户可以根据自己的使用习惯调整任务栏。具体的设置步骤如下。

(1)在任务栏的空白处右击鼠标,在弹出的快捷菜单中(见图 6 - 35)选择“属性”选项。

(2)打开“任务栏和开始菜单属性”窗口,在“任务栏”选项卡的“屏幕上的任务栏位置”下拉菜单中,选择任务栏显示的位置;用户可以根据自己的使用习惯在任务栏外观选项组中选中“锁定任务栏”“自动隐藏任务栏”或“使用小图标”复选框;同时,在“任务栏按钮”下拉菜单

图 6-34 桌面图标设置对话框

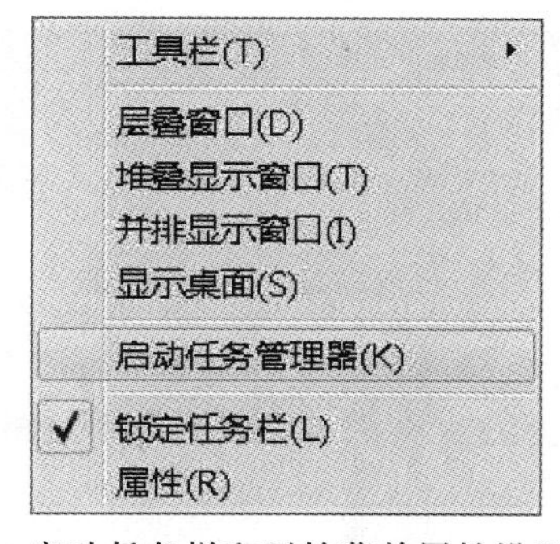

图 6-35 启动任务栏和开始菜单属性设置快捷菜单

中选择“当任务栏被占满时合并标签”“从不合并标签”等选项来设置任务栏的属性，如图 6-36 所示。

7. 自定“开始”菜单

(1)在“开始”菜单上单击鼠标右键，在弹出的快捷菜单中选择“属性”命令，打开设置“任务栏和「开始」菜单属性”对话框，如图 6-37 所示。

(2)在“「开始」菜单”选项卡中，用户根据自己的使用习惯，可以设置电源按钮操作，并且在“隐私”选项组中选择“存储并显示最近在「开始」菜单中打开的程序”以及“存储并显示最近在「开始」菜单和任务栏中打开的项目”。这两项设置可以方便用户快速打开之前曾经打开的内容，但同时可能泄露用户的个人隐私。

(3)单击“自定义”按钮继续下一步设置，“自定义「开始」菜单”对话框中列出了所有可以显示在“开始”菜单中的项目。用户可以根据习惯，选择要显示的项目，然后在“「开始」菜单大小”区域设置显示打开过的程序的数量，以及在跳转列表中显示最近使用过的项目的数量。设置完成后，单击“确定”按钮，如图 6-38 所示。

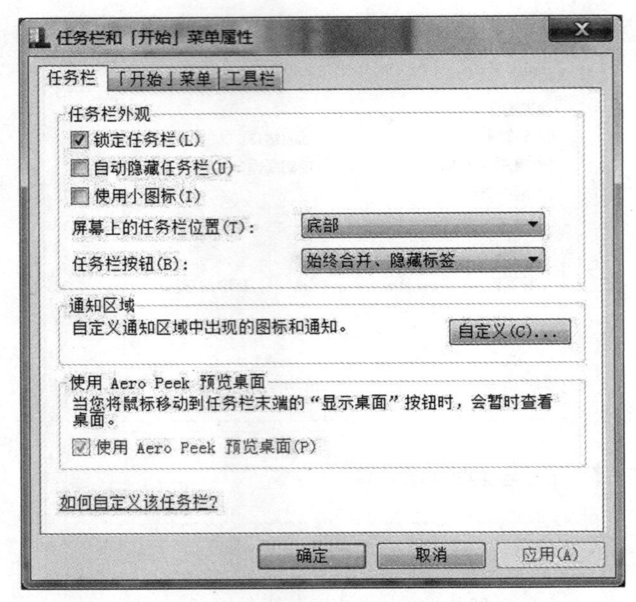

图 6 - 36　任务栏属性设置对话框

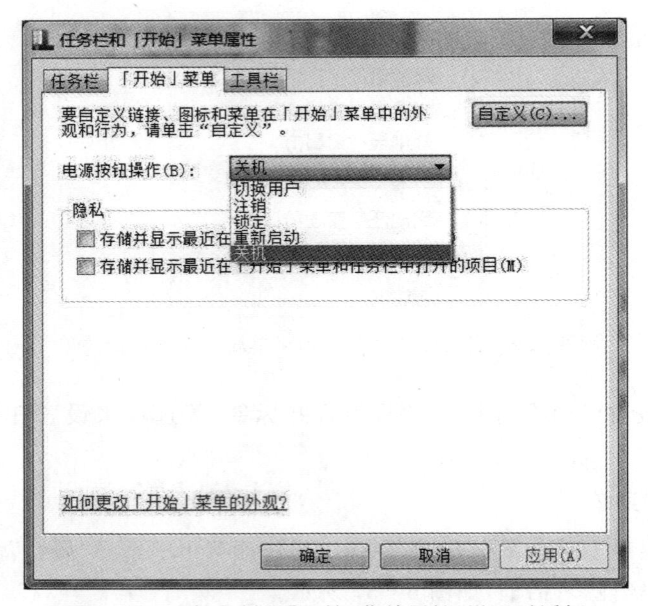

图 6 - 37　“任务栏和「开始」菜单属性”设置对话框

8. 自定义系统通知区域

系统在软件运行时都会在通知区域显示相应的图标，当运行的软件较多时，通知区域的显示就很混乱，一些经常需要使用的图标反而就被隐藏起来。这时，用户可以自定义哪些图标在通知区域显示，哪些图标隐藏。

(1)在任务栏的空白处右击鼠标，在弹出的快捷菜单中选择“属性”命令，打开“任务栏和「开始」菜单属性”对话框。

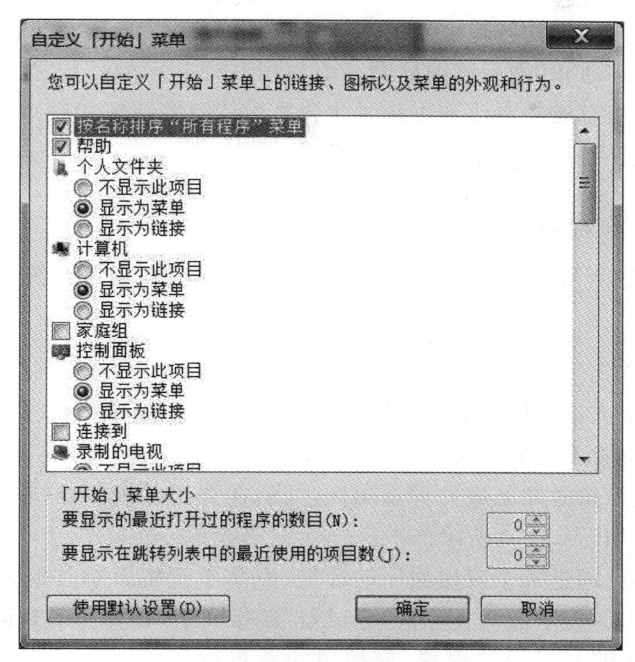

图 6 - 38　自定义开始菜单对话框

(2)在"任务栏和「开始」菜单属性"对话框中的"通知区域"单击"自定义"按钮，打开"通知区域图标"对话框，如图 6 - 39 所示。

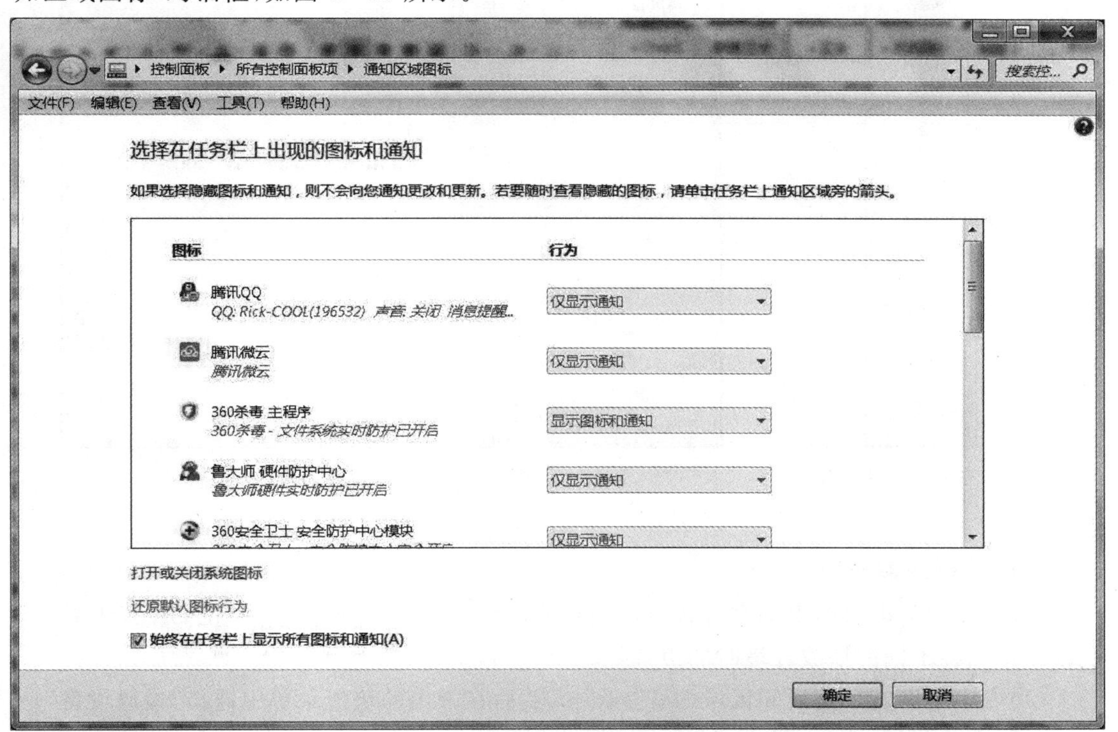

图 6 - 39　通知区域图标设置

(3)在列表中会显示通知区域可用的图标,通过图标对应的下拉菜单可以选择图标的行为。其中“显示图标和通知”表示该图标会一直显示在通知区域;“仅显示通知”表示该图标平时处于隐藏状态,当有通知更改和更新时才会显示;“隐藏图标和通知”表示该图标在所有时候都隐藏。设置完成以后,单击“确定”按钮。

6.5.2 音量与音效调整

本小节主要介绍 Windows 7 的音量调整功能,主要包括:调整系统的音量大小、调整左右声道的音量等。

1. 系统音量调节

Windows 7 的系统音量设置更为人性化,不仅能够调整系统的整体音量,而且还可以单独地为每一个程序设置不同的音量。

(1)单击桌面右下角通知区域的音量图标,然后在弹出的控制窗口中拖拽滑块,即可调整系统的整体音量,如图 6-40 所示。

(2)如果需要单独调整某个应用程序的音量,但又不希望影响其他程序的音量大小,那么用户就可以在弹出的控制窗口中单击“合成器”链接文字,在弹出的对话框中,每个运行的应用程序都有相对应的音量设置滑块,拖拽滑块就可以调整对应程序的音量,如图 6-41 所示。

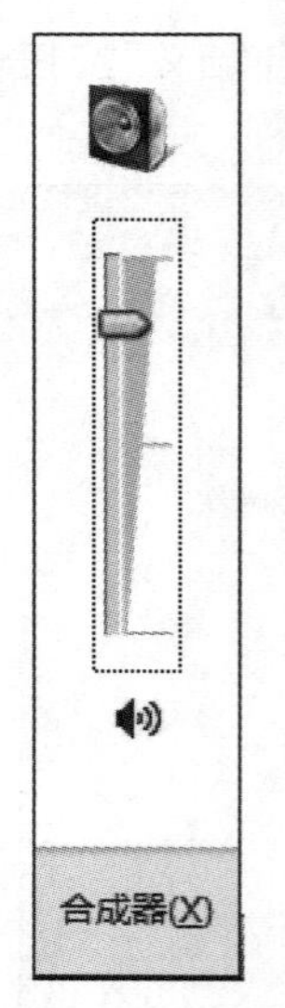

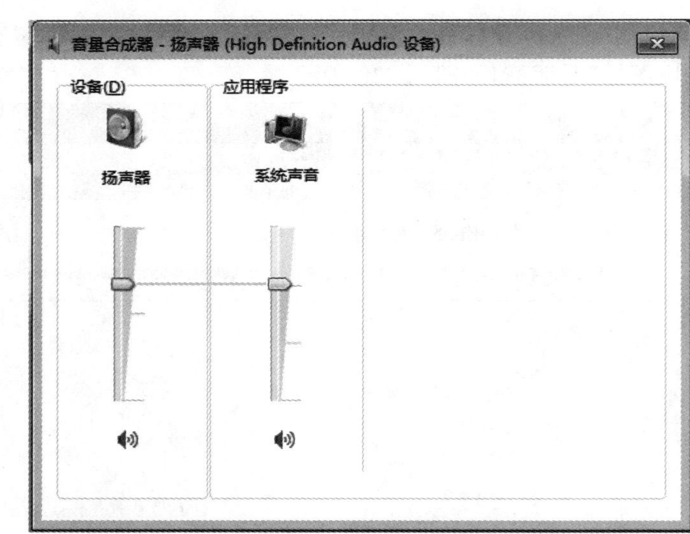

图 6-40 音量设置

图 6-41 音量合成器窗口

2. 设置扬声器音效

目前,主流的电脑声卡都带有音效增强功能,比如:消除原声以实现卡拉 OK 伴奏效果,可以模拟各种不同的播放环境时的声音等。

(1)右击桌面右下角通知区域的音量图标,然后在弹出的快捷菜单中选择“播放设备”命令,打开“声音”对话框,如图 6-42 所示。

(2)在“声音”对话框中选择“播放”选项卡中选择播放设备(扬声器),然后单击“属性”按

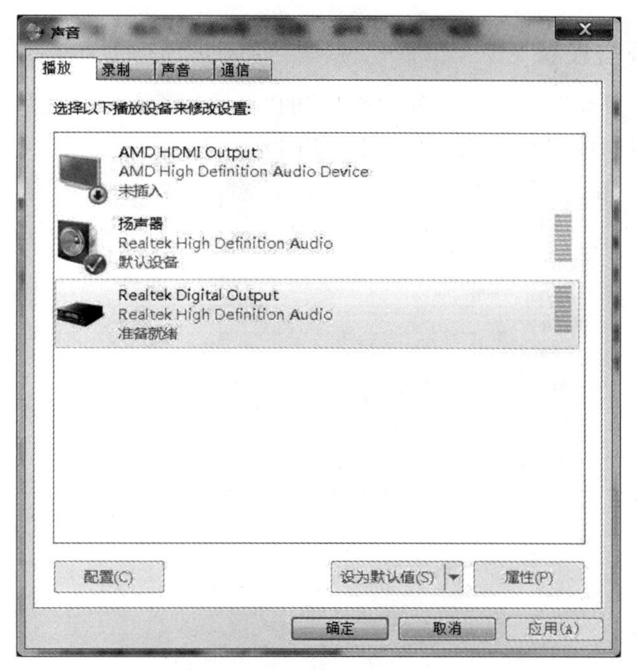

图 6-42 “声音”对话框

钮打开“扬声器属性”窗口。

(3)在“扬声器属性”对话框中打开“级别”选项卡,如图 6-43 所示,然后选择要使用的声音效果,并且可以单击“平衡”按钮,设置平衡值。设置完成后,单击“确定”按钮。

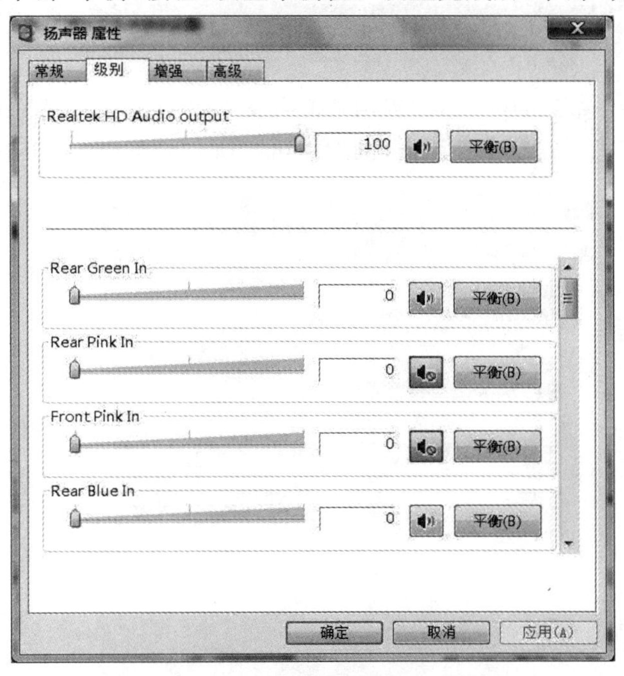

图 6-43 扬声器属性设置对话框

6.5.3 区域和语言设置

用户可以通过“开始”菜单中的“控制面板”的“区域和语言”功能对话框的“格式”选项卡对计算机的日期、时间的显示格式进行设置，如图 6-44 所示。

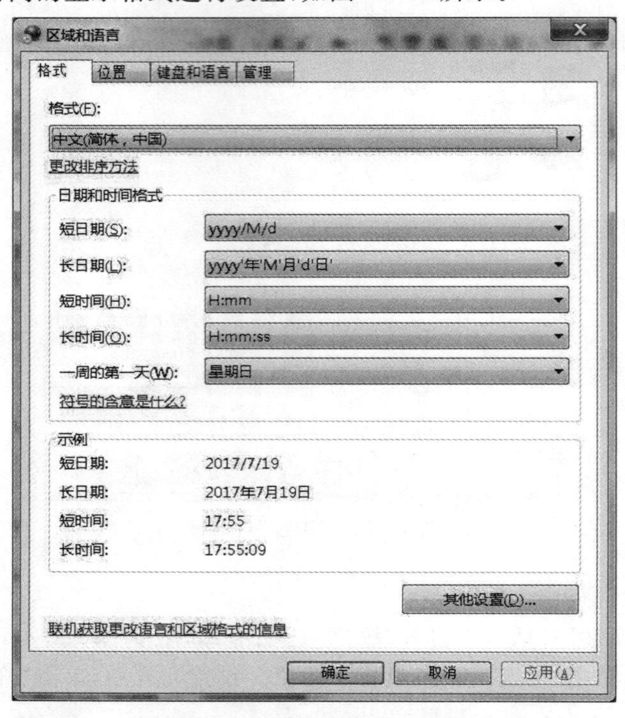

图 6-44　区域和语言设置对话框

在“键盘和语言”选项卡中可以设置用来输入文字的方法或者设置新的语言键盘布局。同时，还可以在计算机上安装多种语言，例如俄语、日语、朝鲜语等，如图 6-45 所示。具体

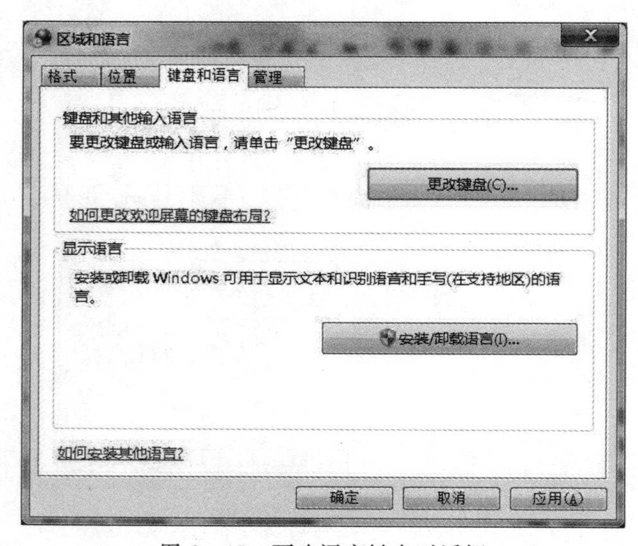

图 6-45　更改语言键盘对话框

操作如下。

首先，打开“键盘和语言”选项卡，单击“更改键盘”按钮，在弹出的“文本服务和输入语言”对话框中，单击“添加”按钮，打开“添加输入语言”对话框，在列表中选择要添加的语言，在下拉列表中选择要添加的键盘布局或输入法编辑器，如图 6－46 所示。

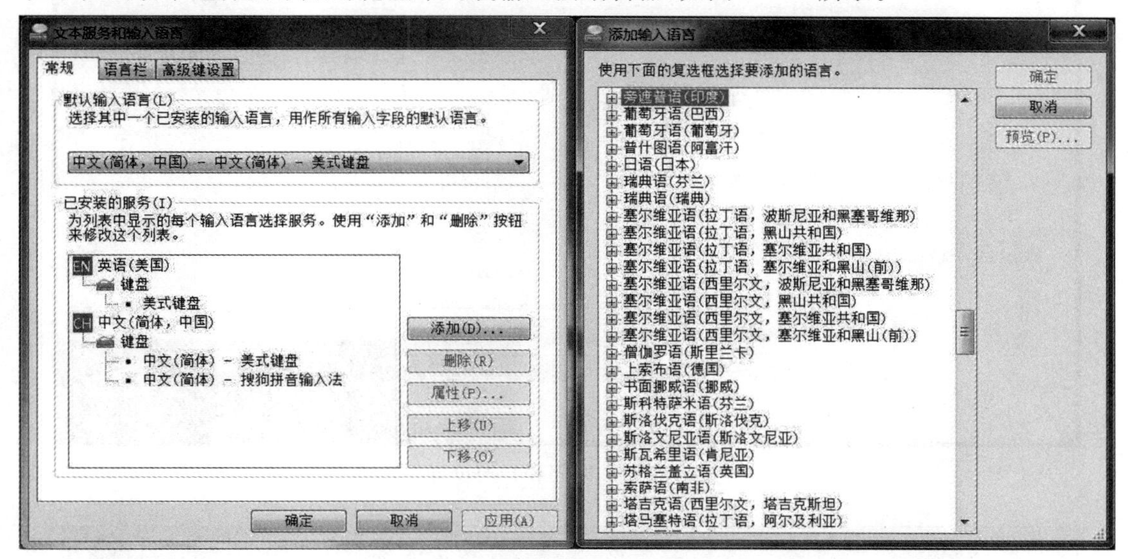

图 6－46　添加输入语言对话框

6.5.4　日期和时间设置

当计算机启动以后，用户便可以在任务栏的通知区域看到系统当前时间。当然，用户还可以根据自己的需求重新设置计算机系统的日期和时间以及选择适合自己的时区。

首先，用户通过双击“控制面板”中的“日期和时间”连接文字，打开“日期和时间”对话框，然后单击“更改日期和时间”按钮，打开“日期和时间设置”对话框，即可对日期和时间进行设置，如图 6－47 所示。单击“更改时区”按钮打开“更改时区”对话框，即可对时区进行设置。

6.5.5　电源设置

本小节主要介绍 Windows 7 的电源设置功能，主要包括电源计划、调整电源计划，以及启用休眠功能。

1. 选择电源计划

为了方便管理，Windows 7 为用户提供 3 个电源计划，用户只需要根据自己的实际情况进行选择，既可以完成设置。

(1)单击“开始”按钮，选择“控制面板”选项，打开“控制面板”窗口。

(2)在“控制面板”窗口中单击“电源选项”，打开“电源选项”窗口，如图 6－48 所示。

(3)Windows 7 为用户提供 3 个电源计划：平衡、节能、高性能，用户可以根据自己的需求选择一种电源计划进行使用。

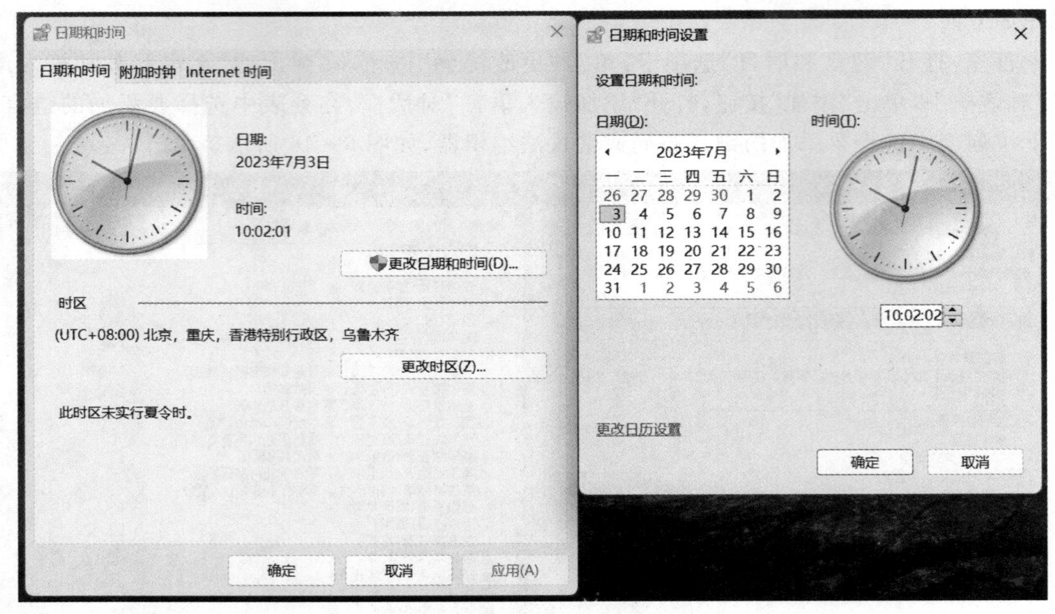

图 6-47 时间和日期设置

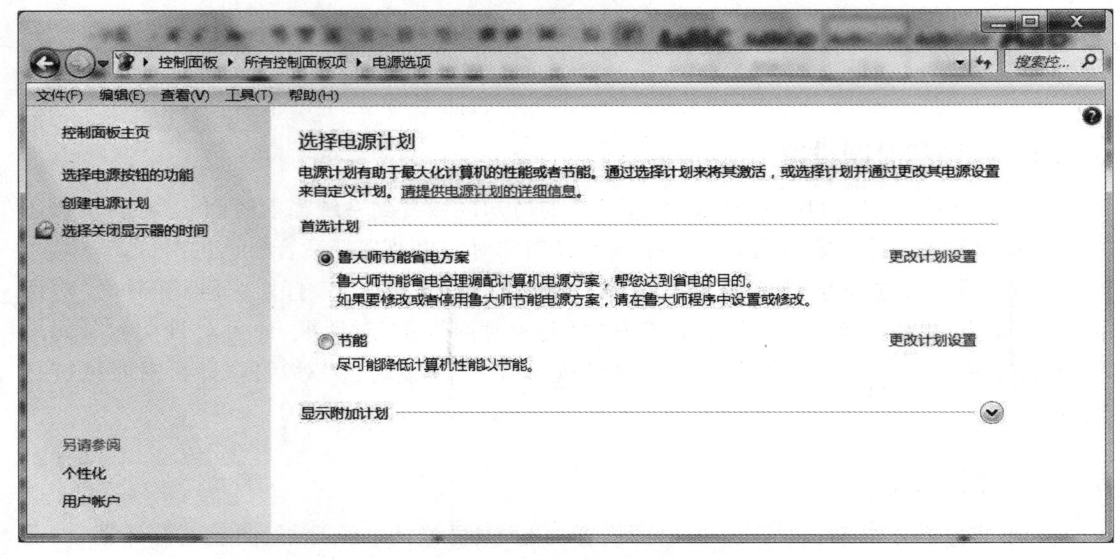

图 6-48 “电源选项”窗口

2. 调整电源计划

用户设置了电源计划以后，还可以根据自己的实际需求对电源计划进行微调。

(1)单击“开始”按钮，选择“控制面板”选项，打开“控制面板”窗口，在“控制面板”窗口中单击“电源选项”按钮，打开“电源选项”窗口。

(2)单击要调整的电源计划右侧的“更改计划设置”。

(3)在“编辑计划设置”对话框中“关闭显示器”下拉菜单中设置电脑多长时间没有操作时会自动关闭显示器，在“使电脑进入睡眠状态”下拉菜单设置电脑多长时间没有操作时自动进入睡眠状态。设置完成后，单击“更改高级电源设置”链接文字，查看更多的设置项目，如图 6－49 所示。

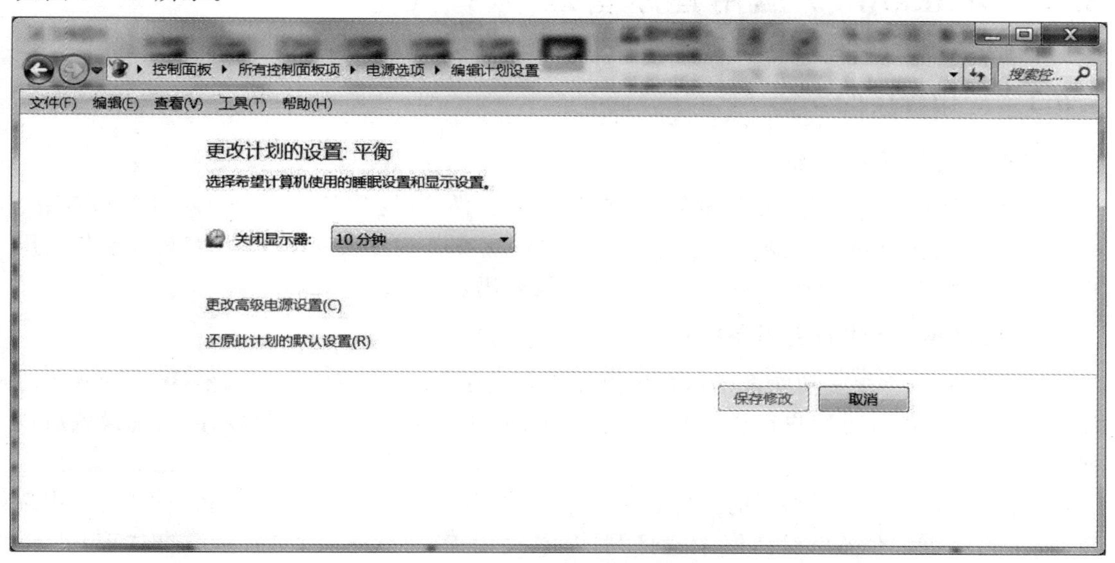

图 6－49 编辑计划设置对话框

（4）在弹出的“电源选项”对话框列表中显示了关于电源管理的各个设置项目，用户可以根据自己的实际情况对各项列表进行设置，比如可以对电脑休眠功能进行启动和禁用。设置完成后，单击“确定”按钮即可，如图 6－50 所示。

图 6－50 “电源选项”对话框

6.6 Windows 7 应用程序管理

6.6.1 应用程序的安装

1. 普通应用程序安装

普通应用程序安装方法：直接在安装程序的源文件处，找 SETUP. exe 或者 INSTALL. exe 文件，双击图标进行安装。安装过程中需要注意安装的目录和序列号，安装目录是指用户将应用程序安装的目录，序列号是厂家的授权号码，一般在光盘封皮上。

2. Windows 组件的启用和停用

Windows 7 有很多功能都是以系统组件的方式存在的，有些组件在安装 Windows 7 时没有安装，有些组件是用户很长时间都不会使用的，这时用户可以根据自己的情况设置启用或者停用这些功能。

单击“开始”按钮，在弹出的快捷菜单中单击“控制面板”，在打开的“控制面板”窗口中选择“程序和功能”，在弹出对话框中选择“打开或关闭 Windows 功能”标签，弹出“Windows 功能”向导窗口，如图 6－51 所示。在窗口中列出了 Windows 的各项组件，如果要启用某项组件只需要选中相应的复选框；如果要停用某项组件，则取消相应的复选框，设置完毕，单击“确定”按钮即可。

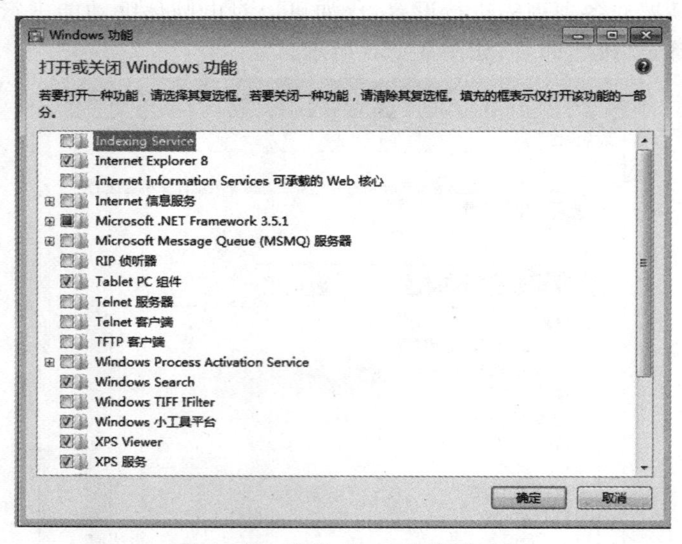

图 6－51 “Windows 功能”窗口

6.6.2 应用程序的启动

应用程序安装成功后，一般会在桌面和“开始”菜单中的程序中建立相应的快捷方式。单击相应的图标就可完成。以 QQ 软件的运行示例，单出“腾讯 QQ”图标，如图 6－52 所示。

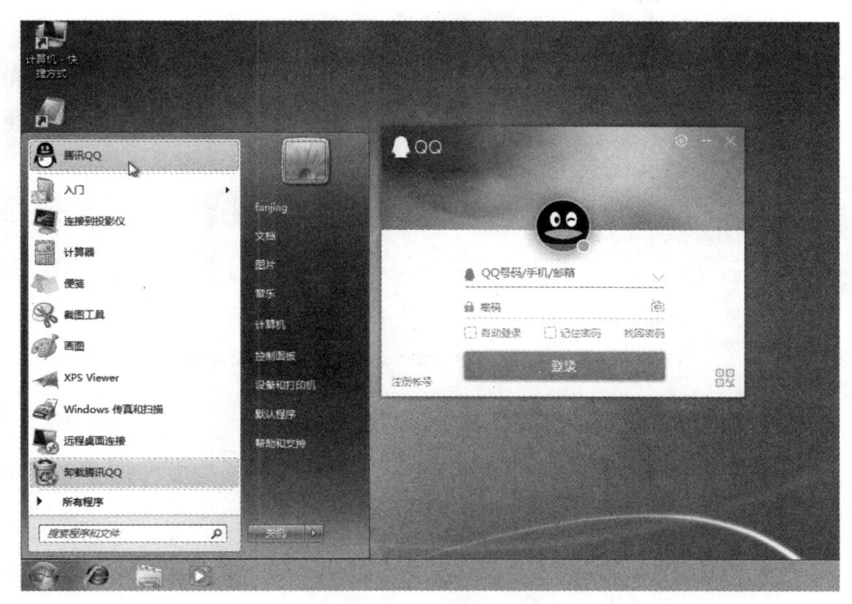

图 6－52　QQ 启动

6.6.3　应用程序的卸载

Windows 7 应用程序安装后，不但生成了自己的目录，同时还要拷贝很多其他文件到 Windows 7 系统目录中。此时如果仅仅简单地删除程序的目录，就会导致很多错误，严重时甚至会引起系统的彻底崩溃。

Windows 7 应用程序卸载有以下两种方法。

(1)在"开始"菜单中，进入要卸载应用程序的快捷方式目录，查找卸载菜单，单击后按照向导要求进行卸载，如图 6－53 所示。

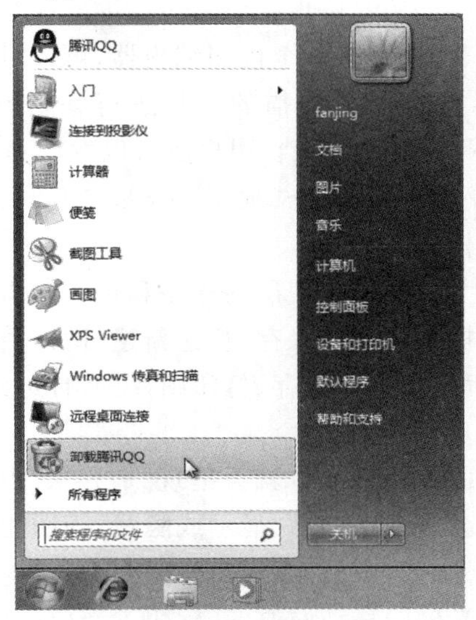

图 6－53　"开始"菜单中卸载应用程序菜单

（2）单击“开始”按钮，在弹出菜单中单击“控制面板”，在“控制面板”窗口中选择“程序和功能”，弹出相应的对话框，如图 6－54 所示。在列表中选择要卸载的程序，然后单击“卸载/更改”按钮，根据卸载向导的提示进行程序卸载。卸载完成以后，单击“关闭”按钮关闭卸载向导。

图 6－54 卸载的应用程序窗口

6.6.4 常用的 Windows 7 的附件

Windows 7 系统有很多非常实用的软件，如画图工具、便签、计算器、截图工具等，Windows 将这些工具放在“附件”中。本章对一些常用的工具进行介绍。

1. 画图工具

Windows 7 自带了画图工具，它是一个位图编辑器，可以对各种位图格式的图画进行编辑，用户可以自己绘制图画，也可以对扫描的图片进行编辑修改，在编辑完成后，可以以 BMP，JPG，GIF，TIFF 和 PNG 等格式存档，用户还可以发送到桌面或其他文本文档中。在“开始”菜单中选择“所有程序”→“附件”→“画图”选项，打开“画图”窗口，如图 6－55 所示。

程序界面由以下几部分构成。

（1）标题栏：在这里标明了用户正在使用的程序和正在编辑的文件。

（2）快速启动栏：此区域提供了快速保存、快速新建、撤销、重做等工具。

（3）画图按钮：单击此处可以打开、保存、打印图片，并且可以查看，还可以对图片执行其他操作。

（4）功能栏：当单击“主页”按钮时窗口就会呈现“剪贴板”“图像”“形状”“颜色”等功能；当单击“查看”按钮时窗口就会呈现“缩放”“显示或隐藏”等功能。

（5）画图区域：处于整个界面的中间，为用户提供画布。

（6）状态栏：它的内容随光标的移动而改变，标明了当前鼠标所处位置的信息。

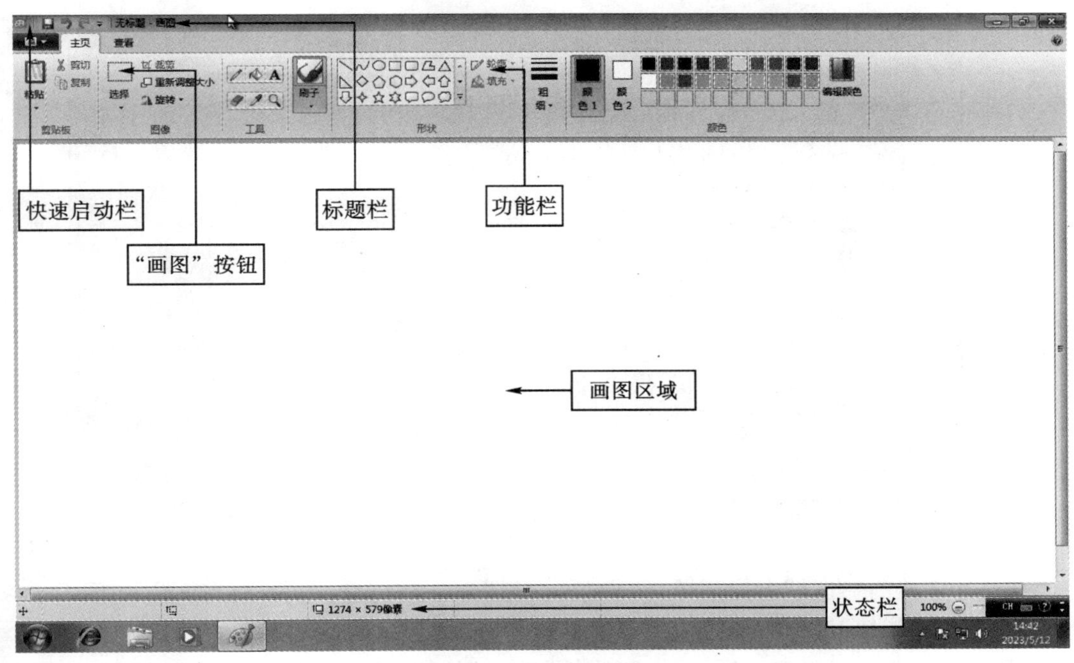

图 6－55　画图工具窗口

2. 录音机

单击“开始”按钮，在“所有程序”的“附件”里选择“录音机”选项，如图 6－56 所示。使用“录音机”可以录制、混合、播放和编辑声音文件(.wav 文件)，也可以将声音文件链接或插入到另一文档中。

图 6－56　录音机工具窗口

3. 计算器

单击“开始”按钮，在“所有程序”的“附件”中选择“计算器”命令。计算器可以帮助用户完成数据的运算，它可分为“标准型”“科学型”“程序员”“信息统计”和“基本”的“单位转换”“日期计算”等。通过单击“计算器”窗口的“查看”下拉菜单均可实现，如图 6－57 所示。

打开计算器工具，默认的为标准计算器，可以完成日常工作中简单的算术运算。在标准计算器中，输入要计算的内容，例如 3＋6，按运算式从左向右依次按下“3”，“＋”，“6”，最后按“＝”即可得到结果，如图 6－58 所示。

如果在标准计算器中，要计算(6＋5)×7 时，就需要先算 6＋5＝11，再算 11×7＝77。这样计算比较烦琐，在科学计算器中，可以进行复杂运算。首先，在记事本里编写要运算计算式，如(6＋5)×7，然后将它复制。打开计算器的“编辑”菜单，再选择“粘贴”命令，做完这些操作后，最后按下计算器上的“＝”按钮，计算器就会将最后的计算结果显示在输出文本框中。

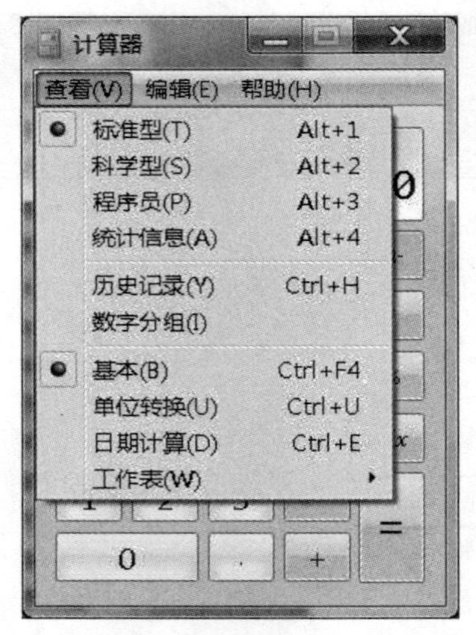

图 6-57 “计算器”窗口的“查看”下拉菜单

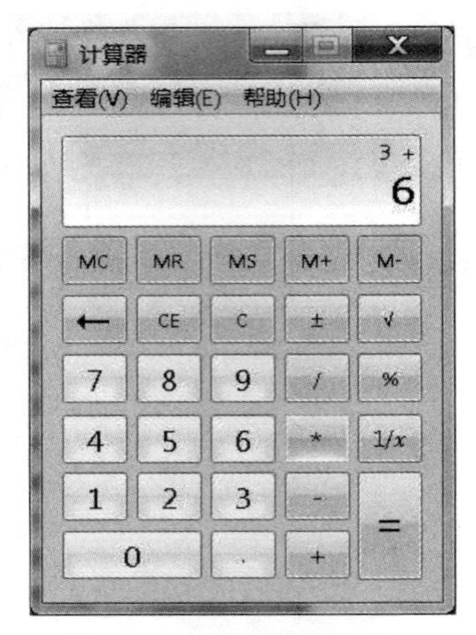

图 6-58 标准计算器窗口

打开计算器的“查看”下拉菜单，选择“科学型”命令，就会出现科学计算器，如图 6-59 所示。“科学计算器”可以完成较为复杂的科学运算，比如函数运算等。假如我们要计算余弦值，我们输入角度或弧度的数值后，直接单击“cos”按钮，结果就会输出。同时我们还可以很方便地进行平方、立方、对数、阶数、倒数的运算。

“程序员”计算主要是指计算器可以方便快捷地进行二进制、八进制、十进制、十六进制之间的任意转换，还可以进行与、或、非等逻辑运算，如图 6-60 所示。Windows 7 附件中其他的功能就在此不一一赘述。

图 6-59 科学型计算器窗口

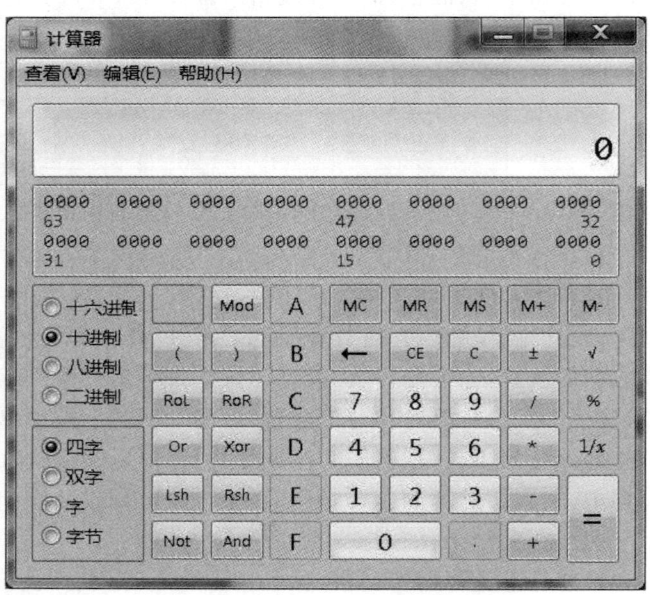

图 6-60 程序员计算器窗口

6.7 常见工具软件

应用软件是为满足用户不同领域、不同问题的应用需求而提供的软件。它可以拓宽计算机系统的应用领域，放大硬件的功能。在计算机硬件功能满足的情况下，应用软件决定了计算机所能提供的使用内容。Windows 系统下常见的工具软件有如下几类。

1. 浏览器

- QQ 浏览器（一些被未经过备案认证或是腾讯官方认定是危险的网站，一律强制性禁止打开访问）
- Chrome（插件极其丰富，码农 & 程序员们的最爱，界面简洁）
- Firefox（没有使用 chromium 内核。隐私保护措施非常好，自带的插件也是非常多，对于开发人员来说可谓是神器，速度超快，比肩 Chrome 谷歌浏览器）
- Microsoft Edge（Edge Chromium 版，采用 Chromium 内核，内置 Cortana 语音功能、可打开 PDF 文件、具有笔记和分享功能，还可安装各种 Chrome 的插件）
- 其他

2. 输入法

- 搜狗输入法（词库全，输入非常流畅；功能太杂，会有广告）
- 手心输入法（主打“无广告，不骚扰”）
- 讯飞输入法（界面清爽，语音输入比较准确）
- 其他

3. 压缩/解压缩工具

- Bandizip（颜值高，功能全，支持图片预览，分免费版和收费版）
- 360 压缩（免费）
- 7 - zip（免费开源的压缩解压软件，拥有极高的压缩率，支持压缩格式丰富）
- 其他

4. 图片处理

- 美图秀秀（PhotoShop 免费替代品）
- Honeyview（图片查看器，有绿色版，轻量快速，可以免解压查看图片）
- GIMP（PhotoShop 免费替代品）
- XnConvert（图像批处理工具）
- Paint. NET（极简的图片编辑器）
- 其他

5. 音频播放器

- 网易云音乐（歌曲资源丰富，讨论社交丰富）
- QQ 音乐（界面比较简约，音源丰富）
- MusicPlayer（轻量级本地音乐播放软件，功能非常丰富）
- Listen1（在线音乐播放软件，它支持搜索和播放来自网易云音乐、QQ 音乐、酷狗音

乐、酷我音乐、Bilibili、咪咕音乐网站的歌曲)
- 其他

6. 视频播放器

- Potplayer(功能最强)
- MPC-HC(格式超全)
- VLC media player(全平台)
- 其他

7. 下载工具

- 迅雷极速版(HTTP、磁力、种子、ed2k,非 VIP 限速)
- IDM(HTTP 多线程下载神器,支持网页媒体抓取,功能强大)
- EagleGet 猎鹰(HTTP 多线程、磁力,网页媒体抓取)
- 硕鼠(网页视频抓取下载,支持 B 站、乐视等近百个网站)
- 其他

8. 效率利器

- Listary(文件检索 & 快速启动)
- Everything(本地文件快速搜索)
- Ditto(剪贴板增强,复制/粘贴多条内容)
- 快贴(全平台同步的云剪贴板)
- Advanced Renamer(批量重命名,支持各种自定义命名规则)
- 万彩办公大师(办公小工具合集)
- 其他

9. 系统维护

- 火绒安全软件(轻量安静,良心好用,自带的小工具也很实用:弹窗拦截、右键管理、垃圾清理、流量监控等)
- Dism++(系统优化管理神器)
- GeekUninstaller(软件彻底卸载工具,清除卸载残留)
- 其他

10. 其他常见软件

- 网盘类(坚果云、百度云、腾讯微云、阿里云等)
- 办公类(Office、WPS 等)
- 截图类(QQ 截图、Snipaste 等)
- 桌面整理类(Deskgo 独立版、Fences 等)
- 其他

思考与讨论

1. 讲述你所知道的国产操作系统,并讨论我国应不应该发展自己的国产操作系统?

2. 什么是正版软件，你都用过什么正版软件，如何判定其是否是正版？“正版”“盗版”及“山寨”的区别是什么？使用盗版软件可能会有什么利弊？

习题与练习

1. (　　)是指计算机运行的各种程序、数据及相关的文档资料。

A. 计算机软件系统　　B. 应用程序

C. 计算机代码　　D. 操作系统

2. (　　)不是系统软件。

A. 操作系统　　B. 语言处理程序

C. 自动办公程序　　D. 数据库管理等种类

3. (　　)是指为特定领域开发、并为特定目的服务的一类软件。

A. 系统软件　　B. 操作系统

C. 应用软件　　D. 语言处理程序

4. 当前最常见的 Windows 系统是(　　)公司开发的一款图形界面操作系统。

A. 腾讯　　B. 微软

C. 谷歌　　D. 苹果

5. 裸机是指(　　)。

A. 没有包装的计算机　　B. 没有机箱的计算机

C. 未安装操作系统的计算机　　D. 未安装应用程序的计算机

6. 以下叙述正确的是(　　)。

A. 应用软件是系统软件与计算机交互的接口

B. 操作系统控制用户程序的运行

C. 应用软件管理计算机系统的资源

D. 聊天软件属于系统软件

7. 在 Windows 界面上，如果 A 窗口中的部分内容被 B 窗口覆盖，则移动鼠标光标到 B 窗口的(　　)，按住鼠标左键并移动鼠标可以将 B 窗口移开些。

A. 状态栏　　B. 工具栏

C. 标题栏　　D. 菜单栏

8. 以下关于 Windows 界面工作区的叙述正确的是(　　)。

A. 如果工作区的宽度不足以显示行内全部内容，则会自动出现垂直滚动条

B. 如果工作区的宽度不足以显示行内全部内容，则会自动出现水平滚动条

C. 如果工作区高度不足以显示所有的行，则会自动出现水平滚动条

D. 如果工作区的内容已经全部显示出来，则一定会同时出垂直和水平滚动条

9. Windows 中，同时打开多个窗口时，(　　)。

A. 凡打开的窗口都是活动窗口

B. 凡打开的窗口都在前台运行

C. 被盖住部分内容的窗口就会停止运行相应的程序

D. 可以对这些窗口进行层叠排列或平铺排列

10. 计算机运行时,(　　)。

A. 删除桌面上的应用程序图标将导致该应用程序被删除

B. 删除状态栏上的 U 盘符号将导致 U 盘内的文件被删除

C. 关闭屏幕显示器将终止计算机操作系统的运行

D. 多数情况下,关闭应用程序的主窗口将导致该应用程序被关闭

11. Windows 多窗口的排列方式不包括(　　)。

A. 层叠　　B. 阵列

C. 横向平铺　　D. 纵向平铺

12. 一般来说,误删本地磁盘中某个文件后,还可以用以下(　　)的方法来补救。

A. 从回收站中找到该文件,执行恢复操作

B. 执行撤销操作,作废刚才的删除操作

C. 执行回滚操作,恢复原来的文件

D. 重新启动电脑,恢复原来的文件

13. 以下维护操作系统的做法中,(　　)是不正确的。

A. 及时下载系统更新,并安装系统补丁

B. 必要时运行维护任务,生成维护报告

C. 必要时检测系统性能,调整系统设置

D. 每天做一次磁盘碎片整理,提高速度

14. 以下是操作系统的是(　　)。

A. Windows 7　　B. Office 2016

C. 杀毒软件　　D. IE

15. 计算机运行一段时间后性能一般会有所下降,为此需要用优化工具对系统进行优化。系统优化的工作不包括(　　)。

A. 清理垃圾　　B. 释放缓存

C. 查杀病毒　　D. 升级硬件

16. Windows 中,(　　)文件扩展名表明该文件是压缩文件。

A. rar 和 zip　　B. com 和 exe

C. doc 和 dot　　D. jpg 和 bmp

17. 一个完整的文件名是由(　　)部分组成。

A. 1　　B. 2　　C. 3　　D. 4

18. 在 Windows 7 中,可在文件名中出现的字符为(　　)。

A. |　　B. \　　C. @　　D. ?

19. 通常我们会在一个计算机上安装(　　)。

A. 1 个系统软件和 1 个应用软件　　B. 多个系统软件和 1 个应用软件

C. 多个系统软件和多个应用软件　　D. 1 个系统软件和多个应用软件

20. Windows 7 系统运行时,用鼠标右击某个对象经常会弹出(　　)。

A. 下拉菜单　　B. 快捷菜单

C. 窗口菜单　　D. 开始菜单

第7章　计算机网络基础知识

计算机网络是通信技术与计算机技术相结合的产物，它经历了一个从简单到复杂的过程。计算机网络技术随着社会的发展已经涉及政治、经济、军事、日常生活等人类社会生活的各个领域，成为当前信息社会的基础，是信息交换、资源共享和分布式应用的重要手段。本章主要介绍计算机网络的相关知识。

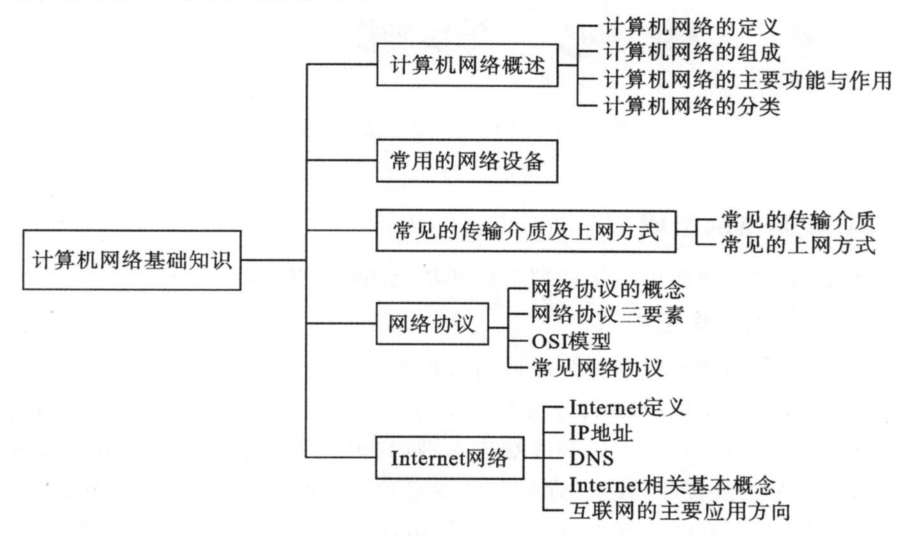

7.1　计算机网络概述

7.1.1　计算机网络的定义

计算机网络也称计算机通信网，是指将地理位置不同的具有独立功能的多台计算机及其外部设备，通过通信线路连接起来，在网络操作系统、网络管理软件及网络通信协议的管理与协调下，实现资源共享和信息传递的计算机系统。

根据概念可总结出计算机网络中的三个基本构成要素为

- 计算机：具有独立功能的计算机，网络中有时也称为主机。
- 网络互联：两台或以上计算机通过传输媒体实现互联。
- 通信协议：计算机相互通信时使用的标准语言规范。

小到两台计算机的简单相连,大到全世界计算机在一起的复杂连接(国际互联网)都是计算机网络的应用范畴。如图 7-1 所示为一个计算机网络连接示例图。

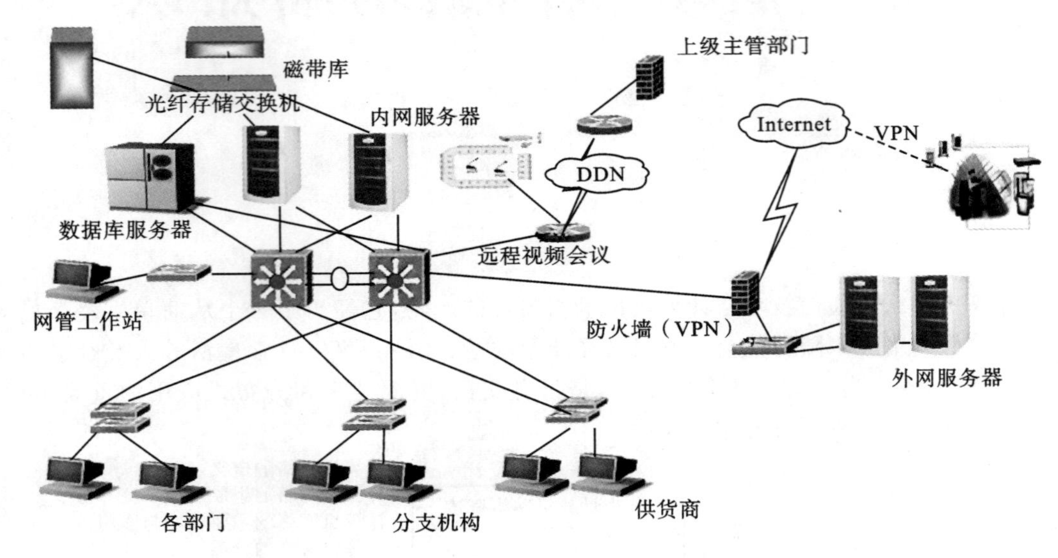

图 7-1 计算机网络连接示例图

7.1.2 计算机网络的组成

计算机的网络组成结构可以从物理组成和功能组成两方面来划分。

1. 计算机网络的物理组成

计算机网络按照物理组成划分为硬件与软件两部分。

构成硬件的设备有主机(Host,分为客户端与服务器);通信处理机(一方面作为资源子网的主机、终端连接的接口,将主机和终端连入网内;另一方面它又作为通信子网中分组存储转发节点,完成分组的接收、校验、存储和转发等功能);网络连接设备(路由器、交换机、集线器等)通信线路(包括有线连接如双绞线、同轴电缆、光纤;无线连接如无线电波、微波和红外线)

2. 计算机网络的功能组成

计算机网络按照功能组成划分为通信子网和资源子网两部分。

通信子网完成数据的传输功能,是为了联网而附加上去的通信设备及线路等;资源子网完成数据的处理、存储等功能,相当于计算机系统。

7.1.3 计算机网络的主要功能与作用

在计算机网络诞生之初,主要是以数据通信与资源共享为目的,但随着网络技术的快速发展与网络的普及,计算机网络的功能也随之慢慢增加。目前网络的功能主要有数据通信、资源共享、分布式处理、提高系统可用性与可靠性、均衡负荷等。

1. 数据通信

数据通信是计算机网络的最主要的功能之一,可实现不同地理位置的计算机与终端、计算机与计算机之间的数据传输。

数据通信是依照一定的通信协议，利用数据传输技术在两个终端之间传递数据信息的一种通信方式和通信业务，它可实现计算机和计算机、计算机和终端以及终端与终端之间的数据信息传递。计算机网络通信是继电报、电话业务之后的第三种最大的通信业务。

2. 资源共享

“资源”是指网络中所有的软件、硬件和数据资源。“共享”指的是网络中的用户都能够部分或全部地享受这些资源。即在网络中，多台计算机或同一计算机中的多个用户，共同使用相关资源。

资源共享是计算机网络最主要和最有吸引力的功能，包括网络中软件资源共享和硬件资源共享。

1)软件资源共享

软件资源共享主要是共享软件和共享数据两类，指计算机网络内的用户可以共享计算机网络中的软件资源，包括各种语言处理程序、应用程序和服务程序。

例如在局域网上允许用户共享文件服务器上的程序和数据；在 Internet 上允许用户远程访问各种类型的数据库，可以得到网络文件传送服务、远程管理服务和远程文件访问等；网上看电影、听音乐、看新闻和小说，都算是资源共享。

2)硬件资源共享

硬件资源共享主要是指硬盘、光驱、打印机等硬件设备的共享，使网络中其他没有该硬件设备的用户可以通过网络使用这些设备，就像其也安装了这些硬件设备一样，从而节约了网络用户的硬件投入费用。

例如网盘(云盘)就是一种硬盘资源的网络免费(收费)共享；还有像一个办公室只有一台打印机，但是其他人也需要使用打印机，则可将打印机设置为网络共享，让其他人也可直接连接打印机使用。

3. 分布式处理

分布式处理是将不同地点的，或具有不同功能的，或拥有不同数据的多台计算机通过通信网络连接起来，在控制系统的统一管理控制下，协调地完成大规模信息处理任务。

和分布式系统概念相反的是集中式系统，集中式系统就是把所有的程序、功能都集中到一台主机上，从而往外提供服务的方式。集中式的优缺点和分布式刚好相反，其优点是便于管理与维护；缺点是安全可靠性低(万一主机死机、硬件损坏、受到黑客攻击或外界环境出现问题则可能会导致整个系统崩溃，所有的用户无法连接或使用其功能与资源)。

所以，当前很多系统或服务都使用分布式管理与处理方式，通过算法将大型的综合性问题交给不同的计算机同时进行处理，用户可以根据需要合理选择网络资源，就近快速地进行访问。

4. 提高系统可用性与可靠性

网络中的每台计算机都可通过网络相互成为后备机。一旦某台计算机出现故障，它的任务就可由其他的计算机代为完成，这样可以避免在单机情况下，一台计算机发生故障引起整个系统瘫痪的现象，从而提高系统的可靠性。而当网络中的某台计算机负担过重时，网络又可以将新的任务交给较空闲的计算机完成，均衡负载，从而提高了每台计算机的可用性。

5. 均衡负荷

在计算机网络中可进行数据的集中处理或分布式处理，负载均衡就是由多台服务器以对称的方式组成一个服务器集合，每台服务器都具有等价的地位，都可以单独对外提供服务而无须其他服务器的辅助。通过某种负载分担技术，将外部发送来的请求均匀分配到对称结构中的某一台服务器上，而接收到请求的服务器独立地回应客户的请求。均衡负载能够平均分配客户请求到服务器列阵，藉此提供快速获取重要数据，解决大量并发访问服务问题。这种群集技术可以用最少的投资获得接近于大型主机的性能。

7.1.4 计算机网络的分类

计算机网络的种类繁多且性能各异，我们可以根据不同的分类形式进行分类，最常见的有按网络覆盖范围分类，按网络上各节点间关系分类，按网络的拓扑结构分类，按网络传输带宽分类等，其中最常见的是按照网络覆盖范围分类和按网络的拓扑结构分类这两种。

1. 按计算机网络覆盖范围划分

计算机网络按覆盖范围划分，大致可分为局域网、城域网和广域网。

1)局域网(Local Area Network，LAN)

局域网是指传输距离有限，传输速度较高，以共享网络资源为目的的网络系统。它的通信范围比较小(如一个企业或一所学校甚至一个房间等)，投资规模也较小，网络实现简单，是目前使用最多的计算机网络，因规模小故易于推广新的技术，与广域网相比发展更为迅速。

2)城域网(Metropolitan Area Network，MAN)

城域网是介于局域网和广域网之间的一种范围较大的高速网络，是在一个或多个邻近范围城市内所建立的计算机通信网，属宽带局域网。

3)广域网(Wide Area Network，WAN)

广域网又称远程网，所覆盖的范围从几十公里到几千公里，它能连接多个城市或国家，或横跨几个洲并能提供远距离通信，形成国际性的远程网络。其传输速度较低，网络结构多是不规则的，以数据通信为主要目的，因规模大，故造价昂贵，新技术和新设备的更新难度都较大。其中因特网(Internet)就是世界范围内最大的广域网。

2. 按计算机网络拓扑结构划分

计算机网络按拓扑结构划分大致分为总线型拓扑、星型拓扑、环型拓扑、树型拓扑(由总线型演变而来)以及网状型拓扑结构。

1)总线型结构

总线型拓扑是一种基于多点连接的拓扑结构，是将网络中的所有的设备通过相应的硬件接口直接连接在共同的传输介质上。总线型拓扑结构使用一条所有 PC 都可访问的公共通道，每台 PC 只要连一条线缆即可。在总线型拓扑结构中，所有网上计算机都通过相应的硬件接口直接连在总线上，任何一个节点的信息都可以沿着总线向两个方向传输扩散，并且能被总线中任何一个节点所接收。由于其信息向四周传播，类似于广播电台，故总线型网络也被称为广播式网络。总线有一定的负载能力，因此，总线长度有一定限制，一条总线也只能连接一定数量的节点。总线型网络结构是目前使用最广泛的结构，也是最传统的一种主流网络结构，适合于信息管理系统、办公自动化系统领域的应用。

总线型结构的特点：结构简单灵活，非常便于扩充；可靠性高，网络响应速度快；设备量少、价格低、安装使用方便；共享资源能力强，非常便于广播式工作，即一个节点发送所有节点都可接收。总线型结构拓扑图如图7－2所示。

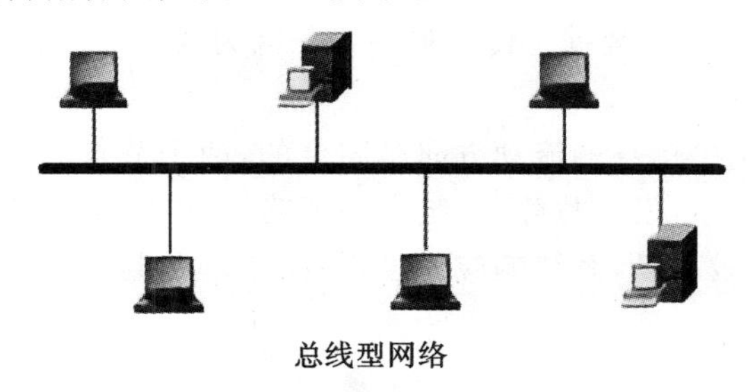

图7－2　总线型拓扑结构

2)星型结构

星型拓扑结构是一种以中央节点为中心，把若干外围节点连接起来的辐射式互联结构，各节点与中央节点通过点与点方式连接，中央节点执行集中式通信控制策略，因此中央节点相当复杂，负担也重。这种结构适用于局域网，特别是近年来连接的局域网大都采用这种连接方式。这种连接方式以双绞线或同轴电缆作连接线路。在中心放一台中心计算机，每个臂的端点放置一台PC，所有的数据包及报文通过中心计算机来通信，除了中心机外每台PC仅有一条连接，这种结构需要大量的电缆，星型拓扑可以看成一层的树型结构，不需要多层PC的访问权争用。星型拓扑结构在网络布线中较为常见。

以星型拓扑结构组网，其中任何两个站点要进行通信都要经过中央节点控制。中央节点的主要功能有为需要通信的设备建立物理连接；为两台设备通信过程中维持这一通路；在完成通信或不成功时，拆除通道。

星型结构的特点：维护管理容易；重新配置灵活；故障隔离和检测容易；网络延迟时间短；各节点与中央交换单元直接连通，各节点间的通信必须经过中央单元转换；网络共享能力差，线路利用率低，中央单元负荷重。星型结构拓扑图如图7－3所示。

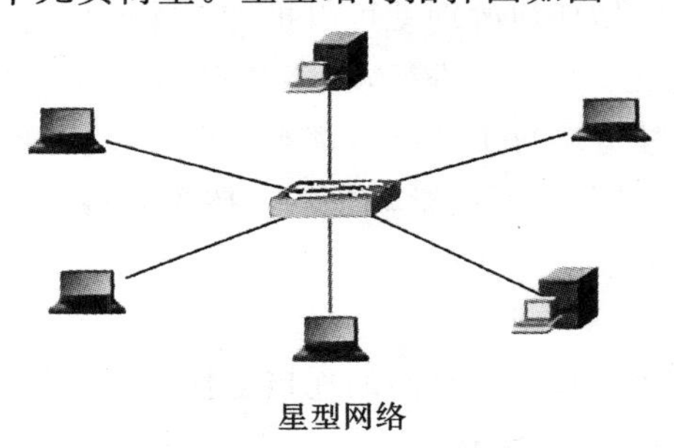

图7－3　星型拓扑结构

3)环型结构

环型网中各节点通过环路接口连在一条首尾相连的闭合环形通信线路中，就是把每台PC连接起来，数据沿着环依次通过每台PC直接到达目的地，环路上任何节点均可以请求发送信息。请求一旦被批准，便可以向环路发送信息。环形网中的数据可以是单向也可是双向传输。信息在每台设备上的延时时间是固定的。由于环线公用，一个节点发出的信息必须穿越环中所有的环路接口，信息流中目的地址与环上某节点地址相符时，信息被该节点的环路接口所接收，而后信息继续流向下一环路接口，一直流回到发送该信息的环路接口节点为止。特别适合实时控制的局域网系统。在环行结构中每台 PC 都与另两台 PC 相连每台 PC 的接口适配器必须接收数据再传往另一台。因为两台 PC 之间都有电缆，所以能获得好的性能。

环型结构的特点：网中信息的流动方向是固定的，两个节点间仅有一条通路，路径控制简单；有旁路设备，节点一旦发生故障，系统自动旁路，可靠性高；信息要串行穿过多个节点，在网中节点过多时传输效率低，系统响应速度慢；由于环路封闭，扩充较难。环型结构拓扑图如图 7-4 所示。

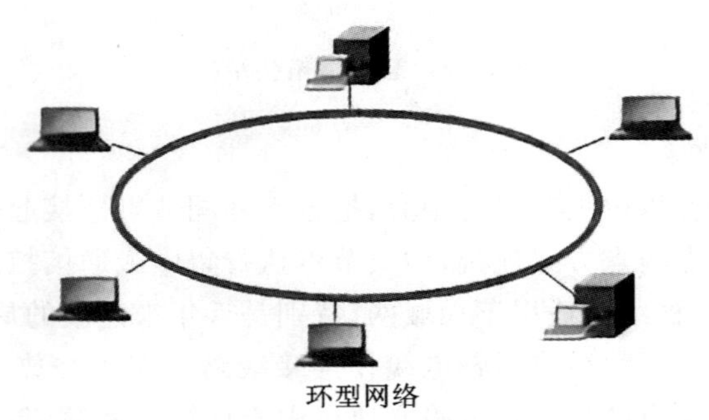

图 7-4　环型拓扑结构

4）树型结构

树型拓扑从总线型拓扑演变而来，形状像一棵倒置的树，顶端是树根，树根以下带分支，每个分支还可再带子分支。它是总线型结构的扩展，它是在总线网上加上分支形成的，其传输介质可有多条分支，但不形成闭合回路，树型网是一种分层网，其结构可以对称，联系固定，具有一定容错能力，一般一个分支和节点的故障不影响另一分支节点的工作，任何一个节点送出的信息都可以传遍整个传输介质，也是广播式网络。一般树型网上的链路相对具有一定的专用性，无须对原网做任何改动就可以扩充工作站。它是一种层次结构，节点按层次连接，信息交换主要在上下节点之间进行，相邻节点同层节点之间一般不进行数据交换。把整个电缆连接成树型，树枝分层每个分支点都有一台计算机，数据依次往下传优点是布局灵活但是故障检测较为复杂，PC 环不会影响全局。树型结构的特点同总线型结构特点。树型结构拓扑图如图 7-5 所示。

5）网状型结构

网状拓扑又称作无规则结构，节点之间的连接是任意的，没有规律。就是将多个子网或多个局域网连接起来构成网状拓扑结构。

网状型结构的特点：有较高的可靠性，当一条线路有故障时，不会影响整个系统工作；资源共享方便，网络响应时间短；由于一个节点与多个节点连接，故节点的路由选择和流量控制难度大，管理软件复杂；硬件成本高。网状型结构拓扑图如图 7-6 所示。

局域网一般常使用总线型、环型、星型或树型结构；广域网一般常使用树型结构或网状型结构。

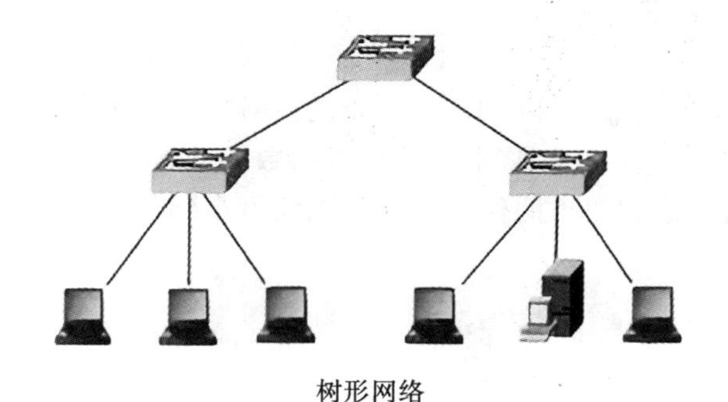

图 7-5　树型拓扑结构

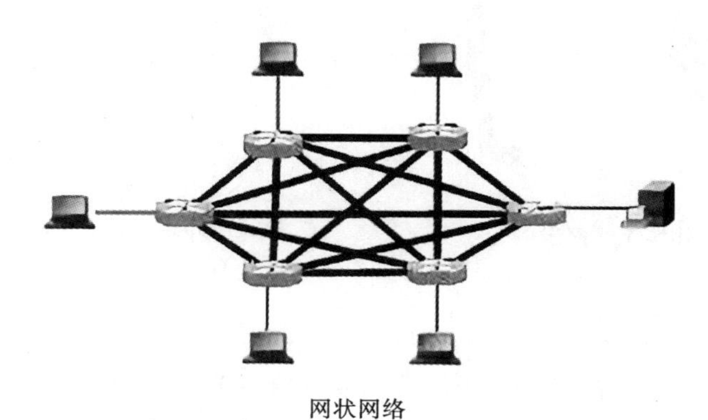

图 7-6　网状型拓扑结构

7.2　常用的网络设备

1. 调制解调器

调制解调器是 Modulator(调制器)与 Demodulator(解调器)的简称,中文称为调制解调器,根据 Modem 的谐音,亲昵地称之为“猫”,是一种能够实现通信所需的调制和解调功能的电子设备。所谓调制,就是把数字信号转换成电话线上传输的模拟信号;解调,即把模拟信号转换成数字信号。合称调制解调器。调制解调器如图 7-7 所示。

图 7-7　调制解调器

2. 网卡(Network Adapter)

网卡又称网络适配器或网络接口卡，是计算机在网络上传输数据的接口，是计算机接入网络时必不可少的设备。它一方面将本地计算机的数据发送入网络，另一方面将网络上的数据接收到本地计算机，起到双重的作用。外接无线网卡如图 7 - 8 所示，台式机有线网卡如图 7 - 9 所示。

图 7 - 8　外接无线网卡

图 7 - 9　台式机有线网卡

3. 集线器(Hub)

集线器是中继器的一种，指将多条以太网双绞线或光纤集合连接在同一段物理介质下的设备。它可以视作多端口的中继器，主要用于优化网络布线结构，简化网络管理。集线器的优点是当网络系统中某条线路或某节点出现故障时，不会影响网上其他节点的正常工作。因为它提供了多通道通信，大大提高了网络通信速度。集线器如图 7 - 10 所示。

图 7 - 10　集线器

4. 路由器(Router)

路由器是一种连接多个网络或网段的网络设备，它能将不同网络或网段之间的数据信息进行“翻译”，以使它们能够相互“读”懂对方的数据，从而构成一个更大的网络。路由器有两大典型功能，即数据通道功能和控制功能。数据通道功能包括转发决定、背板转发以及输出链路调度等，一般由特定的硬件来完成；控制功能一般用软件来实现，包括与相邻路由器之间的信息交换、系统配置、系统管理等。路由器不仅具有网桥的全部功能，还可以根据传输费用、网络拥塞情况以及信息源与目的地的距离等不同因素自动选择最佳路径来传送数据包。路由器如图 7 - 11 所示。

5. 交换机(Switch)

交换机能把用户线路、电信电路和(或)其他需要互连的功能单元根据单个用户的请求

图 7－11　路由器

连接起来。主要功能包括物理编址、网络拓扑结构、错误校验、帧序列以及流控。目前交换机还具备了一些新的功能,如对 VLAN(虚拟局域网)的支持、对链路汇聚的支持,甚至有的还具有防火墙的功能。交换机如图 7－12 所示。

图 7－12　交换机

6. 中继器(Repeater)

中继器是工作在物理层上的连接设备。适用于完全相同的两类网络的互连,主要功能是通过对数据信号的重新发送或者转发,来扩大网络传输的距离。中继器的优点:安装简单,价格相对低廉;扩大了通信距离;增加了节点的最大数目;各个网段可使用不同的通信速率;提高了可靠性,当网络出现故障时,一般只影响个别网段;性能得到改善。中继器如图 7－13 所示。

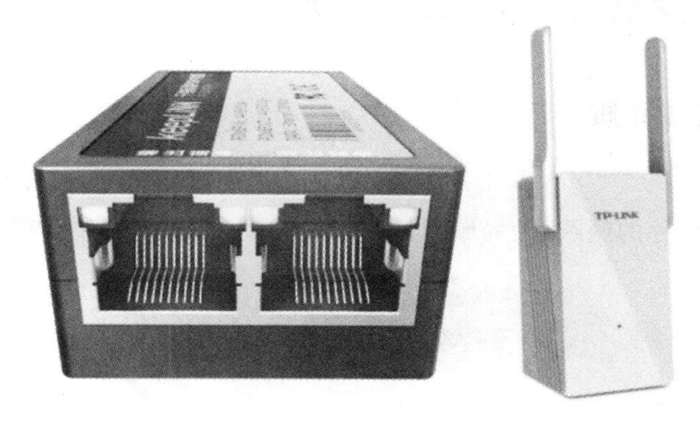

图 7－13　中继器

7. 网桥(Bridge)

网桥通常用于连接数量不多的、同一类型的网段,使本地通信限制在本网段内,如一个单位有多个 LAN,或一个 LAN 由于通信距离受限无法覆盖所有的节点而不得不使用多个局域网时。网桥如图 7－14 所示。

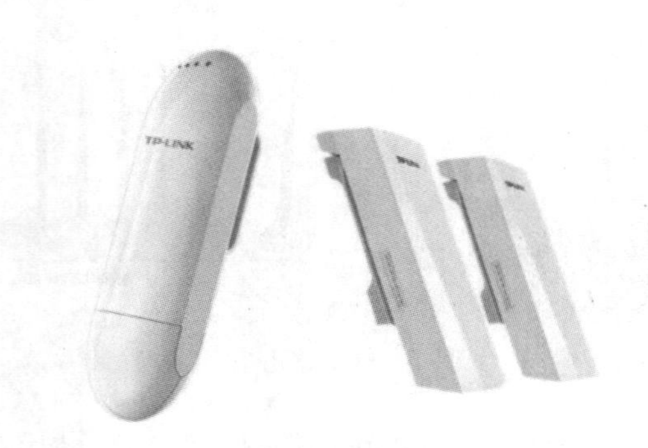

图 7-14 网桥

8. 网关(Gateway)

当需要将不同网络互相连接时，需要网关来完成不同协议之间的转换，所以网关又称为协议转换器。网关的作用一般是通过路由器或者防火墙来完成的。网关如图 7-15 所示。

图 7-15 网关

7.3 常见的传输介质及上网方式

7.3.1 常见的传输介质

1. 双绞线

双绞线即我们俗称的网线，是局域网最基本的传输介质。双绞线如图 7-16 所示。

图 7-16 双绞线

2. 同轴电缆

同轴电缆由一根空心的外圆柱导体和一根位于中心轴线的内导线组成，内导线和圆柱导体及外界之间用绝缘材料隔开。同轴电缆如图 7－17 所示。

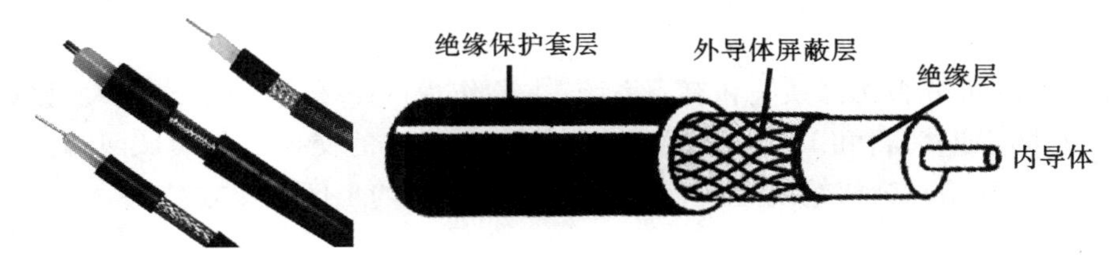

图 7－17 同轴电缆

3. 光纤

光纤是由一组光导纤维组成的用来传播光束的、细小而柔韧的传输介质。与其他传输介质比较，光纤的电磁绝缘性能好、信号衰减小、频带宽、传输速度快、传输距离大。主要用于要求传输距离较长、布线条件特殊的主干网连接。光导纤维如图 7－18 所示。

图 7－18 光导纤维

4. 无线介质

常见的无线介质有微波、红外线、激光等。无线传输不需铺设网络传输线，而且网络终端移动方便，但传输速度和信号稳定性一般没有有线介质好。

7.3.2 常见上网方式

1. 基于普通电话线的 xDSL 接入

xDSL 是 DSL(digital subscriber line，数字用户线路)的统称，可分为 IDSL(ISDN 数字用户环路)、HDSL(两对线双向对称传输的高速数字用户环路)、SDSL(一对线双向对称传输的数字用户环路)、VDSL(甚高速数字用户环路)和 ADSL(不对称数字用户环路)，其中我们现在日常生活中使用最多的是 ADSL。

ADSL 是在一对双绞线上为用户提供上行、下行非对称的传输速度(带宽)，下行(下载)速度大于上行(上传)速度，且一般采用动态方式给用户分配 IP 地址。ADSL 上网无需占用电话线路，安装快捷方便，相对安全可靠，价格实惠，是目前电信、网通、联通等服务商主要提供的家庭上网方式。

2. 同轴电缆接入

同轴电缆接入利用现有的有线电视网进行数据传输，是目前广电服务商主要提供的家庭上网方式。

3. 光纤接入

光纤接入系统可分为无源系统和有源系统，主要作为网络的主干线路铺设。比如利用FTTx(光纤到小区或楼)再和LAN(网线到户)结合，小区内的交换机和局域网端交换机用光纤连接，交换机到用户为双绞线连接，就是我们平时所说的小区宽带方案。

4. 无线接入

无线接入系统通常指固定无线接入，根据其技术可分为无绳电话、集群电话、蜂窝移动通信、微波通信或卫星通信等。

7.4 网络协议

7.4.1 网络协议的概念

网络上的计算机之间又是如何交换信息的呢？就像我们说话用某种语言一样，在网络上的各台计算机之间也有一种语言，这就是网络协议，不同的计算机之间必须使用相同的网络协议才能进行通信。

网络协议简单地说就是网络上所有设备(网络服务器、计算机及交换机、路由器、防火墙等)之间通信规则的集合，它定义了通信时信息必须采用的格式和这些格式的意义。

7.4.2 网络协议三要素

网络协议由语义、语法、时序三个要素组成，语义表示要做什么，语法表示要怎么做，时序表示做的顺序。

(1)语义：语义是解释控制信息每个部分的意义。它规定了需要发出何种控制信息，以及完成的动作与做出什么样的响应。

(2)语法：语法是用户数据与控制信息的结构与格式，以及数据出现的顺序。

(3)时序：时序是对事件发生顺序的详细说明。

7.4.3 OSI模型

为了使不同计算机厂家生产的计算机能够相互通信，以便在更大的范围内建立计算机网络，国际标准化组织(ISO)提出了“开放系统互联参考模型”，即著名的OSI/RM模型(open system interconnection/reference model)。它将计算机网络体系结构的通信协议划分为七层，自下而上依次为物理层(physics layer)、数据链路层(data link layer)、网络层(network layer)、传输层(transport layer)、会话层(session layer)、表示层(presentation layer)、应用层(application layer)。OSI模型七层结构如表7-1所示。

表7-1 OSI模型结构表

层数(次)	名称
7	应用层
6	表示层
5	会话层
4	传输层
3	网络层
2	数据链路层
1	物理层

OSI模型中第四层完成数据传送服务,上面三层面向用户。对于每一层,至少制定两项标准:服务定义和协议规范。前者给出了该层所提供服务的准确定义,后者详细描述了该协议的动作和各种有关规程,以保证服务的提供。网络模型对应的功能及主要设备如表7-2所示。

表7-2 网络模型对应主要功能及设备

层数	名称	主要功能	主要设备及协议
7	应用层	实现具体应用功能	POP3\FTP\HTTP\Telnet SMTP\DHCP\TFTP\SNMP\DNS
6	表示层	数据的格式与表达、加密、压缩	
5	会话层	建立、管理和终止会话	
4	传输层	端到端的连接	TCP、UDP
3	网络层	分组传输和路由选择	路由器、三层交换机 ARP\RARP\IP\ICMP\IGMP
2	数据链路层	传送以帧为单位的信息	网桥、交换机、网卡 PPTP\L2TP\SLIP\PPP
1	物理层	二进制传输	中继器、集线器

7.4.4 常见网络协议

1. TCP/IP

TCP/IP(Transport Control Protocol/Internet Protocol,传输控制协议/Internet协议)的历史应当追溯到Internet的前身——ARPAnet时代。为了实现不同网络之间的互连,美国国防部于1977年到1979年间制定了TCP/IP体系结构和协议。TCP/IP是由一组具有专业用途的多个子协议组合而成的,这些子协议包括TCP、IP、UDP、ARP、ICMP等。TCP/IP凭借其实现成本低、在多平台间通信安全可靠以及可路由性等优势迅速发展,并成为Internet中的标准协议。在20世纪90年代,TCP/IP已经成为局域网中的首选协议。TCP/IP与OSI参考模型对照关系如表7-3所示。

表 7-3 TCP/IP 与 OSI 参考模型对照关系表

OSI 参考模型	TCP/IP 模型
应用层	应用层
表示层	
会话层	
传输层	传输层
网络层	网际网层(网络层)
数据链路层	网络接口层
物理层	

2. NetBEUI

NetBEUI 即 NetBios Enhanced User Interface,或 NetBios 增强用户接口。它是 NetBIOS 协议的增强版本,曾被许多操作系统采用,例如 Windows for Workgroup、Win 9x 系列、Windows NT 等。NetBEUI 协议在许多情形下很有用,是 Windows 98 之前的操作系统的缺省协议。NetBEUI 协议是一种短小精悍、通信效率高的广播型协议,安装后不需要进行设置,特别适合在“网络邻居”传送数据。所以建议除了 TCP/IP 协议之外,小型局域网的计算机也可以安装 NetBEUI 协议。另外还有一点要注意,如果一台只装了 TCP/IP 协议的 Windows 98 机器要想加入到 WinNT 域,也必须安装 NetBEUI 协议。

3. IPX/SPX

IPX/SPX 本来是专用于 NetWare 网络中的协议,但是之前大部分可以联机的游戏都支持 IPX/SPX 协议,比如星际争霸,反恐精英等。虽然这些游戏通过 TCP/IP 协议也能联机,但显然还是通过 IPX/SPX 协议更省事,不需要任何设置。除此之外,IPX/SPX 协议在非局域网络中的用途并不大,如果确定不在局域网中联机玩游戏,那么这个协议可以不安装。

7.5 Internet 网络

7.5.1 Internet 定义

Internet(国际互联网)创建于美国,最早是用于军事用途,经过若干年的发展,目前已经成为世界上规模最大,覆盖面最广且影响力最强的计算机网络。它将分布在世界各地的计算机用开放系统协议连接在一起,使人们可以进行数据传输、信息交换和资源共享。

从用户的角度来看,整个 Internet 是一个统一的网络,但在物理层面上则是由不同的网络互相连接在一起形成的,接入 Internet 的计算机网络种类繁多,形式各异,因此需要通过路由器和其他各种通信线路将其连接起来。

7.5.2 IP 地址

IP(Internet Protocol,互联网协议又名网际协议)是为计算机网络相互连接进行通信而设计的协议。IP 地址是给 Internet 中电脑的一个编号，在 Internet 中每台联网的电脑上都需要有 IP 地址才能正常通信。任何厂家生产的计算机系统，只要遵守 IP 协议就可以与 Internet 互连互通。正是因为有了 IP 协议，Internet 才得以迅速发展成为世界上最大的、开放的计算机通信网络。因此，IP 协议也可以叫做“因特网协议”。

IP 地址，由类别、标识网络的 ID 和标识主机的 ID 三部分组成，是一个 32 位的二进制数，通常被分割为 4 个“8 位二进制数”(也就是 4 个字节)，并以十进制数(0～255)表示，每相邻两组十进制数间以英文句点“.”分隔。例如现有如下一个 IP 地址，其二进制数为 01100100.00000100.00000101.00000110，我们将其记为 100.4.5.6，IP 地址的这种表示法称为“点分十进制表示法”。

根据网络规模的大小将 IP 地址分为 5 类：A 类(Class A)、B 类(Class B)、C 类(Class C)、D 类(Class D)、E 类(Class E)。其中 A、B、C 三类地址是基本的 Internet 地址，D 类和 E 类为次类地址，D 类为多播地址，E 类地址尚未使用。

A 类地址：网络地址空间占 7 位，允许 126 个不同的 A 类网络，起始地址为 1～126，即主机地址范围为 1.0.0.0—126.255.255.255，适用于有大量主机的大型网络。(注：0 和 127 两个地址用于特殊目的。)

B 类地址：网络地址空间占 14 位，允许 16384 个不同的 B 类网络，起始地址为 128～191，适用于国际大公司和政府机构等。

C 类地址：网络地址空间占 21 位，允许 2097152 个不同的 C 类网络，起始地址为 192～223，适用于小型公司等。

IPv4(Internet protocol version 4)为互联网通信协议第四版，是网际协议开发过程中的第四个修订版本，也是此协议第一个被广泛部署的版本。IPv4 是互联网的核心，也是当前使用最广泛的网际协议版本。

IPv6(Internet protocol version 6)是互联网工程任务组(IETF)设计的用于替代 IPv4 的下一代 IP 协议。从 20 世纪 80 年代起，一个很明显的问题是，由于网络的快速与大面积普及，网络设备越来越多，导致 IPv4 地址在以比设计时预计的更快的速度耗尽，因此，人们最终决定重新设计基于更长地址的互联网协议(IPv6)。

IPv6 具有更大的地址空间。IPv4 中规定 IP 地址长度为 32，最大地址个数为 2^{32}；而 IPv6 中 IP 地址的长度为 128，即最大地址个数为 2^{128}。与 32 位地址空间相比，其地址空间增加了 $2^{128}-2^{32}$ 个，地址空间充分满足以后的需求。

7.5.3　DNS

DNS(Domain Name System，域名系统)，因特网上所有的计算机都是以 IP 地址的方式作为唯一标识的，我们要对其进行访问就要知道其对应的 IP 地址，而 IP 地址不方便识别与记忆，所以人们创建出了域名(由一串用点分隔的名字组成的 Internet 上某一台计算机或计算机组的名称)来方便记忆，如百度的域名为 www.baidu.com。

域名一般都是拼音或英文单词等方便人们记忆的内容，当在浏览器地址栏输入一个域名地址并确认后，浏览器并不会直接访问这个地址页面，而是先将该域名内容发送到默认的 DNS 服务器进行查询解析。DNS 作为域名和 IP 地址相互映射的一个数据库，能够查询到域名所对应的 IP 地址，将这个 IP 地址返回给机器后，浏览器才可以访问对应的地址页面。

DNS的存在使用户可以更方便地访问互联网，而不用去记住能够被机器直接读取的IP数串。通过专门的服务器，对域名进行查找最终得到该域名对应的IP地址的过程叫做域名解析(或主机名解析)。

网络域名是由两个或两个以上的词构成，中间由“.”隔开，最右边的那个词称为顶级域名，顶级域名主要分为组织模式和地理模式两种。常见的顶级域名及其对应的含义如表7-4所示。

表7-4 常见的顶级域名及对应含义

组织模式顶级域名	含义	地理模式顶级域名	含义
COM	商业组织	CN	中国
EDU	教育机构	HK	中国香港
GOV	政府部门	MO	中国澳门
MIL	军事部门	TW	中国台湾
NET	网络服务商	US	美国
ORG	非营利组织	UK	英国
INT	国际组织	JP	日本

7.5.4 Internet 相关基本概念

1. WWW

WWW(World Wide Web，万维网又名环球信息网)是一种交互式图形界面的Internet服务，具有强大的信息连接功能，是目前Internet中最受欢迎的、增长速度最快的一种多媒体信息服务系统。万维网是基于客户端/服务器模式的信息发送技术和超文本技术的综合，万维网并不等同互联网，万维网只是互联网所能提供的服务之一，是靠着互联网运行的一项服务。

万维网发源于欧洲日内瓦量子物理实验室CERN，正是WWW技术的出现使得因特网得以超乎想象的速度迅猛发展。这项基于TCP/IP的技术在短短的十年时间内迅速成为已经发展了几十年的Internet上的规模最大的信息系统，它的成功归结于它的简单、实用。

2. HTTP 与 HTTPS

HTTP(Hyper Text Transfer Protocol，超文本传输协议)是互联网上应用最为广泛的一种网络协议。所有的WWW文件都必须遵守这个标准。

超文本传输协议是一个简单的请求-响应协议，它通常运行在TCP之上。它指定了客户端可能发送给服务器什么样的消息以及得到什么样的响应。

HTTPS(Hypertext Transfer Protocol Secure)，是以安全为目标的HTTP通道，在HTTP的基础上通过传输加密和身份认证保证了传输过程的安全性。

HTTPS协议是由HTTP加上TLS/SSL协议构建的可进行加密传输、身份认证的网络协议，主要通过数字证书、加密算法、非对称密钥等技术完成互联网数据传输加密，实现互联网传输安全保护。这个系统提供了身份验证与加密通信方法，被广泛用于万维网上安全敏感的通信，例如网上银行、交易支付等方面。

3. URL

URL(Uniform Resource Locator，统一资源定位符)，是对可以从互联网上得到的资源的位置和访问方法的一种简洁的表示，是互联网上标准资源的地址。互联网上的每个文件都有一个唯一的 URL，它包含的信息可以指出文件的位置以及浏览器应该怎么处理它。

4. E-mail

E-mail(电子邮件)是一种利用计算机网络的电子手段提供信息交换的通信方式，是互联网应用最广的服务。通过网络的电子邮件系统，用户可以以非常低廉的价格(不管发送到哪里，都只需负担网费)、非常快速的方式(几秒钟之内可以发送到世界上任何指定的目的地)，与世界上任何一个角落的网络用户联系。电子邮件可以是文字、图像、声音等多种形式。同时，用户可以得到大量免费的新闻、专题邮件，并实现轻松的信息搜索。电子邮件的存在在之前的一段时间内极大地方便了人与人之间的沟通与交流，促进了社会的发展。

电子邮件地址的格式由三部分组成。第一部分“USER”代表用户信箱的账号，对于同一个邮件接收服务器来说，这个账号必须是唯一的；第二部分“@”是分隔符；第三部分是用户信箱的邮件接收服务器域名，用以标志其所在的位置。

电子邮件的基本原理是在通信网上设立“电子信箱系统”，它实际上是一个计算机系统。系统的硬件是一个高性能、大容量的计算机。硬盘作为信箱的存储介质，在硬盘上为用户分一定的存储空间作为用户的“信箱”，每位用户都有属于自己的一个电子信箱。并确定一个用户名和用户可以自己随意修改的口令。存储空间包含存放所收信件、编辑信件以及信件存档三部分空间，用户使用口令开启自己的信箱，并进行发信、读信、编辑、转发、存档等各种操作。

(1)电子邮件的发送。SMTP(Simple Mail Transfer Protocol，简单邮件传输协议)是维护传输秩序、规定邮件服务器之间进行哪些工作的协议，它的目标是可靠、高效地传送电子邮件。SMTP 独立于传送子系统，并且能够接力传送邮件。

(2)电子邮件的接收。POP(Post Office Protocol，邮局协议)：版本为 POP3，POP3 是把邮件从电子邮箱中传输到本地计算机的协议。

(3)常见电子邮件处理软件。常见的电子邮件收发处理软件有 Outlook Express、Foxmail、邮箱大师、QQ 邮箱等。

5. FTP

FTP(File Transfer Protocol 文件传输协议)用于控制 Internet 上的文件的双向传输。同时，它也是一个应用程序(Application)。基于不同的操作系统有不同的 FTP 应用程序，而所有这些应用程序都遵守同一种协议传输文件。在 FTP 的使用当中，用户经常遇到两个概念：“下载”(Download)和“上传”(Upload)。“下载”文件就是从远程主机拷贝文件至自己的计算机上；“上传”文件就是将文件从自己的计算机中拷贝至远程主机上。用 Internet 语言来说，用户可通过客户机程序向(从)远程主机上传(下载)文件。

6. TELNET

TELNET 协议是 TCP/IP 协议族中的一员，是 Internet 远程登录服务的标准协议和主要方式。它为用户提供了在本地计算机上完成远程主机工作的能力。在终端使用者的电脑上使用 Telnet 程序，用它连接到服务器。终端使用者可以在 Telnet 程序中输入命令，这些命令会在服务器上运行，就像直接在服务器的控制台上输入一样。可以在本地就能控制服务器。要开始一个 Telnet 会话，必须输入用户名和密码来登录服务器。Telnet 是常用的远程控制 Web 服务器的方法。

7. ISP

ISP 即 Internet Service Provider(互联网服务提供商)。如果要安装一部电话，那么就去找电信局，而想要接入 Internet，则必须去找 ISP。

ISP 是用户接入 Internet 的入口点，它不仅为用户提供 Internet 接入，也为用户提供各类信息服务。通常，个人或企业不直接接入 Internet，而是通过 ISP 接入 Internet。

从用户角度看，ISP 位于 Internet 的边缘，用户通过某种通信线路连接到 ISP 的主机，再通过 ISP 的连接通道接入 Internet。

8. MAC 地址

MAC 地址(Media Access Control Address)也叫物理地址或硬件地址，是制造商为网络硬件(如无线网卡或以太网网卡等)分配的唯一代码。一台设备若有一或多个网卡，则每个网卡都需要并会有一个唯一的 MAC 地址。

思考与讨论

1. 近年来我国政府参照德国等西方国家工业 4.0(Industry4.0)及创新 2.0，全面推进“互联网＋”，打造数字经济新优势。请谈谈你对“互联网＋”的理解，以及和你的交集。

2. 什么是搜索引擎？什么是关键词？你所知道的搜索引擎有哪些，各自有什么特色或优点？结合自身经验，谈谈在使用关键词搜索时有哪些技巧或注意事项？

习题与练习

1. 计算机网络的主要功能是(　　)。

A. 并行处理和分布计算　　B. 过程控制和实时控制

C. 数据通信和资源共享　　D. 联网游戏和聊天

2. (　　)不是计算机网络要素。

A. 计算机　　B. 浏览器

C. 通信协议　　D. 网络互连

3. 根据(　　)，可将计算机网络划分为局域网、城域网和广域网。

A. 数据传输所使用的介质　　B. 网络的作用范围

C. 网络的控制方式　　D. 网络的拓扑结构

4. 如图所示，箭头指向的是网卡的(　　)接口。

A. COM　　B. RJ－45

C. BNC　　D. PS/2

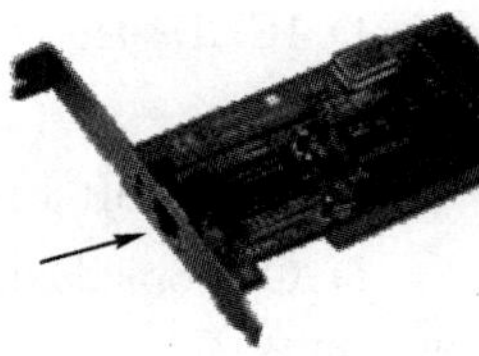

题 4 图

5.(　　)不属于网络传输介质。

A. 网桥　　　　B. 双绞线

C. 光纤　　　　D. 同轴电缆

6. 计算机网络中,(　　)英文缩写为 LAN。

A. 因特网　　　　B. 城域网

C. 局域网　　　　D. 广域网

7. 下列关于无线路由器的叙述,不正确的是(　　)。

A. 可支持局域网用户的网络连接共享

B. 可实现家庭无线网络中的 Internet 连接共享

C. 可实现 ADSL 和小区宽带的无线共享接入

D. 为保证传输速率,不可以进行加密

8.(　　)能实现不同的网络层协议转换。

A. 集线器　　　　B. 路由器

C. 交换机　　　　D. 网桥

9. 在 Outlook 中可以借助(　　)的方式传送一个文件。

A. FTP　　　　B. 导出

C. 导入　　　　D. 附件

10. 使用浏览器上网时,(　　)不可能影响系统和个人信息安全。

A. 浏览包含有病毒的网站

B. 改变浏览器显示网页文字的字体大小

C. 在网站上输入银行账号、口令等敏感信息

D. 下载和安装互联网上的软件或者程序

11.(　　)不是合法 IP 地址。

A. 192.168.6.1　　　　B. 10.0.01

C. 218.35.99.91　　　　D. 61.134.5.253

12. Internet 中域名与 IP 地址之间的翻译由(　　)完成。

A. DNS 服务器　　　　B. 代理服务器

C. FTP 服务器　　　　D. DHCP 服务器

13. WWW 服务使用的协议为(　　)。

A. HTML　　　　B. HTTP

C. SMTP　　　　D. FTP

14. Internet 采用的网络协议是(　　)。

A. TCP/IP　　　　B. ISO/OSI

C. X. 25　　D. IEEE802. 3

15. 下列选项中,不能收发电子邮件的软件是(　　)。

A. Internet Mail　　B. Microsoft FrontPage

C. Foxmail　　D. Outlook Express

16. 把数据从本地计算机传送到远程主机称为(　　)。

A. 下载　　B. 超载

C. 卸载　　D. 上传

17. 某工作站无法访问域名为 www. test. com 的服务器,此时使用 ping 命令按照该服务器的 IP 地址进行测试,响应正常。但是按照服务器域名进行测试,出现超时错误。此时可能出现的问题是(　　)。

A. 线路故障　　B. 路由故障

C. 域名解析故障　　D. 服务器网卡故障

18. (　　)服务器一般都支持 SMTP 和 POP3 协议,分别用来进行电子邮件的发送和接受。

A. Gopher　　B. Telnet

C. FTP　　D. E-mail

19. (　　)是正确的电子邮件地址。

A. Min. 163. com　　B. Min@163. com

C. Min＃163. com　　D. www. Min. 163. com

20. URL:ftp://my:abc@214. 13. 2. 45 中,ftp 是(　　)。

A. 超文本链接　　B. 超文本标记语言

C. 文件传输协议　　D. 超文本传输协议

第 8 章　多媒体处理技术

客观世界中存在着不同形式的信息媒体，如文本、声音、图像、视频等。随着计算机技术的飞速发展，以计算机为基础的多媒体技术被广泛应用并渗透到社会生活的各个方面，给人们的生活、工作、学习和娱乐带来了深刻影响。多媒体技术也成为现代信息技术领域发展最快、应用最广的技术之一。本章主要介绍多媒体及多媒体技术等相关内容。

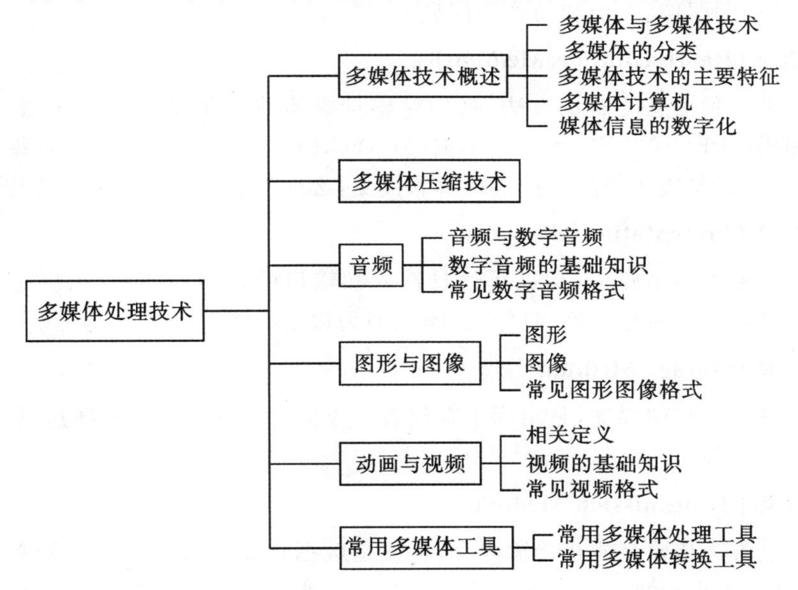

8.1　多媒体技术概述

8.1.1　多媒体与多媒体技术

1. 媒体与多媒体

“媒体”(media)一词来源于拉丁语“Medius”，意为两者之间。媒体是传播信息的媒介。它是指人借助用来传递信息与获取信息的工具、渠道、载体、中介物或技术手段，也指传送文字、声音等信息的工具和手段。也可以把媒体看作为实现信息从信息源传递到受信者的一切技术手段。媒体有两层含义，一是承载信息的载体，二是指储存、呈现、处理、传递信息的实体。

“多媒体”译自英文单词 Multimedia，该词由 Multiple 和 Media 复合而成，多媒体是指融合两种或两种以上媒体的一种人机交互式信息交流和传播的媒体。

2. 多媒体技术

多媒体技术(Multimedia Technology)是指通过计算机对文字、数据、图形、图像、动画、声音等多种媒体信息进行综合处理和管理，使用户可以通过多种感官与计算机进行实时信息交互的技术，又称为计算机多媒体技术。

8.1.2 多媒体的分类

按照国际电报电话咨询委员会(CCITT)的方案把媒体分成如下 5 类。

1. 感觉媒体(Perception Medium)

感觉媒体指直接作用于人的感觉器官，使人产生直接感觉的媒体，如引起听觉反应的声音，引起视觉反应的图像等。感觉媒体包括人类的各种语言、文字、音乐、自然界的其他声音、静止的或活动的图像、图形和动画等信息。

2. 表示媒体(Representation Medium)

表示媒体是一种信息的表示方法，是传输感觉媒体的中介媒体，即用于数据交换的编码。如图像编码(JPEG、MPEG 等)、文本编码(ASCII 码、GB2312 等)和声音编码等。信息本身是无形的，如果希望使信息能被人理解和接受，必须将信息通过一定的方法表示出来。

3. 表现媒体(Presentation Medium)

表现媒体又称为显示媒体，指进行信息输入和输出的媒体。如键盘、鼠标、扫描仪、话筒、摄像机等为输入媒体；显示器、打印机、喇叭等为输出媒体。

4. 存储媒体(Storage Medium)

存储介质又称为存储媒体，是指用于存储表示媒体的物理介质。如硬盘、软盘、磁盘、光盘、ROM 及 RAM 等。

5. 传输媒体(Transmission Medium)

传输媒体也称为传输介质或传输媒介，它就是数据传输系统中在发送器和接收器之间的物理通路，是传输表示媒体的物理介质。有线传输媒介主要有同轴电缆、双绞线及光缆；无线传输媒介主要有微波、无线电、激光和红外线等。

8.1.3 多媒体技术的主要特征

1. 集成性

能够对信息进行多通道统一获取、存储、组织与合成。

2. 控制性

多媒体技术是以计算机为中心，综合处理和控制多媒体信息，并按人的要求以多种媒体形式表现出来，同时作用于人的多种感官。

3. 交互性

交互性是多媒体应用有别于传统信息交流媒体的主要特点之一。传统信息交流媒体只能单向地、被动地传播信息，而多媒体技术则可以实现人对信息的主动选择和控制。

4. 非线性

多媒体技术的非线性特点将改变人们传统循序性的读写模式。以往人们读写方式大都采用章、节、页的框架，循序渐进地获取知识，而多媒体技术将借助超文本链接（Hyper Text Link）的方法，把内容以一种更灵活、更具变化的方式呈现给读者。

5. 实时性

当用户给出操作命令时，相应的多媒体信息都能够得到实时控制。

6. 互动性

多媒体技术可以形成人与机器、人与人及机器间的互动，互相交流的操作环境及身临其境的场景，人们根据需要进行控制。人机相互交流是多媒体最大的特点。

7. 便捷性

用户可以按照自己的需要、兴趣、任务要求、偏爱和认知特点来使用信息，任取图、文、声等信息表现形式。

8. 动态性

“多媒体是一部永远读不完的书”，用户可以按照自己的目的和认知特征重新组织信息，增加、删除或修改节点，重新建立链接。

8.1.4 多媒体计算机

多媒体计算机（Multimedia Computer）是指能够对声音、图像、视频等多媒体信息进行综合处理的计算机。多媒体计算机一般指多媒体个人计算机（Multimedia Personal Computer，MPC）。

在出现多媒体计算机之前，传统的微机或个人机处理的信息往往仅限于文字和数字，由于人机之间的交互只能通过键盘和显示器，故交流信息的途径缺乏多样性。为了改换人机交互的接口，使计算机能够集声音、文本、图像、视频等信息处理于一体，人类发明了有多媒体处理能力的计算机。通常，多媒体计算机包括多媒体计算机硬件系统和多媒体计算机软件系统两大部分。

（1）多媒体计算机硬件系统：主要包括计算机常用硬件、声音或视频处理器、多媒体输入/输出设备、信号转换装置、通信转换装置和接口装置等。

（2）多媒体计算机软件系统：对于多媒体计算机的每种硬件设备来说，都要有相应的软件程序支持，这些程序统称为多媒体计算机的软件系统，包括多媒体操作系统、多媒体数据库、多媒体压缩/解压缩系统、声像同步处理程序、通信程序及多媒体开发制作工具等。

8.1.5 多媒体信息的数字化

1. 多媒体信息数字化的概念

多媒体信息数字化是指将许多复杂多变的多媒体信息转变为可以度量的数字与数据，再以这些数字与数据建立数字化模型，把它们转变为一系列二进制代码导入计算机内部进行统一处理，这就是数字化的基本过程。即将图形图像或声音等信号转化为一串分离的信息，在计算机中以 0 和 1 表示。

2. 多媒体信息数字化的优点

(1)抗干扰能力强、精度高。多媒体信息在转化为数字化形态后是 0 与 1 表示的二进制信息，不易受外界的干扰，因而在存储和传输时抗干扰能力强。

(2)便于保存与分享传播。数字信息便于长期存储且存储成本低廉，使大量珍贵的信息资源得以保存，并且便于分享与传播。

(3)保密性好。多媒体信息数字化后可以进行加密处理使一些保密信息资源不易被窃取。

(4)易于压缩。数字化形态下，可以根据使用时的需求对信息进行压缩。

(5)适合后期加工与处理。在数字化形态下，方便通过各种多媒体处理软件对作品进行二次加工或效果处理。

8.2 多媒体压缩技术

多媒体数据(特别是音频与视频文件)数据量一般都比较大，需要很多的存储空间，并且在网络传输时需要耗费更多的流量与时间，所以在实际使用时，一般采用压缩编码技术来减少音频与视频等文件的数据量及所需的存储空间，节省传输流量与时间。

1. 常见的多媒体压缩方式

1)无损压缩法(冗余压缩法)

无损压缩是一种不丢失任何信息的压缩方法，利用数据的统计冗余进行压缩，保证在数据压缩和还原过程中信息没有损耗或失真。目前无损压缩技术可以将数据压缩到源文件的 1/2 至 1/5，压缩比比较低。常见的无损压缩算法有哈夫曼(Huffman)算法和 LZW 算法(Lempel-Ziv-Welch Encoding)等。

2)有损压缩法

有损压缩解压后不能恢复为原来的信息，适用于重构信号不一定非要与原始信号完全相同的场合。这种方法会减少信息量，而损失的信息是不能再恢复的，因此这种压缩是不可逆的。有损压缩可以大大提高压缩比，可达到 1/10 甚至 1/100。

2. 主流压缩标准

计算机中使用的压缩编码方法有多种国际标准和工业标准，目前使用最广泛的编码及压缩标准有 JPEG、MPEG 和 H.261。

(1)JPEG：制定静态和数字图像压缩编码标准，既可用于灰度图像，又可用于彩色图像。JPEG 标准是由 ISO(国际标准化组织，International Organization for Standardization)和 IEC(国际电工委员会，International Electro technical Commission)两个组织机构联合组成的一个专家组制定的，目前已成为国际通用标准。

(2)MPEG：动态图像压缩标准，由 ISO 和 IEC 两个组织机构联合组成的一个活动图像专家组制定的标准草案。MEPG 标准分为 MPEG 视频、MPEG 音频和 MPEG 视频音频同步三个部分。

(3)H.261：视频通信编码标准(PX64K 标准)，是由国际电报电话咨询委员会(CCITT)

于 1990 年提出的视频编码标准。

8.3 音频

8.3.1 音频与数字音频

人类能够听到的所有声音都称之为音频,也包括噪声等。

声音信号是一种模拟信号,计算机要对它进行处理,必须将其转化为数字声音信号,也就是用二进制数字的编码形式来表示。最基本的声音信号数字化的方法是取样→量化→编码→存储四个步骤。

数字音频是一种利用数字化手段对声音进行录制、存放、编辑、压缩或播放的技术,它是随着数字信号处理技术、计算机技术、多媒体技术的发展而形成的一种全新的声音处理手段。

8.3.2 数字音频的基础知识

1. 采样率

采样率简单地说就是通过波形采样的方法记录 1 秒钟长度的声音,需要多少个数据。44 kHz 采样率的声音就是要花费 44000 个数据来描述 1 秒钟的声音波形。原则上采样率越高,声音的质量越好。

2. 压缩率

压缩率通常指音乐文件压缩前和压缩后大小的比值,用来简单描述数字声音的压缩效率。

3. 比特率

比特率是另一种数字音乐压缩效率的参考性指标,表示记录音频数据每秒钟所需要的平均比特值(比特是电脑中最小的数据单位,指一个 0 或者 1 的数),通常我们使用 Kb/s(通俗地讲就是每秒钟 1024 bit)作为单位。CD 中的数字音乐比特率为 1411.2 Kb/s(也就是记录 1 秒钟的 CD 音乐,需要 1411.2×1024 bit 的数据),近乎于 CD 音质的 MP3 数字音乐需要的比特率是 112 Kb/s～128 Kb/s。

4. 量化级

简单地说,量化级就是描述声音波形的数据是多少位的二进制数据,通常用 bit 做单位,如 16 bit、24 bit。16 bit 量化级记录声音的数据是用 16 位的二进制数,因此,量化级也是数字声音质量的重要指标。我们形容数字声音的质量,通常就描述为 24 bit(量化级)、48 kHz 采样,比如标准 CD 音乐的质量就是 16 bit、44.1 kHz 采样。

8.3.3 常见数字音频格式

1. 未压缩的音频格式

顾名思义,这些音频文件本质上是未被压缩的。也就是说,它只是将真实世界的声波转换成数字格式保存下来,而不需要对它们进行任何处理。未压缩音频格式最大的优点是真实,可以保留录制音频的详细信息,但需要占据较大的存储空间。

1)WAV 文件格式

WAV 格式是音频文件中使用最广泛的未压缩格式之一。它的全称是 Waveform Audio 格式,在 1991 年由微软和 IBM 共同推出。音频容器使用未压缩技术,主要用于在 CD 中存储录音。

尽管目前这种格式在用户使用端不是很流行,但它仍然广泛运用于音频录制。因为 WAV 遵循标准的 14 位编码,并且采用未压缩技术,所以它的文件比较大。理想情况下,一分钟未压缩 WAV 文件的大小约为 10 MB。不过,用户仍然可以选择使用无损压缩技术来压缩 WAV 文件。

2)AIFF 文件格式

和 WAV 一样,AIFF 文件也是未压缩的,全称 Audio Interchange File Format。AIFF 文件格式基于 IFF(可互换文件格式),最初由苹果公司推出,这也是苹果公司制造的设备主要支持该格式音频的原因。AIFF 格式是在存储 CD 录音的 WAV 格式之前推出的,目前苹果用户主要使用的 AIFF-C 格式就是 AIFF 格式的压缩版本。

3)PCM 音频文件

PCM 音频格式也是一种常用的未压缩格式,全称 Pulse-Code Modulation,它主要用于把音频文件存储到 CD 和 DVD 中。PCM 代表脉冲编码调制,是一种可以将模拟音频文件转换为数字格式的技术。为了达到理想情况,机器会以不同的间隔对音频文件进行采样,这就对应生成了文件的采样率。线性脉冲编码调制(LPCM)便是用于存储音频文件的 PCM 格式的子类型之一。

4)PCM、WAV 与 AIFF 的差别

AIFF 与 WAV 之间的实际差异并不突出,二者只是版权归属不同。WAV 归微软所有,而 AIFF 归苹果所有。但二者的相同点是非常显著的,即这两种格式都需要依赖 PCM 技术将模拟声音转换为数字格式。也就是说,PCM 是 AIFF 和 WAV 都包含的技术,而具体选择哪种格式主要取决于用户拥有的设备类型。

2. 无损压缩的音频格式

未压缩的原始音频文件会占用大量空间,为适当控制文件容量,可以先压缩这些音频文件再进行存储。通过使用拥有高级算法的无损压缩技术,用户可以在缩小文件体积的同时保留原始数据。理想情况下,无损压缩技术可以使文件大小减小 2 到 5 倍,同时仍保留原始数据。

1)FLAC 音频文件

FLAC 全称为 Free Lossless Audio Codec,它是一种免费的开源压缩格式,适用于音频文件的日常存储。该格式可以将音频文件压缩到其原始大小的 60%,而不会丢失任何位原始数据。目前,FLAC 格式被认为是广为流行的 MP3 格式的最佳替代品,因为它能够最大程度上保留音频文件的原数据。

2)ALAC 文件

ALAC 代表苹果设备无损音频编解码器,是苹果公司开发的一项无损音频压缩技术,于 2004 年首次推出。为了推广 ALAC 格式,苹果公司在 2011 年公开了它的压缩算法,该

文件格式因此流行。ALAC 编码的两个主要文件扩展名是.m4a 和.caf,它们分别代表 iOS 和 Mac 的本机压缩格式。由于 iOS 设备不支持 FLAC 压缩,因此苹果用户默认使用 ALAC 扩展。该压缩技术保留了音频的元内容,文件的大小通常只有 WAV 音频的一半。

3)WMA 无损文件

WMA 全称为 Windows Media Audio,由微软开发。WMA 兼有无损和有损两种压缩模式可供用户选择。无损的 WMA 压缩技术仅支持 DRM 格式,不像 FLAC 和 ALAC 拥有良好的兼容性。此外,它主要由本机 Windows 用户使用。总之,WMA 无损只是一种适用范围狭小的压缩技术,不建议用于数据传输或分发。

4)FLAC、ALAC 与 WMA 的差别

在所有无损压缩音频文件格式中,人们使用最广泛的是 FLAC。由于计算机设备的不同,苹果用户大都使用 ALAC,而 Windows 用户更喜欢使用 WMA。就文件自身而言,FLAC 和 ALAC 都是免版税的压缩技术,而 WMA 则不是。此外,WMA 遵循严格的 DRM 限制,传播性比不上 FLAC、ALAC。

3. 有损压缩的音频格式

在日常生活中,大多数普通用户并不希望音乐(音频)文件占用大量的设备存储空间,因此常常使用有损压缩的音频格式。采用有损压缩技术,可以大大减小数字音频文件的体积,但音频的原始数据也会受到损害。有时,以此格式存储的音乐文件听起来甚至与原始音频毫不相像。

1)MP3 文件格式

MP3 无疑是各种领先平台和设备都能接受的最流行的音频格式。它代表 MPEG－1 音频第 3 层,于 1993 年由运动图像专家组首次推出。该压缩技术消除了人耳无法听到的所有声音以及噪声,专注于实际音频数据,这可以将音频文件的大小减小 80%左右。MP3 也被称为通用音乐扩展,因为几乎每个媒体设备都支持此种开放格式。

2)OGG 文件

OGG 是一个免费的开源容器,主要与 Vorbis 文件相关联。由于 Vorbis 的发布,文件容器(和扩展)在 21 世纪初广为流行。虽然 OGG 的压缩技术非常复杂,但它并未取得成果,目前也没有在市场上被广泛使用。

3)AAC 音频文件

AAC 代表高级音频编码,可用作常见扩展的容器,如.3gp、.m4a、.aac 等。它是 iTunes、iOS、Sony Walkmans、Playstations、YouTube 等设备的默认编码技术。此压缩格式是在 MP3 发布后不久开发的,于 1997 年正式发布。虽然它不像 MP3 那么受欢迎,但人们普遍认为 AAC 文件的音质更好。

4)WMA 有损文件

自从 1999 年微软发布 WMA 格式以来,它经历了许多发展演变。WAM 格式可以根据用户需求采用有损压缩技术或无损压缩技术。它可以在保留大部分数据的同时大幅缩减音频文件的大小。虽然该格式的输出文件质量优于 MP3,但它的版权独属微软并且使用受到 DRM 限制,因此没有受到广泛欢迎。

5)MP3、OGG、AAC 和 WMA 的区别

这四种技术都采用有损压缩技术,但它们彼此之间完全不同。由于其开源优势,MP3

是使用最广泛的格式之一，而 OGG 是最不受欢迎的。AAC 主要用于流媒体以及索尼和苹果的设备。WMA 则多为微软用户使用。虽然 AAC 和 WMA 提供的压缩文件质量比 MP3 更好，但它们不如 MP3 受欢迎。举一个最简单的例子，今天的人们仍喜欢将音乐播放器称为“MP3 播放器”而不是“AAC 播放器”，这有力地证明了 MP3 格式无与伦比的普及度。

8.4 图形与图像

在计算机科学中，图形(Graph)和图像(Image)都是多媒体系统中的可视元素，但是其概念是不同的。

8.4.1 图形

1. 图形的定义

图形是一种矢量图，矢量图使用直线和曲线来描述图形，这些图形的元素是一些点、线、矩形、多边形、圆和弧线等，它们都是通过数学公式计算获得的。

2. 矢量图的主要优点

(1)文件小：矢量图形文件的大小与分辨率和图像大小无关，只与图像的复杂程度有关，图像文件所占的存储空间较小。

(2)可以无极限缩放：矢量图对图形进行缩放、旋转或变形操作时，图形不会产生锯齿效果。

(3)可采取高分辨率印刷：矢量图形文件可以在任何输出设备如打印机上以打印或印刷的最高分辨率进行输出。

3. 矢量图的主要缺点

矢量图因为是由数学公式表达的线条所构成，所以其主要缺点是难以表现丰富的细节与色彩逼真的图像效果。

8.4.2 图像

1. 图像的定义

图像是人类视觉的基础，是自然景物的客观反映。照片、绘画等都是图像。

图像是一种位图，由称作像素(图片元素)的单个点组成，使用像素点来描述一幅图像。位图文件一般没有经过压缩，存储量大，适合变现含有大量细节的画面。与矢量图相比，位图放大到一定比例后会失真。

2. 位图的主要优点

(1)细节丰富：位图适合展示包含大量细节的画面。

(2)色彩逼真：位图可以展示出逼真细腻的丰富色彩。

3. 位图的主要缺点

(1)文件较大：位图文件比较大，需要占用较多的存储空间，在传输时需耗费更多的时间。

(2)放大到一定程度后会失真:因为位图是由固定的像素点组成的,随着不停地对其放大,在超出一定极限后就会出现图像失真的情况。

4. 相关基础知识

(1)分辨率:指图像在水平和垂直方向上的像素个数。如800×600的图像分辨率即为该图片水平方向上有800个像素点,垂直方向上有600个像素点。

(2)色彩模式:这是图像所使用的色彩描述方法,计算机中最常见的有RGB(红、绿、蓝)与CMYK(青、橙、黄、黑)两种色彩模式。

①RGB:这是最常见的位图编码方法,用红、绿、蓝三原色的光学强度来表示一种颜色。可以直接用于屏幕显示。

②CMYK:这是常用的位图编码方法之一,用青、品红、黄、黑四种颜料含量来表示一种颜色。可以直接用于彩色印刷。

(3)色彩深度:色彩深度又叫色彩位数,即位图中要用多少个二进制位来表示每个点的颜色,是分辨率的一个重要指标。常用有1位(单色),2位(4色,CGA),4位(16色,VGA),8位(256色),16位(增强色),24位和32位(真彩色)等。

(4)图像数据容量:图像数据容量(Byte)=(图像水平像素点数×图像垂直像素点数×颜色深度)/8

8.4.3　常见图形图像格式

1. BMP

BMP格式是微软公司制定的图形标准,最大的优点就是在PC上兼容度一流,几乎能被所有的图形软件“接受”,可称为通用格式。其结构简单,未经过压缩,储存为bmp格式的图形不会失真,但文件比较大,而且不支持Alpha(透明背景)通道。

2. JPG

JPG格式是目前网络上最流行的图形格式,它可以把文件容量压缩到最小的格式。JPG支持不同程度的压缩比,使用者可以视情况调整压缩比率,压缩比越大,品质就越低;相反地,压缩比越小,品质就越好。不过要注意的一点是,这种压缩法属于有损压缩,压缩后无法还原原有图像质量。

JPEG(Joint Photographic Experts Group,联合图形专家组)是用于连色调静态图像压缩的一种标准。

3. GIF

GIF与JPG一样是目前网络上最常见的图形格式,它的缺点是只支持256色而且文件容量比JPG大得多。不过它却身怀绝技,可以使用透明色,而且可以把好几张图联合起来做成动画文件。一般该格式只有做网页的朋友会使用到。

GIF(Graphics Interchange Format,图形交换格式)是CompuServe公司在1987年开发的图像文件格式,1989年在1987年版本基础上进行了扩充。GIF采用LZW压缩算法来存储图像数据,并采用了可变长度等压缩算法。GIF的图像深度从1 bit到8 bit,也即GIF最多支持256种颜色的图像。GIF格式的另一个特点是其在一个GIF文件中可以存多幅彩色图像,如果把存于一个文件中的多幅图像数据逐幅读出并显示到屏幕上,就可构成一种最简单的动画。

4. PNG

PNG(Portable Network Graphics,可移植的网络图形格式)是一种新兴的网络图形格式,结合了 GIF 和 JPEG 的优点,具有存储形式丰富的特点。PNG 最大色深为 48 bit,采用无损压缩方案存储,是一种位图文件。著名的 Macromedia 公司的 Fireworks 的默认格式就是 PNG。

5. TIF

TIF 格式是做平面设计上最常使用的一种图形格式,因为属于跨平台的格式,而且支持 CMYK 色彩模式,所以经常被用于印刷输出的场合。此外其还有一个特色,就是支持 lzw 压缩,属于不失真压缩,也就是说不管怎么压缩,图档的品质都还能保持原来的水准。

TIFF(Tag Image File Format,标签图像文件格式)文件是由 Aldus 和微软公司为扫描仪和桌上出版系统研制开发的一种较为通用的图像文件格式。TIFF 格式灵活易变,它又定义了四类不同的格式:TIFF-B 适用于二值图像;TIFF-G 适用于黑白灰度图像;TIFF-P 适用于带调色板的彩色图像;TIFF-R 适用于 RGB 真彩图像。TIFF 支持多种编码方法,其中包括 RGB 无压缩、RLE 压缩及 JPEG 压缩等。

6. SWF

利用 Macromedia 公司的 Flash 我们可以制作出一种后缀名为 SWF(Shockwave Format)的动画,这种格式的动画图像能够用比较小的体积来表现丰富的多媒体形式。在图像的传输方面,不必等到文件全部下载才能观看,而是可以边下载边看,因此特别适合网络传输,特别是在传输速率不佳的情况下,也能取得较好的效果。SWF 动画如今已被大量应用于 Web 网页进行多媒体演示与交互性设计。此外,SWF 动画是基于矢量技术制作的,因此不管将画面放大多少倍,画面不会因此而有任何损害。

SWF 是二维动画软件 Flash 中的矢量动画格式,主要用于 Web 页面上的动画发布,是一种流媒体格式文件。

7. PSD

PSD 格式是 Adobe 公司的图像处理软件 Photoshop 的专用格式(Photoshop Document)。PSD 其实是 Photoshop 进行平面设计的一张"草稿图",这种格式包含了图形中的图层、通道、遮罩、选取区等 Photoshop 可以处理的属性,这样全方位的储存如果运用得当,几乎可以将创作的过程完整记录下来,以便于下次打开文件时可以修改上一次的设计。

8. CDR

CDR 是著名作图软件 CorelDraw 的专用图形格式,由于 CorelDraw 是矢量图形处理软件,所以 CDR 可以记录的资料量可以说是千奇百怪,各物件的属性、位置、分页通通可以储存,以便日后修改。其支持压缩,文件较小。

9. SVG 格式

SVG 可以算是目前最最火热的图像文件格式了,它的英文全称为 Scalable Vector Graphics,意思为可缩放的矢量图形。它是基于 XML(Extensible Markup Language),由 World Wide Web Consortium(W3C)联盟进行开发的。严格来说应该是一种开放标准的矢量图形语言,可让你设计激动人心的、高分辨率的 Web 图形页面。用户可以直接用代码来描绘图像,可以用任何文字处理工具打开 SVG 图像,通过改变部分代码来使图像具有互交功能,并可以随时插入到 HTML 中通过浏览器来观看。

10. DXF

DXF 是三维模型设计软件 AutoCAD 的专用格式,其文件小,所绘制的图形尺寸、角度等数据十分准确,是建筑设计的首选。

11. AI

AI 格式的文件是用 Adobe 公司的 Illustrator 制作的,用 Illustrator 可以打开 AI 文件,也可以用 CorelDraw 和 Photoshop 打开,不过用 CorelDraw 需要用导入,而用 Photoshop 打开就是合层的文件了。

12. RIF

RIF 是著名作图软件 Painter 的专用图形格式,可以储存相当多的属性资料。Painter 可以打开 psd 文件,而且经过 Painter 处理过的 psd 文件在 Photoshop 中还能使用。

13. EPS

EPS 是 PC 机用户较少见的一种格式,而 Mac 机的用户则用得较多。它是用 PostScript 语言描述的一种 ASCII 码文件格式,主要用于排版、打印等输出工作。

8.5 动画与视频

8.5.1 相关定义

1. 动画

动画是通过把人物的表情、动作、变化等分解后画成许多动作瞬间的画幅,再用摄影机连续拍摄成一系列画面,给视觉造成连续变化的图画。它的基本原理与电影、电视一样,都是视觉暂留原理。医学证明人类具有“视觉暂留”的特性,人的眼睛看到一幅画或一个物体后,在 0.34 秒内不会消失。利用这一原理,在一幅画还没有消失前播放下一幅画,就会给人造成一种流畅的视觉变化效果。

2. 视频

视频(Video)泛指将一系列静态影像以电信号的方式加以捕捉、记录、处理、储存、传送与重现的各种技术。连续的图像变化每秒超过 24 帧(frame)画面以上时,根据视觉暂留原理,人眼无法辨别单幅的静态画面连续变化时看上去是平滑连续的视觉效果,这样连续的画面叫作视频。

8.5.2 视频的基础知识

1. 帧

帧是视频的基础单位。视频的原理就是连续播放的静态图片,造成人眼的视觉残留,形成的连续的动态,这里说的静态图片就是一帧。

2. 画面更新率(帧率)

Frame rate 中文常译为“画面更新率”或“帧率”，是指视频格式每秒钟播放的静态画面数量。PAL(欧洲、亚洲、澳洲等地的电视广播格式)与 SECAM(法国、俄国、部分非洲等地的电视广播格式)规定其更新率为 25 F/s，而 NTSC(美国、加拿大、日本等地的电视广播格式)则规定其更新率为 29.97 F/s。

3. 分辨率

分辨率是指纵横向上的像素点数，单位是 px。屏幕分辨率确定计算机屏幕上显示多少信息的设置，以水平和垂直像素来衡量。就相同大小的屏幕而言，当屏幕分辨率低时(例如 320×180)，在屏幕上显示的像素少，单个像素尺寸比较大。屏幕分辨率高时(例如 1600×1200)，在屏幕上显示的像素多，单个像素尺寸比较小。

目前视频行业里主要的视频分辨率有以下几种。

(1)标清(Standard Definition)：标清一般指的是物理分辨率在 720 P 以下的一种视频格式。

(2)高清(High Definition)：高清是在广播电视领域首先被提出的，最早是由美国电影电视工程师协会等权威机构制定的相关标准，视频监控领域同样也广泛沿用了广播电视的标准。一般将“高清”定义为 720 P、1080 i 与 1080 P 三种标准形式，而 1080 P 又有另外一种称呼——全高清(Full High Definition)。关于高清标准，国际上公认的有两条：视频垂直分辨率超过 720 P 或 1080 i；视频宽纵比为 16∶9。

(3)超高清(Ultra High-Definition)：超高清是指国际电信联盟最新批准的信息显示“4K 分辨率(3840×2160 像素)”的正式名称。超高清源容量是巨大的，18 分钟的未压缩视频达 3.5 TB。目前 4K 以上如 6K、8K 等也被统称为超高清。

3. 长宽比例

长宽比(Aspectratio)是用来描述视频画面与画面元素的比例。传统的电视屏幕长宽比为 4∶3，高清电视的长宽比为 16∶9。

8.5.3 常见视频格式

1. AVI

AVI(Audio Video Interleaved)是由微软公司发布的视频格式。AVI 格式调用方便、图像质量好，压缩标准可任意选择，是应用最广泛、也是应用时间最长的格式之一。

2. WMV

WMV(Windows Media Video)是微软公司开发的一组数位视频编解码格式的通称，ASF(Advanced Systems Format)是其封装格式。ASF 封装的 WMV 档具有“数位版权保护”功能。

3. MPEG

MPEG 是包括了 MPEG-1、MPEG-2 和 MPEG-4 在内的多种视频格式。MPEG 系列标准已成为国际上影响最大的多媒体技术标准，其中 MPEG-1 和 MPEG-2 是采用相同原理为基础的预测编码、变换编码、熵编码及运动补偿等第一代数据压缩编码技术；

MPEG－4(ISO/IEC 14496)则是基于第二代压缩编码技术制定的国际标准，它以视听媒体对象为基本单元，采用基于内容的压缩编码，以实现数字视音频、图形合成应用及交互式多媒体的集成。

4. RM

RM 格式是 RealNetworks 公司开发的一种流媒体视频文件格式，可以根据网络数据传输的不同速率制定不同的压缩比率，从而实现低速率地在网上进行视频文件的实时传送和播放。

5. RMVB

RMVB 是一种视频文件格式，其中的 VB 指 Variable Bit Rate(可变比特率)。较上一代 RM 格式画面要清晰很多。

6. MOV

MOV 即 QuickTime 影片格式，它是苹果公司开发的一种音频、视频文件格式，用于存储常用数字媒体类型。

7. ASF

ASF 是微软公司为了和 Real player 竞争而发展出来的一种可以直接在网上观看视频节目的文件压缩格式。ASF 使用了 MPEG4 的压缩算法，压缩率和图像的质量都很不错。

8. FLV

FLV 是 Flash Video 的简称，FLV 流媒体格式是一种新的视频格式。由于它形成的文件极小、加载速度极快，使得网络观看视频文件成为可能，它的出现有效地解决了视频文件导入 Flash 后，使导出的 SWF 文件体积庞大，不能在网络上很好的使用等缺点。

9. 3GP

3GP 是一种 3G 流媒体的视频编码格式，主要是为了配合 3G 网络的高传输速度而开发的，也是目前手机中最为常见的一种视频格式。

8.6 常用多媒体工具

常用多媒体工具包括处理工具和转换工具两个类型。

8.6.1 常用多媒体处理工具

1. 文字处理

文字处理软件包括 Office 系列以及国产的 WPS，还有 Windows 自带的字处理系统等。

2. 图像处理

图像处理软件包括 PhotoShop、CorelDraw、Freehand、美图秀秀等。

3. 动画处理

动画处理软件包括 AutoDesk Animator Pro、3DS MAX、Maya、Flash 等。

4. 视频处理

视频处理软件包括 Ulead Media Studio、Adobe Premiere、After Effects 等。

8.6.2 常用多媒体转换工具

1. 格式工厂

格式工厂是一款免费开源、功能强大的文件转换软件，支持的格式化类型包括视频、音频和图片等主流媒体格式。界面的左侧列表中可以看到软件提供的主要功能，如：视频转换、音频转换、图片转换、DVD/CD/ISO 转换，以及视频合并、音频合并、混流等高级功能。

2. 迅捷视频转换器

迅捷视频转换器是一款国产免费多媒体转换软件，除了主流媒体格式的视频转换和音频转换外，还可以将. qlv 等文件转换为 MP4、AVI 等主流格式。并且还有视频压缩、屏幕录制、视频合并、视频分割、视频配乐、字幕/贴图、视频水印、视频转 GIF 等功能。

3. Permute

Permute 是苹果电脑上一款简单易用的媒体格式转换工具，支持视频、音乐和图像的格式转换。操作简单，支持批量格式转换，支持常见的视频、音乐和图像格式。如图片支持 PNG、JPEG、TIFF 等格式，音乐支持 AAC、MP3、WAV、M4A 等格式，转换速度很快。

4. Movavi Video Suite

Movavi Video Suite 是一款简单好用的视频编辑转换工具合集软件，除了视频编辑功能外，还具有屏幕录制、格式转换、DVD 刻录、视频播放等功能。即使用户没有相关经验，也可以通过它快速创建专业水准的电影和幻灯片，并可以在家用计算机上创建具有专业外观的电影和幻灯片。除此之外，软件还可以拆分、转换、观看视频，也可以录制计算机屏幕，并且支持导入、刻录光盘等等。

5. Aiseesoft 4K Converter

Aiseesoft 4K Converter 转换器是功能强大的 4K 视频转换软件，可以帮助用户将指定的视频转换成为 4K 清晰度的文件，而且速度很快。在进行转换的过程中，不会对视频的质量有任何的影响。此外，软件还具有其他效果，包括：剪辑、裁剪、水印、旋转和合并编辑功能，允许用户自由创建自定义视频作品。

思考与讨论

1. 多媒体和传统单一媒体相比优势是什么？现有哪些常见的多媒体种类，你觉得多媒体未来可能还会有哪些发展？

2. 什么是流媒体？什么是新媒体？谈谈你对媒体信息在当今社会中影响的看法。

习题与练习

1. 媒体有两种含义，即存储信息的实体和(　　)。

A. 承载信息的载体　　B. 存储信息的载体

C. 传递信息的载体　　D. 显示信息的载体

2.(　　)指直接作用于人的感觉器官,使人产生直接感觉的媒体,如引起听觉反应的声音,引起视觉反应的图像等。

A. 表示媒体　　B. 感觉媒体

C. 表现媒体　　D. 存储媒体

3. 键盘、鼠标、扫描仪、话筒、摄像机、显示器、打印机、喇叭等为(　　)媒体。

A. 表示媒体　　B. 感觉媒体

C. 表现媒体　　D. 存储媒体

4.(　　)不是多媒体技术的主要特征。

A. 集成性　　B. 控制性

C. 交互性　　D. 延时性

5. 下列设备中,不属于多媒体输入设备的是(　　)。

A. 麦克风　　B. 摄像头

C. 扫描仪　　D. 多声道音箱

6. 用电脑既能听音乐,又能看影视节目,这是计算机在(　　)方面的应用。

A. 多媒体技术　　B. 自动控制技术

C. 文字处理技术　　D. 电脑作曲技术

7. 下列关于有损压缩的说法中正确的是(　　)。

A. 压缩过程可逆,相对无损压缩其压缩比较高

B. 压缩过程可逆,相对无损压缩其压缩比较低

C. 压缩过程不可逆,相对无损压缩其压缩比较高

D. 压缩过程不可逆,相对无损压缩其压缩比较低

8. 动态图像压缩的标准是(　　)。

A. JPEG　　B. MHEG

C. MPEG　　D. MPC

9. 静态图像的压缩标准是(　　)。

A. JPEG　　B. MHEG

C. MPEG　　D. MPC

10. 在获取与处理音频信号的过程中,正确的处理顺序是(　　)。

A. 采样、量化、编码、存储、解码、D/A 变换

B. 量化、采样、编码、存储、解码、A/D 变换

C. 编码、采样、量化、存储、解码、A/D 变换

D. 采样、编码、存储、解码、量化、D/A 变换

11.(　　)是压缩音频格式。

A. WAV　　B. MP3

C. AIFF　　D. PCM

12.(　　)不是矢量图的优点。

A. 可无极限缩放　　B. 文件小

C. 色彩层次展现细腻　　D. 可高分辨率印刷

13. 音频在计算机中是以(　　)表示的。

A. 数字信息　　B. 模拟信息

C. 某种公式　　D. 数字信息或模拟信息

14. (　　)不是数字音频的参数。

A. 采样率　　B. 分辨率

C. 比特率　　D. 压缩率

15. (　　)分辨率的图像包含的像素多。

A. 300×400　　B. 720×680

C. 800×600　　D. 1024×768

16. (　　)不是 RGB 色彩模式中的颜色通道。

A. 红　　B. 绿

C. 橙　　D. 蓝

17. (　　)不是图像的参数。

A. 分辨率　　B. 色彩模式

C. 色彩深度　　D. 比特率

18. (　　)不是常见的音频格式。

A. MP3　　B. JPEG

C. FLAC　　D. WAV

19. (　　)不是常见的图像格式。

A. WMA　　B. BMP

C. JPG　　D. GIF

20. (　　)不是常见的视频格式。

A. AVI　　B. RMVB

C. RM　　D. MP3

第 9 章　新一代信息技术

数字化、网络化、智能化是新一轮科技革命的突出特征，也是新一代信息技术的核心。近年来，以云计算、大数据、人工智能等为首的新一代信息技术渗透并改变着社会各个领域，对人们的工作、生活、学习和娱乐方式等产生了巨大的影响。本章对近年来主要的新一代信息技术进行简要介绍。

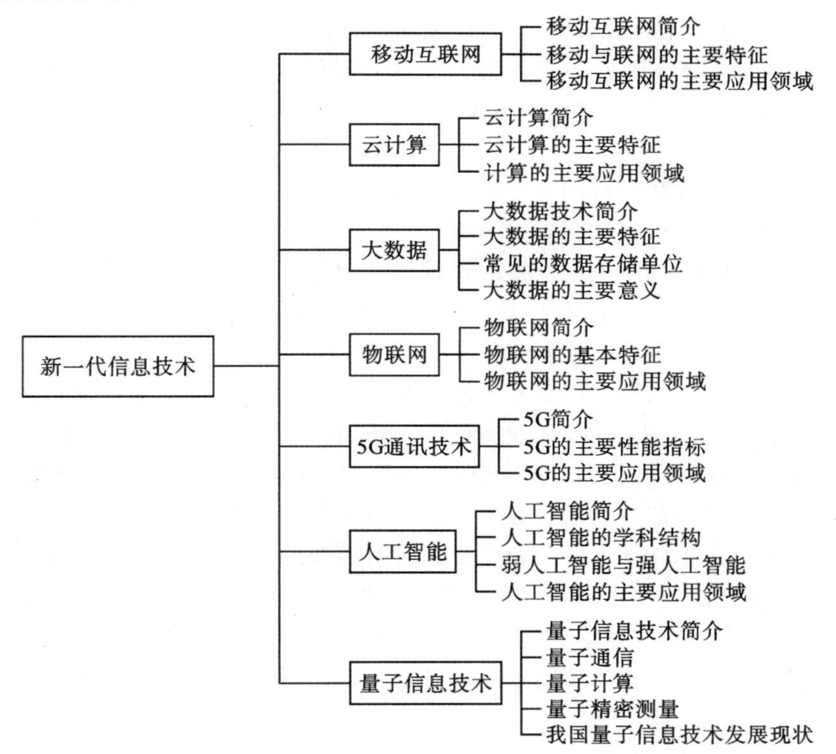

9.1　移动互联网

9.1.1　移动互联网简介

移动互联网是指移动通信终端与互联网相结合成为一体，是用户使用手机、PAD 或其他无线终端设备，通过速率较高的移动网络，在移动状态下（如在地铁、公交车等）随时、随地访问因特网以获取信息，使用商务、娱乐等各种网络服务。

通过移动互联网，人们可以使用手机、平板电脑等移动终端设备浏览新闻，还可以使用各种移动互联网应用，例如在线搜索、在线聊天、移动网游、手机电视、在线阅读、网络社区、收听及下载音乐等。其中移动环境下的网页浏览、文件下载、位置服务、在线游戏、视频浏览和下载等是其主流应用。

目前，移动互联网正逐渐渗透到人们生活、工作的各个领域，微信、支付宝、位置服务等丰富多彩的移动互联网应用迅猛发展，正在深刻改变信息时代的社会生活。近几年，更是实现了3G经4G到5G的跨越式发展。

9.1.2 移动互联网的主要特征

移动互联网是在传统互联网基础上发展起来的，因此二者具有很多共性，但由于移动通信技术和移动终端发展不同，它又具备许多传统互联网没有的新特性。

(1)交互性。用户可以随身携带和随时使用移动终端，接入和使用移动互联网应用服务。当人们需要沟通交流时，随时随地可以使用语音、图文或者视频进行。

(2)便携性。相对于PC机，由于移动终端小巧轻便、可随身携带，使得用户可以在任意场合接入网络。用户能够随时随地获取娱乐、生活、商务相关的信息，进行支付、查找周边位置等操作。

(3)定位性。移动互联网有别于传统互联网的典型应用是位置服务应用。它具有位置签到、位置分享及基于位置的社交应用等服务；基于位置围栏的用户监控及消息通知服务；生活导航及优惠券集成服务；基于位置的娱乐和电子商务应用等。

(4)娱乐性。移动互联网上的丰富应用，如图片分享、视频播放、音乐欣赏、电子邮件等，为用户的工作、生活带来更多的便利和乐趣。

(5)局限性。移动互联网应用服务在便捷的同时，也受到了来自网络能力和终端硬件能力的限制。在网络能力方面，受到无线网络传输环境、技术能力等因素限制；在终端硬件能力方面，受到终端大小、处理能力、电池容量等的限制。移动互联网各个部分相互联系，相互作用并制约发展，任何一部分的滞后都会延缓移动互联网发展的步伐。

(6)强关联性。由于移动互联网业务受到了网络及终端能力的限制，因此，其业务内容和形式也需要匹配特定的网络技术规格和终端类型，具有强关联性。移动互联网通信技术与移动应用平台的发展有着紧密联系，没有足够的带宽就会影响在线视频、视频电话、移动网游等应用的扩展。同时，根据移动终端设备的特点，也有其与之对应的移动互联网应用服务。

(7)身份统一性。这种身份统一是指移动互联用户自然身份、社会身份、交易身份、支付身份通过移动互联网平台得以统一。信息本来是分散到各处的，互联网逐渐发展、基础平台逐渐完善之后，各处的身份信息将得到统一。例如，在网银里绑定手机号和银行卡，支付的时候验证了手机号就直接从银行卡扣钱。

9.1.3 移动互联网的主要应用领域

相对传统互联网而言，移动互联网强调可以随时随地，并且可以在高速移动的状态中接入互联网并使用应用服务，因此移动互联网有着非常广泛的应用领域。

(1)通信业。通信行业为移动互联网的繁荣提供了必要的硬件支撑,移动互联网的出现让人与人连接更紧密,可以以最低成本随时随地联系到对方。

(2)医疗行业。受移动互联网的影响,目前的医疗行业已经开始做出改变,比如在线就医、在线预约、远程医疗合作在线支付等方面。

(3)移动电子商务。移动电子商务可以为用户随时随地提供所需的服务、应用、信息和娱乐,利用手机终端方便便捷地选择及购买商品和服务。多种支付方式,使用方便。移动支付平台不仅支持各种银行卡通过网上进行支付,还支持手机、电话等多种终端操作,符合网上消费者追求个性化、多样化的需求。

(4)AR&VR。移动互联网使得AR(增强现实)与VR(虚拟现实)更加便捷与普及。AR也被称为混合现实。它通过电脑技术,将虚拟的信息应用到真实世界,真实的环境和虚拟的物体实时地叠加到了同一个画面或空间同时存在。增强现实提供了在一般情况下,不同于人类可以感知的信息。它不但展现了真实世界的信息,而且将虚拟的信息同时显示出来,两种信息相互补充叠加。VR又称虚拟实境或灵境技术。其基本实现方式是以计算机技术为主,利用并综合三维图形技术、多媒体技术、仿真技术、显示技术、伺服技术等多种高科技的最新发展成果,借助计算机等设备产生一个逼真的三维视觉、触觉、嗅觉等多种感官体验的虚拟世界,从而使处于虚拟世界中的人产生一种身临其境的感觉。

(5)移动电子政务。在信息技术快速变革的情况下,国家的政府单位也紧跟时代发展步伐,开始广泛地使用移动电子政务。这种方便快捷的办公模式迅速拉近了政府与群众的距离,让党和政府的方针政策利用这种现代化的办公手段迅速落实到广大的人民群众中。这样的办公模式取消了中央、地方和群众之间的隔阂,让政务信心更加公开化、快捷化、透明化,也让人民群众直接感受到政府就在身边。移动电子政务,就是互联网技术支撑下,政府利用5G技术的移动办公模式,创设的移动电子办公模式,这种模式在政府中的推广,被广泛地称为“移动电子政务”。

9.2 云计算

9.2.1 云计算简介

云计算(Cloud Computing)是分布式计算的一种,指的是通过网络“云”将巨大的数据计算处理程序分解成无数个小程序,然后通过多部服务器组成的系统进行处理和分析这些小程序得到结果并返回给用户。通过这项技术,可以在很短的时间内(几秒钟)完成对数以万计的数据的处理。

早期的云计算,就是简单的分布式计算,解决任务分发,并进行计算结果的合并,因而云计算又称为网格计算。现阶段所说的云服务已经不单单是一种分布式计算,而是分布式计算、效用计算、负载均衡、并行计算、网络存储、热备份冗杂和虚拟化等计算机技术混合演进并跃升的结果。

9.2.2 云计算的主要特征

云计算的可贵之处在于高灵活性、可扩展性和高性比等,与传统的网络应用模式相比,其具有如下优势与特点：

(1)虚拟化技术。虚拟化突破了时间、空间的界限，是云计算最为显著的特点，虚拟化技术包括应用虚拟和资源虚拟两种。

(2)动态可扩展。云计算具有高效的运算能力，在原有服务器基础上增加云计算功能可以使计算速度迅速提高，最终实现动态扩展虚拟化的层次达到对应用进行扩展的目的。

(3)按需部署。计算机包含了许多应用、程序软件等，不同的应用对应的数据资源库不同，所以用户运行不同的应用需要较强的计算能力对资源进行部署，而云计算平台能够根据用户的需求快速配备计算能力及资源。

(4)灵活性高。目前市场上大多数IT资源，软硬件都支持虚拟化，比如存储网络、操作系统和开发软硬件等。虚拟化要素统一放在云系统资源虚拟池当中进行管理，可见云计算的兼容性非常强，不仅可以兼容低配置机器、不同厂商的硬件产品，还能够从外设获得更高的性能计算。

(5)可靠性高。云服务使得服务器故障也不影响计算与应用的正常运行，因为单点服务器出现故障可以通过虚拟化技术将分布在不同物理服务器上面的应用进行恢复或利用动态扩展功能部署新的服务器进行计算。

(6)性价比高。将资源放在虚拟资源池中统一管理，在一定程度上优化了物理资源，用户不再需要昂贵、存储空间大的主机，可以选择相对廉价的PC组成云，一方面减少费用，另一方面计算性能不逊于大型主机。

9.2.3 云计算的主要应用领域

较为简单的云计算技术已经普遍服务于现如今的互联网服务中，最为常见的就是网络搜索引擎和网络邮箱。搜索引擎大家最为熟悉的莫过于百度了，在任何时刻，只要用过移动终端就可以在搜索引擎上搜索任何自己想要的资源，通过云端共享了数据资源，云计算技术已经融入现今的社会生活。而网络邮箱也是如此，传统纸质信件时代，邮寄一封信件是一件比较麻烦的事情，同时也是很慢的过程，而在云计算技术和网络技术的推动下，电子邮箱成为了社会生活中的一部分，只要在网络环境下，就可以实现实时的电子邮件收发。

(1)存储云。存储云又称云存储，是在云计算技术上发展起来的一个新的存储技术。云存储是一个以数据存储和管理为核心的云计算系统。用户可以将本地的资源上传至云端上，可以在任何地方连入互联网来获取云上的资源。大家所熟知的谷歌、微软等大型网络公司均有云存储的服务，在国内，百度云、微云、阿里云等也是大家比较熟悉的存储云。存储云向用户提供了存储容器服务、备份服务、归档服务和记录管理服务等等，大大方便了使用者对资源的管理。

(2)医疗云。医疗云是指在云计算、移动技术、多媒体、4G(5G)通信、大数据，以及物联网等新技术基础上结合医疗技术，使用“云计算”来创建医疗健康服务云平台，实现医疗资源的共享和医疗范围的扩大。通过云计算技术的运用与结合，医疗云大大提高了医疗机构的效率，方便居民就医。像现在医院的预约挂号、电子病历、医保等都是云计算与医疗领域结合的产物。

(3)金融云。金融云是指利用云计算的模型，将信息、金融和服务等功能分散到庞大分支机构构成的互联网“云”中，旨在为银行、保险和基金等金融机构提供互联网处理和运行服务，同时共享互联网资源，从而解决现有问题并且达到高效、低成本的目标，如阿里云整合阿里巴巴旗下资源并推出阿里金融云服务。因为金融与云计算的结合，现在只需要在手机上简单操作，就可以完成银行存款、购买保险和基金买卖。

(4)教育云。教育云实质上是教育信息化的一种发展。教育云可以将所需要的任何教育资源虚拟化，然后将其传入互联网中，以向教育机构和学生老师提供一个方便快捷的平台，现在流行的慕课就是教育云的一种应用。慕课(MOOC)指的是大规模开放的在线课程，国外如 Coursera、edX 及 Udacity 等，国内如慕课中国、爱课程、中国大学 MOOC 等都是比较好的慕课平台。

9.3 大数据

9.3.1 大数据技术简介

大数据或称巨量资料，指的是所涉及的资料量规模巨大到无法通过主流软件工具，在合理时间内达到撷取、管理、处理、并整理成为帮助企业经营决策的资讯。

"大数据"作为一种概念和思潮由计算领域发端，之后逐渐延伸到科学和商业领域。大多数学者认为，"大数据"这一概念最早公开出现于 1998 年，美国高性能计算公司 SGI 的首席科学家约翰·马西(John Mashey)在一个国际会议报告中指出"随着数据量的快速增长，必将出现数据难理解、难获取、难处理和难组织等四个难题，并用"Big Data(大数据)"来描述这一挑战，在计算领域引发思考"。

从技术上看，大数据与云计算的关系就像一枚硬币的正反面一样密不可分。大数据必然无法用单台计算机进行处理，必须采用分布式架构。它的特色是对海量数据进行分布式数据挖掘。但它必须依托云计算的分布式处理、分布式数据库和云存储、虚拟化技术。

9.3.2 大数据的主要特征

早期，IBM 公司提出了大数据的 5V 特点，即 Volume(大量)、Velocity(高速)、Variety(多样)、Value(低价值密度)、Veracity(真实性)。而随着大数据的不断发展，其主要特征也进一步得到扩充，目前主要有 6V&1C，如下所示。

- 容量(Volume)：数据的大小决定所考虑的数据的价值和潜在的信息。
- 种类(Variety)：数据类型的多样性。
- 速度(Velocity)：指获得数据的速度。
- 可变性(Variability)：妨碍了处理和有效地管理数据的过程。
- 真实性(Veracity)：数据的质量。
- 价值(Value)：合理运用大数据，以低成本创造高价值。
- 复杂性(Complexity)：数据量巨大，来源多渠道。

9.3.3 常见的数据存储单位

数据在计算机中是以二进制存储并发送接收的，二进制的一位("0"或者"1")，就叫做 1 bit，bit 是数据存储最基本(最小)的单元，比特币就是以此命名的。在大数据时代，海量的数据导致数据的存储单位快速增长,常见的数据单位如表 9-1 所示。

表 9-1 数据单位

单位	中文名称
bit	比特
Byte	字节
KB(KiloByte)	千字节
MB(MegaByte)	兆字节
GB(GigaByte)	吉字节
TB(TrillionByte)	太字节
PB(PetaByte)	派字节
EB(ExaByte)	艾字节
ZB(ZettaByte)	泽字节
YB(YottaByte)	尧字节
BB(BrontoByte)	珀字节
NB(NonaByte)	诺字节
DB(DoggaByte)	刀字节
CB(CorydonByte)	馈字节

【注】表 9-1 中各数据单位都是以 1024(2 的十次方)为进率进行计算的。

9.3.4 大数据的主要意义

大数据技术的战略意义不在于掌握大量数据信息,而在于专业处理这些数据获取有用的信息,大数据的发展对于当前信息时代来说具有重要的意义。

(1)对大数据的处理分析正成为新一代信息技术融合应用的节点。移动互联网、物联网、社交网络、数字家庭、电子商务等是新一代信息技术的应用形态,这些应用不断产生大数据。云计算为这些海量、多样化的大数据提供存储和运算平台,通过对不同来源数据的管理、处理、分析与优化,将结果反馈到上述应用中将创造出巨大的经济和社会价值。换而言之,如果把大数据比作一种产业,那么这种产业实现盈利的关键,在于提高对数挥的"加工能力",通过"加工"实现数据的"增值"。大数据具有催生社会变革的能量。但释放这种能量,需要严谨的数据治理、富有洞见的数据分析和激发管理创新的环境。

(2)大数据是信息产业持续高速增长的新引擎。面向大数据市场的新技术、新产品、新服务、新业态会不断涌现。在硬件与集成设备领域,大数据将对芯片、存储产业产生重要影响,还将催生一体化数据存储、数据计算等市场。在软件与服务领域,大数据将引发数据快速处理分析、数据挖掘技术和软件产品的发展。

(3)大数据利用将成为提高核心竞争力的关键因素。各行各业的决策正在从"业务驱动"转变为"数据驱动"。对大数据的分析可以使零售商实时掌握市场动态并迅速做出应对,可以为商家制定更加精准有效的营销策略提供决策支持,可以帮助企业为消费者提供更加及时和个性化的服务；在医疗领域，可提高诊断准确性和药物有效性；在公共事业领域，大数据也开始发挥促进经济发展、维护社会稳定等方面的重要作用。

(4)大数据时代科学研究的方法手段将发生重大改变。例如，抽样调查是社会科学的基本研究方法，在大数据时代，可通过实时监测、跟踪研究对象在互联网上产生的海量行为数据，进行挖掘分析，揭示出规律性的东西，提出研究结论和对策。

9.4 物联网

9.4.1 物联网简介

物联网(Internet of things,IoT)即“万物相连的互联网”，是在互联网基础上的延伸和扩展的网络，其将各种信息传感设备与网络结合起来而形成的一个巨大网络，实现任何时间、任何地点，人、机、物的互联互通。物联网是新一代信息技术的重要组成部分。

9.4.2 物联网的基本特征

从通信对象和过程来看，物与物、人与物之间的信息交互是物联网的核心。物联网的基本特征可概括为整体感知、可靠传输和智能处理。

(1)整体感知：利用射频识别、二维码、智能传感器等感知设备感知并获取物体的各类信息。

(2)可靠传输：通过对互联网、无线网络的融合，将物体的信息实时、准确地传送，以便信息交流、分享。

(3)智能处理：使用各种智能技术，对感知和传送到的数据、信息进行分析处理，实现监测与控制的智能化。

根据物联网的以上特征，结合信息科学的观点，围绕信息的流动过程，可以归纳出物联网处理信息的功能。

(1)获取信息的功能：主要是信息的感知与识别。信息的感知是指对事物属性状态及其变化方式的知觉和敏感；信息的识别指能把所感受到的事物状态用一定方式表示出来。

(2)传送信息的功能：主要是信息发送、传输、接收等环节，最后把获取的事物状态信息及其变化的方式从时间(或空间)上的一点传送到另一点的任务，这就是常说的通信过程。

(3)处理信息的功能：是指信息的加工过程，利用已有的信息或感知的信息产生新的信息，实际是制定决策的过程。

(4)施效信息的功能：指信息最终发挥效用的过程，有很多的表现形式，比较重要的是通过调节对象事物的状态及其变换方式，始终使对象处于预先设计的状态。

9.4.3 物联网的主要应用领域

物联网的应用领域涉及方方面面，在工业、农业、环境、交通、物流、安保等基础设施领域的应用，有效地推动了这些方面的智能化发展，使得有限的资源更加合理地分配使用，提高了行业效率与效益。在家居、医疗健康、教育、金融与服务业、旅游业等与生活息息相关的领域的应用，使其从服务范围、服务方式到服务质量等方面都有了极大改进，大大提高了人们的生活质量。在涉及国防军事领域方面，虽然还处在研究探索阶段，但物联网应用带来的影响也不可小觑，大到卫星、导弹、飞机、潜艇等装备系统，小到单兵作战装备，物联网技术的嵌入有效提升了军事智能化、信息化、精准化，极大提升了军事战斗力，是未来军事变革的关键。

9.5 5G 通信技术

9.5.1 5G 简介

5G 是第五代移动通信技术(5th Generation Mobile Communication Technology)的简称，是具有高速率、低时延和大连接特点的新一代宽带移动通信技术，5G 通信设施是实现人机物互联的网络基础设施。

移动通信技术已历经 1G、2G、3G、4G 的发展。每一次代际跃迁，每一次技术进步，都极大地促进了产业升级和社会经济发展。从 1G 到 2G，实现了模拟通信到数字通信的过渡，移动通信走进了千家万户；从 2G 到 3G、4G，实现了语音业务到数据业务的转变，传输速率成百倍提升，促进了移动互联网应用的普及和繁荣。当前，移动网络已融入社会生活的方方面面，深刻改变了人们的沟通、交流乃至整个生活方式，4G 网络造就了繁荣的互联网经济，使得人与人可以随时随地通信交流。但是，随着移动互联网快速发展，新服务、新业务不断涌现，移动数据业务流量爆炸式增长，4G 移动通信系统难以满足未来移动数据流量暴涨的需求，5G 的需求应运而生。

9.5.2 5G 的主要性能指标

- 峰值速率需要达到 10～20 Gb/s，以满足高清视频、虚拟现实等大数据量传输。
- 空中接口时延低至 1 ms，满足自动驾驶、远程医疗等实时应用。
- 具备百万连接/平方公里的设备连接能力，满足物联网通信。
- 频谱效率要比 LTE(Long Term Evolution，长期演进技术)提升 3 倍以上。
- 连续广域覆盖和高移动性下，用户体验速率达到 100 Mb/s。
- 流量密度达到 10 $Mb\cdot s^{-1}/m^2$ 以上。
- 移动性支持 500 km/h 的高速移动。

9.5.3 5G 的主要应用领域

5G 作为一种新型移动通信网络，不仅要解决人与人通信，为用户提供增强现实、虚拟现实、超高清(3D)视频等更加身临其境的极致业务体验，更要解决人与物、物与物通信问题，满足移动医疗、车联网、智能家居、工业控制、环境监测等物联网应用需求。最终，5G 将渗透到社会的各行业各领域，成为支撑社会数字化、网络化、智能化转型的关键新型基础设施，因此 5G 具有极其广泛的应用领域。

(1)工业领域。以 5G 为代表的新一代信息通信技术与工业经济深度融合，为工业乃至产业数字化、网络化、智能化发展提供了新的实现途径。5G 在工业领域的应用涵盖研发设计、生产制造、运营管理及产品服务 4 个大的工业环节，主要包括 16 类应用场景，如 AR/

VR研发实验协同、AR/VR远程协同设计、远程控制、AR辅助装配、机器视觉、AGV物流、自动驾驶、超高清视频、设备感知、物料信息采集、环境信息采集、AR产品需求导入、远程售后、产品状态监测、设备预测性维护、AR/VR远程培训等。当前，机器视觉、AGV物流、超高清视频等场景已取得了规模化复制的效果，实现"机器换人"，大幅降低人工成本，有效提高产品检测准确率，达到了生产效率提升的目的。未来，远程控制、设备预测性维护等场景预计将会产生较高的商业价值。

(2)车联网与自动驾驶。5G车联网助力汽车、交通应用服务的智能化升级。5G网络的大带宽、低时延等特性，支持实现车载VR视频通话、实景导航等实时业务。借助于车联网C-V2X(包含直连通信和5G网络通信)的低时延、高可靠和广播传输特性，车辆可实时对外广播自身定位、运行状态等基本安全消息，交通灯或电子标志标识等可广播交通管理与指示信息，支持实现路口碰撞预警、红绿灯诱导通行等应用，显著提升车辆行驶安全和出行效率，后续还将支持实现更高等级、复杂场景的自动驾驶服务，如远程遥控驾驶、车辆编队行驶等。5G网络可支持港口岸桥区的自动远程控制、装卸区的自动码货以及港区的车辆无人驾驶应用，显著降低自动导引运输车控制信号的时延以保障无线通信质量与作业可靠性，可使智能理货数据传输系统实现全天候全流程的实时在线监控。

(3)能源领域。在电力领域，能源电力生产包括发电、输电、变电、配电、用电五个环节，5G在电力领域的应用主要面向输电、变电、配电、用电四个环节开展，应用场景主要涵盖了采集监控类业务及实时控制类业务，包括输电线无人机巡检、变电站机器人巡检、电能质量监测、配电自动化、配网差动保护、分布式能源控制、高级计量、精准负荷控制、电力充电桩等。当前，基于5G大带宽特性的移动巡检业务较为成熟，可实现应用复制推广，通过无人机巡检、机器人巡检等新型运维业务的应用，促进监控、作业、安防向智能化、可视化、高清化升级，大幅提升输电线路与变电站的巡检效率；配网差动保护、配电自动化等控制类业务现处于探索验证阶段，未来随着网络安全架构、终端模组等问题的逐渐成熟，控制类业务将会进入高速发展期，提升配电环节故障定位精准度和处理效率。在煤矿领域，5G应用涉及井下生产与安全保障两大部分，应用场景主要包括作业场所视频监控、环境信息采集、设备数据传输、移动巡检、作业设备远程控制等。当前，煤矿利用5G技术实现地面操作中心对井下综采面采煤机、液压支架、掘进机等设备的远程控制，大幅减少了原有线缆维护量及井下作业人员；在井下机电硐室等场景部署5G智能巡检机器人，实现机房硐室自动巡检，极大提高检修效率；在井下关键场所部署5G超高清摄像头，实现环境与人员的精准实时管控。煤矿利用5G技术的智能化改造能够有效减少井下作业人员，降低井下事故发生率，遏制重特大事故，实现煤矿的安全生产。当前取得的应用实践经验已逐步开始规模推广。

(4)教育领域。5G在教育领域的应用主要围绕智慧课堂及智慧校园两方面开展。5G＋智慧课堂，凭借5G低时延、高速率特性，结合VR/AR/全息影像等技术，可实现实时传输影像信息，为两地提供全息、互动的教学服务，提升教学体验；5G智能终端可通过5G网络收集教学过程中的全场景数据，结合大数据及人工智能技术，可构建学生的学情画像，为教学等提供全面、客观的数据分析，提升教育教学精准度。5G＋智慧校园，基于超高清视频的安防监控可为校园提供远程巡考、校园人员管理、学生作息管理、门禁管理等应用，解决校园陌生人进校、危险探测不及时等安全问题，提高校园管理效率和水平；基于AI图像分析、GIS(地理信息系统)等技术，可对学生出行、活动、饮食安全等环节提供全面的安全保障服务，让家长及时了解学生的在校位置及表现，打造安全的学习环境。

(5)医疗领域。5G通过赋能现有智慧医疗服务体系，提升远程医疗、应急救护等服务能力和管理效率，并催生5G＋远程超声检查、重症监护等新型应用场景。5G＋超高清远程会诊、远程影像诊断、移动医护等应用，在现有智慧医疗服务体系上，叠加5G网络能力，极大提升远程会诊、医学影像、电子病历等数据传输速度和服务保障能力。在抗击新冠肺炎疫情期间，解放军总医院联合相关单位快速搭建5G远程医疗系统，提供远程超高清视频多学科会诊、远程阅片、床旁远程会诊、远程查房等应用。5G＋应急救护等应用，在急救人员、救护车、应急指挥中心、医院之间快速构建5G应急救援网络，在救护车接到患者的第一时间，将病患体征数据、病情图像、急症病情记录等以毫秒级速度、无损实时传输到医院，帮助院内医生做出正确指导并提前制定抢救方案，实现患者“上车即入院”的愿景。5G＋远程手术、重症监护等治疗类应用，由于其容错率极低，并涉及医疗质量、患者安全、社会伦理等复杂问题，其技术应用的安全性、可靠性需进一步研究和验证，预计短期内难以在医疗领域实际应用。

(6)文旅领域。5G在文旅领域的创新应用将助力文化和旅游行业步入数字化转型的快车道。5G智慧文旅应用场景主要包括景区管理、游客服务、文博展览、线上演播等环节。5G智慧景区可实现景区实时监控、安防巡检和应急救援，同时可提供VR直播观景、沉浸式导览及AI智慧游记等创新体验，大幅提升了景区管理和服务水平，解决了景区同质化发展等痛点问题；5G智慧文博可支持文物全息展示、5G＋VR文物修复、沉浸式教学等应用，赋能文物数字化发展，深刻阐释文物的多元价值，推动人才团队建设；5G云演播融合4K/8K、VR/AR等技术，实现传统曲目线上线下高清直播，支持多屏多角度沉浸式观赏体验，5G云演播打破了传统艺术演艺方式，让传统演艺产业焕发了新生。

(7)智慧城市领域。5G助力智慧城市在安防、巡检、救援等方面提升管理与服务水平。在城市安防监控方面，结合大数据及人工智能技术，5G＋超高清视频监控可实现对人脸、行为、特殊物品、车等精确识别，形成对潜在危险的预判能力和紧急事件的快速响应能力；在城市安全巡检方面，5G结合无人机、无人车、机器人等安防巡检终端，可实现城市立体化智能巡检，提高城市日常巡查的效率；在城市应急救援方面，5G通信保障车与卫星回传技术可实现建立救援区域海陆空一体化的5G网络覆盖；5G＋VR/AR可协助中台应急调度指挥人员直观、及时了解现场情况，更快速、更科学地制定应急救援方案，提高应急救援效率。公共安全和社区治安成为城市治理的热点领域，以远程巡检应用为代表的环境监测也将成为城市发展的关注重点。未来，城市全域感知和精细管理成为必然发展趋势，仍需长期持续探索。

(8)信息消费领域。在5G＋云游戏方面，5G可实现将云端服务器上渲染压缩后的视频和音频传送至用户终端，解决了云端算力下发与本地计算力不足的问题，解除了游戏优质内容对终端硬件的束缚和依赖，对于消费端成本控制和产业链降本增效起到了积极的推动作用。在5G＋4K/8K VR直播方面，5G技术可解决网线组网烦琐、传统无线网络带宽不足、专线开通成本高等问题，可满足大型活动现场海量终端的连接需求，并带给观众超高清、沉浸式的视听体验；5G＋多视角视频，可实现同时向用户推送多个独立的视角画面，用户可自行选择视角观看，带来更自由的观看体验。在智慧商业综合体领域，5G＋AI智慧导航、5G＋AR数字景观、5G＋VR电竞娱乐空间、5G＋VR/AR全景直播、5G＋VR/AR导购及互动营销等应用已开始在商圈及购物中心落地应用，并逐步规模化推广。未来随着5G网络的全面覆盖以及网络能力的提升，5G＋沉浸式云XR、5G＋数字孪生等应用场景也将实现，让购物消费更具活力。

(9)金融领域。金融科技相关机构正积极推进5G在金融领域的应用探索，应用场景多样化。银行业是5G在金融领域落地应用的先行军，5G可为银行提供整体的改造。前台方面，综合运用5G及多种新技术，实现了智慧网点建设、机器人全程服务客户、远程业务办理等；中后台方面，通过5G可实现"万物互联"，从而为数据分析和决策提供辅助。除银行业外，证券、保险和其他金融领域也在积极推动"5G＋"发展，5G开创的远程服务等新交互方式为客户带来全方位数字化体验，线上即可完成证券开户审核、保险查勘定损和理赔，使金融服务不断走向便捷化、多元化，带动了金融行业的创新变革。

9.6 人工智能

9.6.1 人工智能简介

人工智能(Artificial Intelligence，AI)一词最初是在1956年被提出的，是研究、开发用于模拟、延伸和扩展人的智能的理论、方法、技术及应用系统的一门新的技术科学。

艾伦·麦席森·图灵被称为计算机科学之父，人工智能之父。图灵机，又称图灵计算机，是英国数学家图灵于1936年提出的一种抽象的计算模型，即将人们使用纸笔进行数学运算的过程进行抽象，由一个虚拟的机器替代人类进行数学运算。冯·诺依曼规定了二进制和计算机的体系架构，而图灵从数学上阐明了图灵计算机的逻辑学和数学判定原理。他们规定的基础法则今天仍在应用。

9.6.2 人工智能的学科结构

人工智能是一个交叉性的学科(方向)，它涉及很多的技术，如机器学习、深度学习、人工神经网络等；还涉及很多其他学科，如数学、计算机、生物学、哲学等，人工智能学科的结构如图9-1所示。

9.6.3 弱人工智能与强人工智能

弱人工智能也称为狭义的人工智能或人工狭义智能(ANI)，是经过训练的AI，专注于执行特定任务，目前的人工智能应用基本都是弱人工智能的应用。弱人工智能的"弱"主要是其应用范围窄并没有自我意识，而其能力一点都不弱，弱人工智能已能支持一些非常强大的应用，如苹果公司的Siri、亚马逊公司的Alexa，以及IBM Watson和一些车辆自动驾驶等。

强人工智能由人工常规智能(AGI)和人工超级智能(ASI)组成。人工常规智能是AI的一种理论形式，机器拥有与人类等同的智能，它具有自我意识，能够解决问题、学习和规划未来。人工超级智能(ASI)也称为超级智能，将超越人类大脑的智力和能力。目前强人工智能仍完全处于理论阶段，还没有实际应用的例子。强人工智能的最佳例子目前主要来自科幻小说与影视动漫，如《终结者》《2001太空漫游》及《流浪地球》等。

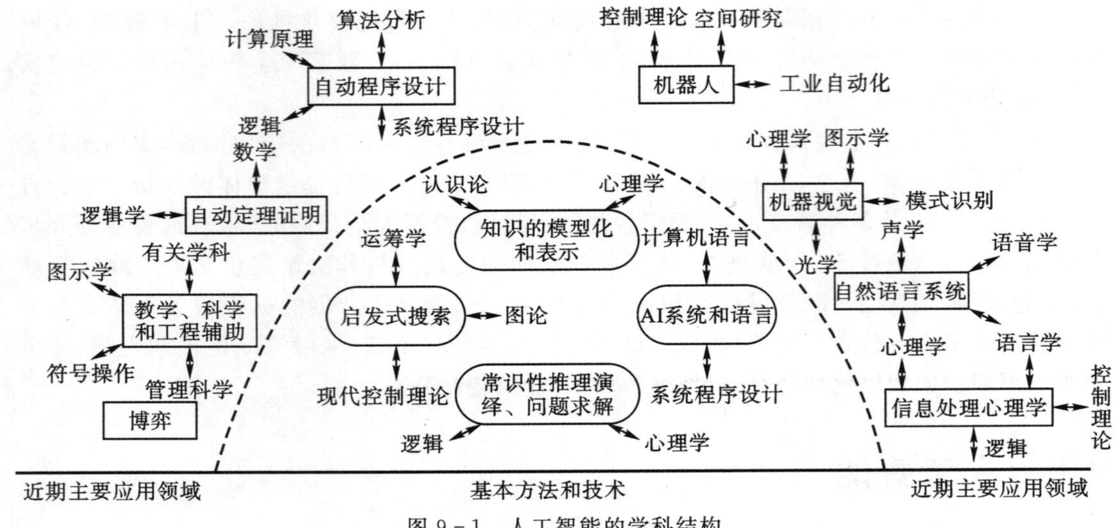

图 9-1 人工智能的学科结构

9.6.4 人工智能的主要应用领域

目前，AI 系统存在大量的现实应用。最主要的有

(1)语音识别：也称为自动语音识别(ASR)、计算机语音识别或语音到文本，能够使用自然语言处理(NLP)，将人类语音处理为书面格式。许多移动设备将语音识别结合到系统中以进行语音搜索，如 Siri，提供有关文本的更多辅助功能。

(2)客户服务：在线聊天机器人正逐步取代客户互动中的人工客服，可以回答各种主题的常见问题(FAQ)，例如为用户提供个性化建议、交叉销售产品、提供用户尺寸建议，这些都在改变着我们对网站和社交媒体中客户互动的看法。

(3)计算机视觉：该 AI 技术使计算机和系统能够从数字图像、视频和其他可视输入中获取有意义的信息，并基于这些输入采取行动。这种提供建议的能力将其与图像识别任务区分开来。计算机视觉由卷积神经网络提供支持，应用在社交媒体的照片标记、医疗保健中的放射成像以及汽车工业中的自动驾驶汽车等领域。

(4)推荐引擎：AI 算法使用过去的消费行为数据，帮助发现可用于制定更有效的交叉销售策略的数据趋势，一些用于在线零售商的结账流程中向客户提供相关的附加建议。还有就是各种交易平台的商品推荐，小视频平台的视频推荐等也都是 AI 的应用。

(5)自动股票交易：旨在用于优化股票投资组合，AI 驱动的高频交易平台每天可产生成千上万个甚至数以百万计的交易，无需人工干预。

9.7 量子信息技术

9.7.1 量子信息技术简介

量子信息技术是量子物理与信息技术相结合发展起来的新学科，其主要包括量子通信、量子计算和量子精密测量三个领域。量子通信领域主要研究量子密码、量子隐形传态、远距离量子通信的技术等等;量子计算领域主要研究量子计算机和适合于量子计算机的量子算法;量子精密测量是利用磁、光与原子的相互作用,打破传统方法中的散粒噪声限制,利用量子资源和效应实现超越经典方法的测量精度,达到海森堡精度极限。

9.7.2 量子通信

量子通信是利用量子叠加态和纠缠效应进行信息传递的新型通信方式,基于量子力学中的不确定性、测量坍缩和不可克隆三大原理提供了无法被窃听和计算破解的绝对安全性保障,主要分为量子隐形传态和量子密钥分发两种。

量子通信具有传统通信方式所不具备的绝对安全特性,在国家安全、金融等信息安全领域有着重大的应用价值和前景,也逐渐走进人们的日常生活。

9.7.3 量子计算

量子计算是一种遵循量子力学规律调控量子信息单元进行计算的新型计算模式。对照传统的通用计算机,其理论模型是通用图灵机;通用的量子计算机,其理论模型是用量子力学规律重新诠释的通用图灵机。从可计算的问题来看,量子计算机只能解决传统计算机所能解决的问题,但是从计算的效率上,由于量子力学叠加性的存在,某些已知的量子算法在处理问题时速度要快于传统的通用计算机。

9.7.4 量子精密测量

精密测量是科学研究的基础。可以说,整个现代自然科学和物质文明是伴随着测量精度的不断提升而发展的。以时间测量为例,从古代的日晷、水钟,到近代的机械钟,再到现代的石英钟、原子钟,随着时间测量的精度不断提升,通信、导航等技术才得以不断发展,不仅给社会生活带来极大便利,也为新的科学发现提供了利器。因此,更高的测量精度一直是人类孜孜以求的目标。

随着量子力学基础研究的突破和实验技术的发展,人们不断提升对量子态进行操控和测量的能力,从而可以利用量子态进行信息处理、传递和传感。量子精密测量是利用量子力学规律,特别是基本量子体系的一致性,对一些关键物理量进行高精度与高灵敏度的测量。利用量子精密测量方法,人们在时间、频率、加速度、电磁场等物理量上可以获得前所未有的测量精度。正是由于量子调控与量子信息技术的发展,2018 年第 26 届国际计量大会正式通过决议,从 2019 年开始实施新的国际单位定义,从实物计量标准转向量子计量标准,这标志着精密测量已经进入量子时代。

9.7.5 我国量子信息技术发展现状

量子信息科技属于战略性、基础性的前沿科技创新领域,可以在确保信息安全、提高运算速度、提升测量精度等方面突破经典技术的瓶颈,事关全球科技革命和产业变革的走向,是国际竞争的焦点。我国在量子信息领域的研究和应用起步较晚,但是这一领域的发展始终得到国家高度重视和大力支持。经过 20 余年的不懈奋斗,我国在量子科技领域形成了具有相当体量和规模的研究队伍,突破了一系列重要科学问题和关键核心技术,取得了一系列重大突破。

中国信息通信研究院发布的《量子信息技术发展与应用研究报告(2020年)》统计显示，从2000年到2019年，全球量子信息三大领域科研论文发文量持续上升，美国科研机构和企业的论文数量超过12000篇，位列各国第一，中国紧随其后超过9000篇，德国、日本、英国分列第三到第五位。其中在量子通信、量子计算、量子精密测量三个领域，中国的论文发表量分列第一位、第二位、第二位。总体来看，我国量子信息已进入到深化发展、快速突破的重要阶段。随着国家高度重视和支持，量子信息领域的发展态势总体向好，我国量子信息技术整体水平处于世界第一梯队，与最发达的美国、欧盟相差不大。引用中国科学院院士、中科院量子信息重点实验室主任郭光灿对我国量子信息技术的评价："量子三大领域，我们现在全方位都在第一梯队。原来量子计算相对落后，现在逐渐赶上来了。"

1. 量子通信领域

我国率先发射了首颗量子科学实验卫星"墨子号"，并建成了千公里级的量子保密通信"京沪干线"，在此基础上成功构建天地一体化量子通信网络，跨度达4600千米。我国在量子通信领域的技术发展属于一流水准，量子保密通信试点应用项目数量和网络建设规模已处于世界领先水平。

2. 量子计算领域

量子霸权(量子优越性)："量子霸权"这一概念最早由加州理工学院理论物理学家约翰·普雷斯基尔(John Preskill)在2011年的一次演讲中提出，也可翻译为"量子优越性"或"量子优势"。衡量量子计算机实现"量子霸权"的标准是能比经典计算机更好地解决一个特定计算问题。量子霸权代表量子计算装置在特定测试案例上表现出超越所有经典计算机的计算能力，实现量子霸权是量子计算发展的重要里程碑。2019年9月，美国谷歌公司推出53个量子比特的计算机"悬铃木"，对一个数学算法的计算只需200秒，而当时世界最快的超级计算机"Summit"需两天，美国率先实现了"量子霸权"。2020年，中国科学技术大学潘建伟等人成功构建76个光子的量子计算原型机"九章"，这一突破使我国成为全球第二个实现"量子霸权"(量子优越性)的国家。而随着2021年我国的光量子计算原型机"九章"号与超导量子计算原型机"祖冲之"号的升级版(九章号二号与祖冲之二号)双双问世，我国已成为世界上第一个在超导量子和光量子两种系统都达到"量子计算优越性"里程碑的国家。

我国在量子计算前沿领域的理论研究与欧美国家差距在不断缩小，以中科大为代表的科研团队正在不断追赶。但在产业化发展方面，量子计算机的研制属于巨型系统工程，涉及众多产业基础和工程实现环节，我国在高品质材料、工艺结构、制冷设备和测控系统等领域仍落后于领先国家。从全球范围来看，量子计算目前仍处于发展初期，虽然我国在产业化上相对落后，但与欧美国家并没有明显代差。

3. 量子精密测量领域

在量子精密测量领域，中国科研水平和技术应用与欧美国家旗鼓相当，各具优势。近年来，我国实现海森堡极限精度的单光子克尔效应测量、200千米单光子三维成像、在室温水溶液环境中探测到单个DNA分子的磁共振谱等重大成果，并在金刚石NV色心技术路线上研发出量子钻石单自旋谱仪、量子钻石原子力显微镜等"人无我有"的创新产品。我国学者在量子精密测量方面不断追赶国际先进水平，技术突飞猛进，成果斐然，譬如，在原子钟、量子陀螺仪等方面的关键技术已经接近国际先进水平；在量子雷达、痕量原子示踪、弱磁场测量等方面已经达到国际先进水平，并取得了一批国际领先的成果。随着研究水平的不断提升和核心竞争力的进一步增强，我国量子精密测量领域将在科学研究、经济生活和国家安全等重大战略需求中发挥重要作用。

思考与讨论

1. 你知道我国的“国家大数据战略”吗？请谈谈你对其定位的理解。

2. 什么是三网合一？什么是物联网？在我们日常生活中有哪些是物联网应用的体现？

3. 什么是5G技术？它有哪些应用领域？谈谈我国5G通信的发展情况以及你对5G技术的未来展望。

4. 什么是人工智能？你觉得人类应不应该发展人工智能技术？介绍下你在生活中接触过的人工智能技术的相关应用。

5. 谈谈你所知道的信息技术在疫情防控等领域做出的贡献。

习题与练习

1. 移动互联网是将(　　)二者结合起来，成为一体。

A. 移动通信和互联网　　B. 计算机和手机

C. 网络和手机　　D. 有线上网和无线上网

2. (　　)不是移动互联网的主要特征。

A. 交互性　　B. 便携性

C. 定位性　　D. 弱关联性

3. (　　)通过电脑技术，将虚拟的信息应用到真实世界，真实的环境和虚拟的物体实时地叠加到了同一个画面或空间同时存在。

A. 增强现实　　B. 弱化现实

C. 影像现实　　D. 虚拟现实

4. AR是(　　)的简称。

A. 弱化现实　　B. 增强现实

C. 虚构现实　　D. 虚拟现实

5. (　　)又称虚拟实境或灵境技术。

A. 弱化现实　　B. 增强现实

C. 影像现实　　D. 虚拟现实

6. VR是(　　)的简称。

A. 弱化现实　　B. 增强现实

C. 影像现实　　D. 虚拟现实

7. 云计算是(　　)的一种。

A. 集中式计算　　B. 模拟计算

C. 分布式计算　　D. 串行计算

8. (　　)不是云计算的主要特征。

A. 虚拟化技术　　B. 性价比高

C. 可靠性高　　D. 静态扩展性

9.(　　)不是云技术的应用。

A. 网盘(云盘)　　B. 联网医保

C. 网上慕课　　D. 电子表格自动排序

10. 大数据与(　　)就像一枚硬币的正反面一样密不可分,需要依托其分布式处理、分布式数据库和云存储等技术。

A. 移动互联　　B. 云计算

C. 人工智能　　D. 物联网

11.(　　)不是大数据5V特性。

A. Virtual　　B. Volume

C. Velocity　　D. Value

12.(　　)不属于典型大数据常用单位。

A. KB　　B. TB

C. PB　　D. EB

13. 以下关于大数据的叙述,(　　)是不正确的。

A. 对大数据的处理分析正成为新一代信息技术融合应用的节点

B. 大数据是信息产业持续高速增长的新引擎

C. 大数据技术的战略意义在于掌握大量数据信息

D. 大数据利用将成为提高核心竞争力的关键因素

14. IoT是(　　)的简称。

A. 互联网　　B. 物联网

C. 虚拟网　　D. 移动互联网

15.(　　)不属于物联网的基本特征。

A. 整体感知　　B. 可靠传输

C. 智能处理　　D. 自动保存

16.(　　)通信设施是实现人机物互联的网络基础设施。

A. 3G　　B. 4G

C. 5G　　D. 6G

17. AI是(　　)的简称。

A. 人工智能　　B. 信息技术

C. 大数据技术　　D. 智能技术

18. 当前苹果公司的Siri属于(　　)应用。

A. 人工狭义智能　　B. 强人工智能

C. 人工常规智能　　D. 人工超级智能

19. 量子信息技术是量子物理与信息技术相结合的新学科,主要包括(　　)三个领域。

A. 量子通信、量子计算、量子精密测量

B. 量子密钥、量子计算、量子精密测量

C. 量子通信、超导量子计算、光量子计算

D. 量子通信、量子计算、量子加密

20.(　　)成为世界上第一个在超导量子和光量子两种系统都达到“量子计算优越性”里程碑的国家。

A. 中国　　B. 美国

C. 德国　　D. 日本

第10章　Word文字处理

Microsoft Office是微软公司开发的一套基于Windows操作系统的办公软件套件，它包括了文字处理软件Word、电子表格处理软件Excel、演示文稿制作软件PowerPoint、数据库Access和绘图软件Visio等众多组件。

文字处理软件一般用于文字的格式化和排版，文字处理软件的发展和文字处理的电子化是信息社会发展的标志之一。Microsoft Office Word作为Microsoft Office套件的核心程序，提供了许多易于使用的文档创建工具，同时也提供了丰富的功能集供创建复杂的文档使用。Word凭借其友好的界面、方便的操作、完善的功能和易学易用等诸多优点已成为众多用户进行文档创建的主流软件，它将一系列功能完善的写作工具与易用的用户界面融合在一起，以帮助用户创建和共享具有专业视觉效果的文档，是目前办公领域应用最广泛的文字处理与编辑软件。

本章以Microsoft Office Word 2016为例进行介绍，主要涉及文字处理基本概念、文档编辑排版和审阅、Word表格制作、对象插入及图文混排和文字处理综合应用五部分内容。通过本章的学习，应掌握以下内容：创建并编辑文档，美化文档外观，长文档的编辑与管理，文档的修订与共享，以及使用邮件合并技术批量处理文档。

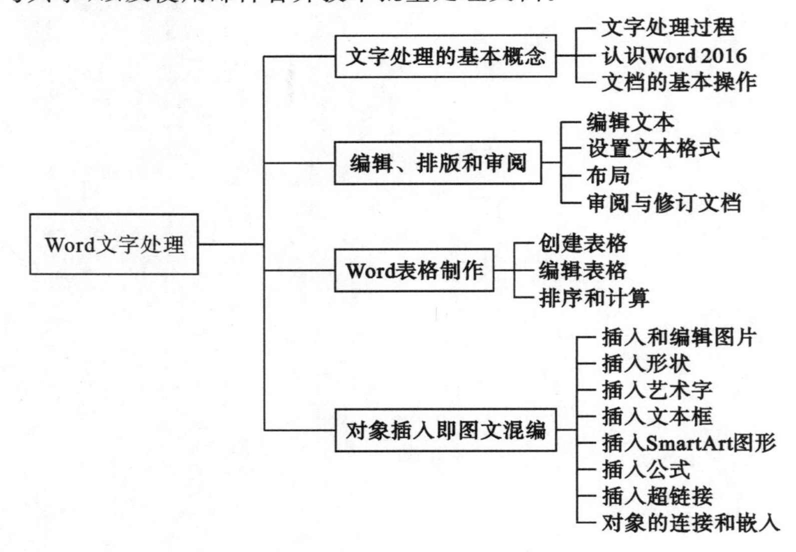

10.1　文字处理的基本概念

文字处理过程可以从用户使用和系统实现两个不同的角度研究和分析。

站在用户应用角度关心的是逻辑层方面的问题，即文字处理有哪些操作命令和功能，如何利用这些操作命令和功能进行文档创建、文档输入、文档编辑和文档输出。例如，文档输入包括输入文字、创建表格、插入外部对象等操作；文档编辑包括内容修饰（如字符、段落修饰等）、版面整体设置（如页面设置、文章排版、绘制图形、创建艺术字、图文混排等）等操作；文档输出包括打印预览与打印输出。

站在系统实现角度考虑，它是物理层方面的问题。例如，键盘只能输入字符，那么采用什么方式将汉字录入计算机中，汉字在计算机中究竟如何存储、显示与打印呢？

1. 计算机文字处理的基本过程

计算机文字处理的基本过程包括文字输入、文字加工和文字输出，如图 10－1 所示。由于西文是拼音文字，基本符号比较少，编码比较容易，而且在一个计算机系统中，输入、内部处理、存储和输出都可以使用同一代码，因此键盘可以直接输入英文或数字字符。计算机直接根据输入的英文或数字字符，通过译码电路产生 ASCII 码，输入到计算机内存中。

汉字种类繁多，编码比拼音文字困难，而且在一个汉字处理系统中，汉字输入、内部处理、存储和输出的代码是不同的。汉字信息处理系统在处理汉字和词语时，其关键的问题是要进行一系列的汉字代码转换，从图 10－1 中也不难看出，必须将字符或汉字输入码转换为机内码，机内码转换为显示字形码或打印字形码，系统才能将汉字显示或打印出来。

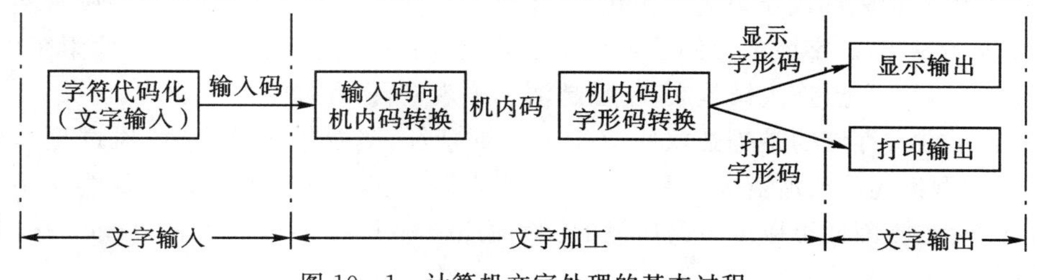

图 10－1　计算机文字处理的基本过程

2. 输入码、机内码和字形码

汉字处理包括汉字的输入、汉字的存储和汉字的输出环节。其中，汉字的输入采用输入码，汉字的存储采用机内码，汉字的输出采用字形码。计算机处理汉字首先必须将汉字代码化（即对汉字进行编码），这样用户可以从键盘上输入代表某个汉字的编码。采用不同的编码系统进行汉字输入的方案称为汉字的输入法，如区位码、五笔字型码、拼音码、智能 ABC、微软拼音等输入法。

1）输入码

中文的字数繁多、字形复杂、字音多变，常用汉字就有 7000 个左右。在计算机系统中使用汉字，首先遇到的问题就是如何把汉字输入到计算机内。为了能直接使用西文标准键盘进行输入，必须为汉字设计相应的编码方法。汉字编码方法主要分为三类：数字编码、拼音编码和字形编码。

数字编码:将汉字按一定顺序逐一赋予数字编号,即用数字串代表一个汉字的输入,常用的是国标区位码。特点:无重码,难记忆,不适合普通用户。

拼音编码:采用拼音规则编码,如全拼、双拼等。特点:重码多,遇到不会读音或读音不准的汉字,输入困难。

字形编码:采用汉字字形方面的特征(如整字、字根、笔画、码元等),按一定规则编码,如五笔字型码等。特点:需记忆规则,速度快,适于专业录入人员。

2)机内码

汉字内部码(简称机内码)是汉字在设备或信息处理系统内部最基本的表达形式,是在设备和信息处理系统内部存储、处理、传输汉字用的代码。西文在计算机中,没有交换码和机内码之分,但汉字数量多,用一个字节是无法区分的。因此,国家标准局 GB2312—1980 中对汉字国标码(或称汉字交换码)规定,一个汉字用两个字节表示,每个字节只有 7 位,与 ASCII 码相似。汉字机内码采用国标码作为基础,且每个字节最高位置 1。由于两个字节各用 7 位,因此可表示 16384 个可区别的机内码。例如汉字“大”,国标码(交换码)为 3473H,将两个字节的高位置 1,得到的机内码为 B4F3H。

3)字形码

汉字字形码是表示汉字字形的字模数据,通常用点阵、矢量函数等方式表示,用点阵表示字形时,汉字字形码指的就是这个汉字字形点阵的代码。字形码也称为字模码,是用点阵表示的汉字字形码,它是汉字的输出方式,根据输出汉字的要求不同,点阵的多少也不同。简易型汉字为 16 ×16 点阵,高精度型汉字为 24 ×24 点阵、32 ×32 点阵、48 ×48 点阵等。

字模点阵的信息量是很大的,所占存储空间也很大,平时存放在外存的汉字库中。例如,一个 16 ×16 点阵的汉字就需要占用 32 个字节(一个 $N \times N$ 点阵的汉字所占字节的计算公式为 $N \times N/8$)。字库中存储了每个汉字的点阵代码,当显示输出时才检索字库,输出字模点阵得到字形。点阵规模越大,字型越清晰美观,所占存储空间也越大。

矢量表示方式存储的是描述汉字字型的轮廓特征,当要输出汉字时,通过计算机的计算,由汉字字型描述生成所需大小和形状的汉字点阵。矢量化字型描述与最终文字显示的大小,分辨率无关,因此可以产生高质量的汉字输出。Windows 中使用的 TrueType 技术就是汉字的矢量表示方式。

3. 各种代码之间的关系

对于文档输入、编辑与输出,站在汉字代码转换的角度,通常可以把汉字信息处理系统抽象为一个结构模型,如图 10 - 2 所示。注意:存储在计算机内部的机内码也必须经过转换后才能恢复汉字的“本来面目”。这种转换通常是由计算机的输入/输出设备来实现的,有时还需要软件来参与这种转换过程。这个阶段的汉字代码称为字形码,用以显示和打印输入。

例如,用户要在某文档 1. docx 中输入汉字“国”。请根据图 10 - 2 说明该汉字的显示过程中各种代码间的转换关系,文档 1. docx 打印时汉字各种代码间的转换关系。

(1)汉字的显示。首先通过键盘管理程序把从键盘接收到的汉字“国”的输入编码转换为 0 和 1 构成的机内码;然后在汉字文件系统的管理下,显示管理模块根据“国”的机内码从显示字库中查到“国”字模,并控制显示器显示。

(2)文档打印。在汉字文件系统的管理下,将待打印文档中的汉字输入给打印管理模块,打印管理模块根据要打印汉字的机内码从打印字库中查到待打印汉字的打印字模,并控

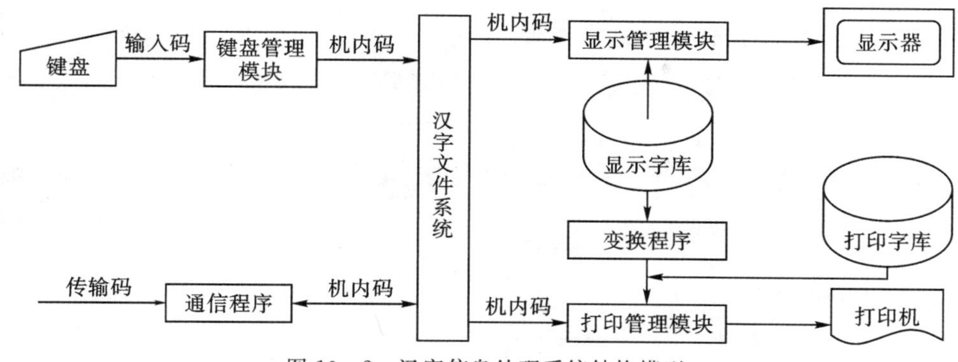

图 10－2　汉字信息处理系统结构模型

制打印机打印；或者根据要打印汉字的机内码从显示字库中查到汉字的显示字模，通过变换程序将显示字模转换成打印字模，再控制打印机打印。

10.1.2　认识 Word 2016

同其他基于 Windows 的程序一样，Word 2016 的启动与退出方法很多，完成 Office 2016 的安装后，就可以进行常规操作了。

1. 启动 Word 2016

Word 2016 常用的启动方式。

(1)从“开始”菜单启动：单击“开始”→“所有程序”→“Microsoft Office”→“Microsoft Office Word 2016”选项。

(2)通过桌面快捷方式启动：双击桌面上的 Word 2016 快捷方式图标。

(3)通过现有的文档启动：双击现有的 Word 文档启动 Word 2016。

2. 退出 Word 2016

Word 2016 的常用退出方式。

(1)使用“关闭”按钮：单击 Word 2016 窗口标题栏右上角的按钮。

(2)使用右键快捷菜单：在打开的文档的标题栏任意位置单击右键，在弹出的快捷菜单上选择“关闭”命令。

(3)使用按钮：双击 Word 2016 窗口左上角的按钮；或单击按钮→“关闭”。

(4)使用快捷键：按“Alt＋F4”组合键。

(5)使用“退出”命令：单击“文件”选项卡→“退出”。

3. Word 2016 工作界面

Word 2016 的窗口如图 10－3 所示。与其他早期版本的界面和功能有很大的变化，最大的变化就是功能区(功能区是 Office Fluent 用户界面的一个组件)，它取代了大部分旧的菜单和工具栏，为了便于浏览，功能区包含若干个围绕特定方案或对象进行组织的选项卡，而每个选项卡上的控件又进一步组织成多个组。Office Fluent 功能区能够比菜单和工具栏承载更加丰富的内容，包括按钮、库和对话框内容。

1)文件按钮

文件按钮位于窗口左上角，单击文件按钮可以打开菜单，如图 10－4(a)所示。选择其

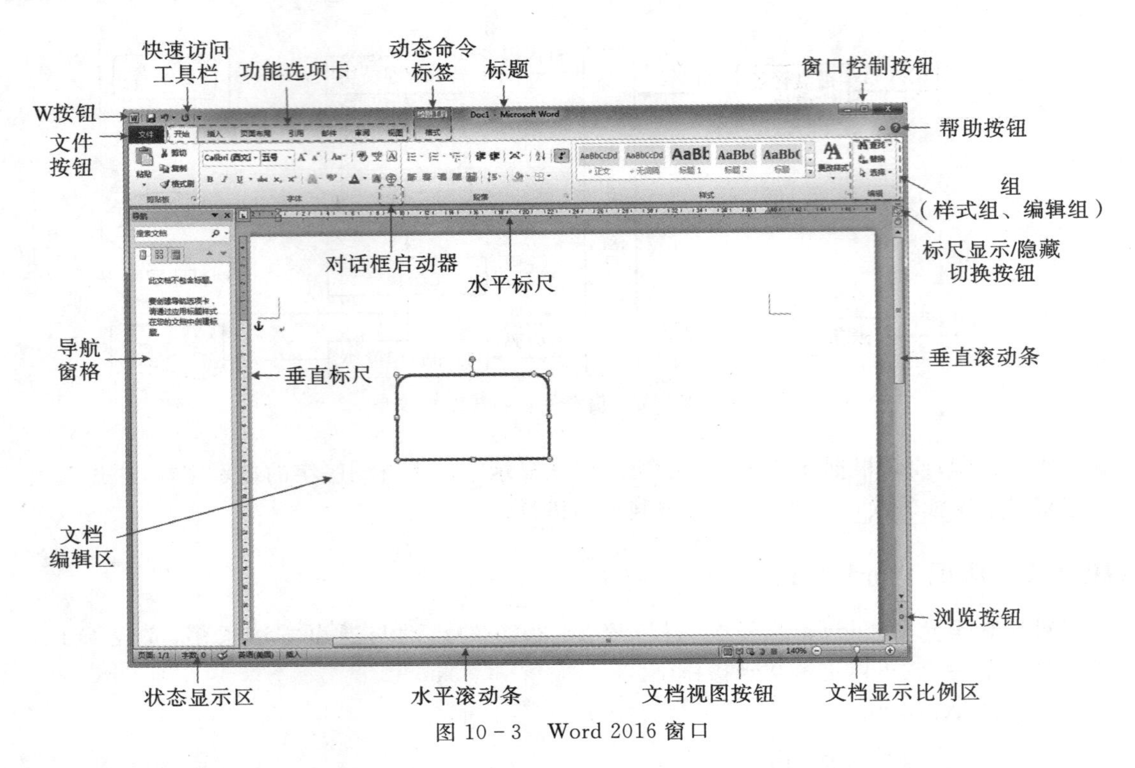

图 10－3　Word 2016 窗口

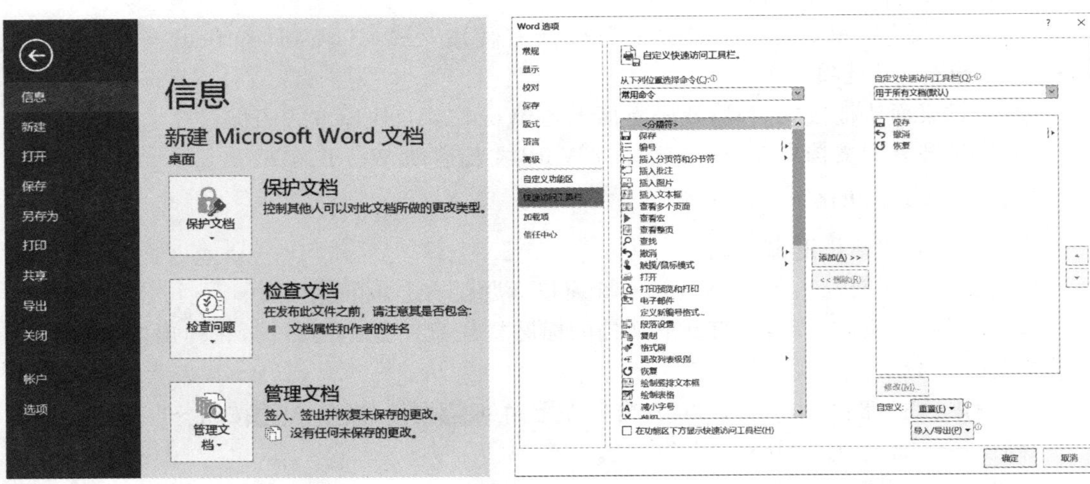

（a）文件菜单　　（b）“选项”对话框

图 10－4　文件菜单应用

中相应的命令可以执行对应的操作，默认情况下该菜单右侧显示正在编辑的文档信息。

2）快速访问工具栏

默认情况下，快速访问工具栏位于 Word 窗口的顶部，使用它可以快速访问用户频繁使用的工具。用户可以按照自己的工作习惯对其进行自定义。自定义快速访问工具栏有如下两种常用方法。

（1）单击快速访问工具栏侧面的扩展按钮▾，在下拉菜单中选择并添加其他的工具按钮。

(2)单击 文件 按钮菜单中的“选项”按钮 选项,系统显示 Word 选项对话框;单击快速访问工具栏按钮 快速访问工具栏,根据自己的需求向快速访问工具栏添加工具按钮,如图 10-4(b)所示。

3)功能选项卡、组、命令

功能选项卡(下文简称选项卡)和各选项卡上的功能组(下文简称组)共同构成了功能区,旨在帮助用户快速找到完成某一任务所需的命令。命令被组织在逻辑组中,逻辑组集中在选项卡下。每个选项卡都与一种类型的活动(例如为页面编写内容或设计布局)相关。功能区能够承载比菜单和工具栏更加丰富的内容,如按钮、库和对话框。从而取代了 Word 2016 之前版本中的菜单和工具栏。

默认情况下,Word 2016 窗口中有开始、插入、页面布局、引用、邮件、审阅和视图 7 个选项卡。每个选项卡又包含若干个组,单击每个组中的若干相关命令按钮即可进行相应的操作。另外,单击某些组的右下角“功能拓展”对话框启动器 (即下拉箭头形状),也可在打开的对话框或任务窗格中设置相应的操作。组不但可以自动适应窗口的大小,还能根据操作使用频率和当前的操作对象调整在组中显示的工具按钮。

为了减少混乱,某些选项卡只在需要时系统才自动添加,即动态命令标签,只有激活特定的对象时,对应的选项卡才会被激活。例如,用户在文档中插入表格或图片时,系统会自动在功能区添加“表格工具”或“图片工具”选项卡。

4)标题栏

标题栏位于 Word 2016 窗口的最顶端,由 W 按钮、快速访问工具栏、标题及窗口控制按钮共同组成。标题显示此刻正在编辑的 Word 文档的名称,对于新建的 Word 文档在还没有保存时,则显示默认的文件名为“文档 1”(或“文档 2”,“文档 3”等)及程序名。窗口控制按钮依次为

(1)最小化 :使窗口最小化成一个小按钮显示在任务栏上。

(2)最大化 /还原 :两个按钮不会同时出现。当窗口不是最大化时,可以看到 ,单击它可以使窗口最大化,占满整个屏幕;当窗口是最大化时,可以看到 ,单击它可以使窗口恢复到原来的大小。

(3)关闭按钮 :单击它可以退出整个 Word 2016 应用程序。

5)滚动条

滚动条分垂直滚动条和水平滚动条两种,通过它们可以移动文档在窗口中的位置。

6)状态栏

状态栏位于 Word 2016 窗口的最底端,由状态显示区、视图按钮和文档显示比例组成。主要帮助用户获取光标位置信息,如页数和总页数、文档字数、视图方式和文档显示比例等。

(1)文档视图按钮:用于设置文档的显示方式。Word 2016 的文档视图方式有

①页面视图:该视图是 Word 2016 的默认视图方式,其按照文档的打印效果显示文档,具有“所见即所得”的效果。

②阅读版式视图:该视图是模拟书本阅读方式,以图书的分栏样式显示文档内容,并且隐藏了文档不必要的功能区,扩大显示区,还可以同时进行文本输入、编辑、修订、批注等相关操作,十分方便用户阅读与审阅。

③Web 版式视图:该视图是以网页的形式显示文档,适合于发送电子邮件、创建和编辑

Web 页面。可将文档显示为不带分页符的长文档，且其中的文本和表格等会随着窗口的绽放而自动换行。

④大纲视图：该视图是一种用缩进文档标题的形式表示标题在文档结构中级别的视图方式，简化了文本格式，可以很方便地实现页面跳转和折叠与展开各级层次的文档，广泛应用于长文档的快速浏览和设置。

⑤草稿：该视图取消了页面边距、分栏、页眉页脚和图片等元素，仅显示标题和正文，是最节省计算机系统硬件资源的视图方式。

切换文档视图的方式有以下两种。

①单击状态栏中的"视图"快捷方式按钮，可切换到对应的视图模式。

②打开"视图"选项卡，在"文档视图"组中，单击相应的视图按钮也可切换至相应的视图模式。

(2)文档显示比例：用于设置文档的显示比例。可以拖动显示比例上的滑块，或者单击放大按钮和缩小按钮来调整文档的显示比例，如图 10－5 所示。也可以单击缩放级别按钮 100% 打开"显示比例"对话框，对文档的显示比例做更进一步的调整。

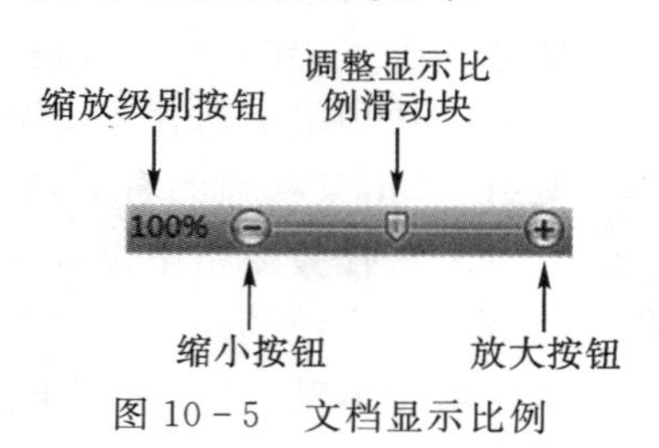

图 10－5　文档显示比例

7)标尺

标尺分为水平标尺和垂直标尺，用于调整文档页面的左右或上下边距，对齐文档中的文本、图形、表格和其他元素。标尺的显示/隐藏有两种切换方式，操作方式如下：单击"视图"选项卡→"显示"组→选中"标尺"复选框即可显示。

标尺是否显示与文档的视图模式有关，会随视图模式的不同呈显示或隐藏状态。页面视图显示水平标尺和垂直标尺，草稿和 Web 版式视图只显示水平标尺，阅读版式和大纲视图将不显示水平标尺和垂直标尺。

8)文档编辑区

文档编辑区是 Word 中最大也是最重要的部分，是用户输入文档的工作区域，所有关于文档的操作都在该区域中进行，文档编辑区闪烁的光标是文本插入点，用于定位文本的输入位置，可以在该区域中输入文字，插入表格、图片、对象，绘制图形或者进行其他操作。

9)导航窗格

导航窗格位于文档编辑区左侧，可以显示文档结构和缩略图，默认为隐藏状态，单击"视图"选项卡→"显示"组→选中"导航窗格"复选框即可显示。它能让用户更便捷地浏览、搜索甚至从一个易用的窗格重新组织文档内容。

10)帮助

我们可通过功能区右上角的帮助按钮获取帮助；也可按键盘上的 F1 键快速获取帮助；还可单击"文件"按钮→"帮助"按钮，获取更加详尽的帮助。

10.1.3　文档的基本操作

1. 新建文档

1)新建空白文档

用户第一次启动 Word 2016 时，系统自动创建一个名为"文档 1"的空白文档。若要继续创建新的空白文档，只需单击“文件”按钮，执行“新建”命令，在弹出的“新建”文档对话框中选择“空白文档”选项，如图 10－6 所示，即可创建一个名为“文档 2”的空白文档，依此类推。

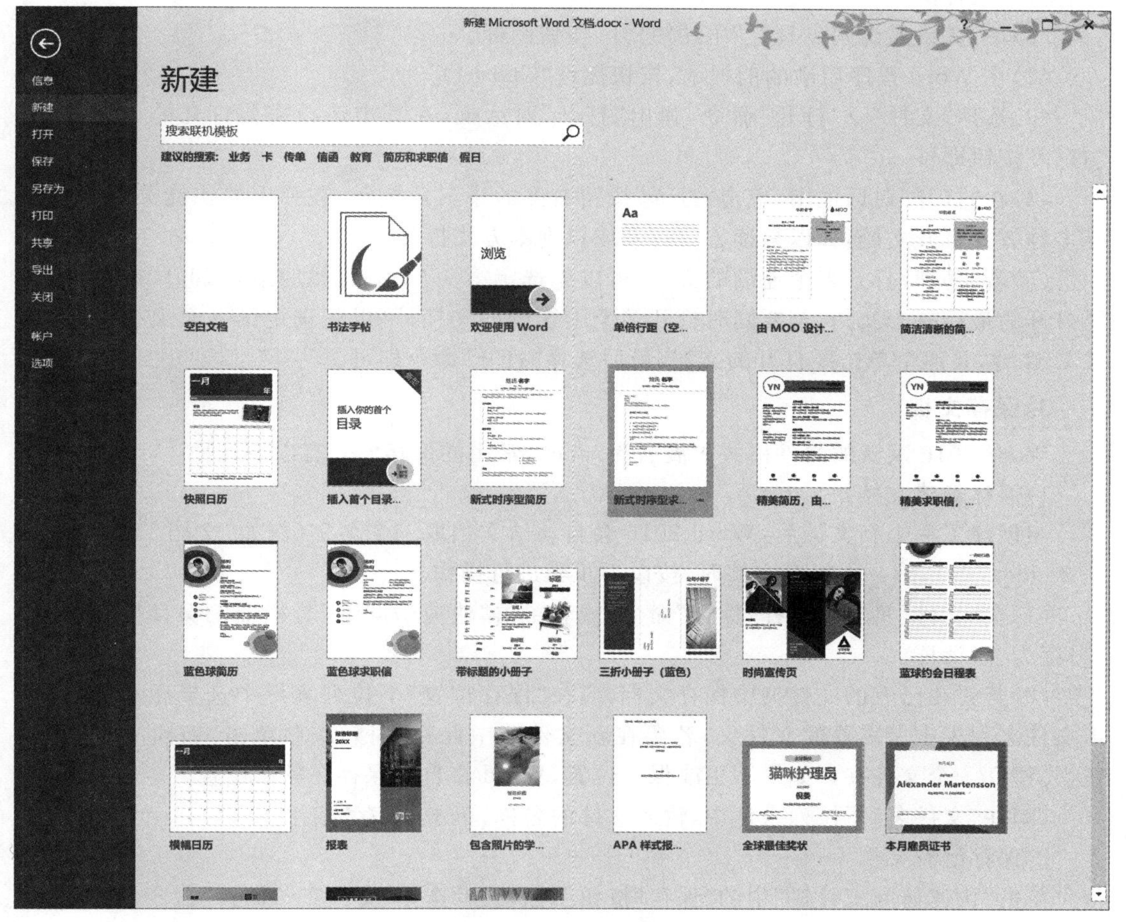

图 10－6　新建文档对话框

在“新建”文档对话框中包含了模板列表、模板选项和预览框三个部分。用户可以在模板列表中选择要使用的模板类，模板选项列表中将显示此类模板包含的所有可用模板。一旦选定某一模板，即可在预览框中预览。

2)用快捷键新建空白文档

在 Word 程序启动的前提下，按快捷键“Ctrl＋N”，也可新建一个空白文档。

3)利用模板创建文档

模板是一种特殊的文档类型，在打开模板时会创建模板本身的副本。在 Word 2016 中，模板可以是.dotx 文件或.dotm 文件(.dotm 文件类型允许在文件中启用宏)。

单击“文件”按钮，执行“新建”命令，在弹出的“新建”文档对话框中选择已安装的模板选项，在对话框中根据需要选择某种模板，单击“创建”按钮 创建 ，即创建一个只具有一定修饰格式和少量提示性文字的新文档。

2. 打开文档

在编辑一个文档之前，必须先打开文档，Word 2016 提供了多种打开文档的方式，常用的有以下几种操作。

(1)单击“快速访问工具栏”中的“打开”按钮图标。

(2)在 Word 程序启动的前提下，按快捷键“Ctrl+O”。

(3)选择“文件”→“打开”命令，弹出“打开”对话框，在其中选择需要打开的文件，单击“打开”按钮即可。

(4)在“打开”对话框中，单击“打开”按钮右侧的小三角按钮，在弹出的快捷菜单中可选择多种方式打开文档，如以只读方式打开或以副本方式打开等。

(5)若要同时打开多个连续的文档，可以先选定第一个文档，然后按住 Shift 键，再单击要打开的最后一个文档；若要同时打开多个不连续的文档，可以先选定第一个文档，然后按住 Ctrl 键，并逐个单击要打开的文档，最后选择“打开”命令即可。

3. 保存文档

Word 2016 默认的文件格式扩展名为. docx，常用的保存方式有以下几种。

1)保存新建文档

当创建了一个新文档后，Word 2016 会自动给文档取一个名字(例如“文档 1. docx”“文档 2. docx”等)，第一次保存文档时，按以下步骤进行操作。

(1)在“文件”菜单中选择“保存”命令，或者单击“快速访问”工具栏上的保存按钮，打开“另存为”对话框。

(2)若要在已有的文件夹中保存文档，应在“保存位置”下拉列表框中选择磁盘，然后双击文件夹列表中所需要的文件夹；若要在新文件夹中保存文档，应该单击“新建文件夹”按钮，先建立一个文件夹。如果不更改保存位置，Word 将自动保存在默认位置。

(3)在“文件名”下拉列表框中，输入文件的名称，单击“保存”按钮。

2)保存已有文档

单击“快速访问工具栏”中的“保存”按钮图标，或者选择“文件”→“保存”命令，则当前编辑的内容覆盖原文档进行保存。

3)用新文件名或其他格式保存文档

选择“文件”→“另存为”命令，在打开的“另存为”对话框中，设置保存位置、文件名及保存类型。

4)自动保存文档

在默认情况下，Word 可以自动保存文件：即每隔 10 分钟保存一次。通常可以根据需要设置是否启用自动保存功能及自动保存的间隔时间，操作步骤如下。

(1)选择“文件”菜单中的“选项”命令，在 Word 选项对话框中单击“保存”按钮，在右侧弹出的保存选项框中进行设置。

(2)选中“保存自动恢复信息时间间隔”复选框(若取消，则会关闭系统的自动保存功能)，并在右边的时间间隔框中输入或通过微调按钮选择自动保存文档的时间间隔。

(3)单击“确定”按钮。这样，每隔一个固定的时间间隔，Word 将自动保存编辑的文档。

4. 关闭文档

Word 2016 允许同时打开多个 Word 文档进行编辑操作，因此关闭文档不等于退出 Word 2016，只是关闭当前文档。选择“文件”→“关闭”命令，或使用“Alt+F4”组合键均可。

在关闭文档时，如果没有对文档进行编辑、修改，则可直接关闭；如果对文档进行了修改，但还没有保存，系统将会打开一个“提示”对话框，询问是否保存对文档所做的修改，单击“保存”按钮，即可保存并关闭该文档。

5. 打印预览与打印

打印预览的目的是减少纸张浪费。因此，文档在打印以前，通常应该预览一下打印的效果，以便对不满意的地方随时进行修改。打印预览有两种方法。

(1)选择“文件”“打印”命令，在右侧即可显示打印参数设置选项和打印预览。

(2)使用“Ctrl+F2”组合键进行打印预览。在预览没有问题之后就可以打印文档了。

打印文档的操作方法：选择“文件”→“打印”命令，在“打印”对话框中设置打印的参数，如图 10-7 所示，单击“确定”按钮。

【注】重点需要掌握选择打印机、设置打印范围、设置打印页数/份数、设置单面/手动双面打印、设置逐份打印、设置纸张大小/方向和边距、设置每版打印的页数、设置页面是否缩放等。

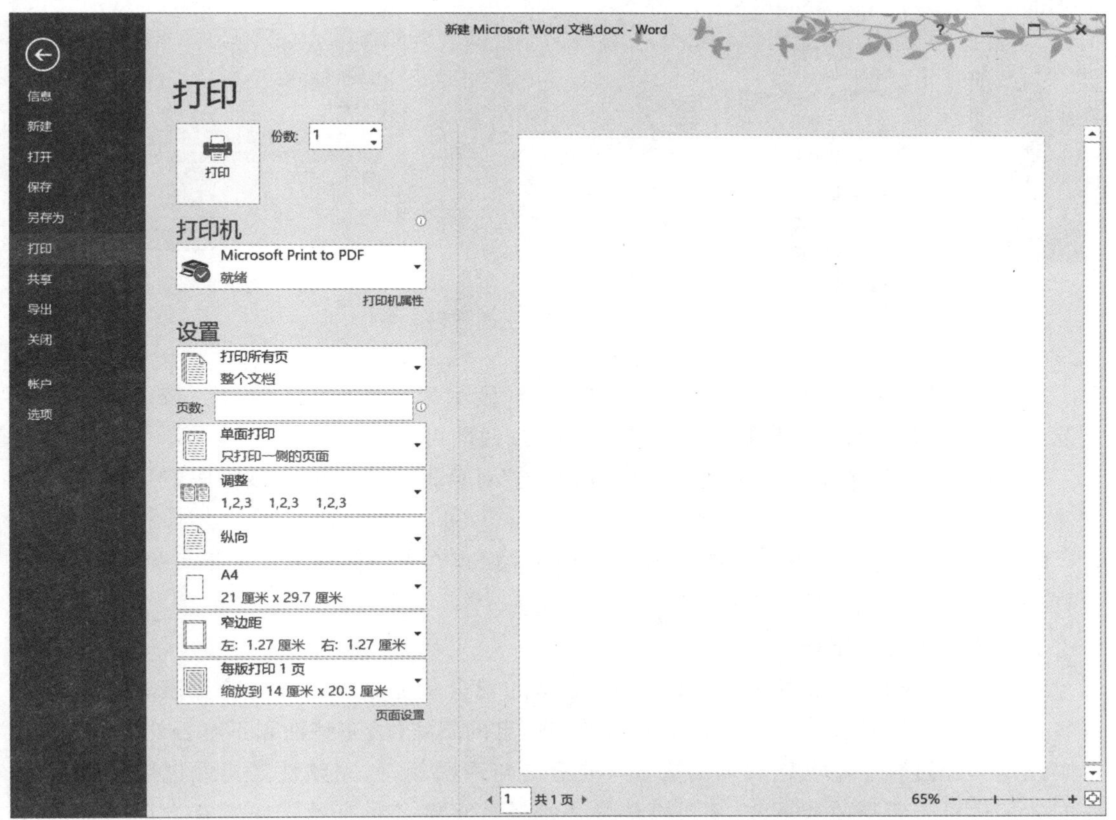

图 10-7　“打印”窗口

6. 文档保护

为了保证 Word 文档的安全，Word 2016 提供了加密和设置打开文档、修改权限、添加数字签名等安全和文档保护功能。

1)加密和设置打开文档密码

用户可以对自己的文档进行加密以保护文档，打开或修改文档时都需要输入正确的密码。设置/更改密码操作步骤：

(1)打开“文件”菜单，指向“信息”项，如图 10－8(a)所示，单击“保护文档”按钮，在弹出的面板中选择“用密码进行加密”项，弹出如图 10－8(b)所示的“加密文档”对话框。

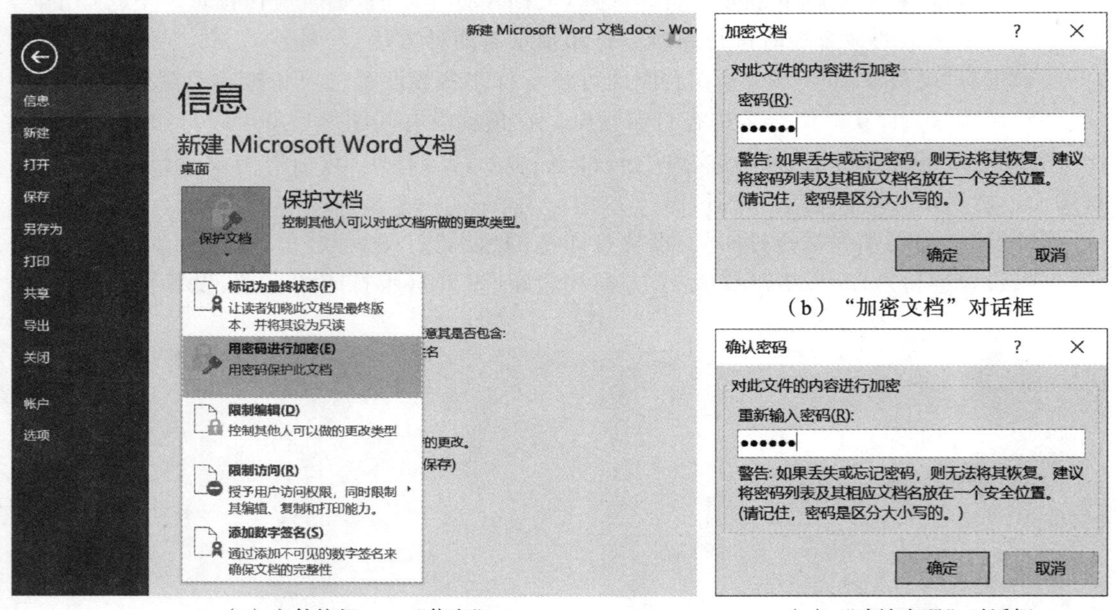

(a) 文件按钮——“信息”

(b) “加密文档”对话框

(c) “确认密码”对话框

图 10－8 设置/更改密码

(2)在“密码”文本框中输入新密码/更改密码(显示为 • 号)，单击“确定”按钮。如果要删除密码只需将显示的“ • ”删除，再单击“确定”按钮即可。

(3)在弹出的如图 10－8(c)所示的“确认密码”对话框中再次输入该密码，然后单击“确定”按钮。

【注】对文档创建密码后，请将密码记录下来并保存在安全的地方。如果丢失密码，将无法打开或访问受密码保护的文档。

2)创建自己的数字证书

数字签名是指宏或文档上电子的、基于加密的安全验证戳。此签名确认该宏或文档来自签发者且没有被篡改。这样有助于确保数字信息的真实性、完整性和不可否认性。其中，真实性是指经过数字签名之后确保签署人的身份与声明相符；完整性是指经过数字签名之后的数字信息未经更改或篡改；不可否认性是指经数字签名后有助于向所有方证明签署内容的有效性。

给文档添加数字签名是指使用数字证书对文档或宏方案(宏工程)进行数字签名。数字证书是指文件、宏工程或电子邮件的附件。用它来证明上述各项的真实性、提供安全的加密或提供可验证的签名。若要以数字形式签发宏工程，则必须安装数字证书。

宏方案是指组成宏的组件的集合，包括窗体、代码和类模块。在 Microsoft Visual Basic for Applications 中创建的宏工程可包含于加载宏以及大多数 Microsoft Office 程序中。

如果没有自己的数字证书，则必须获取或自己创建一个，创建自己的数字证书可以有如下三种方法。

方法 1：可从商业证书颁发机构（如 VeriSign，Inc.）获得数字证书。

方法 2：从内部安全管理员或信息技术（IT）专业人员处获得数字证书。

方法 3：使用 Selfcert.exe 工具自己创建数字签名。

【注】若要了解为微软产品提供服务的证书颁发机构的详细信息，请参阅 Microsoft Security Advisor Web 站点。

3）使用数字签名

使用数字签名签署 Office 文档有以下两种不同方法：第一，向文档中添加可见签名行，以获取一个或多个数字签名；第二，向文档中添加不可见的数字签名。Microsoft Office 2016 引入了在文档中插入签名行的功能，但只能向 Word 文档和 Excel 工作簿中插入签名行。

（1）向文档中添加可见签名行，操作步骤如下。

①将指针置于文档中要添加签名行的位置。

②在“插入”选项卡上的“文本”组中，单击“签名行”旁边的箭头，然后选择“Microsoft Office 签名行”选项，如图 10－9(a)、(b)所示。

③在图 10－9(c)所示的“签名设置”对话框中，输入要在此签名行上进行签署的人员的相关信息，此信息直接显示在文档中签名行的下方。

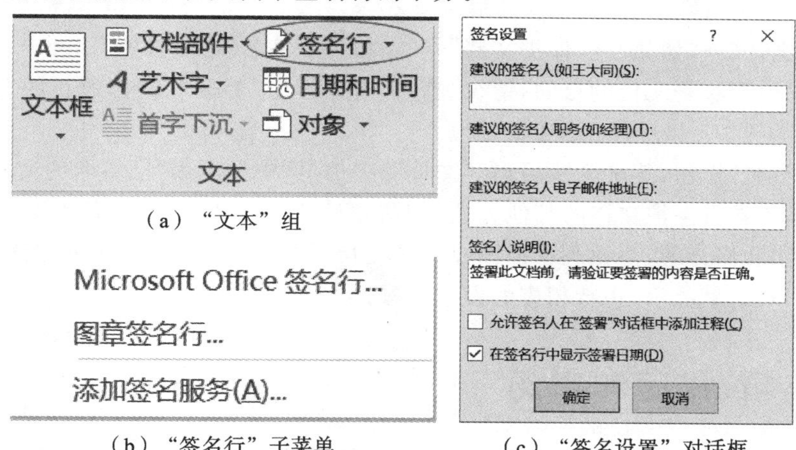

（a）“文本”组

（b）“签名行”子菜单　　（c）“签名设置”对话框

图 10－9　添加可签名行

④单击“确定”按钮。

⑤要添加其他签名行，则请重复步骤①到步骤④。

（2）在文档中签署签名行，操作步骤如下。

①在文档中，双击请求签名的签名行。

②弹出“签名”对话框，如图 10－10(a)所示，执行下列操作之一。

• 要添加签名的打印版本，在“X”文本框中输入姓名。
• 要为手写签名选择图像，单击“选择图像”链接，在弹出的“选择签名图像”对话框中，查找签名图像文件的位置，选择所需的文件，然后单击“选择”按钮。
• 要添加手写签名(仅适合平板电脑用户)，请使用墨迹功能在“X”文本框中签名。

③单击“签名”按钮，签署后效果如图 10-10(b)所示。

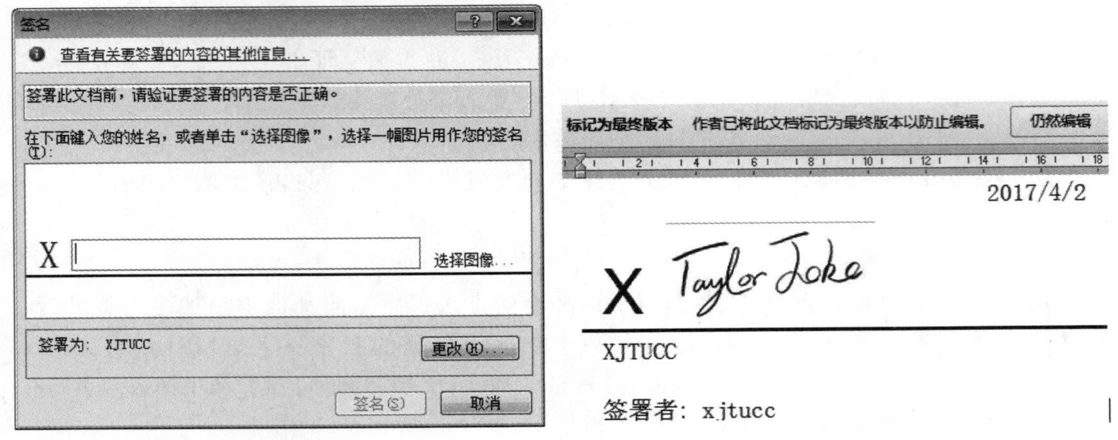

(a)“签名”对话框　　(b)签署后

图 10-10 在文档中签署签名行

(3)向文档中添加不可见的数字签名。不可见的数字签名在文档内容中本身是不可见的，但文档接收人可以通过查看文档的数字签名或通过查找屏幕底部状态栏上的“签名”按钮来确定文档已进行数字签名，操作步骤如下。

①单击“文件”→“信息”→“保护文档”→“添加数字签名”命令按钮。

②如果要说明签署文档的目的，请在“签名”对话框中“签署此文档的目的”文本框中输入此信息。

③单击“签名”按钮，签署完成后，在“文件”→“信息”中显示为“已签名的文档”。

Word 2016 提供保护文档的其他方法，如防止感染 Word 宏病毒、备份文档、保护个人信息、保护批注和修订等，当熟悉了前面介绍的文档保护方法后，其他保护方法根据所对应的菜单命令和对话框提示，进行相应的设置即可。

10.2 编辑、排版和审阅

文档编辑过程常用的是文本的输入、删除(撤销)、改写、复制、移动、查找、替换等操作，有时候可能要在两个文档之间甚至两个应用程序之间移动或者复制部分内容。

10.2.1 编辑文本

1. 输入文本

Word 的强大功能主要体现在文本处理上。在打开的 Word 文档中，输入文本之前，必须先将光标定位到要输入文本的位置，待文本插入点定好后，切换到相应输入法状态，即可在插入点处输入文本。

1)插入点移动

在 Word 编辑窗口的文档页面上有一个不断闪烁的短竖线，称为插入点。插入点所在的位置就是待输入文本的位置。注意：在文档窗口内还有一个由鼠标控制的“I”字型光标，在输入文本内容时可移动此鼠标指针到适当位置后单击，插入点即可跳到相应位置处。此时就可以直接在文档中输入文字了。插入点的移动和定位方式如下。

- 插入点移动到所在行行首：直接按 Home 键。
- 插入点移动到所在行行尾：直接按 End 键。
- 插入点移动到文章首部：按“Ctrl＋Home”组合键。
- 插入点移动到文章尾部：按“Ctrl＋End”组合键。
- 插入点上移、下移一行：按上、下方向键。

2)插入/改写状态

在状态栏中，可以看到 Word 2016 默认的是“插入”状态，单击状态栏上的按钮可激活“改写”状态；按下键盘的 Insert 键也可切换“插入”与“改写”状态。

- “插入”状态：在此状态下输入文本，插入点后面的文字会随着输入的内容自动后移。
- “改写”状态：在此状态下输入的新文本会替代光标插入点右侧的文本。

3)输入中、英文

由于 Windows 7 默认的键盘输入状态为英文，因此输入英文字符时，在文档的插入点处可直接敲击键盘输入英文(按住 Shift 键或按一下 Caps Lock 键可输入大写的英文字母)。输入中文汉字时，首先需要选择汉字输入法状态。多种输入法之间可按“Ctrl＋Shift”组合键进行切换，也可单击任务栏右边的“输入状态”按钮(也称为“语言/键盘指示器”)来选择键盘输入状态；中英文输入法互换按“Ctrl＋Space”组合键即可。

4)插入特殊符号

在 Word 文档输入过程中，常常会遇到一些键盘无法输入的特殊符号。这时除了可使用输入法的软键盘输入外，还可使用 Word 2016 提供的插入符号与特殊符号的功能，输入这些符号有如下两种方法。

(1)使用 Word“插入”选项卡中的“符号”组输入：将插入点移到要插入符号的位置；选择“插入”→“符号”下拉按钮，显示“符号”下拉菜单，如图 10－11(a)所示。单击“其他符号”命令，打开“符号”对话框，如图 10－11(b)所示。在“子集”下拉列表框中选择需要的符号子集，如图中选择的是“半角及全角字符”子集；选择所需的符号，单击“插入”按钮。

(2)利用软键盘输入：单击汉字输入法状态条上的软键盘按钮，系统打开软键盘，此时可利用软键盘输入。

【注】在 Windows 11 中软键盘有多种类型，为了方便操作可以根据自己的不同需求设置软键盘的类型。设置方法：在输入法(如微软拼音 ABC)状态条上单击功能菜单按钮，系统弹出软键盘功能菜单，如图 10－12 所示，选择“软键盘”命令，系统显示软键盘菜单，勾选所需的软键盘，系统打开软键盘，此时可利用刚才选择的软键盘输入。

(3)利用鼠标右键快捷菜单输入：单击鼠标右键，在弹出的快捷菜单中选择“插入符号”命令，也可打开“符号”对话框选择所需的符号。

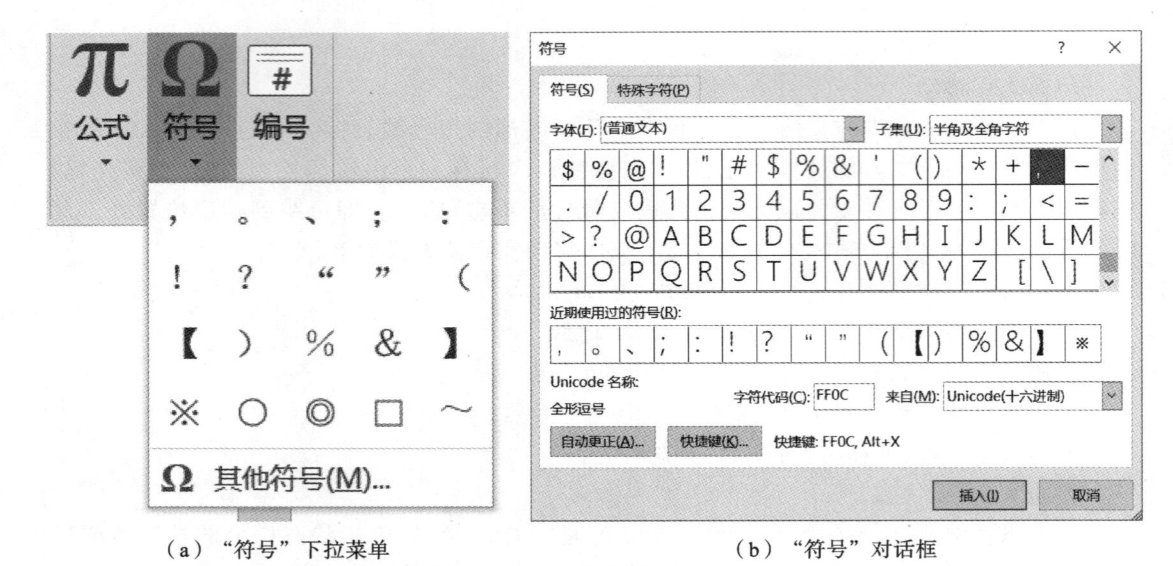

（a）“符号”下拉菜单　　（b）“符号”对话框

图 10－11　插入符号

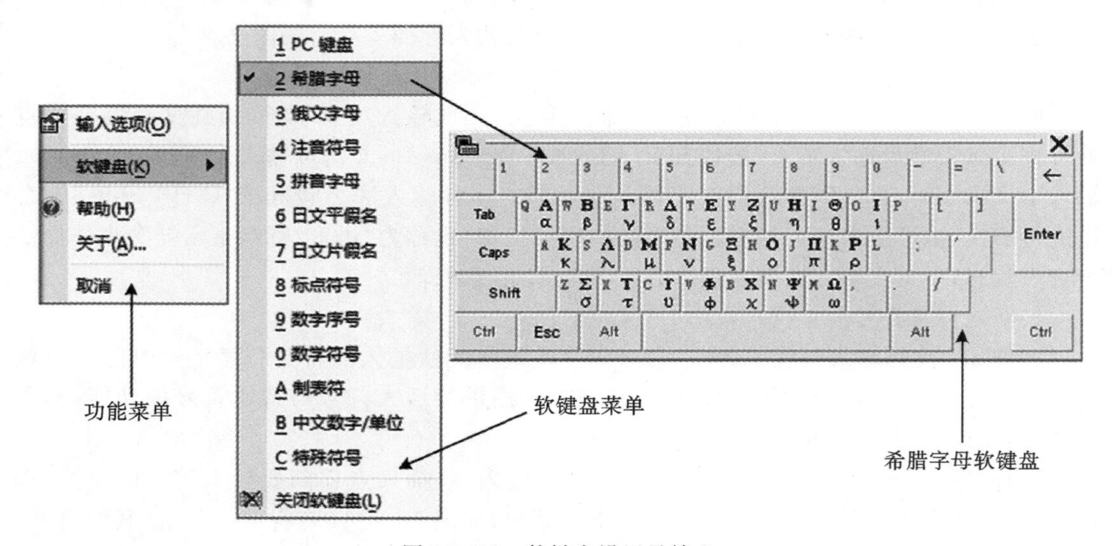

图 10－12　软键盘设置及输入

5）输入日期和时间

输入日期和时间：单击“插入”选项卡的“文本”组中的“日期和时间”按钮，打开“日期和时间”对话框，即可输入不同形式的日期和（或）时间。

输入当前日期：按快捷键“Alt＋Shift＋D”。

输入当前时间：按快捷键“Alt＋Shift＋T”。

2. 选择文本

“先选定，后操作”是 Word 重要的工作方式。选择文本既可以使用鼠标，也可以使用键盘，还可以使用鼠标和键盘结合进行选择，选择后的文本将呈蓝底高亮度显示。

1)使用鼠标选取文本

鼠标可以轻松地改变插入点的位置,使用鼠标选取文本十分方便。

拖动选取:将鼠标指针定位在文本起始位置,再按住鼠标左键不放,向目标位置移动鼠标光标选取文本。

单击选取:将鼠标光标移动到要选定行的左选定栏(即左侧空白处),当鼠标光标变成 ⇗ 形状时,单击鼠标即可选取该行的文本内容。

双击选取:将鼠标光标移动到文本编辑区的左选定栏,当鼠标光标变成 ⇗ 形状时,双击鼠标即可选取该段的文本内容;将鼠标光标定位到词组中间的左侧,双击鼠标即可选取该字或词。

三击选取:将鼠标光标定位到要选取的段落中,三击鼠标可选中该段的所有文本内容;将鼠标光标移到文本编辑区的左选定栏,当鼠标光标变成 ⇗ 形状时,三击鼠标即可选取文档中所有内容。

2)使用键盘选取文本

使用键盘上相应的快捷键,同样可以选取文本。选取文本内容的快捷键所代表的功能如表 10－1 所示。

表 10－1 选取文本的快捷键及功能

快捷键	功能
Shift＋→	选取光标右侧的一个字符
Shift＋←	选取光标左侧的一个字符
Shift＋↑	选取光标位置至上一行相同位置之间的文本
Shift＋↓	选取光标位置至下一行相同位置之间的文本
Shift＋Home	选取光标位置至行首
Shift＋End	选取光标位置至行尾
Shift＋PageDown	选取光标位置至下一屏之间的文本
Shift＋PageUp	选取光标位置至上一屏之间的文本
Ctrl＋Shift＋Home	选取光标位置至文档开始之间的文本
Ctrl＋Shift＋End	选取光标位置至文档结尾之间的文本
Ctrl＋A	选取整篇文档

3)鼠标键盘结合选取文本

使用鼠标和键盘结合的方式不仅可以选取连续的文本,也可以选择不连续的文本。

选取连续的较长文本:将插入点定位到要选取区域的开始位置,按住 Shift 键不放,再移动鼠标光标至要选取区域的结尾处,单击鼠标,并释放 Shift 键即可选取该区域之间的所有文本内容。

选取不连续的文本:选取任意一段文本,按住 Ctrl 键,再拖动鼠标选取其他文本,即可同时选取多段不连续的文本。

选取整篇文档:按住 Ctrl 键不放,将鼠标光标移动文本编辑区左侧空白处,当鼠标光标变成 ⇗ 形状时,单击鼠标左键即可选取整篇文档。

选取矩形块(垂直文本):将插入点定位到开始位置,按住 Alt 键不放,再拖动鼠标即可选取矩形文本。

4)撤销对文本的选定

要撤销选定的文本,用鼠标单击文档中的任意位置即可。

3. 文本的移动、复制和删除

通过复制与移动文本操作,可以提高文本编辑速度。文本的移动、复制要通过剪贴板进行。由于剪贴板是由 Windows 管理的一块公共内存区域,所以剪贴板中的数据可以与其他软件共享。用户通过剪贴板进行移动、复制或删除,既可以在同一个文档中进行操作,也适合于在不同的文档甚至不同的应用程序之间进行操作。

1)剪贴板

Office 剪贴板组包括“剪切”“复制”“粘贴”和“格式刷”命令,如图 10-13(a)所示。在“粘贴”命令下方有一个“▼”符号,单击它可以使用“选择性粘贴”命令或“粘贴为超链接”命令。

Office 剪贴板最多允许放置连续 24 次剪切或复制的内容。在“开始”选项卡的“剪贴板”组中,单击“剪贴板”右侧的对话框启动器,可在任务窗口打开如图 10-13(b)所示的剪贴板任务窗格。该窗格显示了剪切或复制的项目,用户可根据需要对其中的内容有选择性地进行粘贴。

Office 剪贴板的显示方式是可以进行设置的,操作方法:单击“剪贴板”任务窗格“选项”按钮,在“剪贴板”显示方式设置菜单“选项”中勾选所需的选项,如图 10-13(c)所示。

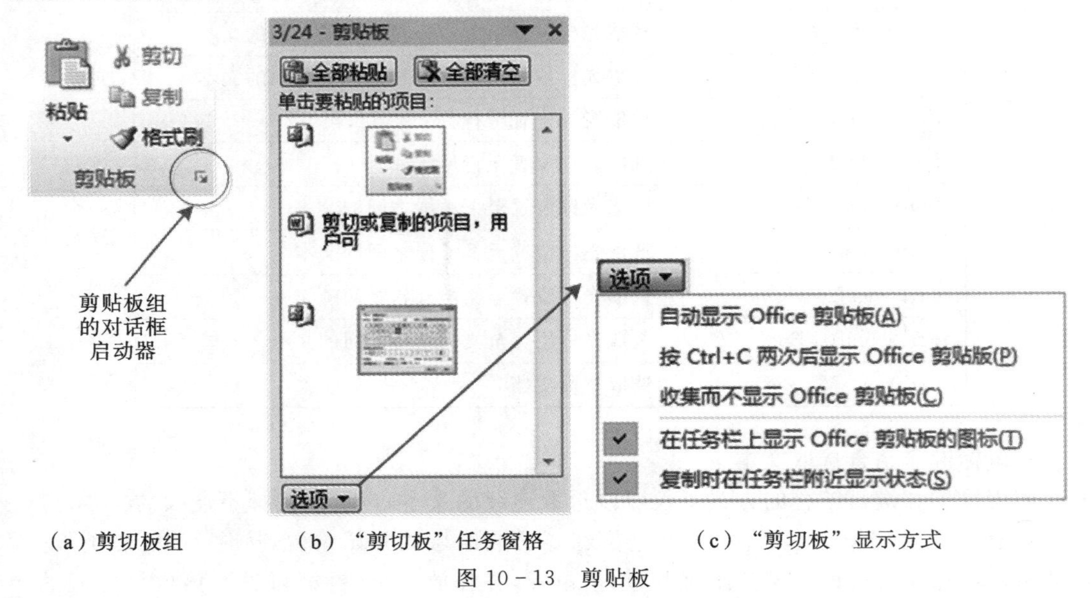

(a) 剪切板组　(b) “剪切板”任务窗格　(c) “剪切板”显示方式

图 10-13　剪贴板

2)移动文本

- 使用鼠标拖动:选定要移动的文本,直接用鼠标拖到目标位置。
- 使用命令按钮:选定要移动的文本→单击“剪切”按钮→插入点移动到目标→单击“粘贴”按钮。

• 使用快捷键：选定要移动的文本→按“Ctrl＋X”组合键→插入点移动到目标位→按“Ctrl＋V”组合键。

3）复制文本

• 使用鼠标拖动：选定要复制的文本，按住 Ctrl 键拖动选中的文本到目标位置。

• 使用命令按钮：选定要复制的文本→单击“复制”按钮插入点移动到目标→单击“粘贴”按钮。

• 使用快捷键：选定要复制的文本→按“Ctrl＋C”组合键→插入点移动到目标位按“Ctrl＋V”组合键。

4）删除文本

• 选择要删除的文本，在“开始”选项卡的“剪贴板”组中，单击“剪切”按钮即可。

• 选择要删除的文本，按 Back Space 键或者 Delete 键均可。

• 按 Back Space 键删除光标前的字符。

• 按 Delete 键删除光标后的字符。

4. 查找、替换与定位

Word 2016 提供了查找和替换功能，使用该功能可以非常轻松、快捷地完成文本的查找和替换（以及高级查找、高级替换）操作。

1）查找

用户要在文档中的查找某个特定的文本。选择“开始”选项卡中的“编辑”组→“查找”命令（或按“Ctrl＋F”组合键），在“查找与替换”对话框中的“查找”选项卡中输入要查找的文字，如图 10－14 所示，若找到相关内容会在文档中用黄色高亮度显示。

如果对查找的文字还有特殊要求，可以单击该对话框左下角的 更多(M) >> 按钮对查找和替换的文字对象按要求设置格式，或进行相关“高级查找”操作。

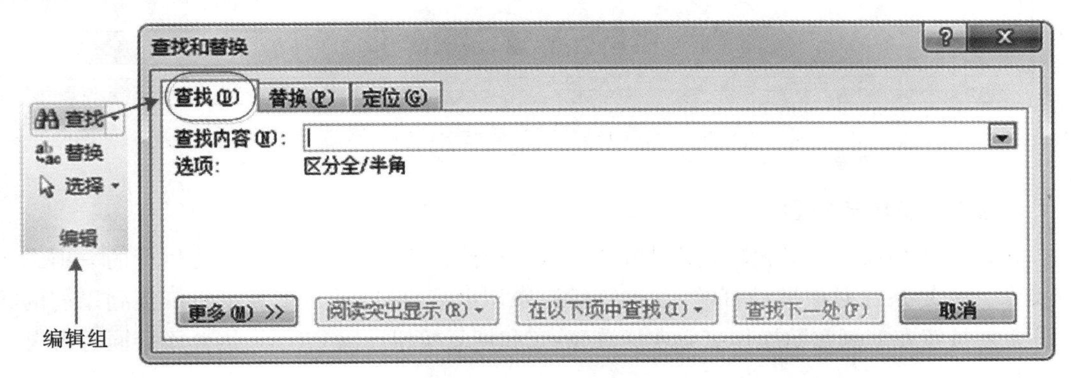

图 10－14 “查找和替换”对话框中的“查找”选项卡

2）替换

用户要在文档中把某特定文字用其他文字替换时可使用替换功能。选择“开始”选项卡中的“编辑”组→“替换”命令，或按“Ctrl＋H”组合键均可打开“查找与替换”对话框中的“替换”选项卡，并在其中输入要查找的文字内容和“替换为”的文字，如图 10－15 所示，然后单击“替换”按钮或者“全部替换”按钮进行替换。

另外，单击该对话框左下角的 更多(M) >> 按钮可进行相关“高级替换”操作。

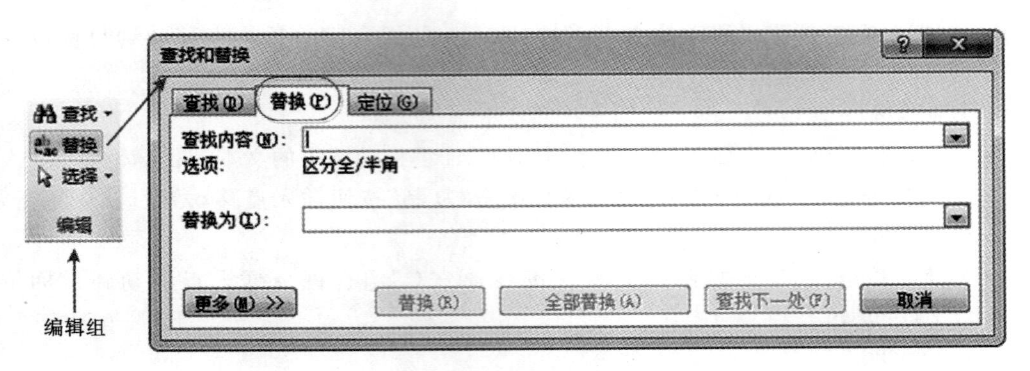

图 10－15　“查找和替换”对话框中的“替换”选项卡

3)定位

用户要在文档中快速寻找目标的位置进行快速定位，可以用“编辑”组中→“查找”或“替换”命令打开“查找与替换”对话框→选择“定位”选项卡，如图 10－16 所示。此时用户可以通过设定对需要寻找目标的位置进行快速定位，可以定位的目标包括页号、节号、行号、书签、批注、脚注、尾注、域、表格、图形、公式、对象、标题，共 13 种。

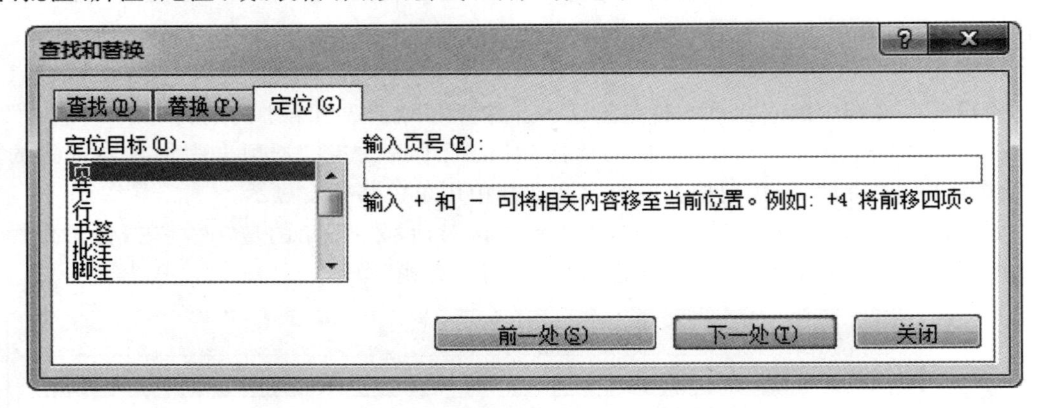

图 10－16　“查找和替换”对话框中的“定位”选项卡

5. 撤销、恢复与重复

在进行文档操作时，经常会用到撤销与恢复功能。所谓撤销，是指取消执行的一项或多项操作。恢复是针对撤销而言的，在进行撤销操作以后，可以通过恢复操作恢复到以前的状态。重复按钮在复制粘贴操作之后才能置亮，它和恢复按钮在同一位置，因此不会同时出现。

1)撤销

单击“快速访问工具栏”中的“撤销”按钮，即可撤销上一次的操作；也可按快捷键“Ctrl＋Z”。

2)恢复

单击“快速访问工具栏”中的“恢复”按钮，即可恢复最近一次的撤销操作；也可按快捷键“Ctrl＋Y”。

3)重复

在复制粘贴操作之后，单击“快速访问工具栏”中的“重复”按钮，即可在插入点位置再次粘贴刚才复制的内容；也可在该按钮置亮的前提下按快捷键“Ctrl＋Y”。

6. 拼写和语法检查

默认情况下，Word 在用户输入文字的同时会自动进行拼写检查，并用红色波浪线表示可能出现的拼写问题，绿色波浪线表示可能出现的语法问题。它使用波浪形细下划线标记提醒用户此处可能有拼写或语法错误。

1)使用“拼写和语法”检查功能

如果用户在输入文档的过程中出现拼写和语法检查的波浪形细下划线标记时，右击该内容，在弹出的快捷菜单中选择“语法”命令，再在弹出的“拼写和语法”对话框中选择要使用的修改建议即可。

对整篇文档进行彻底检查的方法：选择“审阅”选项卡→单击“校对”组的“拼写和语法”按钮，系统显示“拼写和语法”对话框，用户根据提示的信息逐一进行处理，直至整篇文档的检查工作完毕。

需要说明的是，这里的波浪线不是文档的真正内容，打印时不会出现。

2)设置“拼写和语法”检查方式

拼写和语法错误的提示信息可能会使用户不能专心于对文档的编辑工作，或者用户对如何使用 Office 帮助程序具有自己的喜好，或者喜欢在完成文档时一次性拼写检查。此时可以通过设置“拼写和语法”检查功能来完成。

方法：选择“文件”菜单中的“选项”命令，在弹出的“Word 选项”对话框中打开“校对”选项卡，在右侧的校对选项卡中进行相关设置，如图 10－17 所示，设置完毕后单击“确定”按钮。

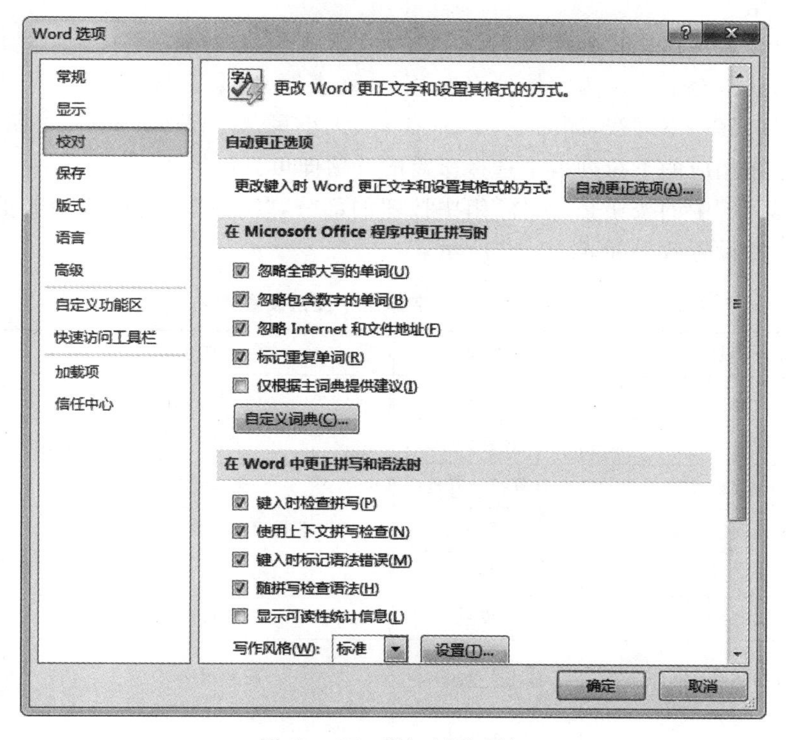

图 10－17　“校对”选项卡

10.2.2 设置文本格式

在 Word 2016 中，可以轻松地设置文本的格式，让文本显得更加整洁、美观与规范。

1. 设置字体格式

字体是指文字的外观，Word 2016 提供了多种可用的字体，默认的字体为“宋体”。字号是指文字的大小，默认的字号为“五号”。字形包括文本的常规显示、加粗显示、加粗和倾斜显示。字符间距是指文档中字与字之间的距离。常常通过设置字形、字体颜色和字体效果使文档看起来更生动、醒目、美观。

1)浮动工具栏

选择需要设置字体格式的文本后，在文本的上方将会自动弹出“浮动工具栏”，如图 10－18(a)所示，刚开始呈半透明状态，将鼠标指针接近“浮动工具栏”，在其中单击相应的按钮或者在相应的下拉列表中选择所需的选项即可。

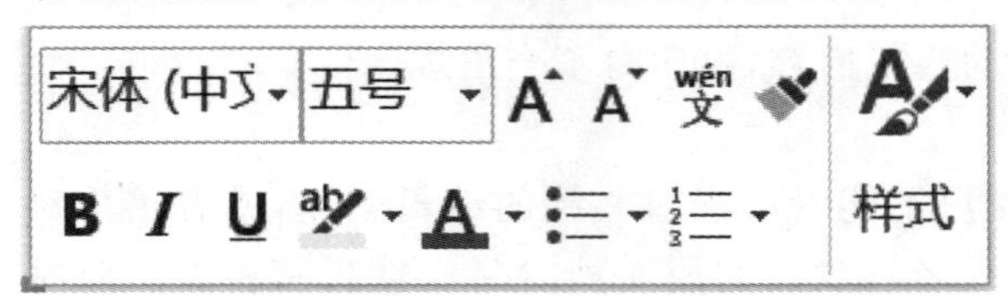

(a) 浮动工具栏　　(b) “字体”组

图 10－18　设置字体格式工具

2)“字体”组

选择需要设置字体格式的文本后，在“开始”选项卡的“字体”组中，如图 10－18(b)所示，从左至右、从上至下依次为字体列表框、字号列表框、增大字号、减小字号、清除格式、拼音、加框、加粗、倾斜、下划线、删除线、下标、上标、大小写、突出显示、底纹、带圈字符，单击相应的按钮或者在相应的下拉列表中选择所需的选项即可。

“浮动工具栏”中的按钮是“字体”组中按钮的部分，“字体”组的设置功能更全面。常见的字体命令按钮设置效果如表 10－2 所示。

表 10－2　常见字体命令按钮设置效果

命令按钮	设置效果	命令按钮	设置效果
字体	楷体	字号	五号字六号字
加粗	**计算机**	倾斜	*计算机*
下划线	计算机计算机	删除线	~~计算机~~
字体颜色	浅蓝紫色	以不同颜色突出显示文本	计算机
上标	A^2	下标	A_2
字符底纹	计算机	字符边框	计算机
带圈字符	①②③④	拼音指南	jiāo tōng 交通
更改大小写	computer COMPUTER	着重号	计算机

3)“字体”对话框

在“字体”组中只列出了常用的格式工具选项，还有一些格式选项要通过“字体”对话框进行设置。

选择需要设置字体格式的文本后，单击“开始”选项卡“字体”组右侧的“字体”对话框启动器；或单击鼠标右键，从打开的快捷菜单中选择“字体”命令，则打开如图 10－19(a)所示的“字体”对话框，再进行相应的设置即可。

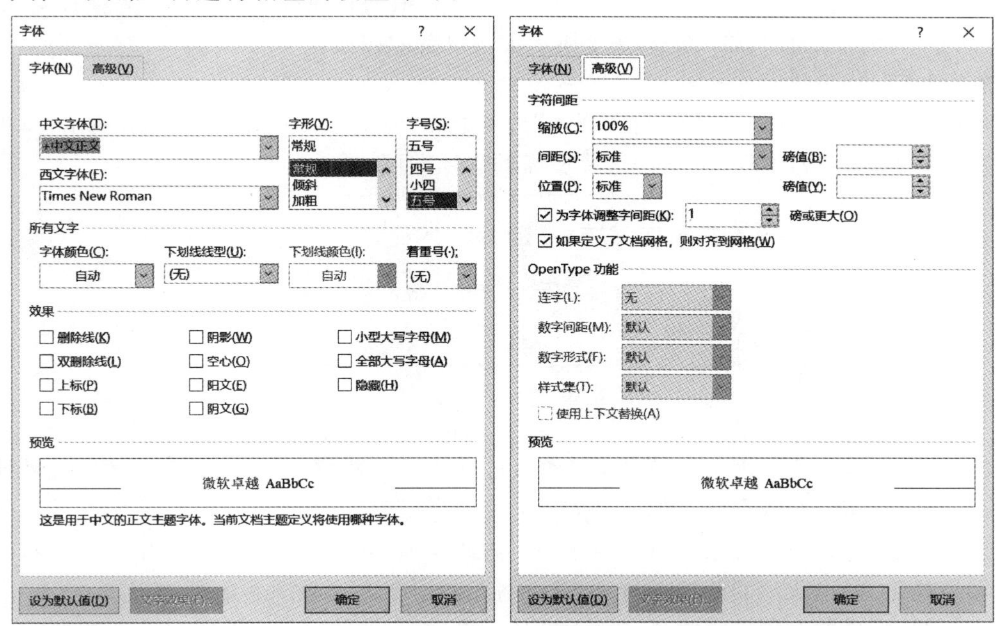

（a）“字体”选项卡　　　　（b）“高级”选项卡

图 10－19 “字体”对话框

4)字符间距的设置

字符间距是指字符之间的距离。有时因文档设置的需要而调整字符间距，以达到理想的效果。用户可在 Word 2016 文档窗口中方便地设置字符间距。

选择需要设置字体格式的文本后，单击“开始”选项卡“字体”组右侧的字体对话框启动器；或单击鼠标右键，从打开的快捷菜单中选择“字体”命令，再打开“高级”选项卡，则打开如图 10－19(b)所示的字符间距对话框。该对话框“缩放”项表示在字符原来大小的基础上缩放字符尺寸，取值范围为 1%～600%；“间距”项表示在不改变字符本身尺寸的基础上增加或减少字符之间的间距，可以设置具体的磅值；“位置”项表示相对于标准位置，提高或降低字符的位置，可以设置具体的磅值；“为字体调整字符间距”项表示根据字符的形状自动调整字间间距，设置该选项以指定进行自动调整的最小字体。

另外，使用功能区“开始”选项卡中的“段落”组，单击命令右边的箭头，在弹出的下拉菜单中选择“字符缩放”选项，可以在字符原来大小的基础上缩放字符尺寸。

2. 设置段落格式

段落是指两个回车键之间的内容，是文字、图形、对象或其他项目的集合。在输入和编辑 Word 文档时，每按一次回车键，就表明开始了一个新段落，系统自动在前一个段落的末尾显示一个弯曲的箭头“↵”，也就是硬回车，被称为“段落标记”。

利用段落的格式化工具，可以调整段落的行间距、缩进、对齐方式、边框、底纹等，从而使文档的外观引人入胜。另外，在 Word 中按 Shift＋Enter 组合键可以立即换行，但此时不开始新的段落，将出现一个“软回车”符“↓”。

1)浮动工具栏

选择需要设置格式的段落后，单击“浮动工具栏”中的相应按钮即可。“浮动工具栏”中只有“居中”“增加缩进”“减少缩进”3 个用于段落设置的按钮。

2)“段落”组

选择需要设置格式的段落后，在“开始”选项卡的“段落”组中，如图 10－20 所示，单击相应的按钮或者在相应的下拉列表中选择所需的选项即可。

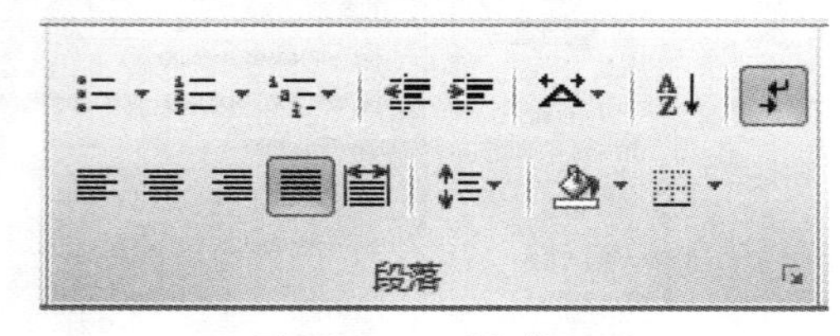

图 10－20 “段落”组

(1)段落缩进。段落缩进是指段落与左、右页边距的距离，主要包括首行缩进、悬挂缩进、左缩进和右缩进。各类缩进的含义如下。

①首行缩进：指段落的第一行相对于左页边距向右缩进的距离，如首行空 2 个字符。

②悬挂缩进：指段落的除第一行外，其余各行相对于左边界向右缩进的距离。

③左缩进：指整个段落的左边界向右缩进的距离。

④右缩进：指整个段落的右边界向左缩进一段距离。

段落缩进的设置方法有如下两种。

①使用标尺设置：选择整个段落或将插入点置于段落开头或段落内的任意位置上，然后将水平标尺上的相应缩进标记拖动到所需位置上，如图 10－21 所示。

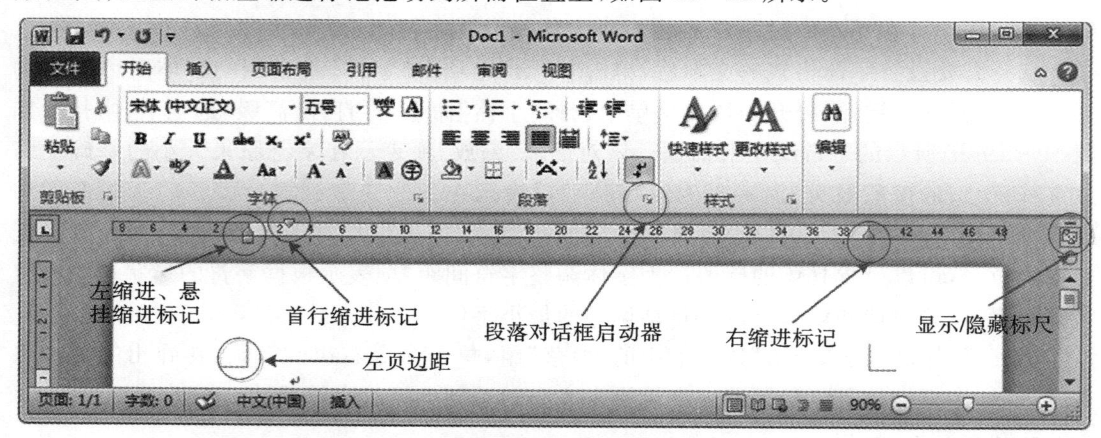

图 10－21 使用标尺设置段落缩进

②使用“段落”对话框设置:选择整个段落或将插入点置于段落开头或段落内的任意位置上,单击“开始”选项卡的“段落”组右下角的“段落”对话框启动器打开“段落”对话框,选择“缩进和间距”选项卡,在“特殊格式”下拉列表框中,单击“首行缩进”或“悬挂缩进”选项,在“磅值”框中设置缩进量(在预览图中会显示设置效果);在“缩进”区域的“左”“右”框中设置左、右缩进量,输入负值可使文字出现在页边距中;单击“确定”按钮关闭对话框,如图10-22所示。

图 10-22　使用“段落”对话框设置段落缩进

(2)段落对齐。段落的对齐方式包括水平对齐方式和垂直对齐方式。

①水平对齐方式决定段落边缘外观和方向,依次为左对齐、居中、右对齐、两端对齐和分散对齐。

- 左对齐:文本左边对齐,右边参差不齐。
- 居中:文本居中排列。
- 右对齐:文本右边对齐,左边参差不齐。
- 两端对齐:默认设置。指调整文字的水平间距,使其均匀分布在左右页边距之间,但是段落最后一行中不满一行的文字右边是不对齐的。
- 分散对齐:文本左右两边均对齐,而且每个段落的最后一行不满一行时,将拉开字符间距使该行均匀分布。

②垂直对齐方式决定了段落相对于上页边距和下页边距的位置。依次为顶端对齐(默认设置)、居中、两端对齐、底端对齐。在某些情况下,这项功能很有用处。例如,在创建标题

页时，能够在页面顶部或中央精确定位文本，或者调整段落使其在页面的垂直方向上均匀分布。

改变文本垂直对齐的方式：单击“页面布局”选项卡“页面设置”组右侧的对话框启动器，打开“页面设置”对话框，选择“版式”选项卡，在“垂直对齐方式”下拉列表框中，单击所需的选项。

(3)段间距与行间距。段间距决定了段落前后的间距，如果需要改变多个段落的间距，可以通过增加段前、段后的间距来实现。

行间距简称行距，它决定了段落中各行之间的垂直间距，即一行文字底部到下一行文字顶部的间距量。

改变行距或段落间距的方法：选定要更改其行距或段落间距的段落，单击“开始”→“段落”组右侧的对话框启动器，打开“段落”对话框，如图 10－22 所示。若要改变行距，则在“行距”框中选择所需的选项(其中单倍行距、1.5 倍行距、2 倍行距和多倍行距都是以“行”为单位，最小值和固定值以“磅”为单位)；若要增加各个段落的前后间距，则在“段前”或“段后”框中输入所需的间距(可设置为“自动”“行”“磅”三种方式)，单击“确定”按钮即可。

(4)控制段落的断开。有时用户需要将某些放在同一页上，或希望在段中不要分页，或者控制孤行(如某段落在断开后在下一页的开始处仅有该段的一行文本)，对于这些情况，可使用图 10－22“段落”对话框中的“换行和分页”选项卡上的对应选项来控制段落的完整性。

3. 项目符号和编号

项目符号和编号用于将文档中一些并列或按次序排列的内容以列表的形式显示出来，使这些内容的层次结构更清晰、更有条理、更有序地排列。

1)添加项目符号

Word 2016 提供了 7 种标准的项目符号，并允许用户自定义项目符号。

(1)选中需要添加或改变项目符号的段落。

(2)在“开始”选项卡的“段落”组中，单击“项目符号”按钮；或单击鼠标右键，在弹出的快捷菜单中选择“项目符号”命令，将自动在每一个段落前面添加项目符号。

(3)若单击“项目符号”按钮右侧的向下箭头，在打开的列表中选择“定义新项目符号”命令；或者单击鼠标右键，在弹出的快捷菜单中选择“项目符号”命令中的“定义新项目符号”选项，将打开如图 10－23(a)所示的“定义新项目符号”对话框，单击“符号”“图片”“字体”按钮弹出不同的对话框，在这些对话框中可按需求进行自定义项目符号设置。

2)添加编号

(1)选中需要添加或改变编号的段落。

(2)在“开始”选项卡的“段落”组中，单击“编号”按钮；或单击鼠标右键，在弹出的快捷菜单中选择“编号”命令，将自动在每一个段落前面添加编号。

若单击“编号”按钮右侧的向下箭头，在打开的列表中选择“定义新编号格式”命令；或者单击鼠标右键，在弹出的快捷菜单中选择“编号”命令中的“定义新编号格式”选项，将打开如图 10－23(b)所示的“定义新编号格式”对话框，单击“编号样式”下拉按钮、“字体”“对齐方式”下拉按钮，弹出不同的对话框，在这些对话框中可按需求进行自定义编号设置，还可自定义编号格式。

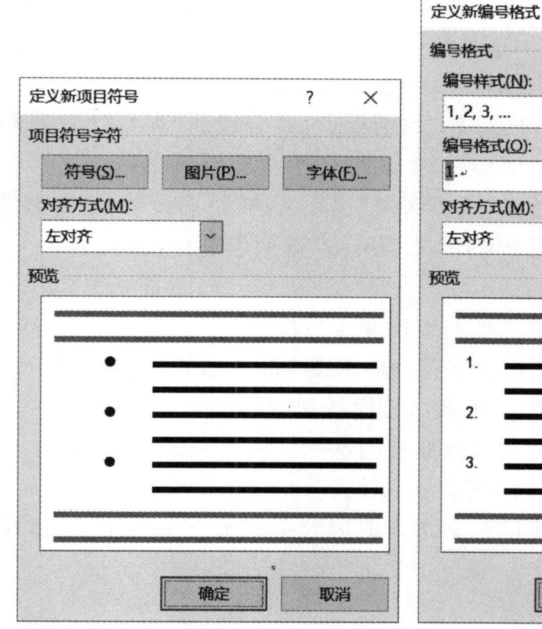

（a）“定义新项目符号”对话框　　（b）“定义新编号格式”对话框

图 10－23　“定义新项目符号”和“定义新编号格式”

3）多级列表

多级列表是在段落的编号中，再设置下一级的编号（如以 1.、(1)、a. 等字符开始的段落中，按回车键，下一段开始将会自动出现 2.、(2)、b. 等字符）。

单击段落组中的多级编号下拉按钮，可在其列表中进行相关设置。若要选择新的多级列表，则单击多级编号下拉列表中的“定义新的多级列表”按钮，在弹出的“定义新的多级列表”对话框中进行设置。

4. 设置特殊格式

1）首字下沉/首字悬挂

顾名思义，就是以下沉或悬挂的方式设置段落中的第一个字符的格式。下沉方式设置的下沉字符紧靠其他的文字，而悬挂方式设置的字符可以随意移动其位置。

操作时，选择要设置首字下沉的段落或文字，在“插入”选项卡的“文本”组中，单击“首字下沉”按钮，在其下拉列表中单击“下沉”或“悬挂”命令即可，若单击下拉列表中的“首字下沉选项”命令，将打开“首字下沉”对话框，可在“位置”“选项”等选区中进行相应的设置。

【注】如果要对某段文本进行分栏设置（或给某段正文添加某线型的边框）和首字下沉/悬挂操作，一定要先设置分栏和边框，再设置首字下沉/悬挂。

2）分栏

Word 2016 提供了分栏功能，使其具有类似于杂志、报刊的分栏效果，这样不仅可以使文档易于阅读，而且可以对每一栏单独进行格式化和版面设计。分栏排版是将页面中的文字分多个栏目，按垂直方向对齐，排满一栏后转到下一栏。用户可根据需要设置栏数、调整栏宽。

(1)使用预设分栏效果:选择要分栏的文本,在“页面布局”选项卡的“页面设置”组中,单击“分栏”下拉按钮,在弹出的列表中选择“一栏”“两栏”“三栏”“偏左”“偏右”中一项即可。

(2)使用分栏对话框:在“页面布局”选项卡的“页面设置”组中,单击“分栏”下拉按钮,在列表中选择“更多分栏”命令,将打开“分栏”对话框,可对分栏的“列数”“宽度和间距”“分隔线”等项进行相应的设置。

(3)使用“页面设置”对话框:单击“页面布局”选项卡的“页面设置”组右侧的对话框启动器,在弹出的“页面设置”对话框中选择“文档网络”选项卡进行设置。

3)中文版式

中文版式功能极大方便了中文文档的编辑和排版操作。

操作时,先选择要设置中文版式的字符,在“开始”选项卡的“段落”组中,单击“中文版式”按钮,在其下拉列表中选择各个选项即可进行相应的设置。

(1)纵横混排:能使横向排版的文本在原有的基础上向左旋转 90°。

(2)合并字符:能使所选的字符排列成上、下两行。

(3)双行合一:能使所选的位于同一文本行的内容平均地分为两个部分,前一部分排列在后一部分的上方。

(4)调整宽度:调整文字间的宽度。

(5)字符缩放:可按提供的比例调整文字大小,如需自定义比例,单击“其他”按钮可进行设置。

5. 复制、显示和清除格式

1)复制格式

复制格式指使用格式刷来“刷”格式,可以非常快速地将指定文本的格式引用到其他文本上。操作时,选择已具有格式的文本做为复制源,在“开始”选项卡的“剪贴板”组中,单击“格式刷”按钮,此时“格式刷”按钮被点亮,鼠标指针变成刷子形状,将鼠标移动到想要复制格式的文本上,按住鼠标左键,不放在该文本上拖动即可,松开鼠标左键后,“格式刷”按钮灭。

如果需要反复多次应用同一个格式,则可以双击“格式刷”按钮,然后拖动鼠标选择要应用该格式的文本,直到使用完毕时,再次单击“格式刷”按钮或者按 Esc 键取消格式刷。

2)显示格式

按“Shift+F1”组合键可将“显示格式”任务窗格调出并停靠在编辑区的右侧。此时,移动鼠标到要查看格式的字符上单击,即可看到该字符的格式信息。单击该任务窗格右上角的关闭按钮即可关闭。

3)清除格式

无论目前文本应用了什么格式,清除格式后默认使用该文档的“正文”样式。若要使用清除格式操作,在“开始”选项卡的“字体”组中,单击“清除格式”按钮。

10.2.3 布局

页面的布局设计简称布局,页面的设计相比格式段落的设计更为重要,因为页面的安排直接影响到文档的打印效果,即文档展现在人们视觉上的效果。为了使文档更加美观、具有良好的视觉效果,Word 2016 提供各种布局调整功能,如设置页边距、纸张、页眉页脚、页面走纸方向、边框和底纹、页眉页脚、分隔符中的分页和分节等。

1. 页面设置

Word 2016 页面设置是指设置纸张大小、页边距(上、下、左、右)、页眉和页脚内容、页眉和页脚位置的总称,其中上页边距和下页边距也称为顶页边距和底页边距。页面设置的作用域可以是“插入点之后”的节,也可以是“整篇文档”。

单击“布局”选项卡中的“页面设置”对话框启动器,在弹出的“页面设置”对话框中有 4 个选项卡:页边距、纸张、版式和文档网格,如图 10－24 所示。

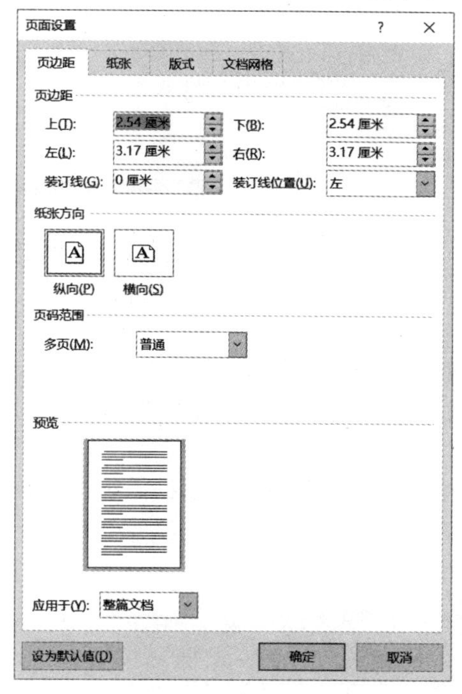

图 10－24 “页面设置”对话框

2. 页面背景

文本边框、页面边框、底纹和页面颜色用于美化文档,同时也可以起到突出和醒目的作用。水印作为一种特殊的底纹还可以起到文档真伪鉴别、版权保护的功能。

1)设置文本边框

可以通过单击“开始”选项卡中“字体”组上的字符边框按钮,给文本添加简单的单线边框;如果想给选定的文本添加其他样式的边框,可使用下面的方法来实现。

(1)选定要加边框的文本。

(2)单击“页面布局”选项卡上的“页面背景”组的“页面边框”按钮,弹出“边框和底纹”对话框,打开“边框”选项卡,如图 10－25 所示。

(3)分别在“设置”“线型”“颜色”“宽度”选项区中选择一种需要的边框样式。

(4)在“应用于”列表框中选择“文字”或“段落”选项,单击“确定”按钮完成。

(5)如果要取消已经设置好的边框线,应在“线型”列表中选择“无边框”选项即可。

2)设置页面边框

(1)将光标放在页面的任一位置处,单击“页面布局”选项卡上的“页面背景”组的“页面

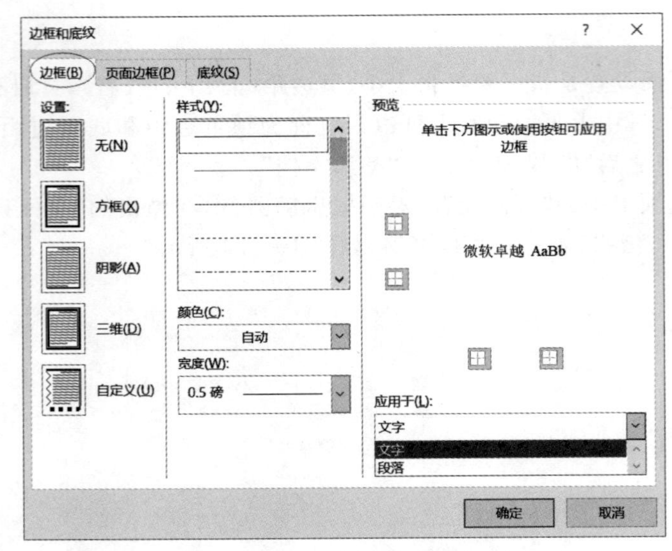

图 10－25 “边框”选项卡

边框”按钮▢,弹出“边框和底纹”对话框,打开“页面边框”选项卡,如图 10－26 所示。

(2)根据要求分别在“设置”“样式”“颜色”“宽度”“艺术型”列表框中进行选择,完成页面边框样式的设置。

(3)在“应用于”列表框中选择“整篇文档”或根据需求选择其他选项,如图 10－26 所示,单击“确定”按钮完成。

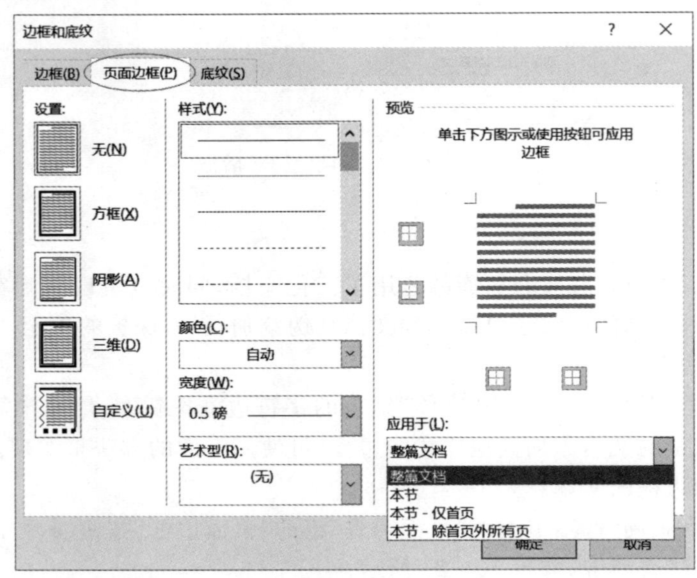

图 10－26 “页面边框”选项卡

3)设置文本底纹

设置文本底纹的方法和设置文本边框的方法基本一样,在“边框和底纹”对话框的“底纹”选项卡中进行相应的设置。

【注】还可以使用“开始”选项卡中“字体”组中的按钮和快速设置文本的边框和底纹，但样式比较单一。

4)设置页面颜色

页面颜色可以设置文本背景的不同颜色和不同填充效果，单击“设计”选项卡中的“页面背景”组中的“页面颜色”按钮，点击下拉按钮选择“填充效果”命令，在弹出的“填充效果”对话框中可进行“渐变”“纹理”“图案”“图片”填充。如将某文档的背景设置成纸莎草纸，则在“纹理”填充选项卡选择第一个图片并单击“确定”按钮即可，如图 10－27 所示。

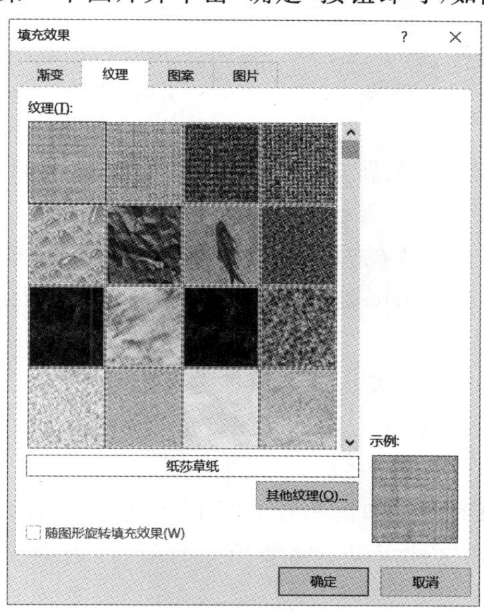

图 10－27　“纹理”选项卡

5)文档水印

水印可以是文字或图形，出现在文档正文的上方和下方。例如，使用水印将某图形(如某个大学的标志等)或文字(如“机密”字样等)淡淡地显示在文档背景中。

无论它们被放置在页面的何处(如被设置为水印效果的文本或图形放置在页眉和页脚视图内)，都可以被正确显示和打印在每一个文档页上。

插入水印的方法：选择“页面布局”选项卡→“页面背景”组→单击“水印”按钮，在水印菜单中根据需要进行相关的插入操作。另外，还可以在下拉菜单中选择“自定义水印”进行个性化设置。

删除水印，在水印下拉菜单中单击“删除水印”按钮即可。

3. 分隔符

分隔符一般用于文档的分页、分节处理，方便页眉和页脚的插入和目录的处理。分隔符常用的主要有分页符和分节符两种。

1)分页

Word 通过分页符来决定文档分页的位置，也就是说分页符用来表示上一页结束、下一页开始的位置。分页有自动分页和人工分页两种，自动分页是指文档中每个页面结尾处 Word 自动插入的分页符，该分页符也称软分页符；人工分页是指通过 Word 提供的插入分页符命令，在指定位置上强制插入的分页符，该分页符也称硬分页符。

在页面视图、打印预览以及在打印出的文档中，分页符后的文本出现在新页中。在普通视图中，自动分页符显示为横穿页面的单点划线；人工分页符则显示为标有“分页符”字样的单点划线，如图 10－28(b)所示。

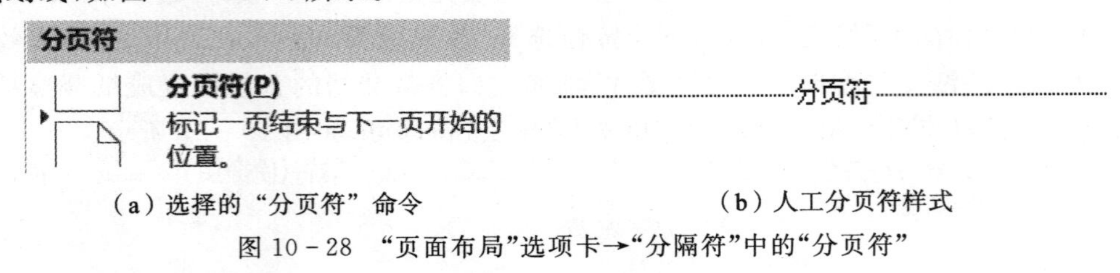

(a) 选择的“分页符”命令　　(b) 人工分页符样式

图 10－28 “页面布局”选项卡→“分隔符”中的“分页符”

插入人工分页符：插入点移至新页的起始位置→单击“页面布局”选项卡→单击“分隔符”→选择“分页符”，如 10－28(a)所示。

删除分页符：在“开始”选项卡的“段落”组中单击“显示/隐藏格式标记”按钮，将光标移动分页符的单点划线前，按 Delete 键(若光标在分页符的单点划线后，按 Backspace 键)。

2)分节

在 Word 中，通过插入分节符表示节结束。分节符包括节的格式设置，如页边距、页的方向、页眉和页脚，以及页码的顺序。通过使用分节符可在一页之内或两页之间改变文档的布局。

例如，某期刊论文将内容提要和正文分为两节，要求内容提要节的格式设置为一栏，正文节的格式设置成两栏。在这种情况下需要插入分节符，否则 Word 会将整篇论文视为一个节。

分节符的插入位置可以为同一页、新的一页、下一个奇数页、下一个偶数页中，插入分节符表示开始新的一节。另外，文档的最后一个段落标记控制文档最后一节的节格式，若文档没有分节，则控制整个文档的格式。

插入分节符：单击需要插入分节符的位置，选择“页面设置”组→单击“分隔符”下拉按钮，在其列表框中选择所需选项即可，在“分节符类型”下单击所需新分节符开始位置的选项，各选项命令及样式如图 10－29 所示。

删除分节符与删除分页符的方法相同。

【注】在删除分节符的同时，也将删除该分节符前面文本的分节格式，该文本将变成下一节的一部分，并采用下一节的格式。

4. 设置页眉页脚

页眉和页脚分别是打印在文档页面顶部和底部的注释性文字或图片。

1)添加页眉和页脚

(1)使用预设效果：打开“插入”选项卡→选择“页眉和页脚”组→单击“页眉”按钮(或页脚、页码按钮)，选择 Word 2016 内置的预设样式，在页眉或页脚编辑状态下输入页眉或页脚即可。操作完成后单击“关闭页眉和页脚”按钮。

(2)使用鼠标快速设置：双击文档编辑区上部或下部的空白区域，自定义设置页眉、页脚和页码，操作完成后，双击文档编辑区，即可关闭页眉和页脚。

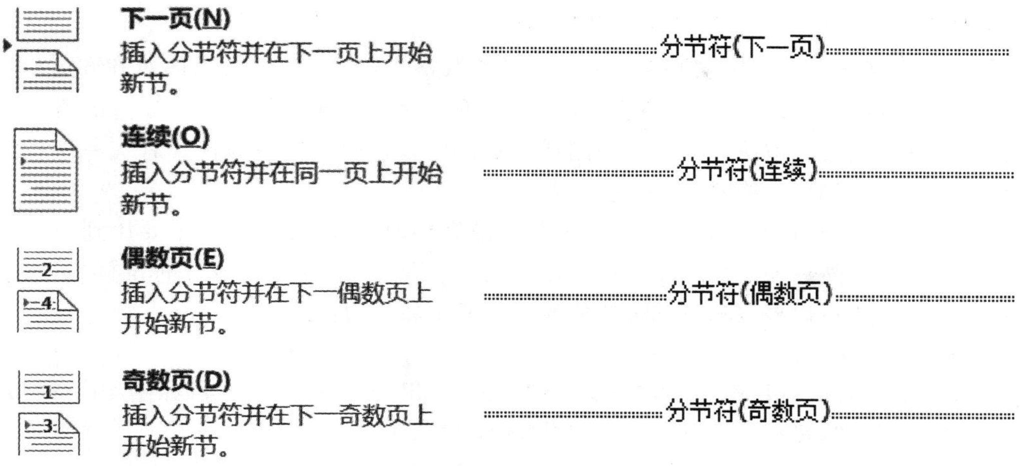

下一页(N)
插入分节符并在下一页上开始新节。
分节符(下一页)

连续(O)
插入分节符并在同一页上开始新节。
分节符(连续)

偶数页(E)
插入分节符并在下一偶数页上开始新节。
分节符(偶数页)

奇数页(D)
插入分节符并在下一奇数页上开始新节。
分节符(奇数页)

图 10－29 四种分节符命令及样式

2)设置首页不同

若要使文档仅首页没有页眉或仅首页的页眉与其他页的页眉不同,需进入页眉页脚编辑状态,打开“设计”选项卡→选择“选项”组→勾选“首页不同”,然后进行设置。

3)设置奇偶页不同

若要在文档中创建奇数页和偶数页不同内容的页眉或页脚,需进入页眉页脚编辑状态,打开“设计”选项卡→选择“选项”组→勾选“奇偶页不同”,然后进行设置。

【注】在页眉或页脚编辑状态下,Word 文档编辑区的正文呈灰度显示,不能编辑。

5. 模板

模板是一种特殊文档,它由多个特定的样式组合而成,能为用户提供一种预先设置好的最终文档外观框架,也允许用户加入自己的信息。Word 2016 中模板文件的扩展名采用.dotx 或.dotm(.dotm 文件类型允许在文件中启用宏)。新建一个文档时,用户可以选择系统提供的模板建立文档,也可以自建一个新的模板。

例如,商务计划是 Word 编写中的一种常用文档。可以使用具有预定义的页面布局、字体、边距和样式的模板,而不必从头开始创建商务计划的结构。用户只需打开一个模板,然后填充特定于自己文档的文本和信息,最后将文档保存为.docx 或.docm 文件即可。创建模板有从空白文档开始和基于现有的文档创建模板两种。

1)从空白文档开始创建模板

选择“文件”→“新建”→“空白文档”→“创建”项,根据需要对边距设置、页面大小和方向、样式以及其他格式进行更改后,选择“文件”→“另存为”选项,在弹出的“另存为”对话框中指定新模板的文件名,在“保存类型”列表中选择“Word 模板”,然后单击“保存”按钮即可(模板的默认安装路径在…\Microsoft\Templates 文件夹下)。

2)基于现有的文档创建模板

选择“文件”菜单→“打开”→打开计划用于创建模板的现有文档→根据用户要求对相关内容进行更改→再选择“文件”菜单,选择“另存为”→在“另存为”对话框中指定新模板的文件名,在“保存类型”列表中选择“Word 模板”,然后单击“保存”按钮即可。

6. 样式

样式就是系统或用户定义并保存的一系列排版格式，包括字体、段落的对齐方式和缩进等。重复地设置各个段落的格式不仅烦琐，而且很难保证相同级别的多个段落的格式完全相同，设置样式就可以解决该问题。使用样式不仅可以轻松快捷地编排具有统一格式的段落，而且可以使文档段落格式严格保持一致。

样式实际是一种排版格式指令。在编写一篇文档时，可以先将文档中要用到的各种样式分别加以定义，然后使之应用于其各个段落之上。Word 2016 预定义了标准样式，如果用户有特殊要求，也可以根据自己的需要修改标准或重新定制样式。

1)使用预定义标准样式

选中要设置样式的段落，单击"开始"→"样式"组里的标准样式即可，如图 10－30(a)所示。单击下拉按钮，可显示全标准样式，如图 10－30(b)所示。

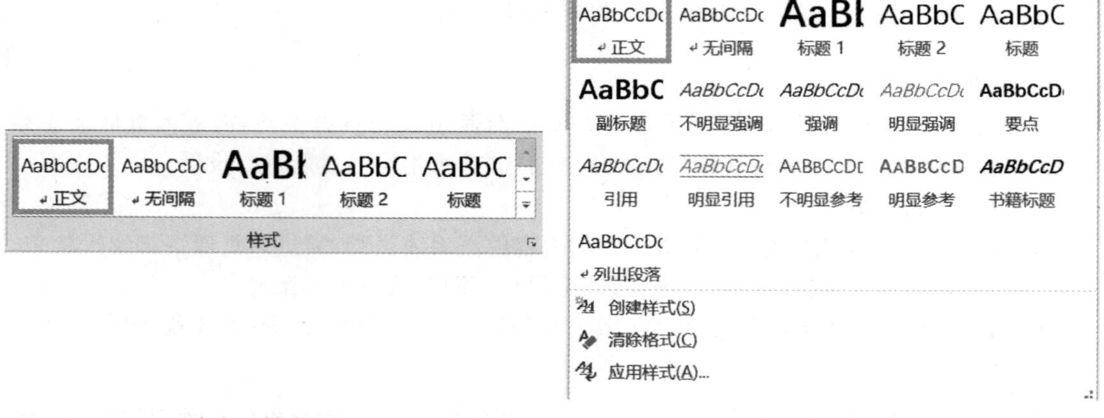

(a) "样式"组　　　　(b) 预定义标准样式

图 10－30　应用内置样式

2)创建新样式

打开"开始"选项卡→单击"样式"组右下角的对话框启动器，在图 10－31(a)所示的"样式"任务窗格中单击"新建样式"按钮，弹出"根据格式设置创建新样式"对话框，如图 10－31(b)所示。用户可根据自己的需求进行新样式设置，设置"属性"和"格式"两栏内容，最后单击"确定"按钮，就创建了一个新样式。应用时，同标准样式相同。

3)修改、删除样式

用户在使用样式时，有些样式不符合自己排版的要求，可以对样式进行修改，甚至删除。删除时，打开"开始"选项卡→单击"样式"组右下角的对话框启动器，在弹出的下拉菜单中进行操作即可。

【注】系统只允许用户删除自己创建的样式，Word 2016 的预定义标准样式只能修改、不能删除。

7. 目录

Word 2016 可根据文档章节的标题样式自动生成目录，这样不仅可使目录制作变得简便，并且在文档有修改时，可使用"更新目录"功能来适应文档的变化。通过目录阅读和查找

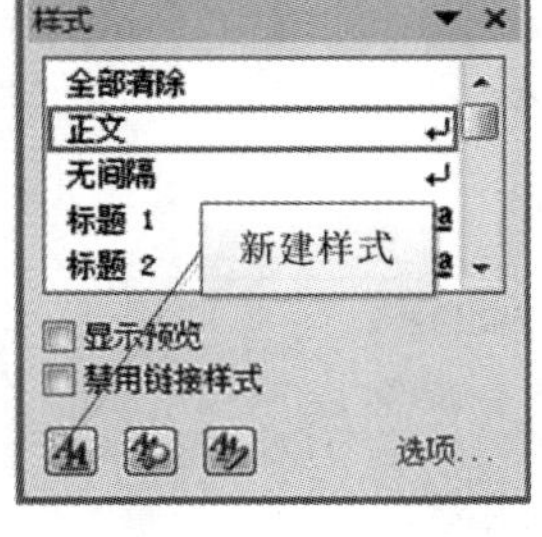

(a) “样式”任务窗格

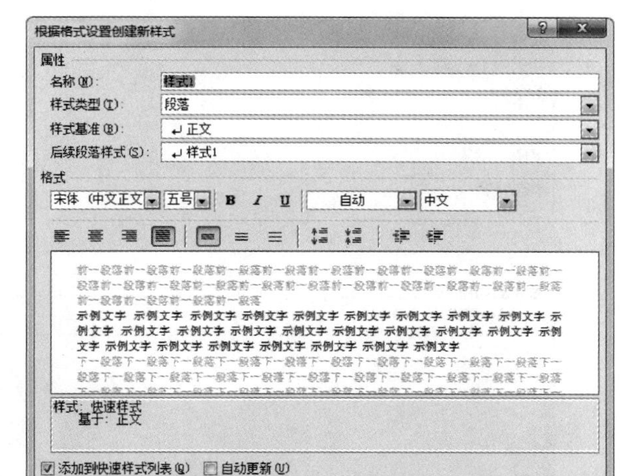

(b) “根据格式设置创建新样式”对话框

图 10-31 创建新样式

文章内容也很方便,只要按住 Ctrl 键单击目录中的某一章节就会直接跳转到该页。

在自动生成目录之前,应对文档进行一些必要的格式设置,即用户要把文档中的各个章节的标题按级别的高低分别设置成 Word 2016 预定义标准样式或自行创建的新样式。

1)自动生成目录

方法 1:将插入点定位到需要插入目录的位置处,在“引用”选项卡中单击“目录”下拉按钮,在目录下拉列表中选择一种自动目录样式,如图 10-32 所示,即可按照文档中已有的标题样式自动生成目录。

方法 2:选择“引用”选项卡→单击“目录”下拉按钮→在“目录”下拉列表中单击“插入目录”按钮,打开“目录”对话框,如图 10-33 所示;然后按要求设置是否显示页码、页码是否右对齐,以及制表符前导符的样式;最后单击“确定”按钮,即可自动生成目录。

2)更新目录

如果文档经过编辑修改后,增、删及修改了某部分章节标题、正文内容,以及章节所在的页码发生了变动,都需要更新目录。

打开“引用”选项卡→单击“目录”组的“更新目录”按钮,如图 10-34(a)所示;或将光标定位到目录中的任意标题条目,右键单击,在弹出的快捷菜单中选“更新目录”选项,都可弹出如图 10-34(b)所示的“更新目录”对话框。其中“只更新页码”表示不更新目录的标题内容,“更新整个目录”指标题、页码都更新。

10.2.4 审阅与修订文档

在与他人共同处理文档的过程中(如共同著书或撰写论文),审阅、跟踪文档的修订状况成为最重要的环节之一,用户需要及时了解其他用户更改了文档的哪些内容,以及为何要进行这些更改。Word 提供了多种方式来协助用户完成文档审阅的相关操作,这里介绍最常用的两项。

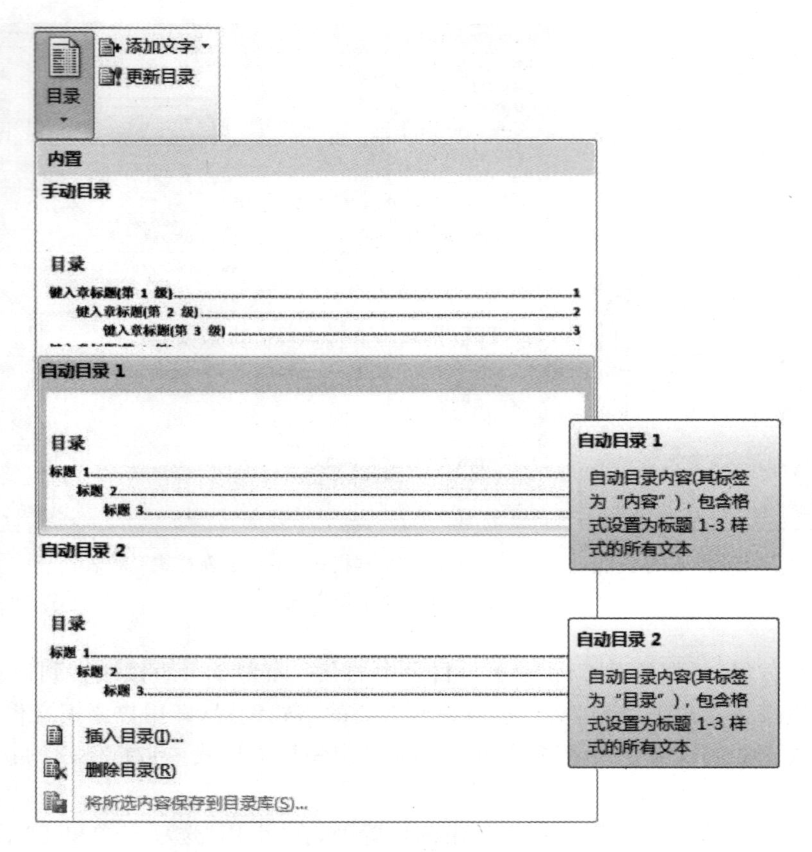

图 10-32 "目录"下拉列表

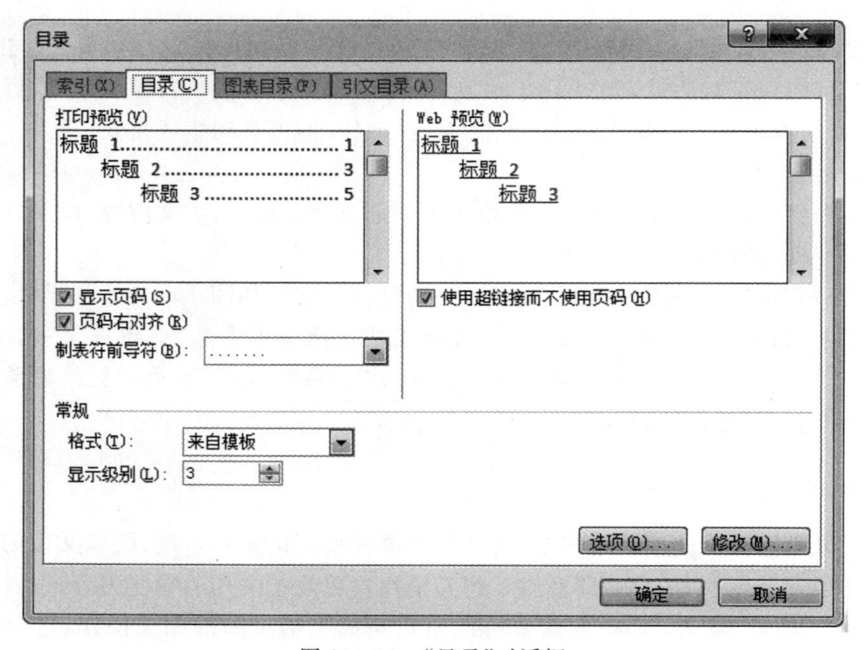

图 10-33 "目录"对话框

（a）"更新目录"

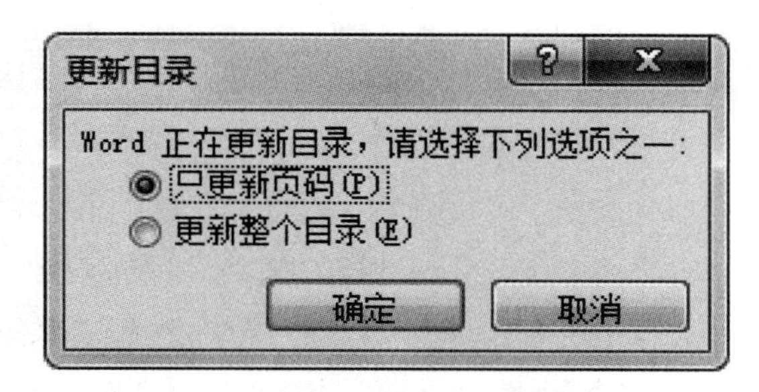

（b）"更新目录"对话框

图10-34　更新目录方式

1. 修订文档

当用户在修订状态下修改文档时，Word应用程序将跟踪文档中所有内容的变化状况，同时会把用户在当前文档中修改、删除、插入的每一项内容标记下来。

打开要修订的文档，单击"审阅"选项卡中的"修订"组中的"修订"按钮，即可开启文档的修订状态。用户在修订状态下直接插入的文档内容会通过颜色和下划线标记下来，删除的内容会在中部加上删除线。

当多个用户同时参与同一文档的修订时，文档将通过不同的颜色来区分不同用户修订的内容，从而可以很好地避免由于多人参与文档修订而造成的混乱局面。此外，Word 2016还允许用户对修订内容的样式进行自定义设置，具体的操作步骤如下。

(1)在功能区的"审阅"选项卡的"修订"选项组中，执行"修订选项"命令，打开"修订选项"对话框中的"高级选项"，进入"高级修订选项"对话框。

(2)用户在"标记""移动""表单元格突出显示""格式""批注框"5个选项区域中，可以根据自己的浏览习惯和具体需求设置修订内容的显示情况。

2. 为文档添加批注

在多人审阅文档时，可能需要彼此之间对文档内容的变更状况作一个解释，或者向文档作者询问一些问题，这时就可以在文档中插入"批注"信息。"批注"与"修订"的不同之处是，"批注"并不在原文的基础上进行修改，而是在文档页面的空白处添加相关的注释信息，并用有颜色的方框括起来，如图10-35所示。

如果需要为文档内容添加批注信息，只需在"审阅"选项卡的"批注"选项组中单击"新建批注"按钮，然后直接输入批注信息即可。

除了在文档中插入文本批注信息以外，用户还可以插入音频或视频批注信息，从而使文档协作在形式上更加丰富。

如果用户要删除文档中的某一条批注信息，则可以右键单击所要删除的批注，在随后打开的快捷菜单中执行"删除批注"命令。如果用户要删除文档中所有批注，单击任意批注信息，然后在"审阅"选项卡的"批注"选项组中执行"删除"→"删除文档中的所有批注"命令即可。

另外，当文档被多人修订或审批后，用户可以在功能区的"审阅"选项卡中的"修订"选项组中执行"显示标记审阅者"命令，在显示的列表中将显示出所有对该文档进行过修订或批注操作的人员名单。

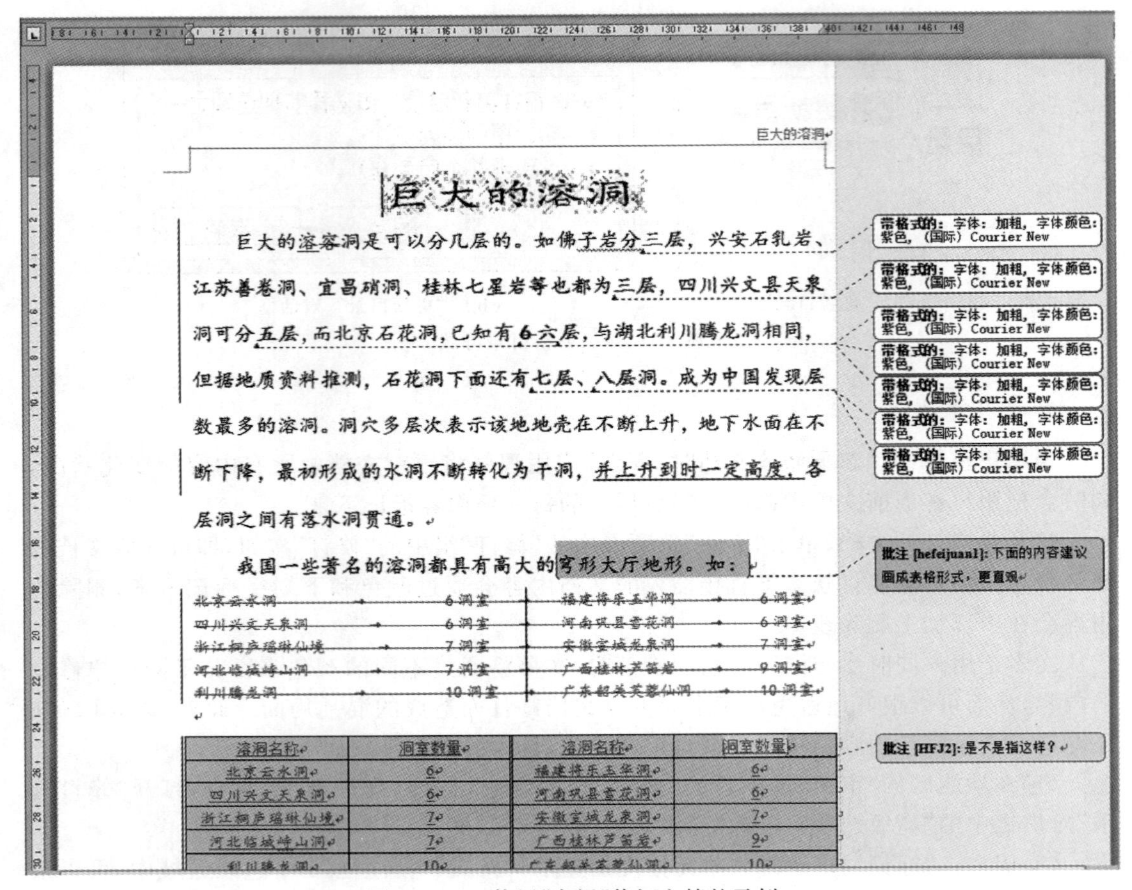
巨大的溶洞

巨大的溶洞

巨大的溶容洞是可以分几层的。如佛子岩分三层，兴安石乳岩、江苏善卷洞、宜昌硝洞、桂林七星岩等也都为三层，四川兴文县天泉洞可分五层，而北京石花洞，已知有6六层，与湖北利川腾龙洞相同，但据地质资料推测，石花洞下面还有七层、八层洞。成为中国发现层数最多的溶洞。洞穴多层次表示该地地壳在不断上升，地下水面在不断下降，最初形成的水洞不断转化为干洞，并上升到时一定高度，各层洞之间有落水洞贯通。

我国一些著名的溶洞都具有高大的穹形大厅地形。如：

北京云水洞 6洞室 福建将乐玉华洞 6洞室
四川兴文天泉洞 6洞室 河南巩县雪花洞 6洞室
浙江桐庐瑶琳仙境 7洞室 安徽宣城龙泉洞 7洞室
河北临城崆山洞 7洞室 广西桂林芦笛岩 9洞室
利川腾龙洞 10洞室 广东韶关芙蓉仙洞 10洞室

溶洞名称	洞室数量	溶洞名称	洞室数量
北京云水洞	6	福建将乐玉华洞	6
四川兴文天泉洞	6	河南巩县雪花洞	6
浙江桐庐瑶琳仙境	7	安徽宣城龙泉洞	7
河北临城崆山洞	7	广西桂林芦笛岩	9
利川腾龙洞	10	广东韶关芙蓉仙洞	10

带格式的：字体：加粗，字体颜色：紫色，（国际）Courier New
带格式的：字体：加粗，字体颜色：紫色，（国际）Courier New
带格式的：字体：加粗，字体颜色：紫色，（国际）Courier New
带格式的：字体：加粗，字体颜色：紫色，（国际）Courier New
带格式的：字体：加粗，字体颜色：紫色，（国际）Courier New
带格式的：字体：加粗，字体颜色：紫色，（国际）Courier New
带格式的：字体：加粗，字体颜色：紫色，（国际）Courier New
批注 [hefeijuan1]: 下面的内容建议画成表格形式，更直观
批注 [HFJ2]: 是不是指这样？

图 10－35　使用“审阅”修订文档的示例

可以通过选择审阅者姓名前面的复选框来查看不同人员对本文档的修订或批注意见。

3. 审阅修订和批注

文档内容修订完成以后，用户还需要对文档的修订和批注状况进行最终审阅，并确定出最终的文档版本。当审阅修订和批注时，可以按照如下步骤来接受或拒绝文档内容的每一项更改。

(1)在“审阅”选项卡的“更改”选项组中单击“上一条”(“下一条”)按钮，即可定位到文档中的上一条(下一条)修订或批注。

(2)对于修订信息可以通过单击“更改”选项组中的“拒绝”或“接受”按钮来选择拒绝或接受当前修订对文档的更改；对于批注信息可以在“批注”选项组中单击“删除”按钮将其删除。

(3)重复步骤(1)及步骤(2)，直到文档中不再有修订和批注。

(4)如果要拒绝对当前文档作出的所有修订，可以在“更改”选项组中执行“拒绝”→“拒绝对文档的所有修订”命令；如果要接受所有修订，可以在“更改”选项组中执行“接受”→“接受对文档的所有修订”命令。

图 10-36 “高级修订选项”对话框

10.3 Word 表格制作

表格是一种简明扼要的表达方式，它以行和列的形式组织信息，其基本单元称为单元格。在表格中不但可以输入文本、数字，还可以插入图片等，显示效果直观、形象。

10.3.1 创建表格

在 Word 2016 的表格中，一行和一列的交叉位置称为一个单元格，表格的信息包含在各个单元格中。单元格结束标记标识出单元格中内容的结束位置，而行结束标记标识出每一行的结束位置。这些标记的作用和“段落标记”一样，都具有存储设置的功能。创建表格可使用以下方法。

1. 使用下拉列表中的网格插入表格

将插入点定位到要创建表格的位置，选择“插入”选项卡→单击“表格”组中的“表格”下拉按钮，在“表格”下拉列表(见图 10-37(a))中出现一个网格面板，在网格内拖动鼠标直到橙色网格的大小符合要求后松开鼠标，即可在屏幕上创建一个所需行数和列数的表格。如鼠标拖过5×3个方格，将创建一个5列3行的表格。

表格插入进来的同时，系统将自动激活如图10－37(b)所示的“表格工具”选项卡，该选项卡又分别包含“设计”与“布局”两个选项卡。

表格结构如图10－37(c)所示。

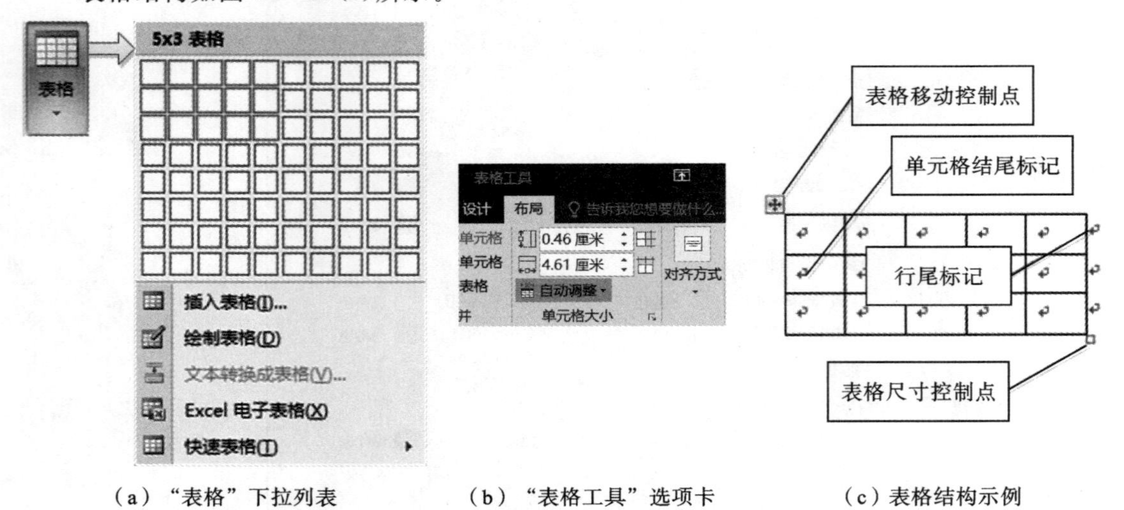

（a）“表格”下拉列表　　（b）“表格工具”选项卡　　（c）表格结构示例

图10－37　使用下拉列表中的网格插入表格

2. 利用“插入表格”对话框创建表格

使用“表格”菜单中“插入”子菜单下的“表格”命令创建表格，操作步骤如下。

(1)将光标移到要插入表格的位置上，选择“插入”选项卡→单击“表格”组中的“表格”下拉按钮→在“表格”下拉列表中单击“插入表格”按钮，弹出如图10－38所示的“插入表格”对话框→输入或选择表格的列数和行数。

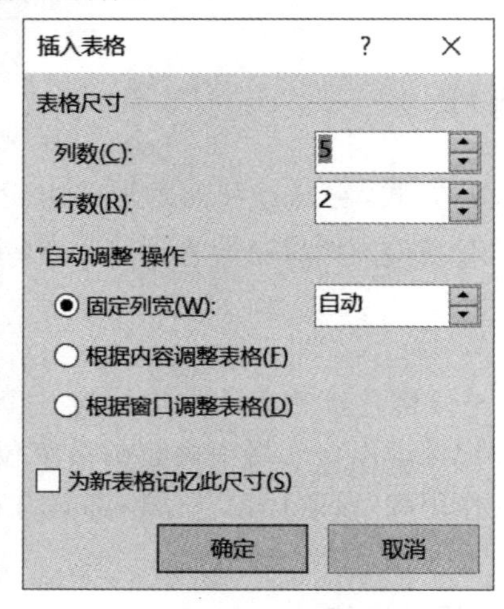

图10－38　“插入表格”对话框

(2)在“自动调整操作”区域选择需要的选项。其中，选择“固定列宽”表示表格的列宽是一个确切的值(可以任意指定);选择“根据窗口调整表格”表示表格的总宽度总是与页面的宽度相同,其中列宽等于页面宽度除以列数;选择“根据内容调整表格”表示列宽自动适应内容的宽度。

(3)如果选中“为新表格记忆此尺寸”复选框,则该设置将成为以后新创建表格的默认设置。

(4)单击“确定”按钮即可在文档中插入所需格式的空表格。

3. 使用“绘制表格”命令创建表格

使用“表格”菜单中“插入”子菜单下的“表格”下拉命令列表框中的“绘制表格”命令创建表格,操作步骤如下。

(1)选择“插入”选项卡→单击“表格”组中的“表格”下拉按钮→在“表格”下拉列表中单击“绘制表格”按钮,此时鼠标指针变为铅笔的形状。

(2)在需要插入表格的地方,按住鼠标左键从左上角沿对角线方向拖动鼠标,直到适当位置后松开鼠标,画出表格外框,然后拖动鼠标画表格内的行、列线段。

(3)绘制完成后,再次单击“设计”选项卡上的“绘制表格”按钮,使鼠标呈正常显示。

另外,使用“设计”选项卡上的工具,可以对表格进行一些修改操作。例如:如果要取消一条单元格线,可以单击“设计”选项卡上的“绘图边框”组上的“擦除”按钮,待光标变成橡皮状后,在擦除的线上单击鼠标,该线就被擦除了(再次单击该按钮结束擦除操作)。

4. 快速表格

在“插入”选项卡的“表格”组中,单击“表格”按钮,在弹出的下拉列表中选择“快速表格”命令,在打开的子菜单中选择系统提供的内置表格样式,即可快速插入具有特定样式的表格。

5. 将“文本转换成表格”

在“插入”选项卡的“表格”组中,单击“表格”按钮,在弹出的下拉列表中选择“文本转换成表格”命令,可将预先选定的文本转换成表格。

6. 插入“Excel 电子表格”

在“插入”选项卡的“表格”组中,单击“表格”按钮,在弹出的下拉列表中选择“Excel 电子表格”命令,弹出 Excel 界面,可通过专门的表格处理软件创建表格。

10.3.2 编辑表格

1. 在表格中输入信息

在表格中可以输入各种文本、数据、图片等信息:首先移动鼠标到某个单元格,然后单击鼠标将插入点移到该单元格中,输入内容即可。在表格中移动插入点时,可按 Tab 键从一个单元格跳到下一个单元格,按“Shift+Tab”组合键可以从一个单元格跳到上一个单元格。当输入的内容到达单元格的行尾时,Word 会自动换行;当表格项目的内容占满整个单元格时,Word 会自动改变这一行的高度。

2. 选择表格

对单元格内容进行编辑时首先需执行选定操作:

(1)使用“表格工具”中“布局”选项卡的“表”组“选择”下拉列表中的各项命令做相应选定，如图 10－39 所示。

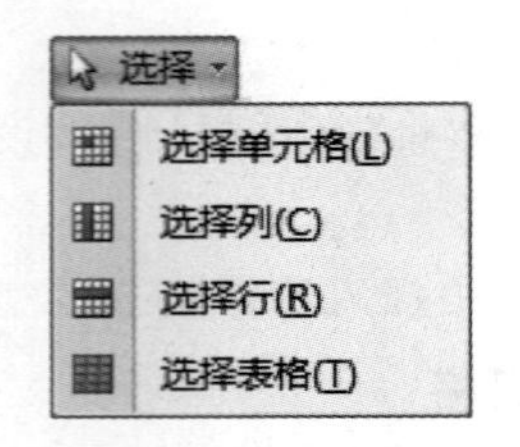

图 10－39 “选择”下拉列表

(2)用鼠标和键盘选择。

①选择一个单元格：移动鼠标至该单元格的左侧，当指针呈现指向右侧的黑色实心箭头↗时单击鼠标。

②选择多个单元格：移动鼠标至该单元格左侧，当指针呈现指向右侧的黑色实心箭头↗时拖拽即可即可选择多个连续的单元格；选择第 1 个单元格后，按住 Ctrl 键不放，再分别选择其他单元格，即可选择多个不连续的单元格。

③选择整行：移动鼠标至表格左框线外的文本选择区，当鼠标指针变成↗时，单击鼠标即可。

④选择整列：移动鼠标至表格某列的上边线框上，当指针呈现指向下方的黑色实心箭头⬇时，单击鼠标即可。

⑤选定多行或多列：对于连续的多行或多列，在要选定行或列上拖动鼠标；或先选定某行或某列，然后按下 Shift 键的同时单击其他行或列。对于不连续的多行或多列，可以用“Ctrl＋鼠标拖拽”；也可按下 Ctrl 键的同时单击这些行或列。

⑥整个表格：移动鼠标至表格内，表格的左上角会出现一个“移动控点”⊞，右下角会出现一个“缩放控点”□，单击这两个符号中的任意一个，即可选择整个表格。

3. 插入与删除

1)插入行、列、单元格

(1)选定与要插入的行或列数目相同的行、列或单元格；选择“布局”选项卡上的“行和列”组，用户可以根据需要选择如图 10－40(a)所示的“在上方插入”“在下方插入”“在左侧插入”或“在右侧插入”命令。

(2)也可在表格中单击鼠标右键，在弹出的快捷菜单中选择相应命令。

(3)快速添加一行：在表格某行的行结束标记前按回车键。

2)删除表格中的单元格、行、列或表格

(1)选定与要删除的单元格、行或列→选择“布局”选项卡→单击“行和列”组中的“删除”下拉命令，在如图 10－40(b)所示的删除操作列表中选择相应的删除命令。

(2)也可使用“表格工具”选项卡的“设计”选项卡中“绘制边框”组中的“擦除”命令。

(3)还可在表格中单击鼠标右键，在弹出的快捷菜单中选择“删除单元格”命令，在弹出的对话框中选相应命令，如图 10－40(c)所示。

3)删除表格中的内容

选定要删除的表格项(单元格、行、列或整表)，按 Delete 键。

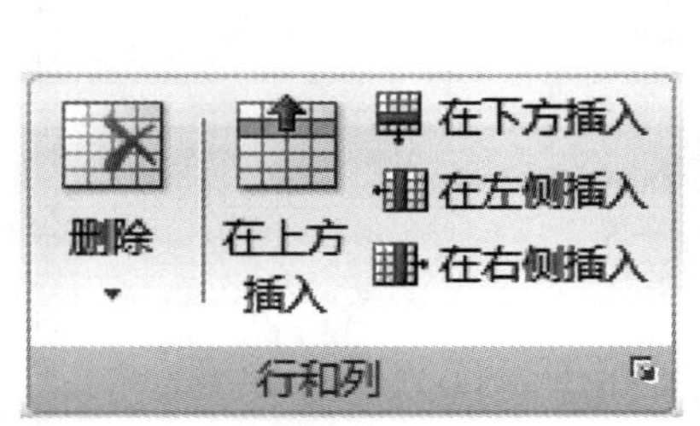

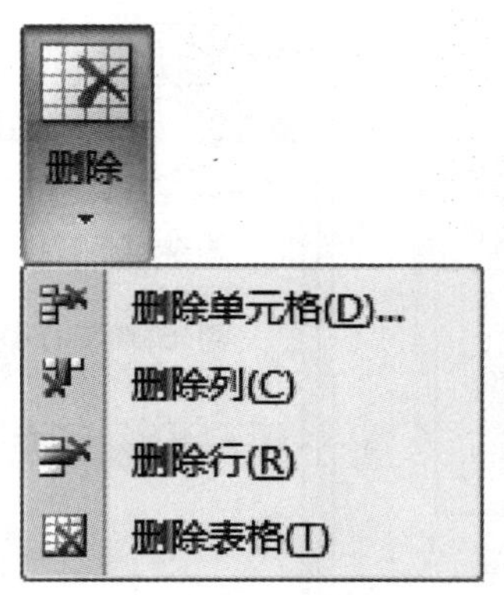

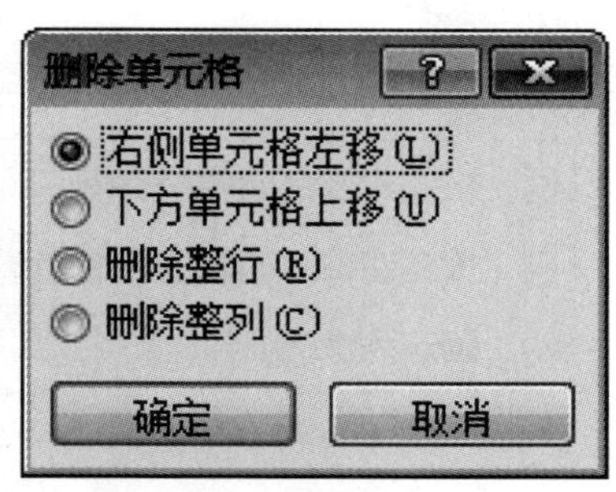

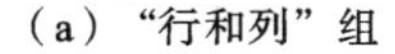
（a）“行和列”组　（b）“删除”操作列表　（c）快捷菜单的“删除单元格”对话框

图 10－40　表格的插入与删除

4. 调整表格

1)表格的移动和缩放

移动:把鼠标指针移到“移动控点”⊞上,按下鼠标拖动到所需的位置即可。

缩放:把鼠标指针移到“缩放控点”□上,拖动鼠标即可调整整个表格的大小。在缩放的同时,按住 Shift 键可保持表格的长宽比例不变。

2)调整表格的行高和列宽

常用方式有以下几种:

(1)移动鼠标至需要调整的表格边框线上,待鼠标指针变成双向分隔箭头时,拖动鼠标则可调整至自定义大小。

(2)分别拖动水平和垂直标尺上的对应滑块即可。

(3)打开“表格工具”中的“布局”选项卡,在“单元格大小”组中单击“自动调整”按钮,在打开的下拉列表中选择相应的命令,如图 10－41(a)所示。

(4)在表格中单击鼠标右键,在弹出的快捷菜单中选择“自动调整”命令,也能打开如图 10－41(a)所示的菜单项。

(5)打开“表格工具”中的“布局”选项卡,单击“表”组的“属性”按钮,在弹出的如图 10－41(b)所示的“表格属性”对话框中进行设置;或者单击“单元格大小”组的对话框启动器,也能打开如图 10－41(b)所示的“表格属性”对话框。

(6)自定义行高列宽为 N 厘米:打开“表格工具”选项卡的“布局”选项卡,在“单元格大小”组的中的“行高”或“列宽”栏输入具体数据,即可进行调整,如图 10－41(c)所示。

(7)打开“表格工具”中的“布局”选项卡,在“单元格大小”组中单击“分布行”或“分布列”按钮,如图 10－41(c)所示,则会自动调整所选表格,使各行(或各列)具有相同的高度(宽度)。

【注】有合并单元格的行、列不太适合使用此命令,一般适用于结构相同的行或列。

5. 合并、拆分单元格和拆分表格

1)合并单元格

可将同一行或同一列中的两个或多个单元格合并为一个单元格。例如,可以横向合并

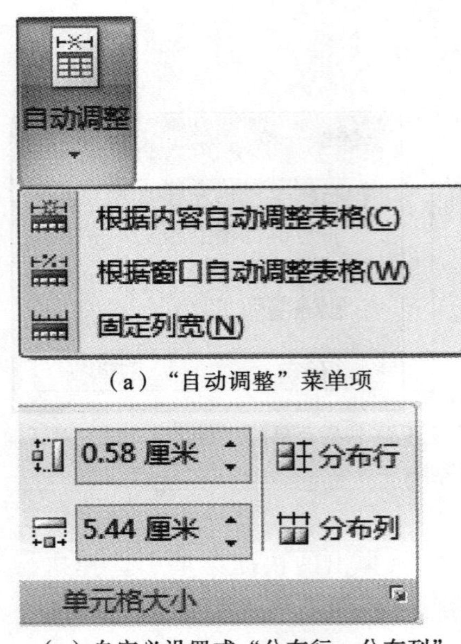

（a）“自动调整”菜单项

（c）自定义设置或“分布行、分布列”

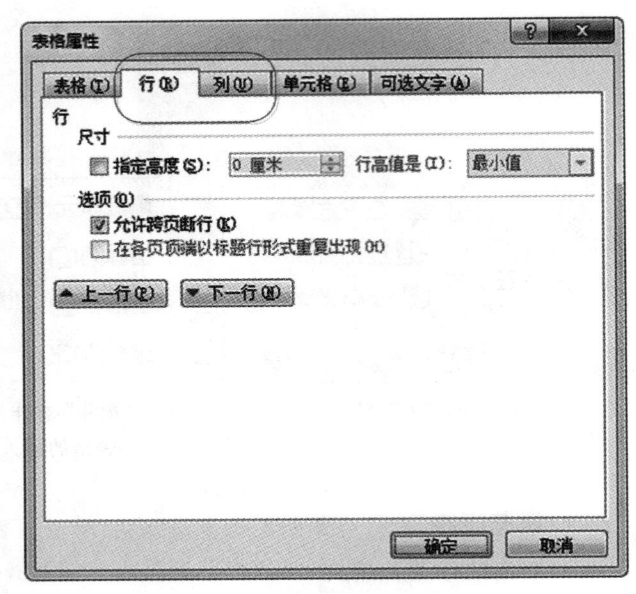

（b）“表格属性”对话框

图 10－41　调整行高、列宽

单元格以创建横跨多列的表格标题；或者纵向合并单元格以创建纵向表格标题。常用方法如下：

(1)选中要合并的单元格→单击鼠标右键→从弹出的快捷菜单中选择“合并单元格”命令。

(2)选中要合并的单元格→“布局”→单击“合并”组的“合并单元格”命令按钮。

(3)选择“布局”→单击“绘图边框”组的“ ”擦除按钮，在要删除的分隔线上拖动。

2)拆分单元格

(1)选择要拆分的单元格→打开“表格工具”的“布局”选项卡→在如图 10－42(a)所示的“合并”组中单击“拆分单元格”按钮，系统弹出“拆分单元格”对话框，如图 10－42(b)所示，设置需要拆分的列数和行数，再单击“确定”按钮即可。

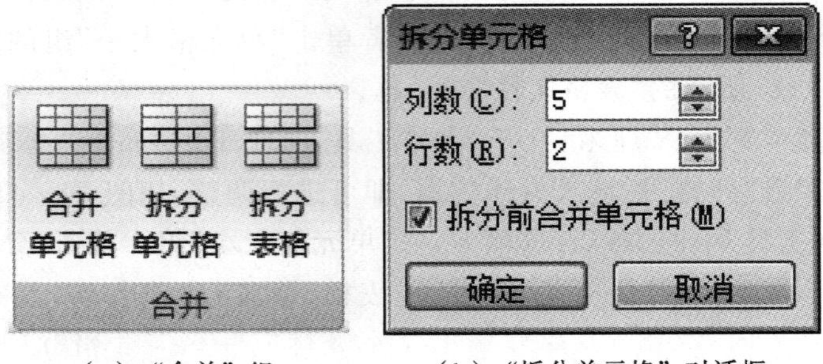

（a）“合并”组　　（b）“拆分单元格”对话框

图 10－42　拆分单元格

(2)选择要拆分的单元格，单击鼠标右键，在弹出的快捷菜单中选择“拆分单元格”命令。

(3)单击“表格工具”→打开“设计”选项卡→选择“绘图边框”组→单击“绘制表格”命令

按钮，直接在要拆分的单元格中画出分隔线。

3)拆分表格

(1)将光标定位到要拆分的表格的行内，打开“表格工具”中的“布局”选项卡，在“合并”组中单击“拆分表格”按钮，即可将一个表格拆分成两个表格。

(2)也可将光标定位到要拆分的表格的行内末尾结束箭头处，按“Ctrl＋Shift＋Enter”快捷键。

6. 单元格对齐和文字方向

1)设置单元格对齐

默认情况下，Word 将文字与单元格的左上角对齐。用户可更改单元格中文字的对齐方式：垂直对齐(顶端对齐、居中或底端对齐)和水平对齐(左对齐、居中或右对齐)。

(1)选择需要调整对齐方式的单元格→打开“布局”选项卡→在图 10－43(a)所示的“对齐方式”组中，单击所需的文字对齐方式按钮即可。

(2)选择需要调整对齐方式的表格单元，单击鼠标右键，从弹出的快捷菜单中选择执行“单元格对齐方式”命令，在列表中单击所需要的对齐方式按钮即可。

2)设置文字方向

默认情况下，Word 横向排列表格单元格中的文字，使文字垂直显示的操作方法：

(1)选择待更改文字方向的单元格，单击如图 10－43(a)所示的“布局”选项卡上“对齐方式”组中的“文字方向”切换命令按钮。

(2)选择待更改文字方向的单元格，单击鼠标右键，从弹出的快捷菜单中选择执行“文字方向”命令，在弹出的“文字方向-表格单元格”对话框中进行选择，单击“确定”按钮，如图 10－43(b)所示。

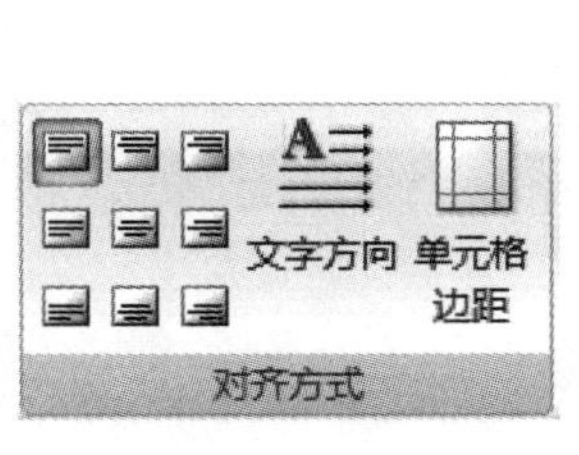

(a) “对齐方式”组

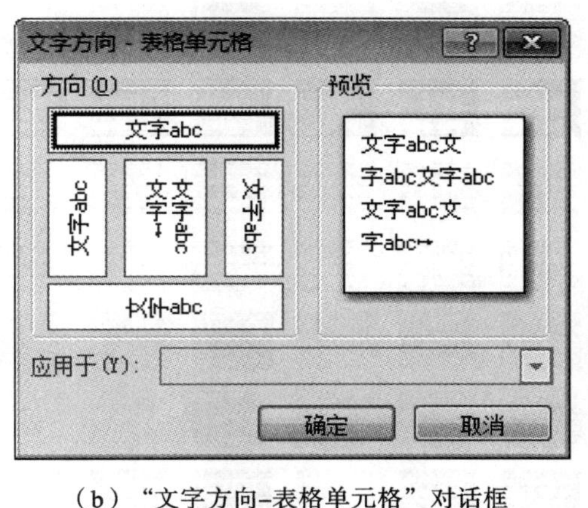

(b) “文字方向-表格单元格”对话框

系别	班级	人数
计算机系	计161	60
	计162	56
	计163	58

(c) 竖排表内文字示例

图 10－43 表格内文字方向及对齐方式

例 利用“文字方向”使表内某单元格的文字竖排成为纵向表格标题，如图 10－43(c)所示。

操作：本例将“系别”下方同列中的 3 个单元格合并，输入“计算机系”，然后单击“表格工具”→“布局”→“对齐方式”→“文字方向”切换按钮，将“计算机系”设置成纵向表格标题。

10. 表格样式、边框和底纹

1)设置表格样式

Word 2016 表格默认样式为“普通”,同时提供多种内置样式,供用户快速套用。将鼠标指针定位在表格内,打开“表格工具”→“设计”选项卡→单击“表格样式”右侧下拉按钮,如图 10-44 所示,任选“内置”样式。如果这些样式都不满足要求,还可选择该下拉列表最底部的“修改表格样式”“清除”“新建表格样式”选项进行操作,如图 10-45 所示。

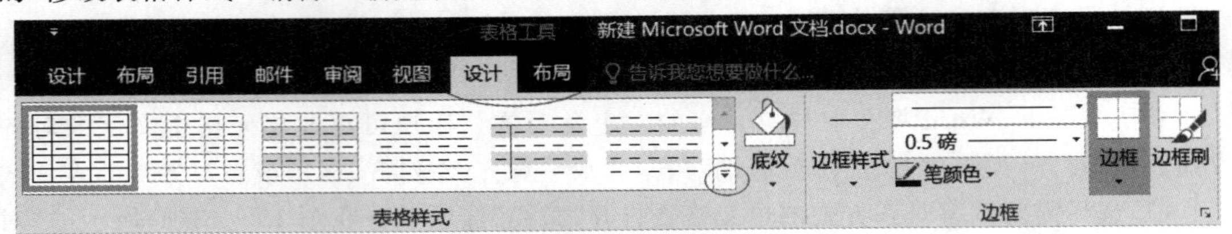

图 10-44 “表格样式”组

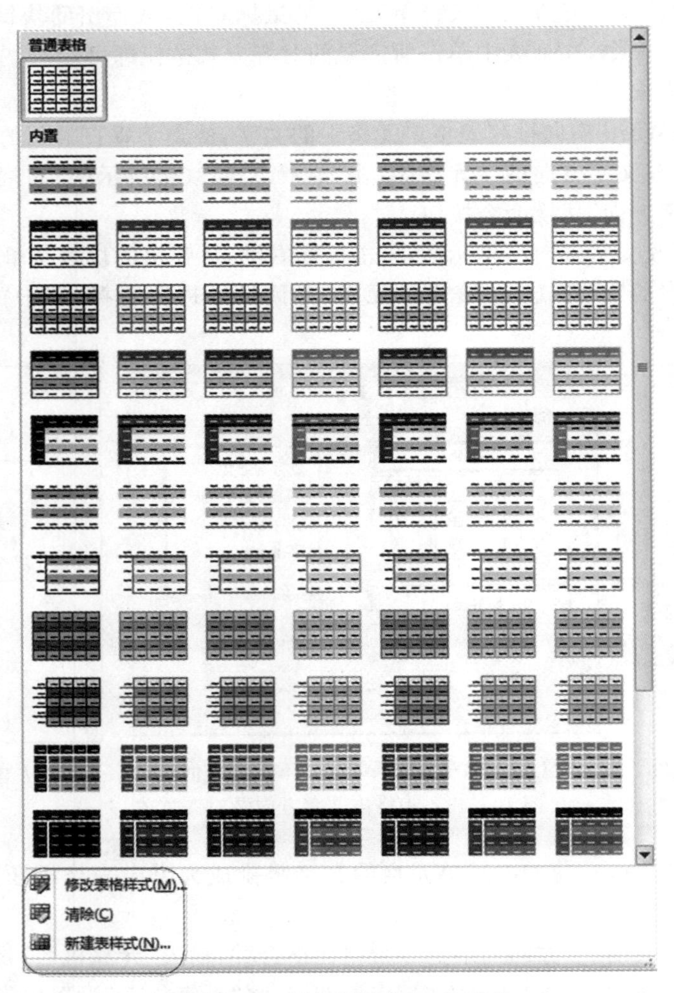

图 10-45 “表格样式”下拉列表

2)设置表格边框

选择要设置边框的单元格,打开“表格工具”中的“设计”选项卡,在“表格样式”组中单击“边框”右侧的下拉按钮,可直接选择自己需要的框线样式,或从该下拉列表的最底部选择“边框和底纹”命令,如图 10-46(a)所示。

也可以在选择好要设置边框的单元格后,单击“开始”→“段落”组→单击图标右侧的下拉按钮,如图 10-46(b)所示。

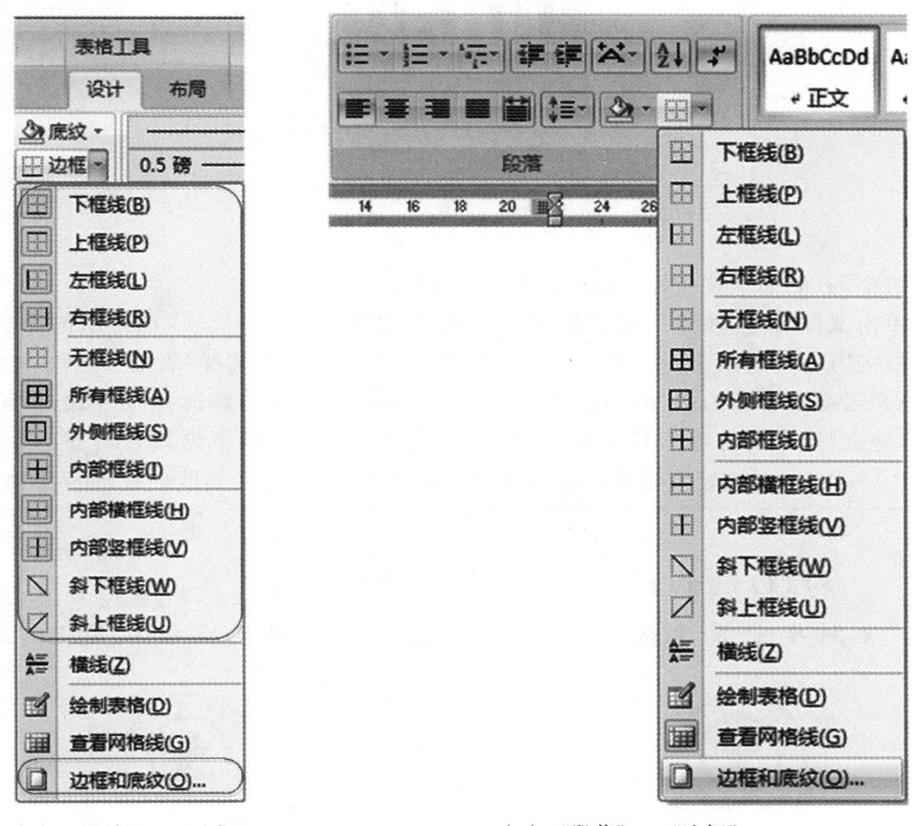

(a) “设计”→“边框”　　(b) “段落”→“边框”

图 10-46 两种不同的打开“边框”下拉列表的方式

选择要设置边框的单元格,单击鼠标右键,选择“边框和底纹”命令也可进行边框设置。

3)设置表格底纹

选择要设置底纹的单元格,打开“表格工具”中的“设计”选项卡,在“表样式”组中单击“底纹”按钮,从弹出的下拉列表中选择相应的底纹颜色;也可单击“其他颜色”按钮进行更多颜色的设置,如图 10-47 所示。

4)虚框表格及应用

虚框表格即无框线表格,是一种特殊形式的表格。其主要特点是虚框表格的表格线只显示在屏幕上而不会被打印出来。利用虚框表格可以将图片和文字有规则地组合在一起,还可以使一些复杂的文本排版变得简单。常用方式有

(1)选中需要设置成虚框表格的单元格,在“表格工具”的“设计”选项卡的“表格样式”组

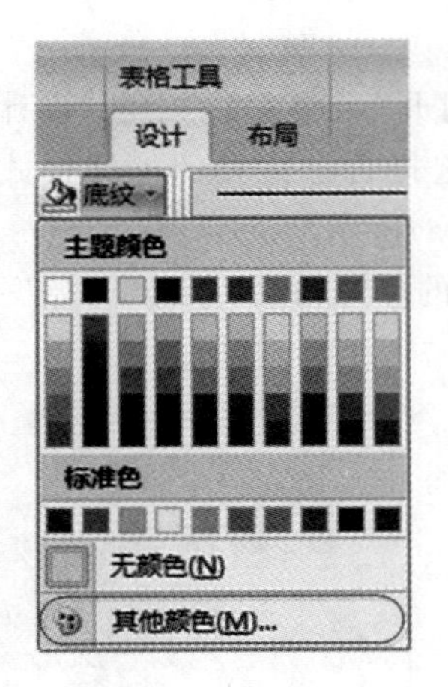

图 10－47 表格底纹的设置

中单击“边框”右侧的下拉按钮，选择“无框线”选项。

(2)单击鼠标右键，在弹出的快捷菜单中选择“边框和底纹”选项，在弹出的“边框和底纹”对话框的“边框”选项卡中设置“无”，在“应用于”下拉表框中选择“表格”即可。

以论文封面的排版为例，图 10－48(a)使用空格加下划线的普通排版方式，由于从“题目”到“指导老师”中的各项信息内容的文字数不定长，调整每项下划线右对齐的操作很烦琐；而图 10－48(b)在该处使用虚框表格加分散对齐来处理，对下划线的处理直接将该单元

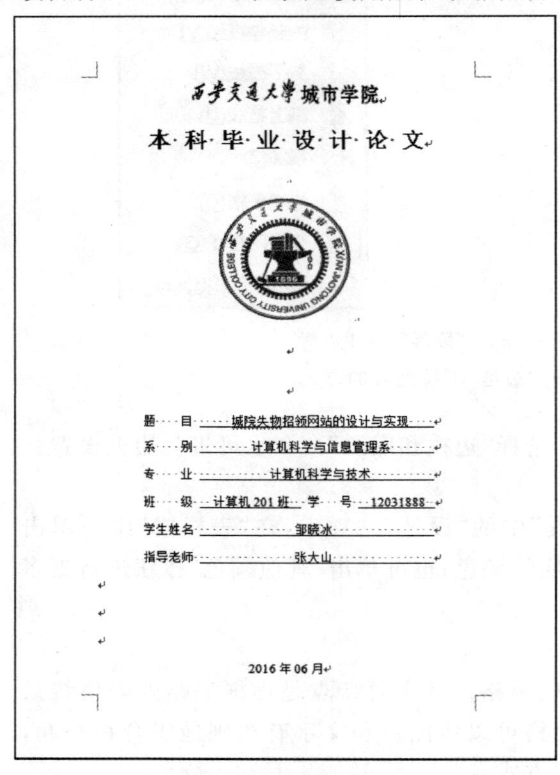

(a) 用空格加下划线方式排版

(b) 用虚框表格排版

图 10－48 普通排版和使用虚框表格对比

格边框设置为“下框线”，既美观又简易。

【注】图 10 - 48(b)为了显示清晰，使用了“表格工具”→“布局”→“表”组→“查看网格线”来显示表格内的虚框，如图 10 - 49 所示，因此右图无框线部分显示为浅蓝色点画虚线状，实际打印时，这些点画虚线不显示。

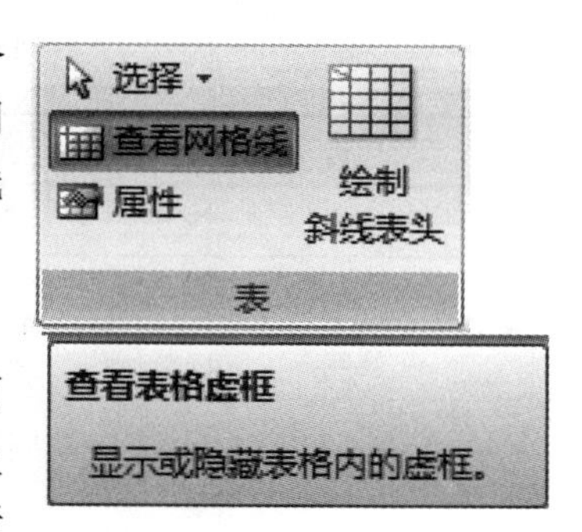

图 10 - 49 查看网格线

8. 跨页断行、标题行重复

当表格某行的高度太高时，会导致该行出现显示在两页上的问题；有时由于表格太长，需多页显示，会造成后续页上无标题行的问题。Word 2016 对于这些问题，可设置跨页断行和标题行重复。

1)设置表格“跨页断行”

选择表格，单击“表格工具”→“布局”选项卡→“单元格大小”组的对话框启动器，在“表格属性”对话框的“行”选项卡中，选中“允许跨页断行”复选框，单击“确定”按钮。

2)设置表格“标题行重复”

选定要作为表格标题的一行或多行(选定内容必须包括表格的第一行)→选择“布局”选项卡上的“数据”组→单击“重复标题行”命令按钮，如图 10 - 50 所示；或在图 10 - 51 所示的“表格属性”对话框的“行”选项卡中，选中“在各页顶端以标题行形式重复出现”复选框，单击“确定”按钮。

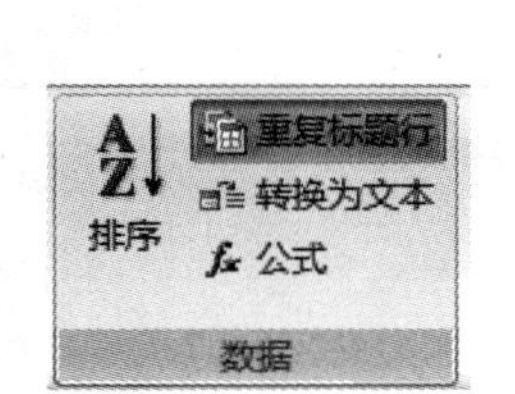

图 10 - 50 重复标题行

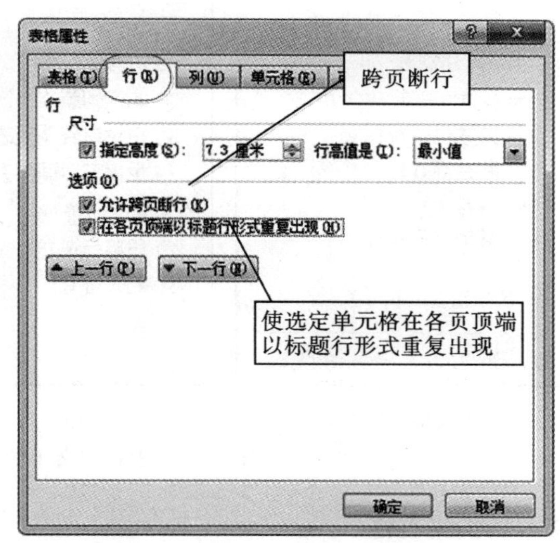

图 10 - 51 设置“跨行断页”/“标题行重复”

9. 绘制表头

表头是指表格第一行第一列的单元格，Word 2016 中可以使用斜下框线绘制表头。

绘制时，先将表头的行高和列宽拖拽到合适的大小，再将插入点定位在表头处，选择“表格工具”→“设计”选项卡→“表格样式”组的“边框”，在弹出的下拉菜单中选择“斜下框线”选项，然后输入“行标题”“列标题”，并将它们排列合适，示例如图 10 - 52 所示。

成绩 姓名	毛概	高数	体育
黎明远	82	76	90
张晓华	72	60	88
吴晓敏	95	80	92
王黎明	72	60	88

图 10-52 使用斜下框线绘制表头

10. 表格与文本的相互转换

1)表格转换成文本

Word 2016 可以将文档中的表格内容转换为由逗号、制表符、段落标记或其他字符分隔的普通文本。先将光标定位在需要转换为文本的表格中,在“表格工具”→“布局”选项卡→在“数据”组中单击“转换为文本”命令,弹出如图 10-53(a)所示的“表格转换成文本”对话框,进行相应的设置即可(“其他字符”可输入自定义字符用于文本分隔)。

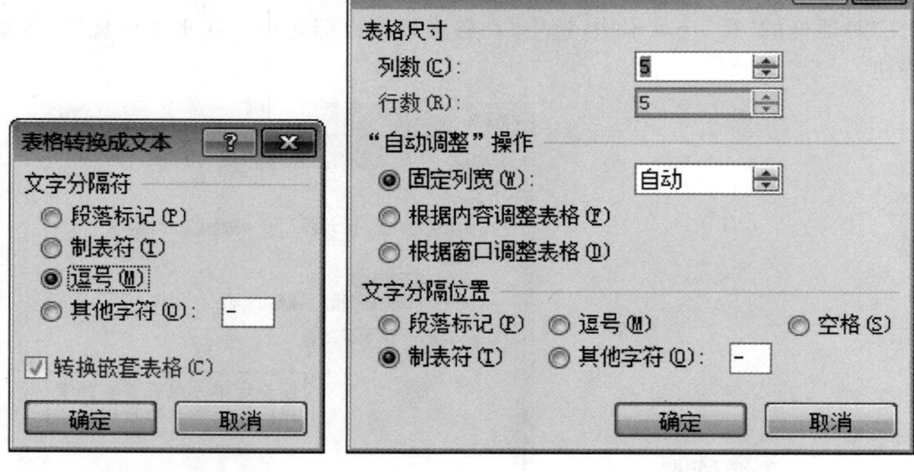

(a) 表格转换成文本　　(b) 文本转换成表格

图 10-53 表格与文本的相互转换

2)文本转换成表格

对于结构较规则、分隔较有序的文本,可使用 Word 方便地将其转换成表格。先选定需要转换成表格的文本,选择“插入”选项卡→“表格”组→单击下拉按钮→在弹出的下拉列表中选择“文本转换成表格”命令,弹出如图 10-53(b)的“将文字转换成表格”对话框。

表格尺寸:“列数”是可选项,当某行文本中的分隔符个数小于“列数”时,转换时会自动追加空白列;“行数”呈灰度显示,表示非可选项,根据所选文本块包含的段落标记个数而确定表格是几行。

自动调整:可对表格的行高和列宽进行格式化。“固定列宽”可设置表格列宽为“自动”或自定义,“根据内容调整表格”指表格的行高和列宽度根据内容多少自动调整,“根据窗口调整表格”指根据当前编辑窗口的大小自动调整表格的大小。

文字分隔位置：选中相应单选按钮确定要使用的分隔符，对话框中就会按选定文本块所包含的该类分隔符个数自动出现对应的列数。

10.3.3　排序和计算

1. 对表格中的数据进行排序

Word 2016 表格支持按笔画、数字、日期、拼音 4 种类型对表中的数据进行排序。操作时，先选定表格中需要进行排序的数据，单击“表格工具”→“布局”选项卡上“数据”组中的“排序”命令按钮，系统即弹出“排序”对话框；然后在主要关键字、次要关键字和第三关键字区域的下拉列表中选择合适的选项(即最多可对 3 列进行排序)；最后单击“确定”按钮。

例　对前面所述的学生成绩表进行排序。要求：先将学生信息按“毛概”成绩由高到低排列；若出现毛概成绩相同，再按“姓名”拼音由 A 到 Z 排列。两次排序时各选项的设置参考图 10 - 54(a)，第 1 次排序后的结果如图 10 - 54(b)所示，第 2 次排序后的结果如图 10 - 54(c)所示。

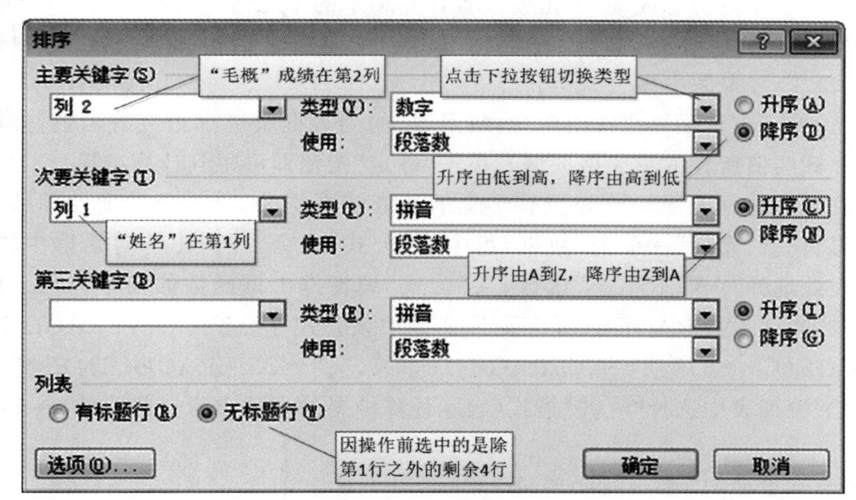

(a) 两次排序时各选项的设置

成绩 姓名	毛概	高数	体育
吴晓敏	95	80	92
黎明远	82	76	90
张晓华	72	60	88
王黎明	72	60	88

(b) 按“毛概”成绩降序排列的结果

成绩 姓名	毛概	高数	体育
吴晓敏	95	80	92
黎明远	82	76	90
王黎明	72	60	88
张晓华	72	60	88

(c) 按“姓名”拼音升序排列结果

图 10 - 54　排序示例与排序结果

2. 对表格中的数据进行计算

Word 表格中的单元格名称和 Excel 中的单元格命名规则一样，也是“列”用英文大写字母 A,B,C,…表示,“行”用阿拉伯数字 1,2,3,…表示,单元格用列、行标记混合表示,比如 C5 表示第 3 列第 5 行的单元格,只是它的行号和列标都是隐藏的。

在 Word 中可对表格中的数据进行计算,常用的函数和单元格引用如表 10－3 所示。

表 10－3　常用函数及单元格引用示例(公式以“＝”开头,符号必须西文半角输入,英文大小写等价)

函数	作用	公式	说明
MAX	求最大值	＝MAX(C5:G5)	求 C5 至 G5 单元格中的最大值
MIN	求最小值	＝MIN(B3:F3)	求 B3 至 F3 单元格中的最小值
AVERAGE	求平均	＝AVERAGE(B3:F3)	求 B3 至 F3 单元格中的平均值
SUM	求和	＝SUM(C4,D2,E3)	求 C4、D2、E3 三个单元格中的数据之和

例　以前面所述的成绩表为素材,计算每个学生的总成绩、各门课程的平均分和所有学生的总成绩平均分。

操作步骤:

(1)计算每个学生的总成绩:单击要放置计算结果的单元格→“表格工具”→“布局”→单击“数据”组中的“公式”命令,弹出如图 10－55(a)所示的对话框;在“公式”框中输入公式“＝SUM(LEFT)”(本例中该公式等价于“＝SUM(B2:D2)”、“＝SUM(B3:D3)”、“＝SUM(B4:D4)”、“＝SUM(B5:D5)”);或在“粘贴函数”的列表框里选择相应的函数,并输入相关参数(用于计算的值所在的单元格区域),单击“确定”按钮即可得到计算结果。

(2)计算各门课程的平均分和所有学生的总成绩平均分:单击要放置计算结果的单元格→“表格工具”→“布局”→单击“数据”组中的“公式”命令,在弹出的对话框中的“粘贴函数”下拉列表处选择“AVERAGE”函数,在“公式”编辑框中该函数的括号内输入要计算的单元格区域,如“＝AVERAGE(ABOVE)”(本例中该公式等价于“＝AVERAGE(B2:B5)”、“＝AVERAGE(C2:C5)”、“＝AVERAGE(D2:D5)”、“＝AVERAGE(E2:E5)”);最后在“编号格式”下拉列表中选择“0.00”格式(表示计算结果的小数点后保留两位)→单击“确定”按钮。

完成后的结果如图 10－55(b)所示。

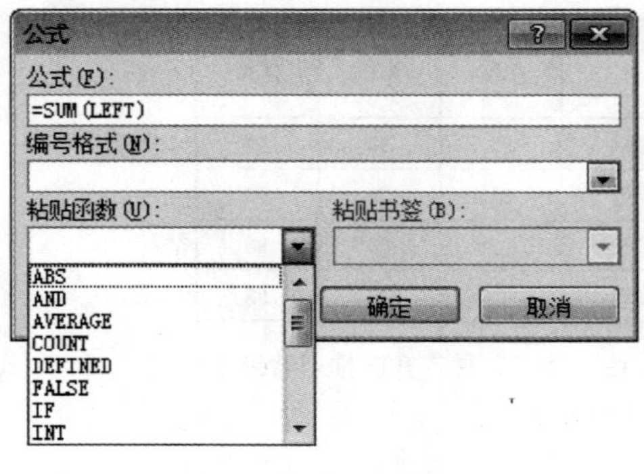

(a) 公式对话框

成绩 / 姓名	毛概	高数	体育	总成绩
吴晓敏	95	80	92	267
黎明远	82	76	90	248
张晓华	72	60	88	220
王黎明	72	60	88	220
平均分	80.25	69.00	89.50	238.75

(b) 计算得出的总成绩和平均分

图 10－55　表格中的数据计算

【注 1】Word 2016 在打开“公式”对话框时,“公式”编辑框中会根据表格中的数据和当前单元格所在位置自动推荐一个求和公式。上例中,当插入点置于“毛概”的平均分单元格时,单击“表格工具”→“布局”中的“公式”按钮,会自动推荐“=SUM(ABOVE)”,即指计算当前单元格上方的所有单元格的数据之和。我们可以单击“粘贴函数”下拉三角按钮选择合适的函数,例如求最大值函数 MAX、计数函数 COUNT 等,也可以手工输入,注意以“=”开头,且符号一定要在西文半角状态下输入才可。公式的括号中的内容用于表示计算区域的快捷参数包括 4 个,分别是左(LEFT)、右(RIGHT)、上(ABOVE)和下(BELOW),这些参数也可以是手工输入的单元格区域(当列标题或行标题是纯数值类型的代码时,不要使用快捷参数,否则公式会将列标题或行标题纳入计算,导致结果错误)。

【注 2】Word 2016 的公式不能随着参与计算的值的更新而自动更新计算结果。当已有公式的表格中的数据发生修改后,可在对应的使用过该单元格数据进行计算的公式所在单元格单击鼠标右键,在弹出的快捷菜单中选择“更新域”选项,即可更新计算结果。

10.4 对象插入及图文混编

如果一篇文章全部是文字,没有任何修饰性的内容,这样的文档在阅读时不仅缺乏吸引力,而且会使读者阅读起来劳累不堪。在文章中适当地插入一些图形和图片,不仅会使文章、报告显得生动有趣,还能帮助读者更快地理解文章内容。Word 2016 本身就带有丰富的图形供用户在编辑文档时使用;用户还可以使用插入图形文件功能将已有的其他图形文件插入到 Word 文档中;另外,用户也可使用 Word 提供的绘图工具自己绘制图形,利用图形处理工具对图形进行缩放、剪裁、修饰和排版等操作。

Word 中插入的对象有两种形式:嵌入式对象和浮动式对象。

(1)嵌入式对象的尺寸柄是实心的,只能放置到有插点的位置,不能与其他对象叠放、组合及进行环绕(必须先转换成浮动式对象才行)。

(2)浮动式对象的尺寸柄是空心的,可以置于页面的任意位置,多个浮动式对象可以叠放、排列及组合,还可进行多种形式的环绕。

表 10-4 列明了两种形式所包含的对象,我们也可以通过观察对象是否允许叠加、组合及任意改变位置快速判断是何种形式。

表 10-4 嵌入式对象和浮动式对象

形式	对象	默认“文字环绕”方式
嵌入式对象	图片、剪贴画、SmartArt 图形、图表、艺术字、公式	嵌入型
浮动式对象	图形、文本框	浮于文字上方

10.4.1 插入和编辑图片

文档中插入的图片有多种来源:剪贴画、计算机中的图片文件(包含扫描仪或照相机等设备导入的图片文件)。

1. 插入图片

1)剪贴画

剪贴画是指 Word 剪辑库中自带的图片。选择"插入"选项卡→单击"插图"组中的"剪贴画"按钮,在弹出的"剪贴画"任务窗格单击"搜索"按钮→在"搜索文字"文本框中输入关键字,并在"搜索范围"和"结果类型"下拉列表框中选择所需的选项,单击"搜索"按钮即可在任务窗格中显示符合条件的图片→单击要插入的剪贴画即可。

2)来自文件的图片

选择"插入"选项卡→单击"插图"组中的"图片"按钮→在弹出的"插入图片"对话框中选择要插入文档的存放路径、文件名→单击"插入"按钮即可。

2. 编辑图片

选中图片或剪贴画时,其周边会出现如 1 个旋转点和 8 个控制点,用户可通过它们控制被选择的图片、剪贴画旋转或调整大小。同时,系统自动激活"图片工具"→"格式"选项卡,其中包含"调整""图片样式""排列""大小"4 个命令组(见图 10-56),用来调整图片的大小、亮度、对比度、版式等格式化属性,还可进行裁剪、水平旋转、改变边框线型等操作,其中需重点掌握的是"文字环绕"设置。另外,我们也可以在选中图片后,单击鼠标右键,在弹出的快捷菜单中选择相应的编辑命令对图片进行编辑。

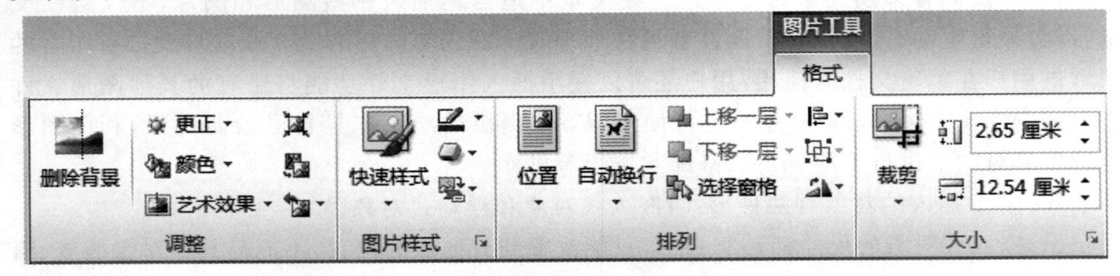

图 10-56 "图片工具"中的"格式"选项卡

1)更改图片位置

图片在文档中的位置主要包括"嵌入文本行"与"文字环绕"两类。更改图片位置的步骤:选择图片→"图片工具"→"格式"→单击"排列"组中的"位置"下拉按钮,在图 10-57(a)所示的下拉列表中选择图片的位置。

另外,也可在"位置"下拉列表中单击"其他布局选项",在弹出的"布局"对话框中的"位置"选项卡上进行设置,如图 10-57(b)所示。

2)文字环绕

Word 内置的环绕方式包括嵌入型、四周型、紧密型、衬于文字下方、浮于文字上方、穿越型和上下型环绕 7 种。

四周型和紧密型是把图片和文本放在同一层上,但还是将图片与文本分开来对待,图片会挤占文本的位置,使文本在页面上重新排列。四周型和紧密型之间的区别不大,仅仅是挤占文本的程度不同而已。

浮于文字上方和衬于文字下方是把图片和文本放在不同的图文层上。

表 10-5 列明了选择"文字环绕"下拉列表中各类型的图片与文字的环绕方式。

（a）“位置”下拉列表　　（b）“布局”对话框中的“位置”选项卡

图 10-57　更改图片位置

表 10-5　“文字环绕”下拉列表及说明

环绕方式	说明
嵌入型	将图片作为文本插入到段落中。当添加或删除文字时，图片会随之移动。可以按照拖动文本的方式来拖动图片，以对其进行定位
四周型	沿着围绕图片的一个正方形的四条边环绕文字。添加或删除文字时图形不会移动，但可以拖动图片以对其进行定位
紧密型	沿着围绕实际图片的不规则形状在图片周围环绕文字。添加或删除文字时图形不会移动，但可以拖动图片以对其进行定位
衬于文字下方	插入的图片衬于文字下方，图片周围没有边框。添加或删除文字时图片不会移动，但可以拖动图片以对其进行定位
浮于文字上方	插入的图片浮于文字上方，图片周围没有边框。添加或删除文字时图片不会移动，但可以拖动图片以对其进行定位
穿越型	围绕着图片环绕文字，包括填充由凹形形状形成的空间。添加或删除文字时图片不会移动，但可以拖动图片以对其进行定位
上下型	禁止文字环绕在图片的两侧。添加或删除文字时图片不会移动，但可以拖动图片以对其进行定位

更改图片环绕方式。

方法 1：点击图片→选择“图片工具”→“格式”选项卡→单击“排列”组中的“自动换行”下拉按钮，在弹出的子菜单中选择环绕方式，如图 10-58(a)所示。或鼠标右击图片→在弹出的快捷菜单中选择“自动换行”，在弹出的子菜单也可进行选择。

方法 2：点击图片→选择“图片工具”→“格式”选项卡→单击“排列”组中的“位置”下拉按钮，单击“其他布局选项”按钮，在弹出的“高级版式”对话框中的“文字环绕”选项卡上进行设置，如图 10-58(b)所示。

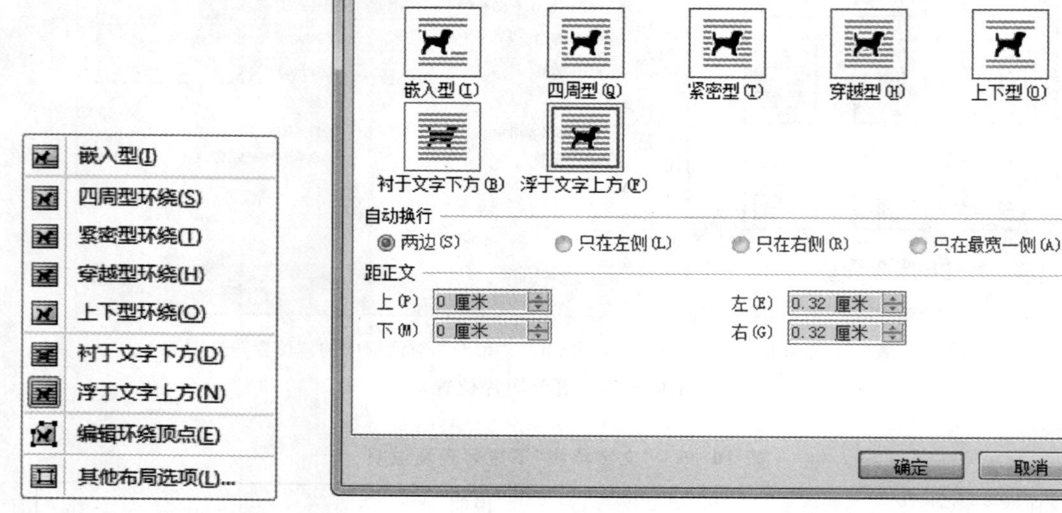

(a) “自动换行”下拉列表　　(b) “布局”对话框中的“文字环绕”选项卡

图 10-58　更改环绕方式

【注】如果将图片设为“衬于文字下方”环绕方式，则会产生水印效果。此后要对其修改，不能直接通过单击选取，必须在“开始”选项卡上的“编辑”组单击“选择”，在下拉列表中选择“选择对象”选项，然后单击选取图片，才可进行修改。

3)图片剪裁

点击图片→选择“格式”选项卡→单击“大小”组中的“裁剪”按钮，此时图片上出现 8 个裁剪控制柄，拖动任意一个控制柄即可对图片进行裁剪。

10.4.2 插入形状

Word 2016 包含一套可以手工绘制的现成形状，包含线条、基本形状、箭头总汇、流程图、标注、星与旗帜，统称为自选图形，用户可通过拖动鼠标来完成绘制。

1. 绘制形状

打开“插入”选项卡，单击“插图”组上的“形状”下拉按动钮，在如图 10-59(a)所示的下拉列表中选择所需选项，鼠标指针变为“＋”状，在编辑区拖拽鼠标即可绘制所需的形状。

【注】若在绘制矩形或椭圆时按住 Shift 键，则绘制出的是正方形或者正圆；若在绘制直线时按住 Shift 键，则绘制出的是水平、竖直线或与水平成 15°、30°、45°、60°、75°、90°的直线。若按住 Ctrl 键，可绘制出从中心向外扩散的形状。

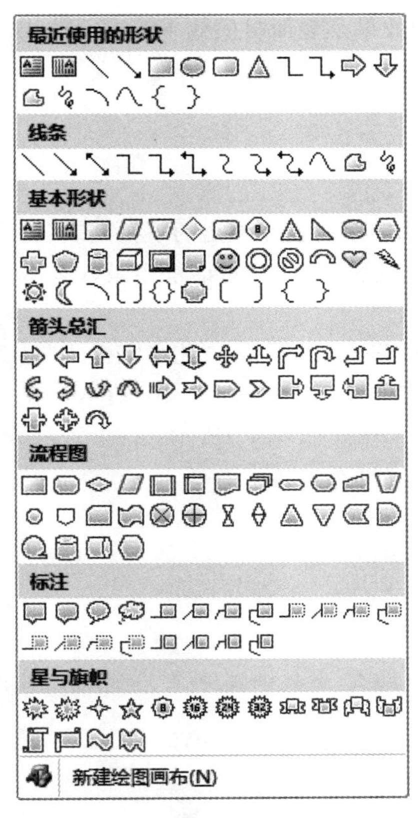

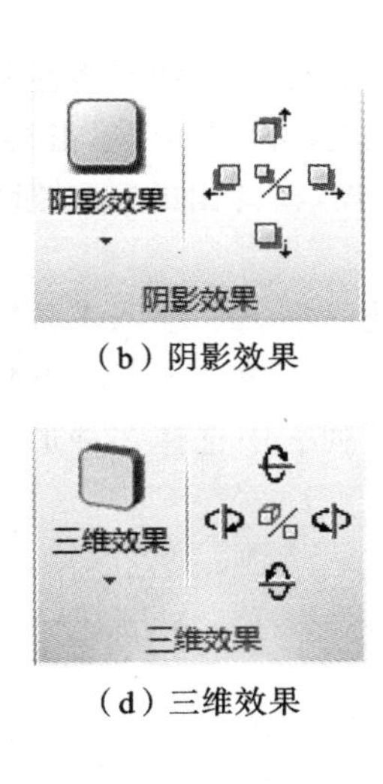

（b）阴影效果

（d）三维效果

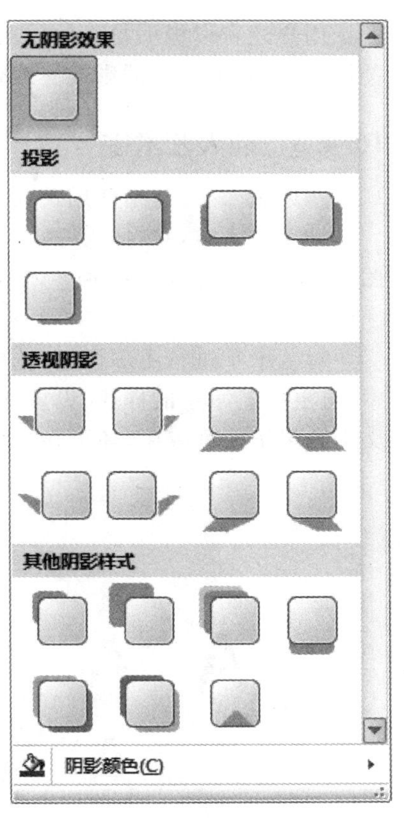

（a）“形状” 下拉列表　　　　（c）“阴影效果” 下拉列表

图 10－59　形状的绘制与设置

2. 设置形状格式

当用户点击绘制的形状时，系统自动激活“绘图工具”→“格式”选项卡，包含“插入形状”“形状样式”“艺术字样式”“文本”“排列”“大小”6 个命令组，用于设置自选形状的格式，如图 10－60 所示。

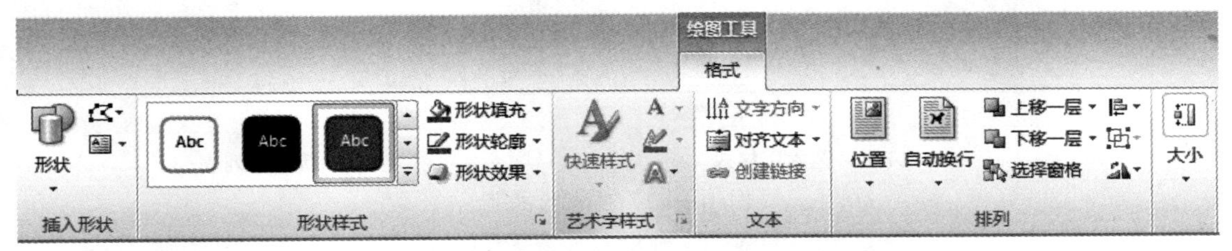

图 10－60　“绘图工具”中的“格式”选项卡

为形状设置阴影效果：选择形状→打开“格式”选项卡→单击如图 10－59(b)所示的“阴影效果”组上的“阴影效果”下拉按钮，在如图 10－59(c)所示的下拉列表中选择所需选项，并进行颜色方面的相关设置。

为形状设置三维效果：选择形状→打开“格式”选项卡→单击如图 10－59(d)所示的“三维效果”组上的“三维效果”下拉按钮，在下拉列表中选择所需选项。

用户还可以根据自己的需求进行颜色、方向、深度光照效果及表面材质效果等方面的相关设置，设置方法同阴影或三维效果。

10.4.3 插入艺术字

所谓艺术字，是指使用现成效果创建的特殊文本对象。

插入艺术字：在“插入”选项卡的“文本”组中，单击“艺术字”按钮，在弹出的下拉列表（见图 10－61(a)）中选择一种艺术字样式，在弹出的“请在此放置您的文字”对话框中录入艺术字内容即可。

对艺术字进行更多设置：选中艺术字，在“绘图工具”→“格式”选项卡→“艺术字样式”组中，可更换艺术字的样式、设置文本填充、文本轮廓、文本效果等，如图 10－61(b)所示。在文本效果下拉列表中，还可在“转换”列表中选择多种形状，如图 10－61(c)所示。

（a）“艺术字”列表

（b）“艺术字样式”组

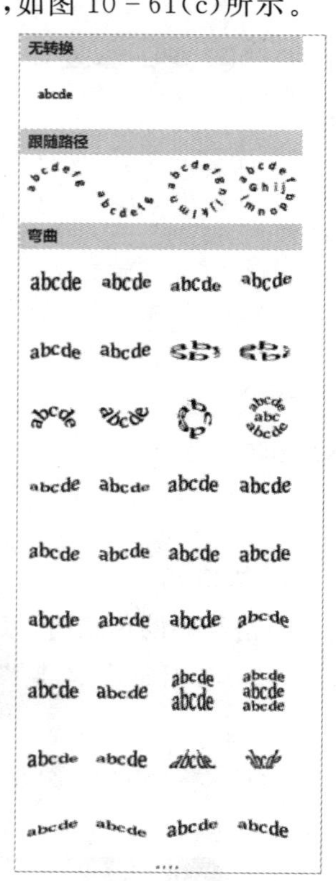

（c）“转换”列表

图 10－61 插入艺术字

单击图 10－60(b)右下角的艺术字样式对话框启动器，系统自动激活“设置文本效果格式”对话框，在此可方便地对文本填充、文本边框、轮廓样式、阴影、映像、发光和柔化边缘、三维格式、三维旋转、文本框等进行设置。同时，还可以单击“绘图工具”→“格式”选项卡“排列”组→“自动换行”按钮，设置环绕形式；通过拖动艺术字四周的尺寸柄，调整艺术字的大小和角度。

【注】艺术字是图形对象，不能作为普通文本，在大纲视图中无法查看其文字效果，也不

能像普通文本一样进行拼写检查。

10.4.4 插入文本框

文本框是一种图形对象，它作为存放文本或图形的容器，可置于页面中的任何位置，并可随意地调整其大小。Word 2016 提供了多种内置文本框样式。

1. 内置文本框

在“插入”选项卡的“文本”组中，单击“文本框”按钮，在弹出的下拉列表中选择一种内置的文本框样式(见图 10－62)，即可弹出对应样式的文本框，在文本框中添加内容即可。此时，系统自动激活“文本框工具”的“格式”选项卡，在此可以对文本框的文本、样式、阴影效果、三维效果、排列方式和大小等进行具体设置；也可单击鼠标右键，在弹出的快捷菜单中选择相应的编辑命令。

图 10－62 “内置”文本框列表

2. 自定义文本框

除了插入系统提供的内置文本框之外，用户还可以根据需要，在文档中插入横排文本框

(即“绘制文本框”命令)或竖排文本框(即“绘制竖排文本框”命令)。操作时,在“插入”选项卡的“文本”组中,单击“文本框”按钮,在弹出的下拉列表中选择“绘制文本框”或“绘制竖排文本框”选项。此时鼠标指针变成“+”字形状,将光标定位到预插入文本框的位置后,单击鼠标左键即出现所需的文本框;或在合适的位置拖动鼠标左键,在文档中绘制出对应的横排或竖排文本框。

10.4.5 插入 SmartArt 图形

SmartArt 图形是信息和观点的视觉表示形式。可以通过从多种不同布局中进行选择来创建 SmartArt 图形,从而快速、轻松、有效地传达信息。SmartAtr 图形分为列表、流程、循环、层次结构、关系、矩阵和棱锥图 7 类,各类图形的主要用途如表 10 - 6 所示。

表 10 - 6 SmartArt 图形的用途

类型	用途说明
列表	显示无序信息
流程	在任务、流程或日程表中显示步骤
循环	显示连续的流程
层次结构	显示决策树/创建组织结构图
关系	图示连接
矩阵	显示各部分如何与整体关联
棱锥图	显示与顶部或底部最大部分的比例关系

1)创建 SmartArt 图形

打开“插入”选项卡→单击“插图”组上的“SmartArt”按钮,弹出如图 10 - 63 所示的“选择 SmartArt 图形”对话框→选择所需的类型及布局,在右侧的预览框中显示所选择的 SmartArt 图形的效果→单击“确定”按钮完成创建操作。

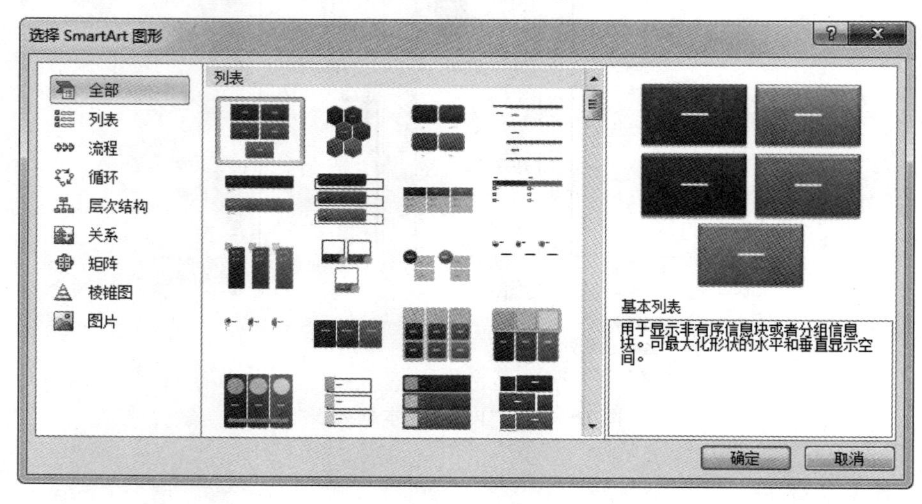

图 10 - 63 “选择 SmartArt 图形”对话框

2)输入文字

在 SmartArt 图形中输入文字的方法有两种:在新创建的 SmartArt 图形的"[文本]"字样处单击鼠标左键即可输入文字;单击 SmartArt 图形左侧边框中部的折叠按钮,在展开的"在此处键入文字"对话框的"[文本]"字样处输入即可。

【注】某些 SmartArt 图形中只显示"文本"窗格中的部分文字,这是因为 SmartArt 图形包含的形状个数是固定的。未显示的文字、图片或其他内容在"文本"窗格中用一个红色的×来标识。如果切换到另一种布局,则未显示的内容仍然可用;但如果保持并关闭当前的同一个布局,则不保存未显示的内容(详见素材中的 SmartArt 图形示例)。

3)编辑 SmartArt 图形

用户创建或选择一个 SmartArt 图形后,系统会自动激活"SmartArt 工具",包含"设计"及"格式"两个选项卡,通过这两个选项卡中的功能组、命令按钮和列表框来对 SmartArt 图形的布局、颜色和样式等进行编辑与设置。

在图 10-64 (a)所示的"设计"选项卡中,"添加形状"按钮的下拉列表中可以选择 SmartArt 图形添加形状的位置;"布局"功能组区中的按钮可以为 SmartArt 图形重新定义布局样式;"SmartArt 样式"功能组区中的"更改颜色"按钮的下拉列表中可以为 SmartArt 图形重新设置颜色,"SmartArt 样式"功能组区中的其他按钮用来设置 SmartArt 图形的样式,使用"重设图形"按钮将取消所有对 SmartArt 图形的设置,使 SmartArt 图形恢复到刚插入式的初始状态。

在图 10-64(b)所示的"格式"功能选项卡中,"形状样式"功能组区中的按钮用来改变 SmartArt 图形中每个框体的外观样式。"形状填充"和"文本填充","形状效果"和"文本效果"的区别是其设置的主体不同,设置效果是一样的。即"形状填充"和"形状效果"是对 SmartArt 图形每个框体的设置,"文本填充"和"文本效果"是对框体中文字的设置。

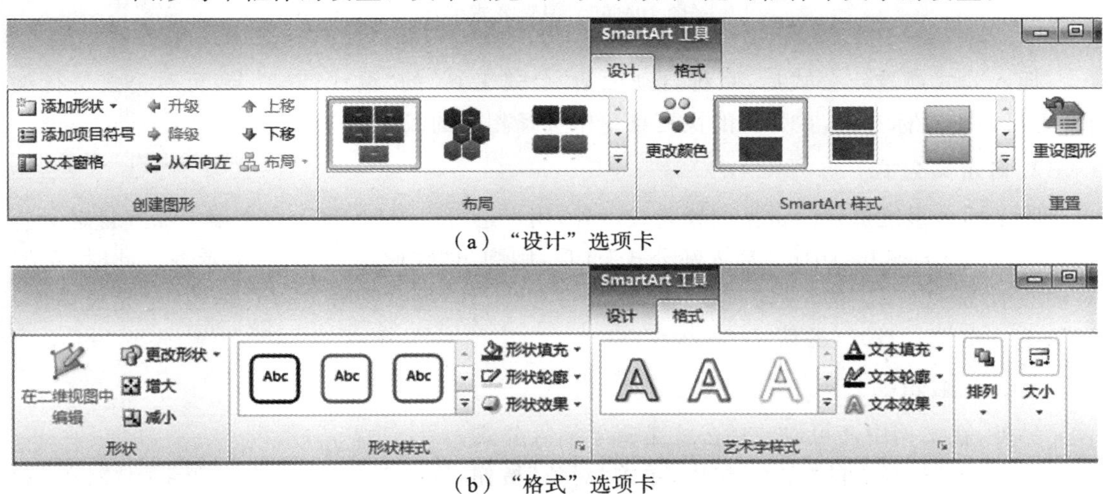

(a) "设计"选项卡

(b) "格式"选项卡

图 10-64 SmartArt 工具

10.4.6 插入公式

使用 Word 2016 提供的公式编辑功能,可以在文档中插入一个较复杂的数学公式,方便用户的使用。

1. 内置公式

选择“插入”选项卡中“符号”组→单击“公式”下拉按钮，在如图 10－65(a)所示的下拉列表中选择要插入的数学公式，编辑公式即可。

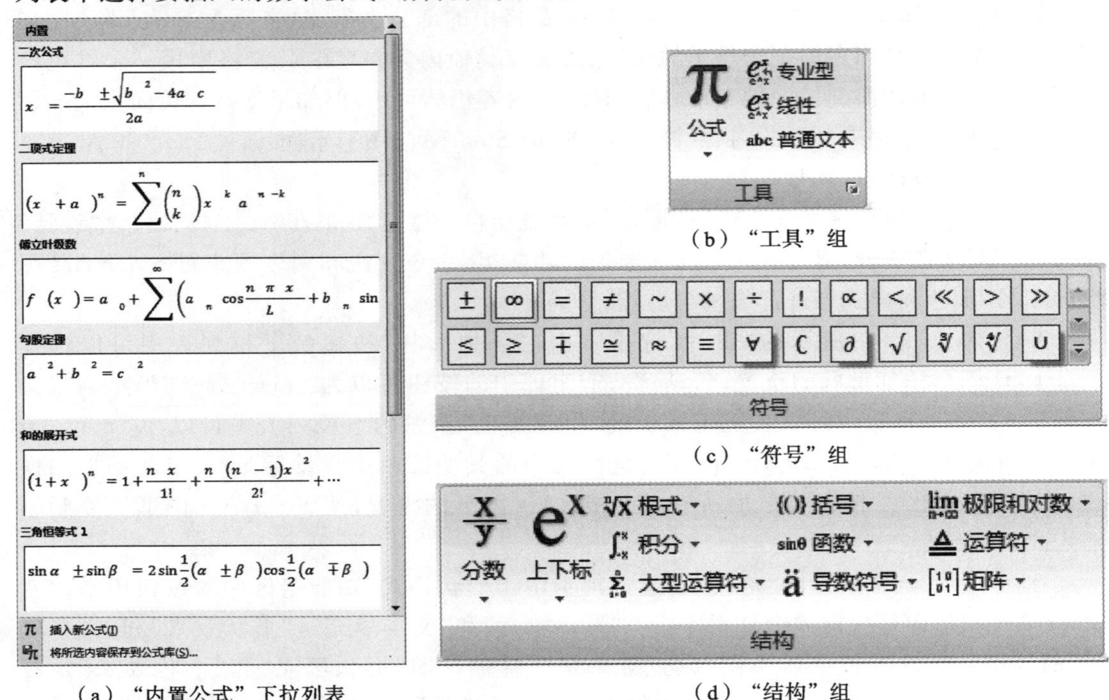

(a) “内置公式”下拉列表

(b) “工具”组

(c) “符号”组

(d) “结构”组

图 10－65 编辑公式工具

插入公式或选定公式后，系统自动激活“公式工具”的“设计”选项卡，可对公式进行编辑；也可单击鼠标右键，在弹出的快捷菜单中选择相应的编辑命令。

2. 自定义公式

除了插入系统提供的常见内置公式以外，用户还可以根据需要，在文档中插入自定义公式。单击图 10－65(a)中的“插入新公式”选项，则弹出“在此键入公式”提示框。此时，系统自动激活“公式工具”的“设计”选项卡，用户可在“工具”组、“符号”组和“结构”组完成操作，如图 10－65(b)、(c)、(d)所示。

3. 公式编辑器

另外，在文档中还可以使用公式编辑器插入公式。

在“插入”选项卡的“文本”组中，单击“对象”按钮，则打开如图 10－66 所示的“对象”对话框的“新建”选项卡，在“对象类型”列表框中选择“Microsoft 公式 3.0”选项，再单击“确定”按钮，则打开“公式编辑器”窗口并显示“公式”工具栏，如图 10－67 所示。此时，在“公式编辑器”的文本框中进行相应公式编辑，若在文本框外任意处单击，即可返回原来的文本编辑状态。

【注】Word 2016 包含写入和更改公式的内置支持功能。但是，如果已使用 Word 早期

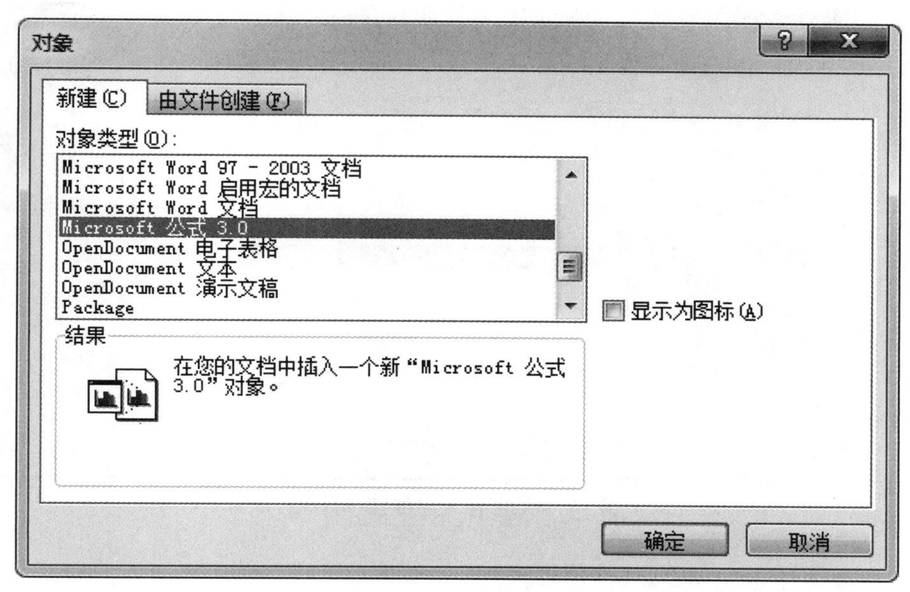

图 10－66 “对象”对话框

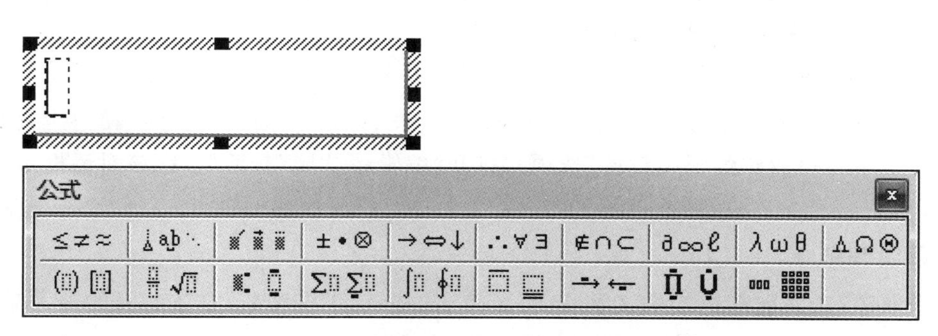

图 10－67 “公式编辑器”窗口和“公式”工具栏

版本中的 Microsoft 公式 3.0 写入了公式，则需使用公式 3.0 来更改该公式。

10.4.7 插入超链接

超链接是一种对象，它以特殊编码的文本或图形的形式来实现链接。如果对文字或图形建立了超链接，那么该文字或图形应带有颜色和下划线；若单击该链接，则可以转向万维网中的文件、文件的位置或 HTML 网页，或是 Intranet 上的 HTML 网页。超链接还可以转到新闻组或 Gopher、Telnet 和 FTP 站点。

1. 创建超链接

在原有文件或 Web 页中创建超链接的操作方法如下。

(1)选择想要显示为超链接的文字或图片，例如，www.xjtucc.edu.cn。

(2)在“插入”选项的“链接”组单击“超链接”按钮，弹出如图 10－68 所示的“插入超链接”对话框。

(3)在“插入超链接”对话框的“查找范围”栏选择超链接源文件夹，在“当前文件夹”栏中

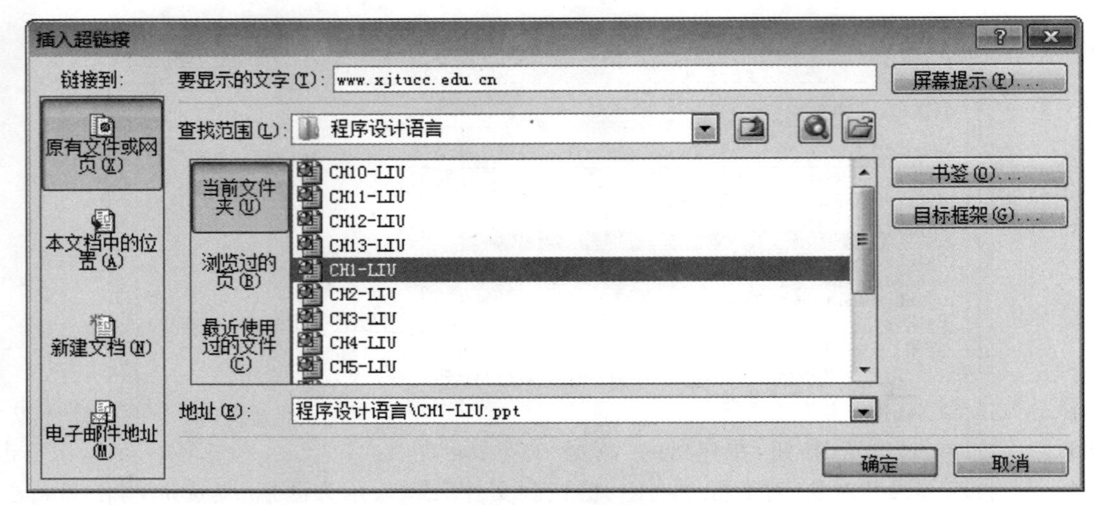

图 10-68 “插入超链接”对话框

选择超链接源文件名,单击“确定”按钮。

【注】在目标文档中要插入的源文件可以是“本文档中的位置”“新建文档”或“电子邮件地址”,通过单击“插入超链接”对话框的左侧按钮,进行源文件位置的选择。

2. 修改超链接

选择被超链接的文字或图片,单击“插入”选项卡上“链接”组中的“超链接”按钮(或右击打开快捷菜单,再选择“编辑超链接”选项),打开“编辑超链接”对话框,在该对话框中重新进行设置。

3. 取消超链接

单个取消:选择被超链接的文字或图片,单击“超链接”按钮(或右击打开快捷菜单,选择“编辑超链接”选项),打开“编辑超级链接”对话框,单击右下角的“删除链接”按钮,可删除该超链接。

批量取消:批量取消的方式很多,这里介绍最简便的一种。选定需批量取消超链接的文本块,按快捷组合键“Ctrl+Shift+F9”。

10.4.8 对象的链接和嵌入

对象的链接与嵌入(Object Linking and Embedding)技术简称 OLE。在 Word 2016 文档中,通过链接对象和嵌入对象,可以在文档中插入利用其他应用程序创建的对象,从而达到程序间共享数据和信息的目的。

1. 基本概念

对象:指文字、图表、图形、数学公式、数据库或其他形式的信息。例如在一个 Word 文档中创建一个 Visio 图形对象,双击该对象便可以用 Visio 对该图进行修改。

源文件:提供信息(对象)的文件称为源文件。

目标文件:接受信息(对象)的文件称为目标文件。

链接:在目标文件中仅存放链接文件的地址,并显示链接对象的外观。若更新源文件,则等价目标文件中的链接对象也得到更新。故链接方式适合于随时变化的共享数据。断开链接对象是指切断源文件与目标文件之间的关联。断开后的链接对象形成图文,将按图文方式处理。

嵌入:将对象嵌入(复制)到目标文件中。一旦嵌入,该对象成为目标文件的一部分。在目标文件中,用鼠标双击嵌入对象可对该对象内容进行修改,但源文件内容不会发生变化。对源文件内容进行编辑修改,目标文件中嵌入对象的内容不会发生变化。

2. 建立对象链接、编辑和更新链接对象

1)建立对象链接

将光标移到需要插入链接对象的文本区,选择"插入"选项卡→单击"对象"下拉按钮→在下拉列表框中单击"对象"按钮,弹出"对象"对话框→打开"由文件创建"选项卡,如图10-69所示。单击"浏览"按钮,在弹出的"浏览"对话框中,选择链接对象(源)文件名后,单击"插入"按钮;回到"对象"对话框中选中"链接到文件"或"显示为图标"复选框,单击"确定"按钮。

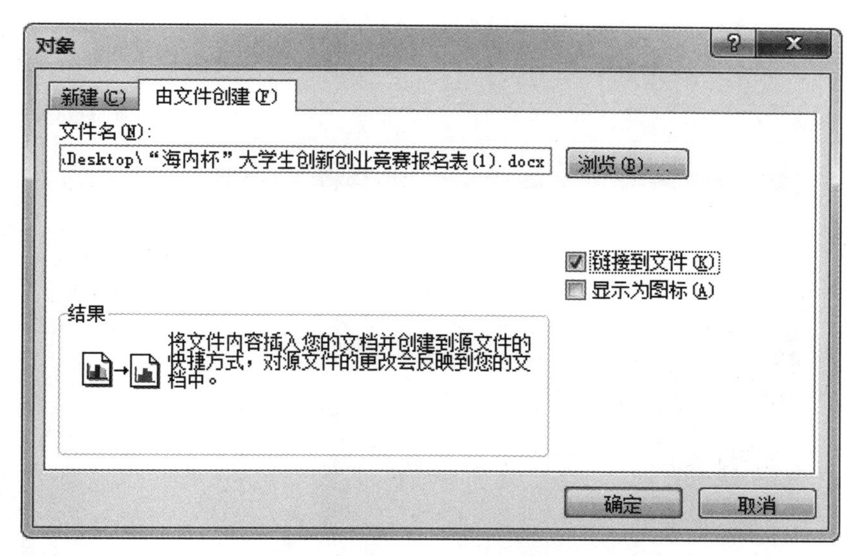

图10-69 "对象"对话框

2)编辑链接对象

双击链接对象视图区,进入源应用程序窗口;在源应用程序窗口中编辑源文件内容;结束编辑时,单击源应用程序窗口之外的任意位置。

3)更新/阻止更新链接对象

默认情况下,链接的对象自动更新。这意味着,每次打开Word文件或在Word文件打开的情况下更改源Visio文件的时候,Word都会更新链接的信息。但是用户可以通过更改单个链接对象的设置,使得不更新链接的对象,或仅在文档阅读者选择手动更新链接的对象时才对其进行更新。

(1)手动更新链接的对象:鼠标右击链接的对象→在弹出的快捷菜单中选择"链接的文档对象"(或Visio对象等)→"链接"选项(见图10-70),打开"链接"对话框(见图10-71)。在"所选链接的更新方式"下,选中"手动更新"单选按钮,或者按"Ctrl+Shift+F7"组合键。

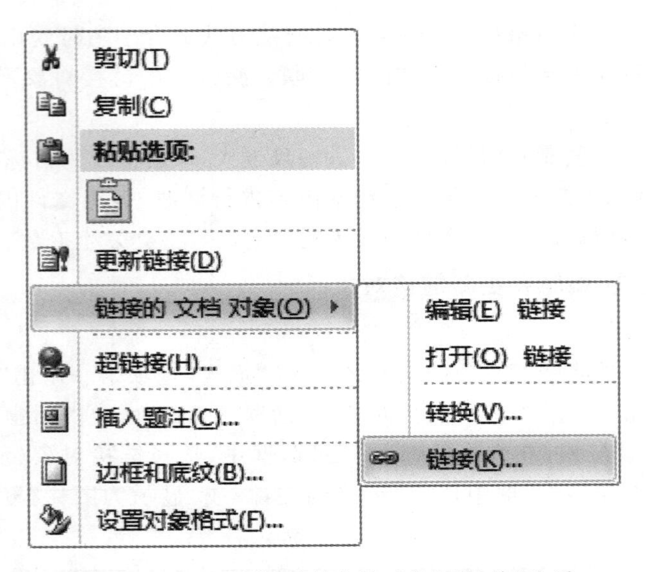

图 10-70 选择“链接的文档对象”|“链接”选项

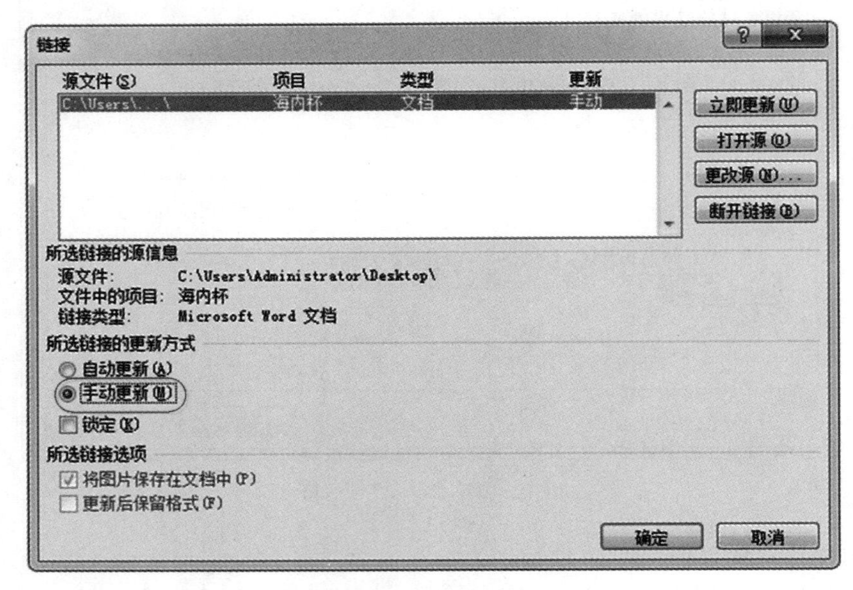

图 10-71 “链接”对话框

(2)阻止 Word 自动更新所有文档中的链接:单击文件菜单中的“选项”按钮,弹出 Word 选项对话框。选择“高级”选项卡并向下滚动到“常规”类选项,将复选框“打开时更新自动链接”清除,即不勾选该复选框。

习题与练习

1. 在 Word 的编辑状态下,若光标停在某个段落中的任意位置时,用户设置字体格式为“幼圆小三”,则所设置的字体格式应用于(　　)。

A. 光标所在段落　　　　　　　　　　B. 光标后的文本

C. 光标处新输入的文本　　　　　　　D. 整个文档

2. 新建一个 Word 文档，做如下操作：①在文档中插入一个 3 行 2 列的表格；②选中第 2 列的第 1、2 行，单击"表格"菜单的"合并单元格"命令；③选中第 3 行，单击"表格"菜单"拆分单元格"命令，将"拆分前合并单元格"前面的勾去掉，"列数"填写 4，"行数"填写 2，单击确定。最终生成的表格样式是(　　)。

A. 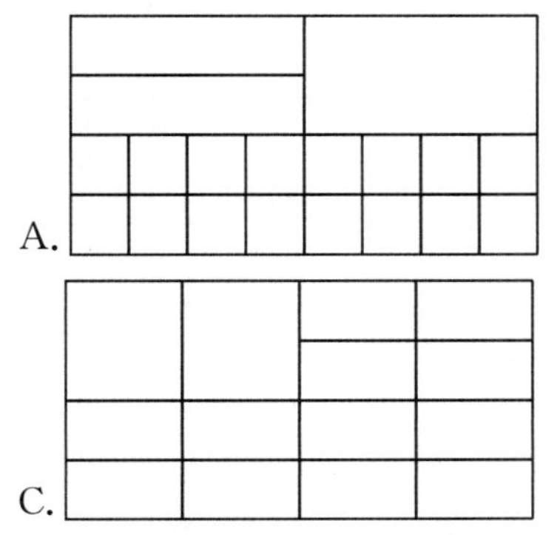

B. 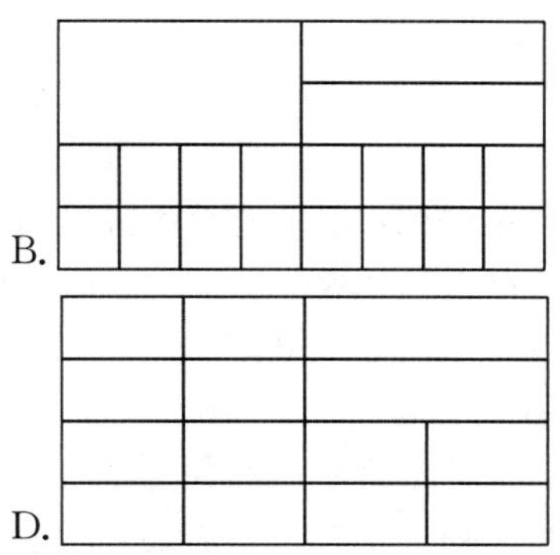

C.

D.

3. 在 Word 2016 编辑状态下，若要将另一个文档的内容全部添加到当前文档的光标所在处，其操作是(　　)。

A. 在"插入"功能卡上选择"超链接"命令

B. 在"插入"功能卡上选择"文本"中的"对象"命令

C. 在"开始"功能卡上选择"超链接"命令

D. 在"开始"功能卡上选择"新建"命令

4. 若要将文档中选定的文字移动到文档的另一个位置上，应该按下(　　)，将选定的文字拖拽至该位置上。

A. Ctrl 键　　　　　　　　　　　　B. Alt 键

C. 鼠标左键　　　　　　　　　　　D. 鼠标右键

5. 使用 Delete 键会删除光标(　　)字符；若移动鼠标至某段左侧，当鼠标光标变成箭头时连击左键三下，结果会选中文档的(　　)。

A. 前的一个　　　　　　　　　　　B. 后的一个

C. 前的全部　　　　　　　　　　　D. 后的全部

E. 一个句子　　　　　　　　　　　F. 一行

G. 一段　　　　　　　　　　　　　H. 整篇文档

6. 在 Word 中，下列关于插入页码的叙述不正确的是(　　)。

A. 可以将页码插入到页面的右下方

B. 可以将页码插入到页面顶端居中的地方

C. 页码的插入只能从文档的首页开始

D. 页码的数字格式可以选用Ⅰ、Ⅱ、Ⅲ…

7. 如果要打印文档的第 3、第 8 和第 10 至第 14 页，则在打印对话框中的"页码范围"的文本框中应输入(　　)。

A. 3/8/10 - 14　　　　　　　　　　B. 3/8/10 - 14

C. 3. 8. 10 - 14　　D. 3,8,10 - 14

8. 在 Word 中打开英文文档或者在文档中输入英文信息时,系统会自动对拼写和语法进行检查,如果出现红色波形下划线则表示存在(　　)。

A. 可能的语法问题　　B. 可能的拼写问题

C. 可能的页面错误　　D. 可能的版式错误

9. 在打印预览中发现文档最后一页只有一行,若要把它提到上一页,可行方法是(　　)。

A. 增大行间距　　B. 增大页边距

C. 减小页边距　　D. 将页面方向改为横向

10. 如果要使 Word 2016 编辑的文档可以用 Word 2003 打开,正确的方法是(　　)。

A. 执行操作"另存为"→"Word 97 - 2003 文档"

B. 将文件后缀名直接改为". doc"

C. 将文档直接保存即可

D. 按"Alt+Ctrl+S"组合键进行保存

11. 在 Word 中,下列关于"节"的叙述,正确的是(　　)。

A. 一节可以包含一页或多页　　B. 一节之间不可以继续分节

C. 节是章的下一级标题　　D. 一节就是一个新的段落

12. 在 Word 编辑状态下,若要使文字绕着插入的图片排列,应该先(　　)。

A. 插入图片,再设置环绕方式

B. 插入图片,再调整图形比例

C. 建立文本框,插入图片,再设置文本框位置

D. 插入图片,再设置叠放次序

13. 在 Word 中打开一个"文档 1. doc",然后在"文件"下进行"新建"空白文档操作,则(　　)。

A. 文档 1. doc 被关闭,生成新建文档

B. 已有文档 1. doc,不能生成新建的文档

C. 两个文档都会被同时关闭

D. 文档 1. doc 和新建的文档都处于打开状态

14. 在 Word 中,下列关于"项目符号和编号"的叙述不正确的是(　　)。

A. 项目符号和编号可在段落格式中进行设置

B. 可以设置项目编号的起始号码

C. 可以自定义项目符号的字符

D. 可以自定义项目符号和编号的字体颜色

15. Word"格式"菜单下的字体命令不可以设置(　　)。

A. 字符间距　　B. 上划线线型

C. 文字效果　　D. 字体颜色

16. 在 Word 中,要复制字符格式而不复制字符内容,应用(　　)。

A. 格式选定　　B. 格式刷

C. 复制　　D. 格式工具框

17. 在 Word 中，下列关于分栏操作的叙述正确的是（　　）。

A. 分栏只能应用于整篇文档
B. 各栏间的间距是固定的，不能修改
C. 各栏的宽度必须相同
D. 设置分为2栏时，可以设置栏偏左或偏右

18. 下列叙述不正确的是（　　）。

A. Word 模板的文件类型与普通文档的文件类型是相同的
B. Word 打印预览中可以对所预览的文档大小进行缩放
C. Word 文档纸张的类型可以选择为横向或者纵向
D. 在文档中插入的图片、图形都是 Word 中的对象

19. 下列关于在 Word 中文字和表格之间转换的叙述，正确的是（　　）。

A. 文字和表格不能进行转换
B. 文字和表格可以相互转换
C. 只能将文字转换成表格
D. 只能将表格转换成文字

20. 在 Word 页眉编辑状态下，不能设置的格式是（　　）。

A. 页码
B. 分栏
C. 艺术字
D. 插入形状

第 11 章　Excel 电子表格

Excel 是 Microsoft Office 的重要组件之一，它可以进行各种数据的处理、统计分析和辅助决策操作，广泛地应用于管理、统计财经、金融等众多领域。Excel 是用来处理数据的办公软件，所有的数据、信息都以二维表格形式（工作表）管理，单元格中数据间的相互关系一目了然。从而使数据的处理和管理更直观、更方便、更易于理解。

本章以 Microsoft Office Excel 2016 为例进行介绍，主要涉及电子表格基本概念与基本操作、数据运算、数据图表化、和数据处理与统计等内容。

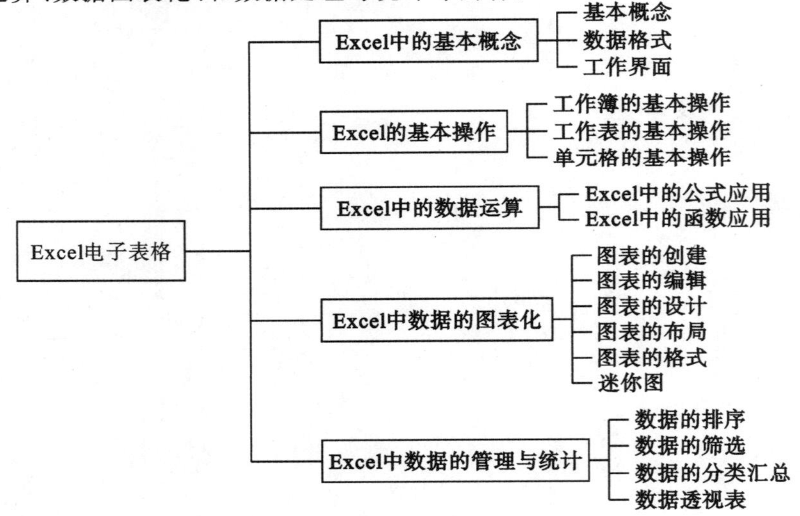

11.1　Excel 中的基本概念

11.1.1　基本概念

在 Excel 中首先需要搞清工作簿、工作表、单元格这几个基本概念。一个 Excel 文件就是一个工作簿（文件），而一个 Excel 文件中有若干张工作表（电子表格），每一张工作表又是由若干个单元格所构成的，单元格是组成工作簿的最小单位。工作簿与工作表与单元格三者的关系就像作业本（工作簿）、作业本中的纸页（工作表）、每页上的方格（单元格）一样。

1. 工作簿

一个 Excel 文件就是一个工作簿，它是存储和计算数据的文件。其由最少一张工作表构成，从 Excel 2007 开始的版本中每个工作簿文件可包含的工作表的最多具体个数视所使用计算机的内存大小影响而定，且 Excel 文件默认格式由. xls 变为. xlsx。Excel 工作簿文件如图 11－1 所示。

图 11－1　Excel 工作簿文件

2. 工作表

工作表是一章用于输入、编辑、显示和分析数据的电子表格。它由行和列组成，每一个工作表都有一个工作表名称(标签)来标示。系统默认的名称为“Sheet1”“Sheet2”“Sheet3”以此类推。工作表的名称(标签)位于工作表底部，用户可根据自己的需求添加、删除工作表或修改工作表的名称及标签颜色，如图 11－2 所示。

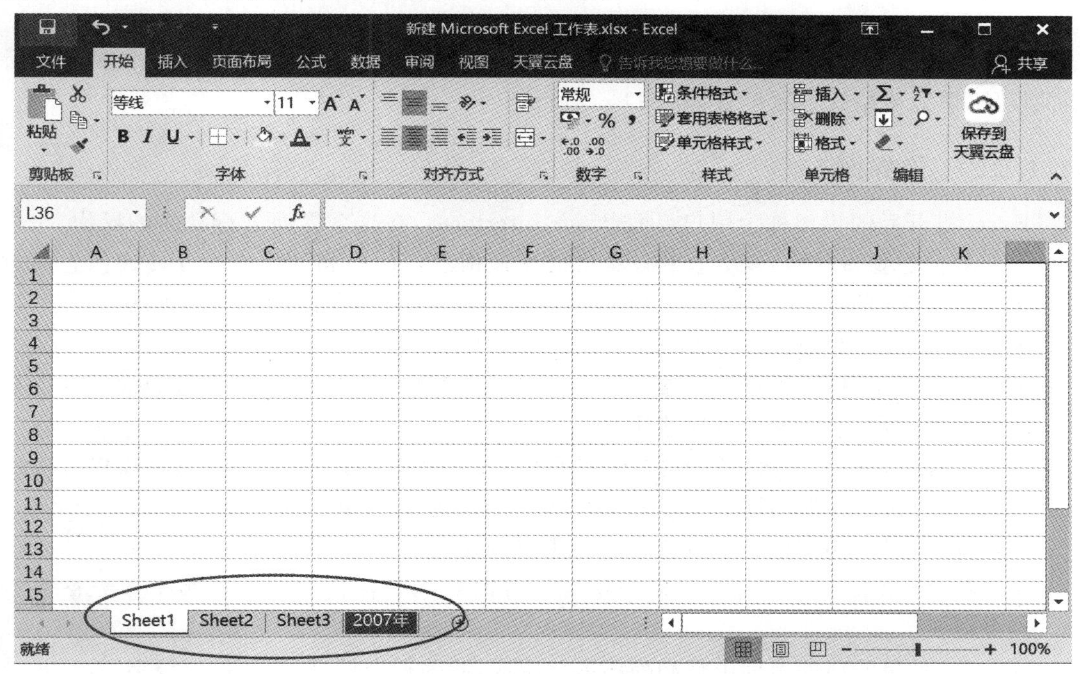

图 11－2　Excel 工作表名称及颜色

3. 单元格

单元格是构成一张工作表的最小单位，每个单元格都有自己的单元格地址，在工作表的左上方显示，其地址是由工作表的列与行的坐标共同构成，如图 11－3 所示。

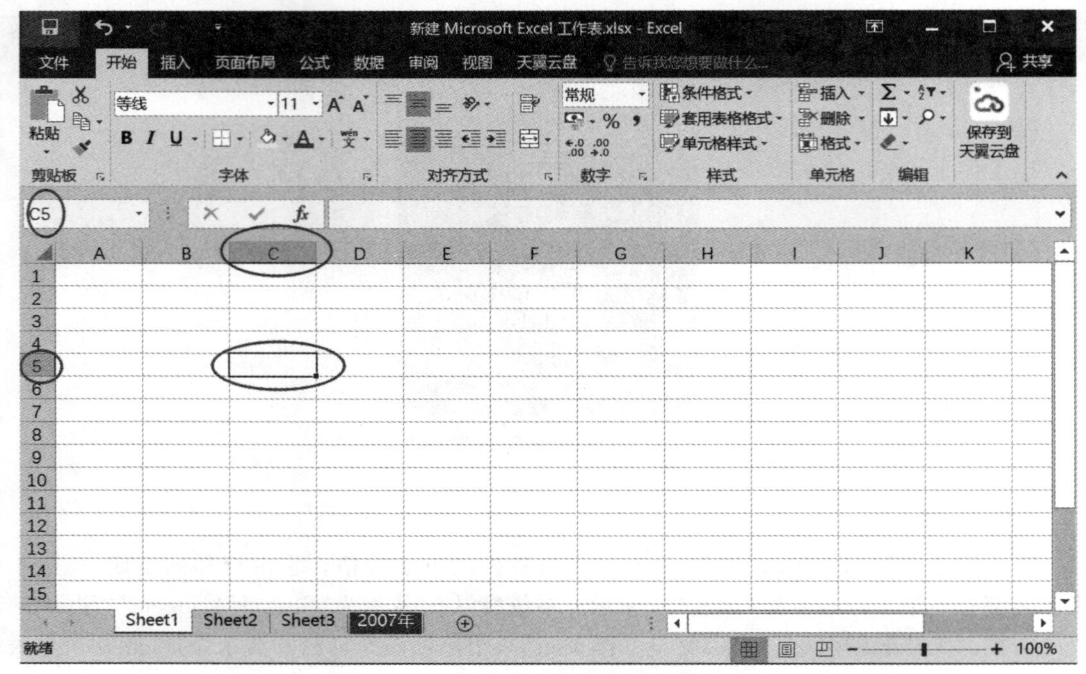

图 11－3　Excel 单元格的地址

每个单元格是具体数据的存储单位，根据其中存储的数据不同，需对单元格的格式进行相关设置，单元格格式设置位置如图 11－4 所示。

11.1.2　工作界面

Excel 打开后的界面称为用户界面(User Interface)，在这个界面进行具体的操作，来告诉计算机我们想要做什么，并会收到计算机的反馈信息。用户和计算机相互传递信息的过程称为人机交互(Human-Computer Interaction)，Excel 用户界面如图 11－5 所示。

- 标题栏：显示当前所打开 Excel 文件的文件名称。
- 快速启动工具栏：用户可根据自己的使用习惯将最常用的如保存、打印预览等功能按钮在此显示，以方便用户快速使用。
- 窗口控制(最小、最大、关闭)按钮：最小化、最大化及关闭当前 Excel 文件窗口按钮。
- 选项卡列表：按照不同的功能分类，将同一类功能选项集合在一起。
- 功能区：显示当前选项卡所包含的功能按钮区域。
- 名称栏：用来显示当前单元格的位置。可以利用名称栏对单个或多个单元格进行命名。
- 行坐标：单元格的坐标由行和列两部分组成，此为行坐标号，为阿拉伯数字。
- 列坐标：单元格的坐标由行和列两部分组成，此为列坐标号，为英文字母。
- 状态栏：显示当前工作簿所处状态。
- 当前选定单元格：用户当前选定的单元格，即目前可编辑的单元格。
- 标签栏：用于显示工作表的名称，单击标签可激活相应标签对应的工作表，一般每个

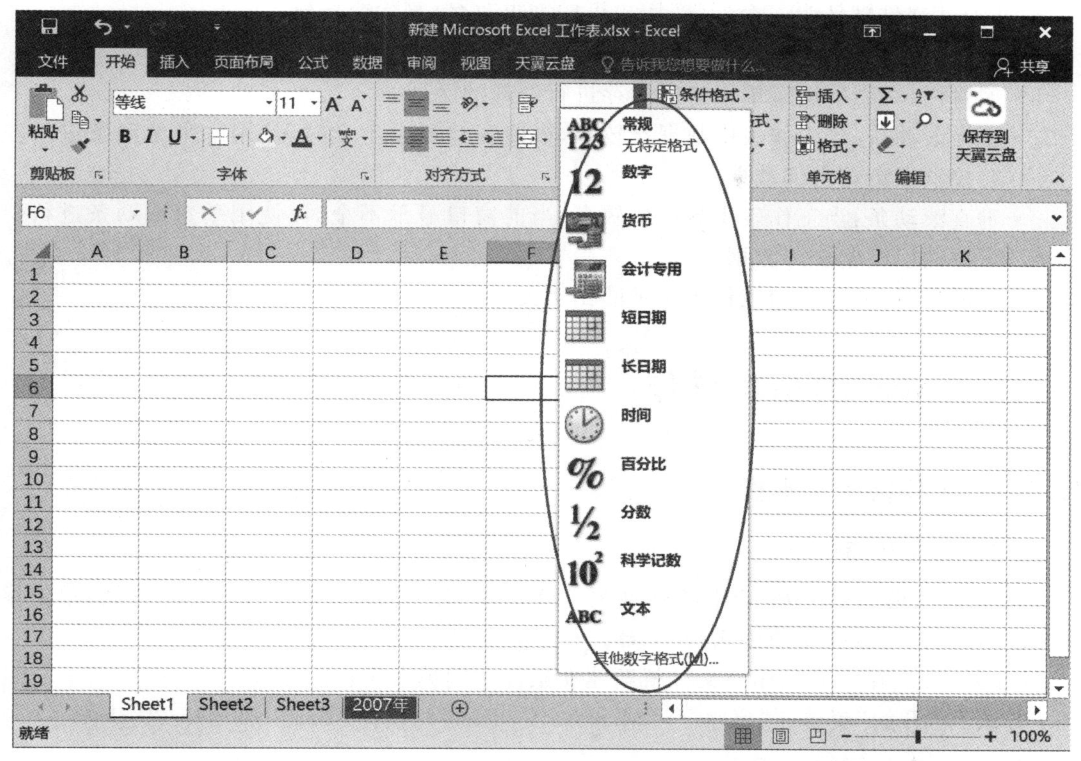

图 11－4　Excel 单元格格式设置

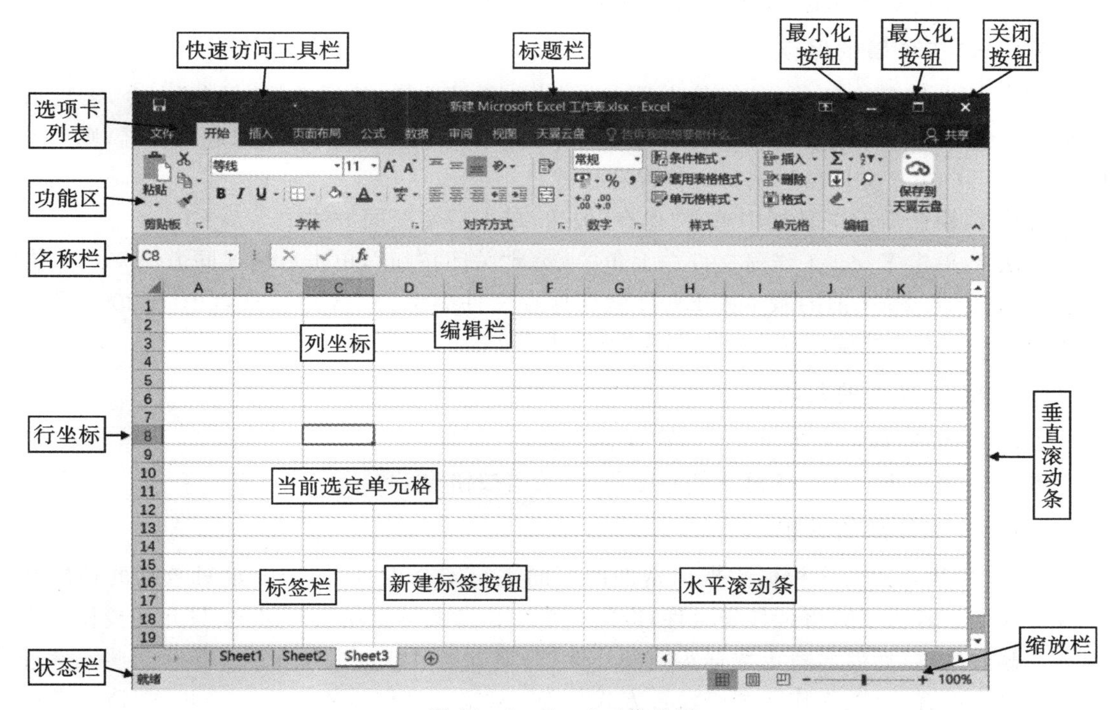

图 11－5　Excel 工作界面

Excel 文件默认为三个标签,用户可按需求改名、删除或新建。

- 新建标签栏:单击可新建工作表标签页。
- 编辑栏:对当前选定单元格的内存进行编辑的区域。
- 水平滚动条:当工作表中数据比较多,当前窗口显示不全时,使用水平滚动条进行左右拉动以浏览全部数据。
- 垂直滚动条:当工作表中数据比较多,当前窗口显示不全时,使用垂直滚动条进行上下拉动以浏览全部数据。
- 缩放栏:可调整当前工作表显示的比例大小。

11.2 Excel 的基本操作

11.2.1 工作簿的基本操作

1. Excel 工作簿的新建

方法 1:在桌面空白处(或电脑硬盘驱动器中我们想要建立文件的空白位置处)单击鼠标右键,在弹出的快捷菜单中选择"新建"→"Microsoft Excel 工作表"命令。

【注】此方法建立的工作簿文件就新建在鼠标右键单击所在的位置。

方法 2:"开始"菜单→"程序"→"Microsoft Office",选择"Microsoft Excel"选项。

2. Excel 工作簿的打开

鼠标左键双击已有的 Excel 工作簿文件。

3. Excel 工作簿的保存

方法 1:在打开的 Excel 工作簿文件中单击"Office"按钮,然后选择"保存"命令,若已有文件名且选择过保存位置则以当前默认的文件名和保存位置保存;若还未起文件名,则第一次会提示用户输入文件名且选择文件保存位置。

方法 2:快速启动工具栏中单击"保存"按钮,单击后情况同方法 1。

方法 3:单击 Excel 工作簿文件右上角的"关闭按钮",单击后情况同方法 1。

【注】Office 2007 前的版本中 Excel 默认保存文件类型为".xls"格式,Office 2007 及之后的版本中 Excel 默认保存文件类型为".xlsx"。

4. Excel 工作簿的关闭

方法 1:单击"Office 按钮"后选择"关闭"命令。

方法 2:单击 Excel 工作簿文件右上角的"关闭按钮"。

5. Excel 工作簿的保护

Excel 中用户可自行根据数据保密性的不同进行安全设置,用于限定对数据的访问和更改等操作。若为了获得最佳安全性,应对整个工作簿文件使用密码保护,只允许授权用户查看或修改数据;而要对特定数据实施额外保护,则可以对特定工作表或工作簿某些元素进行密码保护设置,有关工作簿密码设置方式与 Word 文档密码设置操作方法相同,请参考第 10 章相关内容。

11.2.2　工作表的基本操作

1. 工作表的编辑

1)工作表的新建

在新建的 Excel 文件中,一般默认自带有 3 张工作表。

【注】新建工作簿默认带的工作表数量,可在“office 按钮”中的“Excel 选项”中的“常用”中设置。

用户若要新建工作表,有如下几种方法。

方法 1:可在 Excel 工作界面中选择“文件”→“新建”命令。

方法 2:在现有工作表的末尾插入新工作表。请选择该工作表→在“开始”选项卡功能区上的“单元格”组中,单击“插入”下拉按钮,然后选择“插入工作表”命令,如图 11－6 所示。

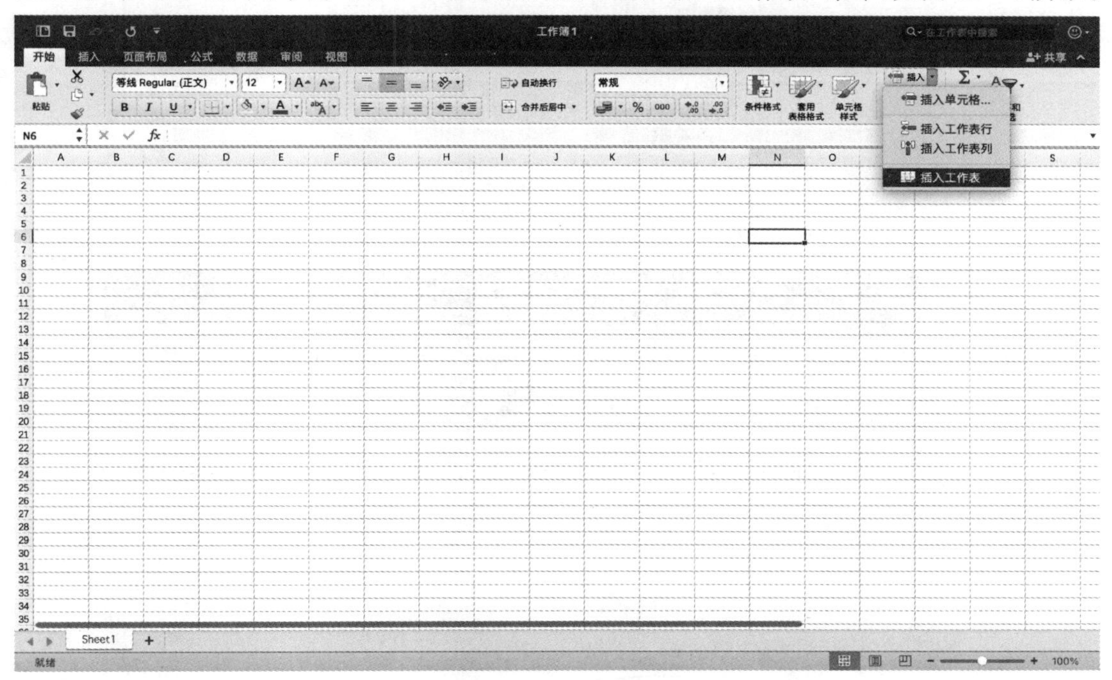

图 11－6　插入工作表方法 2

方法 3:右键单击当前工作表标签,然后在弹出的快捷菜单中选择“插入”命令,在随后打开的“插入”对话框中选中“工作表”,然后单击“确定”按钮即可,如图 11－7 所示。

2)工作表的移动和复制

工作表的移动和复制方法有两种。

方法 1:移动工作表,鼠标左键点中工作表标签不放,进行左右拖动,将当前工作表拖动到其他工作表的前方或后方。

复制工作表,按住键盘上 Ctrl 键不放,后续操作同移动工作表。

方法 2:移动工作表,鼠标右键单击要移动的工作表标签,在弹出的快捷菜单中选择“移动或复制”命令,如图 11－8 所示,然后在打开的“移动与复制工作表”窗口中选择要移动到

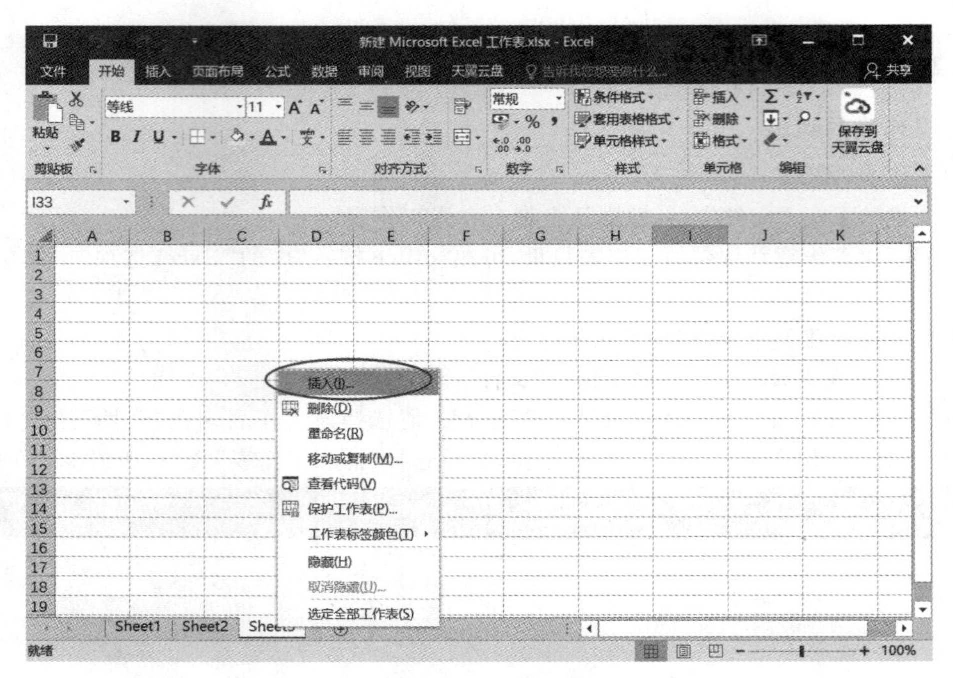

图 11－7　插入工作表方法 3

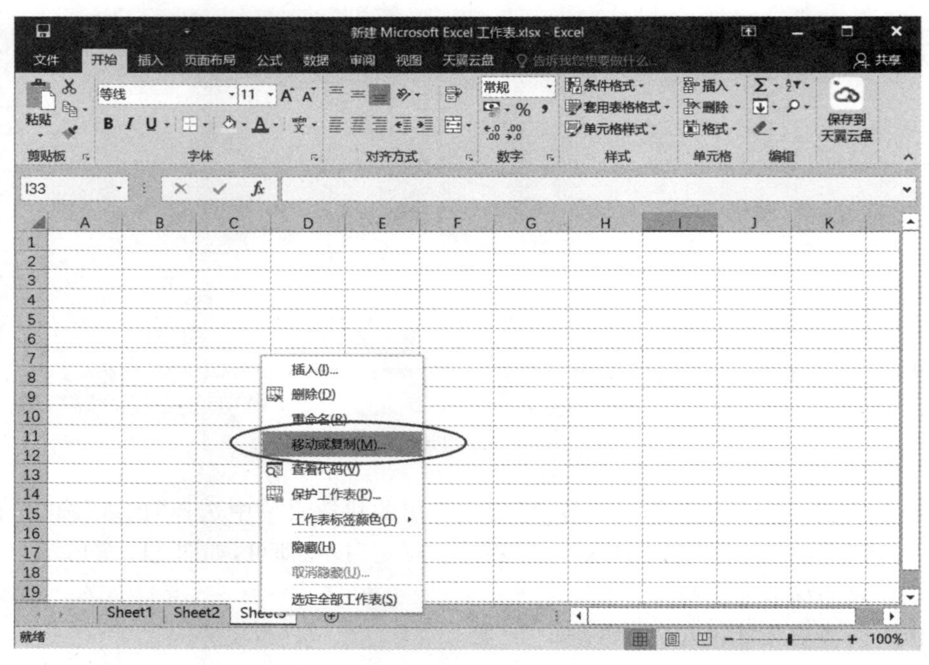

图 11－8　Excel 工作表移动与复制

的位置。

复制工作表，前面操作同移动工作表方法 2，在打开的“移动与复制工作表”中先点选窗口中选择要移动到的位置，然后选择“建立副本”命令。

3)工作表的重命名和删除

工作表的重命名可以用鼠标右键单击工作表标签,在弹出的快捷菜单中选择“重命名”选项,或用鼠标左键双击工作表标签的名称,进入工作表重命名编辑状态进行更改。

工作表的删除用鼠标右键单击工作表标签,在弹出的快捷菜单中选择“删除”选项即可。

4)工作表的打印

在打印工作表前,我们应当先对其进行页面设置,主要包括设置纸张大小、纸张方向、页边距、页眉页脚及是否打印标题等内容。具体的页面设置方法请参照 Word 章节内容,在次不再赘述。

在完成页面设置进行打印时,我们一般要先选择有效的打印机,然后设置要打印的范围,是这个文档都打印还是只打印其中的某几页,下来设置打印份数,进行预览和打印。

【注】计算机是可以连接多个打印机的。

若我们只是打印工作表中的某些数据范围,则可在先将要打印的数据范围选中,然后在“页面布局”选项卡中的“页面设置”功能区选择“打印区域”,进行打印区域设置,如图 11-9 所示。

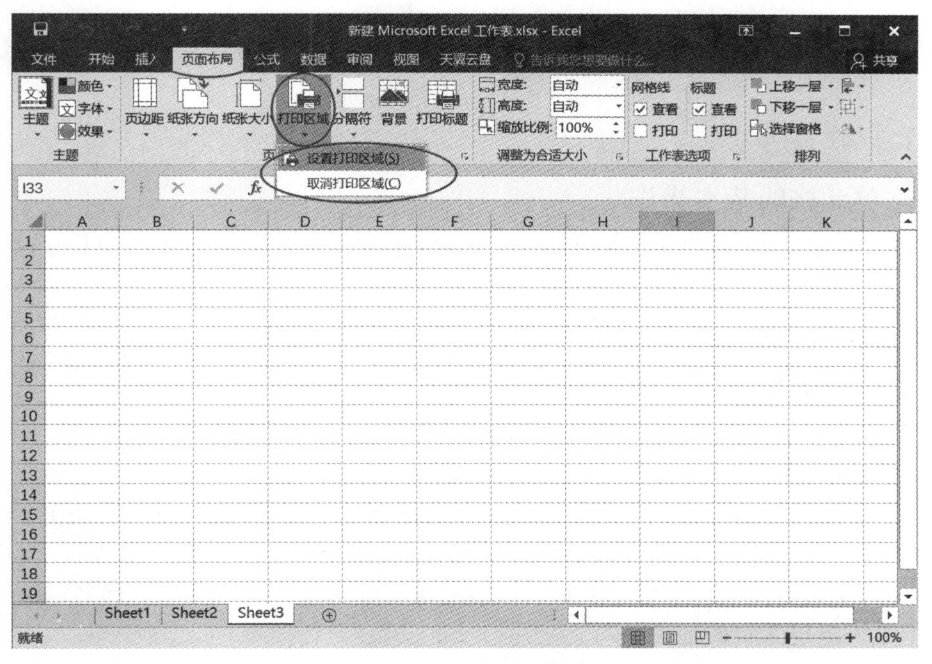

图 11-9 Excel 打印区域设置

5)外部数据的导入与连接

Microsoft Excel 具有较良好的兼容性,可以使用比较多的外部来源的数据,减少重复输入数据的工作量。连接的外部数据还可以自动刷新或更新来自数据源的数据。

使用外部数据源方法如下:单击“数据”选项卡→“获取外部数据”功能区,可以获取来自 Access、网站、文本和其他数据源等外部数据,并可查看现有连接,如图 11-10 所示。

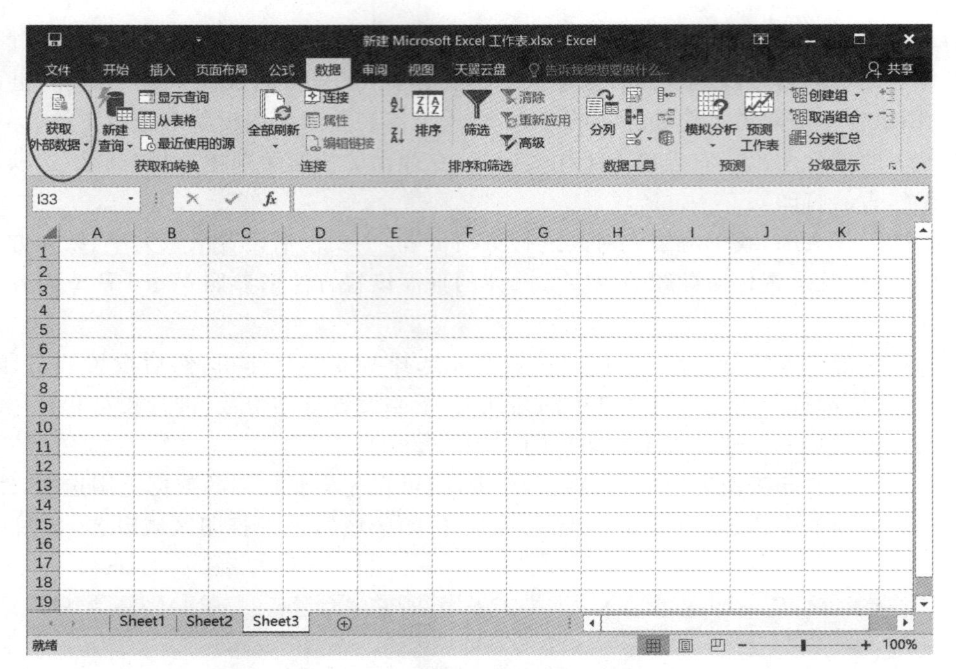

图 11 - 10　Excel 获取和连接外部数据

11.2.3　单元格的基本操作

单元格是 Excel 中的最小工作单位，在 Excel 中对于数据的操作和单元格的操作不可分割。

1. 单元格的选定与命名

1）单元格的选定

（1）单个单元格选定：对单元格进行操作前，我们先选中要操作的单元格，鼠标单击选中单个单元格。【注】单个单元格选中后，名称栏会显示当前选中单元格地址。

（2）多个连续单元格选定：我们若要选中多个连续单元格，则鼠标左键单击起始单元格不松手，拖动鼠标至最后一个单元格后松手。或鼠标左键单击起始单元格后，按住 Shift 键，鼠标左键单击区域最后一个单元格。【注】多个连续单元格选中后，名称栏会显示当前选中区域中第一个单元格的地址。

（3）多个不连续单元格选定：鼠标左键单击选定第一个单元格，然后按住 Ctrl 键，鼠标继续点击其余待选定的单元格，直到结束。【注】多个不连续单元格选中后，名称栏会显示当前选中区域中最后一个单元格的地址。

（4）选中整行单元格：想要选中某一整行单元格，则鼠标左键单击此行单元格的行坐标号。

（5）选中整列单元格：想要选中某一整列单元格，则鼠标左键单击此列单元格的列坐标号。

（6）选中工作表中所有单元格：我们要是想一次选中当前整个单元表的单元格，则使用“Ctrl＋A”组合键或点击工作表行号和列号交汇处的“全选按钮”，如图 11 - 11 所示。

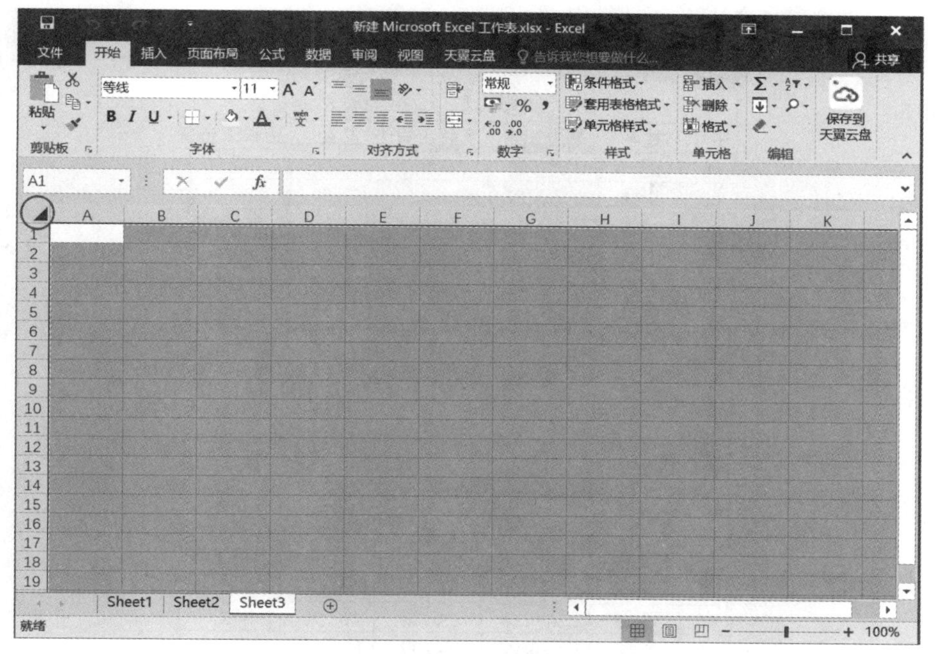

图 11 - 11　Excel 全表单元格选定

若要快速到达指定的单元格，也可以在“名称框”输入单元格地址，按回车键即可。

2)单元格的命名

在 Excel 中，当我们选中一个或多个单元格时，名称框会显示单元格的地址，而有时我们需要对特殊的单元格或单元格区域设置一个名称，这样做的好处是方便我们记忆或理解，且可以快速定位特殊单元格或区域。例如现有职工工资表如图 11 - 12 所示。

A3　序号

	A	B	C	D	E	G
1	职工工资表					
2						
3	序号	姓名	基本工资	工龄工资	奖金	应得工资
4	01	王一	1,500.00	400.00	300.00	2,200.00
5	02	李娜	1,200.00	200.00	400.00	1,800.00
6	03	杨雄	1,800.00	600.00	150.00	2,550.00
7	04	李四	1,000.00	100.00	200.00	1,300.00
8	05	谢正	1,400.00	300.00	155.00	1,855.00
9	06	陈丹	1,500.00	350.00	260.00	2,110.00

图 11 - 12　职工工资表

我们选定所有职工的基本工资到奖金区域(C3:E9)，选定后在名称框输入“工资”并按回车键确定，如图 11 - 13 所示。

这样我们就将 C4:E9 的单元格区域命名为了“工资”(区域)，方便我们的理解或记忆，也可通过名称框的调用快速选定此区域的单元格。如图 11 - 14 所示，单击名称框的下拉箭头按钮，在弹出的菜单中选择“工资”，则立刻选定了 C4:E9 单元格区域。

若想删除设置的自命名，则在“公式”选项卡中单击“名称管理器”，如图 11 - 15 所示。

工资 fx 1500

	A	B	C	D	E	G
1	职工工资表					
2						
3	序号	姓名	基本工资	工龄工资	奖金	应得工资
4	01	王一	1,500.00	400.00	300.00	2,200.00
5	02	李娜	1,200.00	200.00	400.00	1,800.00
6	03	杨雄	1,800.00	600.00	150.00	2,550.00
7	04	李四	1,000.00	100.00	200.00	1,300.00
8	05	谢正	1,400.00	300.00	155.00	1,855.00
9	06	陈丹	1,500.00	350.00	260.00	2,110.00
10						

图 11-13　对选定的单元格区域命名

fx 1500

工资

	A	B	C	D	E	G
1	职工工资表					
2						
3	序号	姓名	基本工资	工龄工资	奖金	应得工资
4	01	王一	1,500.00	400.00	300.00	2,200.00
5	02	李娜	1,200.00	200.00	400.00	1,800.00
6	03	杨雄	1,800.00	600.00	150.00	2,550.00
7	04	李四	1,000.00	100.00	200.00	1,300.00
8	05	谢正	1,400.00	300.00	155.00	1,855.00
9	06	陈丹	1,500.00	350.00	260.00	2,110.00

图 11-14　快速选定自命名区域

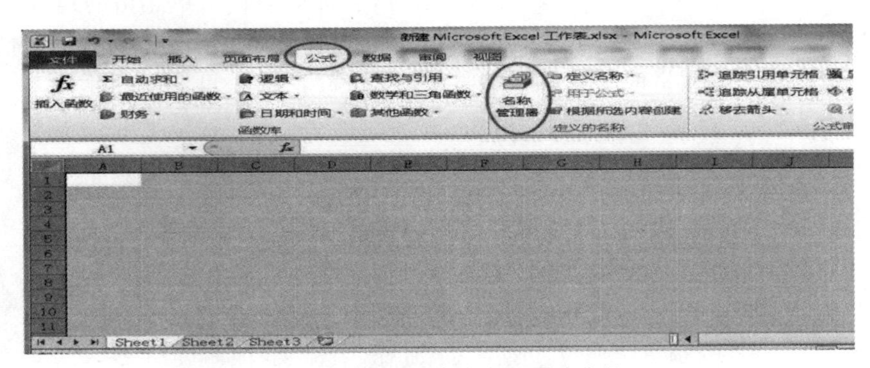

图 11-15　单元格自命名的删除步骤 1

然后在弹出的“名称管理器”窗口中选择要删除的自命名，选择好后单击上方的“删除”按钮即可，如图 11-16 所示。

2. 单元格的编辑与删除

(1)单元格的输入：单击要向其中输入数据的单元格，键入数据并按回车键或 Tab 键。【注】若要一次在多个单元格中输入相同的数据，选定需要输入数据的单元格，单元格不必相邻，键入相应数据，然后按“Ctrl＋Enter”组合键。

(2)单元格的移动：鼠标左键点中要复制的单元格然后左键拖动单元格至要移动到的位置。

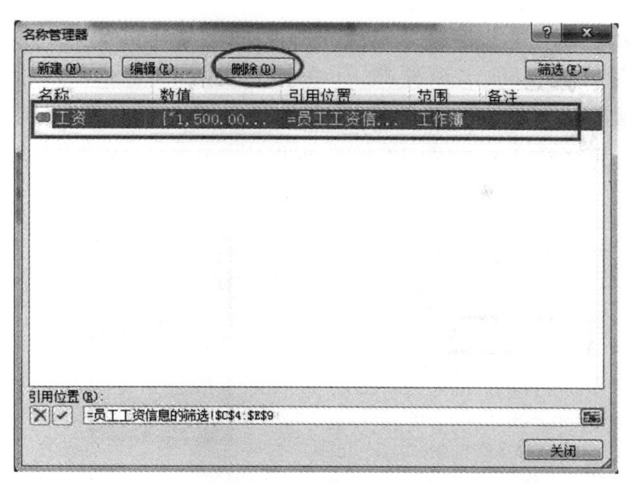

图 11-16 单元格自命名的删除步骤 2

(3)单元格的复制：鼠标左键点中要复制的单元格，按住 Ctrl 键拖动至要复制到的位置。

(4)单元格的更改：鼠标左键双击要更改的单元格，进入到单元格编辑状态，对其中的内容进行更改。

(5)单元格的删除：单元格的删除分别为删除数据和删除单元格。删除数据操作如下：选中要删除的单元格然后按 Del 键或“退格键”。对于不再需要的单个单元格或行、列单元格，可以对其进行删除。操作方法如下：选中单个单元格或整行整列，鼠标右键单击，在弹出的快捷菜单中选择“删除”选项，如图 11-17 所示。

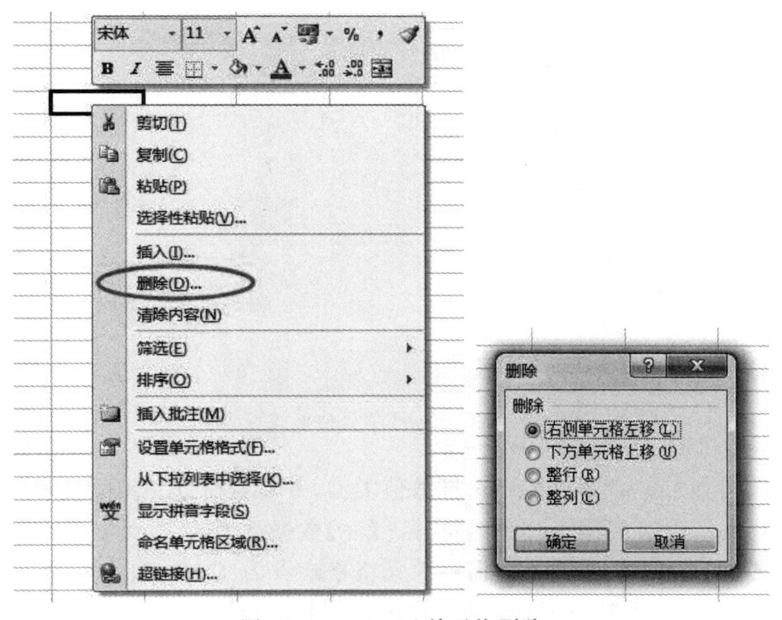

图 11-17 Excel 单元格删除

单元格的填充：如果在单元格中键入的字符与该列已有的录入项形成一定的规律，Microsoft Excel 可以按照规律自动填写其余的字符。但 Excel 只能自动完成包含文字的录入项，或包含文字与数字的录入项。步骤如下：在需要填充的单元格区域中选择第一个单元格；为此序列输入初始值；在下一个单元格中输入值以创建模式；选定包含初始值的单元格，将填充柄拖动到待填充区域上。如图 11－18 所示。

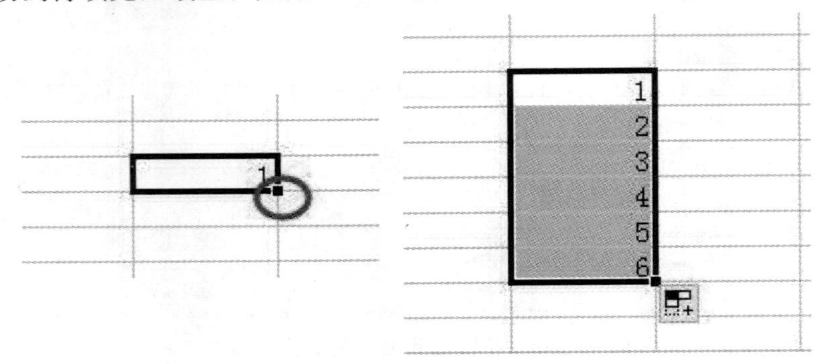

图 11－18　Excel 单元格的填充

3. 单元格的格式设置

在 Excel 中我们可以对单元格进行格式设定，右键单击选中的单元格，在弹出的快捷菜单中选择"设置单元格格式"选项，进入格式设定对话框，在此可以从"数字""对齐""字体""边框""填充""保护"六个方面对单元格进行格式设定，如图 11－19 所示。

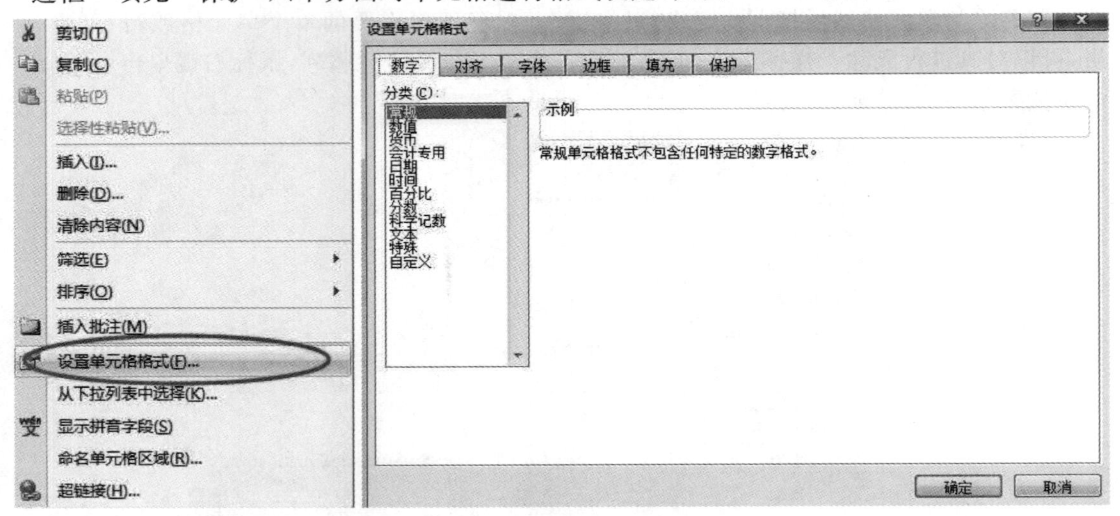

图 11－19　Excel 单元格格式设置

(1)"数字"：可在"分类"列表框中选择数值类型，并对其做进一步的设置，如设置小数位数，日期的显示方式，是否使用千位分隔符等。【注】数据类型共 12 类，初始时单元格默认的是常规型。如要输入 0 开头的数字则需将单元格格式设为文本类型。

(2)"对齐"：可对单元格中的数据对齐方式和文本方向等进行设置。

(3)"字体"：可对数据的字体、字型、字号、颜色等进行设置。

(4)"边框"：可对一个或多个单元格区域加上边框并设置边框种类、颜色等。【注】Excel

中单元格默认是无边框的，用户能看到但是打印时不显示，如需边框需自己另行设置。

(5)“填充”：可对单元格底纹的颜色和图案进行设置。

(6)“保护”：可对单元格的保护和隐藏进行设置。【注】单元格的保护是与工作表的保护相联系的，只有工作表处于保护状态时，单元格才能处于保护状态。

4. 行高与列宽

在 Excel 中每一个单元格都有自己的地址(名称)和宽度(列宽)及高度(行高)。调整行高和列宽一般有如下两种方法。

方法 1：可以用鼠标拖动单元格所在行、列坐标的边沿，如图 11－20(a)所示。行高设置操作同列宽操作。

图 11－20(a)　Excel 单元格列宽设置方法 1

方法 2：鼠标右键单击要设置的单元格所在的列坐标，选中“列宽”对该列进行宽度设置，如图 11－20(b)所示。行高设置操作同列宽操作。

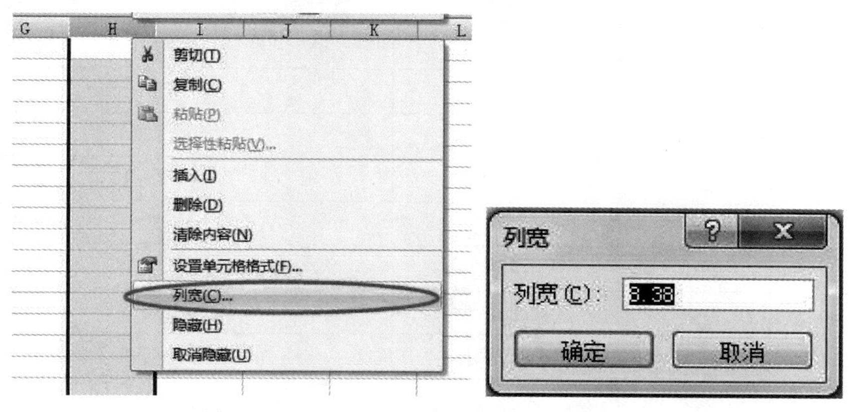

图 11－20(b)　Excel 单元格列宽设置方法 2

【注】若有多个行或列需要设置行高、列宽，则用 Ctrl 键和鼠标配合同时选中多个行或列，再用鼠标右键单击其中某个行坐标或列坐标，在弹出的快捷菜单中选择“行高”或“列宽”设置。

5. 单元格的地址引用

在 Excel 的公式或函数应用中，我们经常需要某个单元格地址在填充柄拖动填充的时候不进行变化，这时我们在不想变化的单元格地址前加“＄”达到锁定单元格地址的目的。单元格地址如“B1：E3”此种不加“＄”的引用叫单元格地址的相对引用；如“＄B＄1：＄E＄3”这种列坐标和行坐标全部加“＄”的引用叫单元格地址的绝对引用；有的行或列坐标加“＄”有的不加的则叫作单元格地址的混合引用，如“B1：＄E＄3”或“B＄1：＄E3”。

11.3 Excel 中的数据运算

Excel 电子表格主要是对表格中的数据进行处理和分析，数据的运算是其中最重要的功能之一。数据的运算主要是使用公式与函数来完成的。

【注】在 Excel 中所有的公式或函数都是以“＝”开头的。

11.3.1 Excel 中的公式应用

1. 公式运算中的算术符号和运算次序

在 Excel 中公式运算符号主要有四种类型：算术运算符、比较运算符、文本运算符和引用运算符。四种运算符大致如表 11－1 所示。

表 11－1 Excel 中的四运算符

运算类型	运算符	含义	示例
算术运算符	＋	加	55＋33
	－	减	66－33
	*	乘	11 * 22
	/	除	99/11
	％	百分数	50％
	^	乘方	9^3
比较运算符	＝	等于	C1＝12
	〉	大于	C3＞7
	〈	小于	C5＜8
	〉＝	大于等于	C9＞＝9
	〈＝	小于等于	D3＜＝15
	〈〉	不等于	A3＜＞B3
文本运算符	&	使用文本连接符	“我”&“吃饭”结果为“我吃饭”
引用运算符	：	连续区域运算符	引用两个单元格地址间的所有单元格
	，	联合操作符	引用多个不连续单元格地址
	空格	交叉运算符	对两个区域中共有的单元格进行引用

（1）算术运算符（6 个）：它们的作用是完成基本的数学运算，产生数字结果等。

(2)比较操作符(6 个):它们的作用是可以比较两个值,结果为一个逻辑值,不是“TRUE”就是“FALSE”。

(3)文本连接符(1 个):使用文本连接符(&)可加入(连接)一个或多个字符串。

(4)引用操作符(3 个):引用以下三种运算符可以将单元格区域进一步处理。具体示例如下:冒号“:”——连续区域运算符,对两个引用之间包括两个引用在内的所有单元格进行引用,如 SUM(B1:C8),计算 B1 到 C8 的连续 16 个单元格之和;逗号“,”——联合操作符可将多个引用合并为一个引用,如 SUM(A5:A11,C5:C11),计算 A 列、C 列共 14 个单元格之和;空格——取多个引用的交集为一个引用,该操作符在取指定行和列数据时很有用,如 SUM(B5:B10 A6:C8),计算 B6 到 B8 三个单元格之和。

【注】Excel 中运算符优先级由高到低依次为

引用运算符＞负号＞百分比＞乘方＞乘除＞加减＞连接符＞比较运算符。

相同优先级的运算符,将从左到右进行计算。

2. Excel 数据运算中单元格的引用

在 Excel 中我们可以通过填充柄快速完成很多内容上的输入,单元格的填充柄除了可以进行具体内容的填充外,还可以对公式或函数进行填充,以达到快速输入的目的。

1)单元格地址的相对引用

在 Excel 中默认的单元格地址引用就是相对引用。相对引用是指公式或函数在移动或复制时,其中包含的单元格地址会根据目标单元格和起始单元格的位置变化而相对产生变化。

当目标单元格和起始单元格是相连续时,我们可以用单元格的填充柄进行填充,如图 11-21(a)、(b)所示。

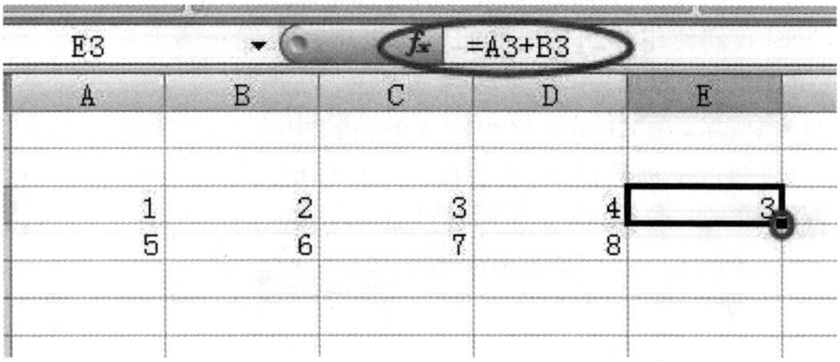

(a) 步骤1

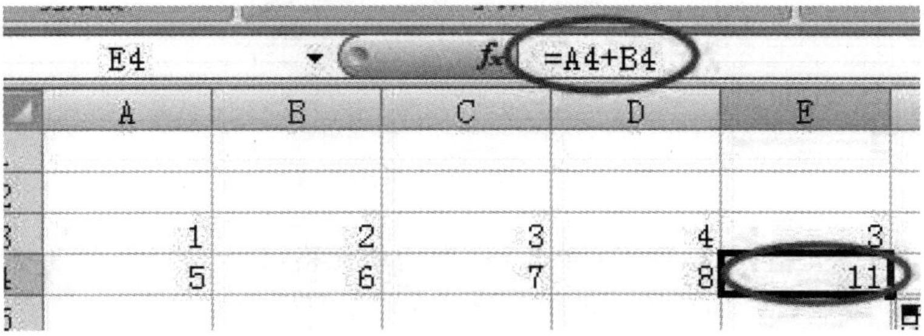

(b) 步骤2

图 11-21　相对引用的填充柄填充

我们选中 E3 单元格，在其中输入：= A3 + B3，使用填充柄向下填充至 E4 单元格。【注】=号开头代表公式或函数，此时单元格中的实际内容为 A3+B3，但在单元格处显示的是 A3+B3 的值 3。

此时由起始单元格(E3)到目标单元格(E4)，列坐标没有变化，行坐标+1，而填充柄拖动过来的内容也由起始单元格的 A3+B3 产生相对应(列坐标不变，行坐标+1)的变化，变为 A4+B4。

当目标单元格和起始单元格是不连续的时，我们可以将起始单元格的内容复制到目标单元格。如图 11－22 所示，起始单元格(E3)到目标单元格(G3)，列坐标+2，行坐标未变。复制 E3 单元格粘贴至 G3 单元格，则其中的内容也由起始单元格的 A3 + B3 产生相对应(列坐标+2，行坐标不变)的变化，变为 C3+D3。

【注】G3 单元格处显示的是 C3+D3 的值 7。

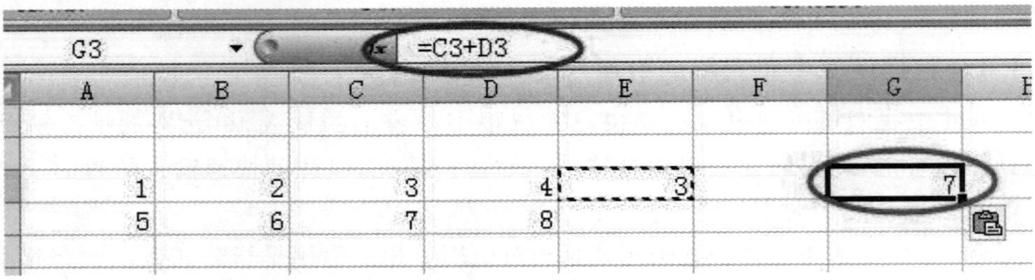

图 11－22　相对引用的复制

2)单元格地址的绝对引用

在 Excel 数据运算中我们有时需要引用的单元格地址不跟随起始单元格到目标单元格的变化而变化，这时我们使用单元格地址的绝对引用。我们在需要锁定单元格地址的行坐标号和列坐标号前加“＄”。

如图 11－23(a)所示，在 E1 单元格中输入的公式中的 B3 的列坐标号和行坐标号前加“＄”表示将 B3 的列和行坐标号锁定，不会再跟随目标单元格的地址相对变化而变化。

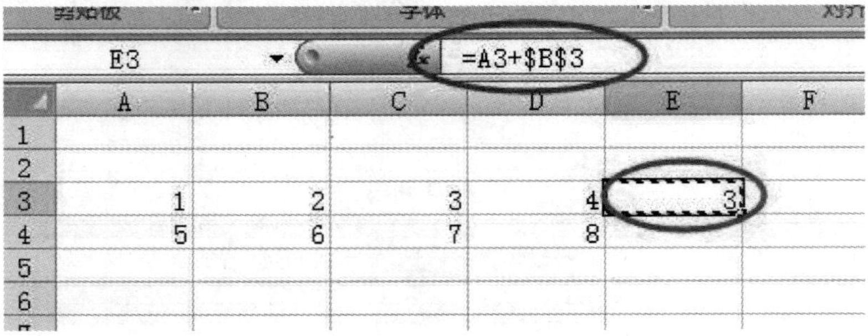

图 11－23(a)　绝对引用步骤 1

此时复制 E3 单元格，粘贴到 G4 单元格，起始单元格(E3)到目标单元格(G4)，列坐标+2，行坐标+1。复制过来的公式中的单元格地址 A3 产生相应的变化，变为 C4，而＄B＄3 因为行、列坐标被锁定而不产生变化，还是 B3。所以最后复制过来后 G3 单元格中的数据如图 11－23(b)所示，C3+＄B＄3 值为 9。

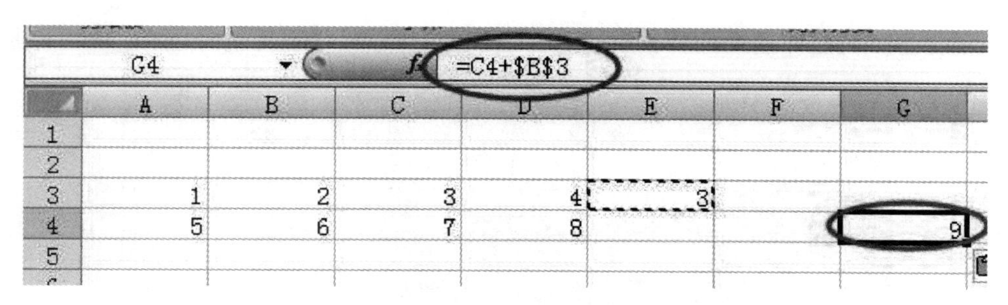

图 11－23(b)　绝对引用步骤 2

3)单元格地址的混合引用

单元格地址的混合引用是指我们根据实际需求，在单元格地址的行坐标号或列坐标号前加"＄"。

如图 11－24(a)所示，在 E1 单元格输入的公式中 B3 的列坐标号前加"＄"，表示将 B3 的列坐标号锁定。此时 B3 的列坐标不会再跟随目标单元格的地址相对变化而变化，行坐标因为没有锁定还是会产生相对的变化。

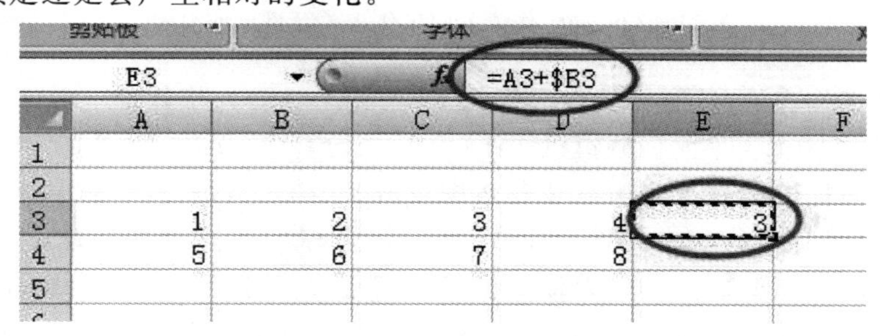

图 11－24(a)　混合引用步骤 1

此时复制 E3 单元格，粘贴到 G4 单元格，起始单元格(E3)到目标单元格(G4)，列坐标＋2，行坐标＋1。复制过来的公式中的单元格地址 A3 产生相应的变化变为 C4，而＄B3 因为列坐标被锁定而不产生变化还是 B，行坐标产生相应变化变为 4。所以复制过来后 G3 单元格中的数据如图 11－24(b)所示，C3＋＄B4 值为 13。

图 11－24(b)　混合引用步骤 2

4)单元格地址的跨表引用

我们在实际工作学习中，经常需要把不同工作表甚至是不同工作簿中的数据用于同一个公式或函数中进行计算处理，这类计算过程中的单元格地址引用称为跨表引用。其遵循的规则如下。

同工作簿不同工作表中的数据引用:工作表名称!单元格引用地址,如图 11-25 所示。

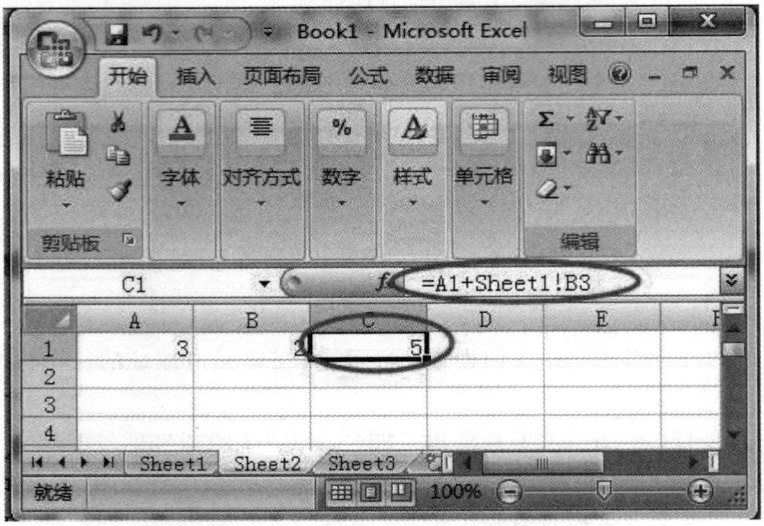

图 11-25 同工作簿不同工作表单元格地址引用

在 Sheet2 工作表的 C1 单元格中运算本工作表的 A1 单元格数据+Sheet1 工作表中的 B3 单元格数据,则在 C1 单元格编辑栏输入:=A1+Sheet1!B3(或=A1+然后用鼠标左键单击下方 Sheet1 标签然后在 Sheet1 工作表中点击 B3 单元格,最后单击编辑栏处的"√")。

不同工作簿不同工作表中的数据引用:[工作簿名称]工作表名称!单元格引用地址。

现有另一个工作簿文件"新建 Microsoft Excel 工作表(2)",在其中 Sheet1 工作表中的 B1 单元格有数据 13。我们需要在另一个 Excel 文件的 Sheet2 中的 C1 单元格计算其同表的 A1 单元格数据+"新建 Microsoft Excel 工作表(2)"工作簿中 Sheet1 工作表中的 B1 单元格数据。如图 11-26(a)、(b)所示。

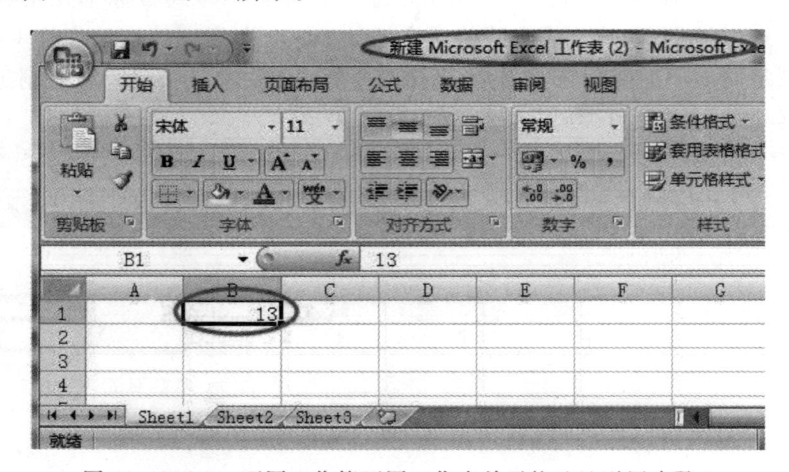

图 11-26(a) 不同工作簿不同工作表单元格地址引用步骤 1

具体操作方法同同工作簿不同工作表中的数据引用的操作。

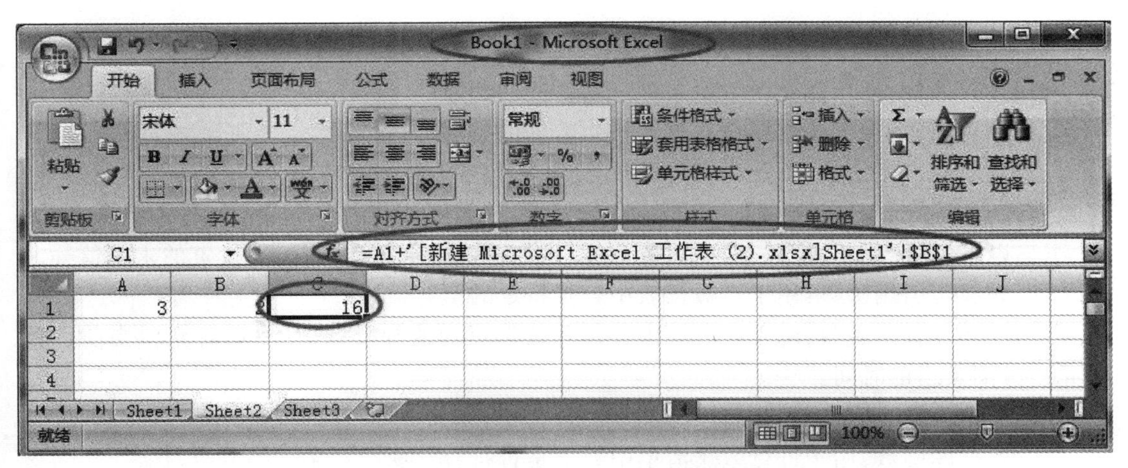

图 11-26(b)　不同工作簿不同工作表单元格地址引用步骤 2

11.3.2　Excel 中的函数应用

在 Excel 中一些预定义的公式其实就是函数，它们使用一些称为参数的特定数值按特定的顺序或结构进行计算。Excel 函数一共有 11 类，分别是数据库函数、日期与时间函数、工程函数、财务函数、信息函数、逻辑函数、查找和引用函数、数学和三角函数、统计函数、文本函数，以及多维数据集函数，如图 11-27 所示。

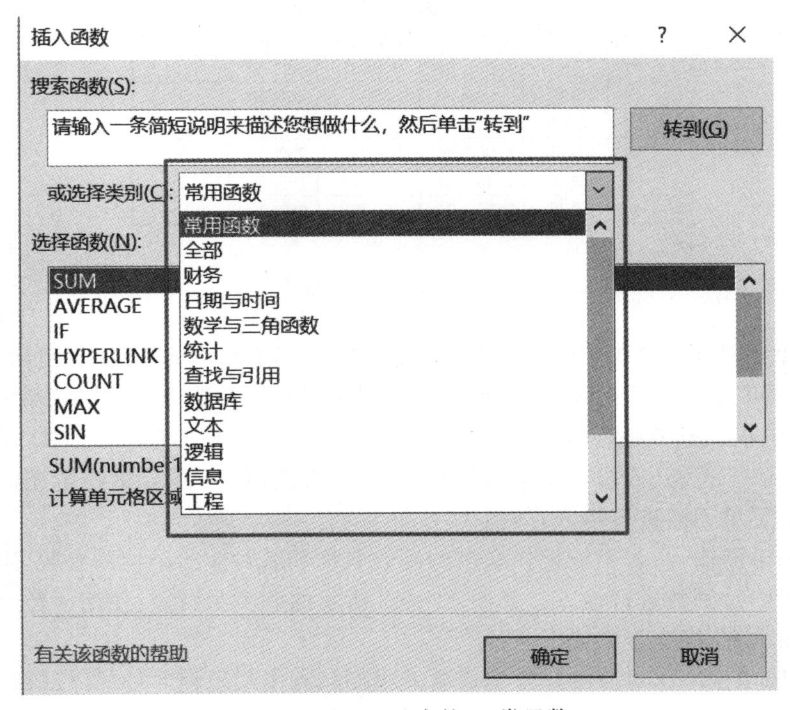

图 11-27　Excel 中的 11 类函数

1. 常用函数类型

(1)逻辑函数:使用此类函数对条件进行真假的判断。

(2)信息函数:用于确定存储在单元格中数据的类型。

(3)数学和三角函数:用于处理数学计算,如对数字取整或计算某个区域的数值总和等。

(4)统计函数:用于对数据区域的统计与分析,例如可统计出满足特定条件的数据个数。

(5)财务函数:用于进行一般的财务计算,例如可确定贷款的支付额,投资的未来值等。

(6)查找与引用函数:用于在数据表中查找特定的值。

(7)时间与日期函数:用于在公式中分析和处理时间值和日期值,例如可获得当前计算机系统日期及当前时间。

(8)文本函数:用于处理公式中的文字信息。

(9)数据库函数:用于进行数据清单中数值是否符合某项特定条件的分析。

2. 函数的使用方法

在 Excel 中函数的使用方法一般分为两种,即手工输入和函数编辑器引用。

函数的手工输入:使用手工输入方法比较简单,只需要在选定的单元格编辑栏中输入以"="开头的函数内容即可。但需要记住所要使用的函数的名称及其函数相应的结构,与输入选定的数据和函数参数,如图 11-28 所示。

G4 f_x

	A	B	C	D	E	G
1-2	职工工资表					
3	序号	姓名	基本工资	工龄工资	奖金	应发工资
4	01	王一	1,500.00	400.00	300.00	
5	02	李娜	1,200.00	200.00	400.00	
6	03	杨雄	1,800.00	600.00	150.00	
7	04	李四	1,000.00	100.00	200.00	
8	05	谢正	1,400.00	300.00	155.00	
9	06	陈丹	1,500.00	350.00	260.00	
10						

图 11-28 职工工资表

我们要计算现有每个职工的应发工资,则应选中当前某个职工所对应的应发工资单元格,然后在编辑栏输入对应的函数,在此我们使用 SUM(计算选中单元格区域中所有数值的和)函数。选中职工王一对应的应发工资单元格 G4,在编辑栏中输入:=SUM(C4:E4),输入后单击左侧"√"按钮(或按回车键)以确定。最后再使用 G4 单元格的填充柄下拉对其余职工的应发工资单元格进行填充,如图 11-29 所示。

函数的编辑器输入:若不能记住众多的函数名称和其对应的结构与参数,则我们还可以使用函数编辑器对函数进行输入。如图 11-42 所示的职工工资表,使用函数编辑器对其进行应发工资的求和,操作步骤如下。

(1)选中职工王一所对应的应发工资单元格 G4,点击编辑栏左侧的 fx(插入函数)按钮打开函数选择界面,选取 SUM 函数后打开函数编辑器,如图 11-30、图 11-31 所示。

(2)单击 number1 的编辑区(在函数编辑器中可以看到 SUM 函数的参数 number1,number2,…(还可增加),number 的参数说明在参数设置的下方),然后用鼠标左键选择

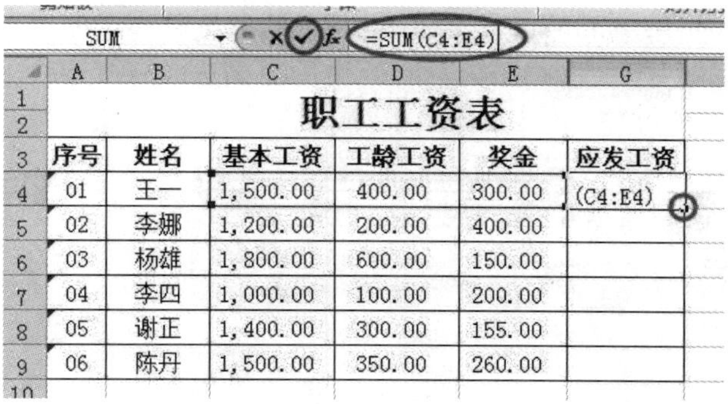

SUM　=SUM(C4:E4)

	A	B	C	D	E	G
1–2	职工工资表					
3	序号	姓名	基本工资	工龄工资	奖金	应发工资
4	01	王一	1,500.00	400.00	300.00	(C4:E4)
5	02	李娜	1,200.00	200.00	400.00	
6	03	杨雄	1,800.00	600.00	150.00	
7	04	李四	1,000.00	100.00	200.00	
8	05	谢正	1,400.00	300.00	155.00	
9	06	陈丹	1,500.00	350.00	260.00	

图 11 - 29　函数的手工输入

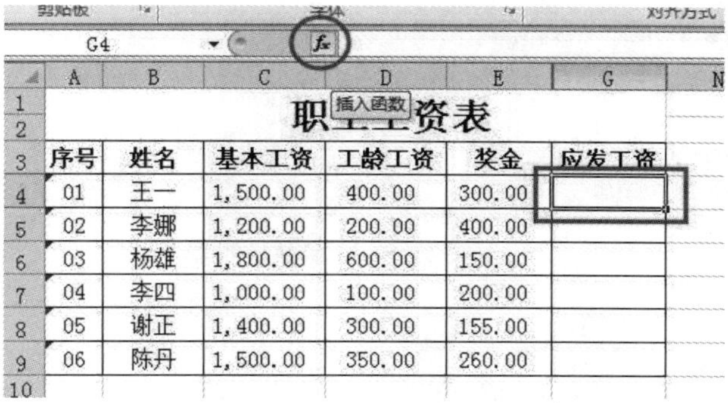

G4　插入函数

	A	B	C	D	E	G
1–2	职工工资表					
3	序号	姓名	基本工资	工龄工资	奖金	应发工资
4	01	王一	1,500.00	400.00	300.00	
5	02	李娜	1,200.00	200.00	400.00	
6	03	杨雄	1,800.00	600.00	150.00	
7	04	李四	1,000.00	100.00	200.00	
8	05	谢正	1,400.00	300.00	155.00	
9	06	陈丹	1,500.00	350.00	260.00	

图 11 - 30　插入函数

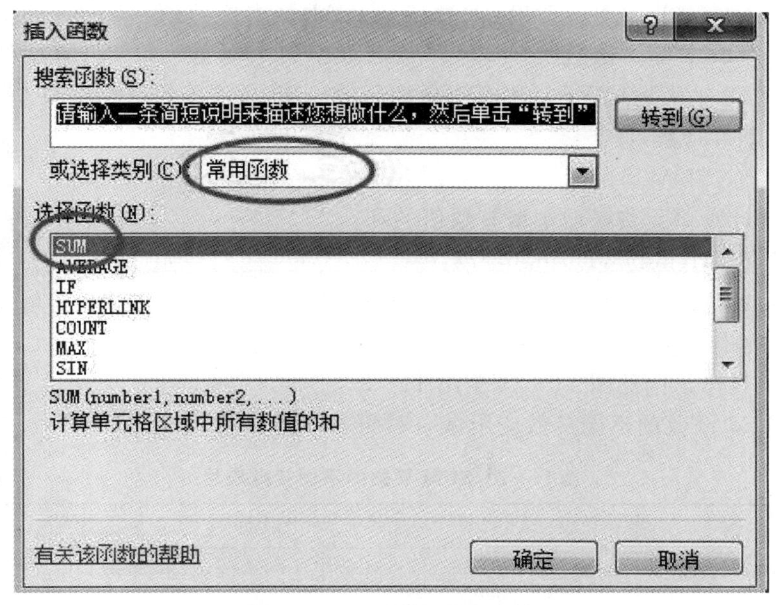

图 11 - 31　选择 SUM 函数

C4:E4 单元格，单击编辑栏左侧的“√”按钮确定，此时职工王一的应发工资就计算出来了，如图 11 - 32 所示。

(3)选中 G4 单元格的填充柄进行下拉填充，将其余所有职工的应发工资计算出来。

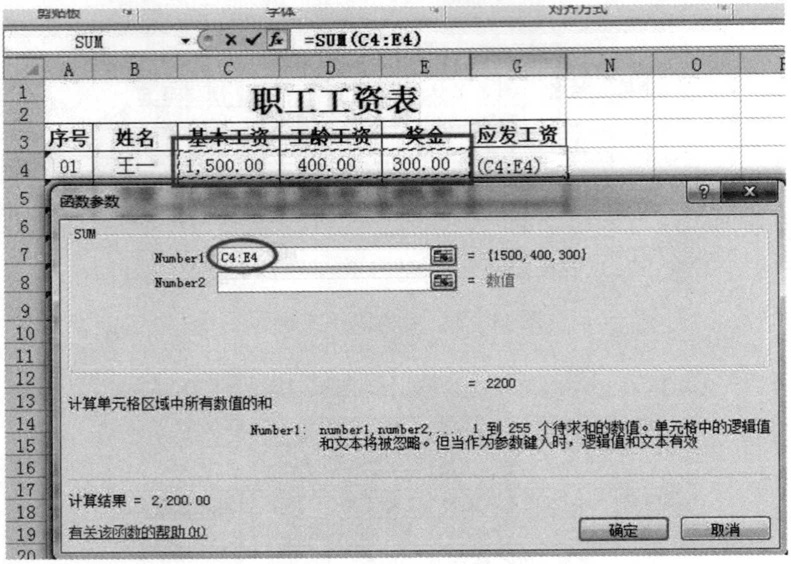

图 11－32 SUM 函数编辑器

3. 常用函数

在 Excel 中最常使用的函数有 SUM(求和)、AVERAGE(求算术平均值)、MAX(求最大值)、MIN(求最小值)、COUNT(计数函数)、COUNTA(计算非空数函数)、ROUND(四舍五入函数)、RANK(排序函数)、INT(取整函数)、ABS(求绝对值)、LEN(求字符串长度函数)、LEFT(从左取字符串函数)、RIGHT(从右取字符串函数)、DAY(日函数)、MONTH(月函数)、YEAR(年函数)、WEEKDAY(星期函数)、IF(条件函数)、SUMIF(带条件求和)、COUNTIF(带条件计数)等。

(1)函数名称：SUM

主要功能：计算单元格区域中所有数值的和。

使用格式：SUM(number1，number2，…)

参数说明：1 到 255 个待求和的数值。可以是具体数字或单元格地址，单元格中的逻辑值和文本将被忽略。

应用举例：具体示例见图 11－30 至图 11－32。

在此对 SUM 函数的不同参数应用做一对照表以供参考，见表 11－2。

表 11－2 SUM 函数的不同参数应用

参数示例	说明
Sum(1,5)	计算数字 1 和 5 的和，值为 6
Sum(C4:E4)	计算 C4 单元格到 E4 单元格中所有数值之和
Sum(C4:E4,1)	计算 C4 单元格到 E4 单元格中所有数值之和后再加 1

(2)函数名称:AVERAGE

主要功能:求出所有参数的算术平均值。

使用格式:AVERAGE(number1,number2,…)

参数说明:(number1,number2,…)为需要求平均值的数值或引用单元格(区域),参数不超过 30 个。

应用举例:AVERAGE 函数的使用方法请参照 SUM 函数。

(3)函数名称:MAX

主要功能:返回一组数值中的最大值。

使用格式:MAX(number1,number2,…)

参数说明:(number1,number2,…)为准备从中求取最大值的 1 到 255 个数值、空单元格、逻辑值或文本数值。函数的参数可以是具体数字或单元格地址引用。

应用举例:如图 11－33 所示,求出所有职工的基本工资中的最高数值。操作步骤如下。

C10　插入函数

职工工资表

序号	姓名	基本工资	工龄工资	奖金	应发工资
01	王一	1,500.00	400.00	300.00	2,200.00
02	李娜	1,200.00	200.00	400.00	1,800.00
03	杨雄	1,800.00	600.00	150.00	2,550.00
04	李四	1,000.00	100.00	200.00	1,300.00
05	谢正	1,400.00	300.00	155.00	1,855.00
06	陈丹	1,500.00	350.00	260.00	2,110.00
最大值					

图 11－33　插入 MAX 函数

(1)选中最大值对应基本工资的 C10 单元格,单击 fx 找到并插入 MAX 函数。

(2)在 MAX 函数编辑器中将鼠标选中 number1 参数对应的编辑区域,此时用鼠标选择 C4:C9(所有职工的基本工资)单元格区域,然后确定。如图 11－34 所示,最终结果为

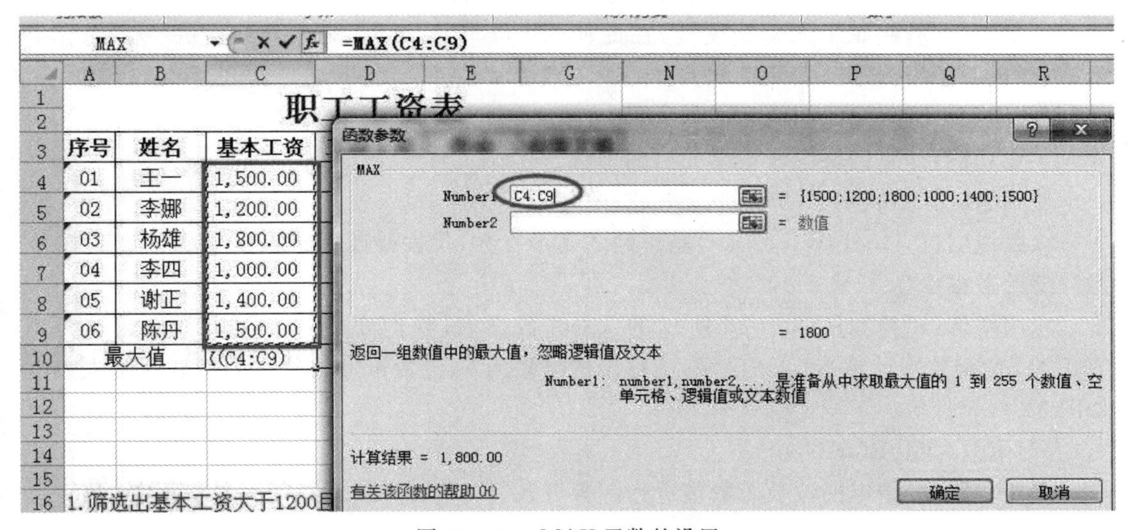

图 11－34　MAX 函数的设置

“1,800.00”。

(4)函数名称:MIN

主要功能:返回一组数值中的最小值。

使用格式:MIN(number1,number2,…)

参数说明:(number1,number2,…)为准备从中求取最大值的 1 到 255 个数值、空单元格、逻辑值或文本数值。函数的参数可以是具体数字或单元格地址引用。

应用举例:MIN 函数的使用方法请参照 MAX 函数。

(5)函数名称:COUNT

主要功能:计算区域中包含数字的单元格的个数。

使用格式:COUNT(value1,value2,…)

参数说明:(value1,value2,…)是 1 到 255 个参数,可以包含或引用各种不同类型的数据,但只计算数字类型数据的个数。

应用举例:如图 11－35 所示,计算发放奖金的职工个数,操作步骤如下。

E10 =COUNT(E4:E9)

	A	B	C	D	E	G
1	职工工资表					
2						
3	序号	姓名	基本工资	工龄工资	奖金	应发工资
4	01	王一	1,500.00	400.00	300.00	2,200.00
5	02	李娜	1,200.00	200.00	无	1,400.00
6	03	杨雄	1,800.00	600.00	150.00	2,550.00
7	04	李四	1,000.00	100.00	200.00	1,300.00
8	05	谢正	1,400.00	300.00	无	1,700.00
9	06	陈丹	1,500.00	350.00	260.00	2,110.00
10					4	

图 11－35 COUNT 函数

(1)选中 E10 单元格,在其中插入 COUNT 函数。

(2)value1 参数选择 E4:E9 单元格,单击“确定”按钮。

在本例中,有些职工无奖金发放,在此使用 COUNT 函数,对单元格中的“无”内容忽略,所以最后结果为“4”,实际发放奖金的职工数为 4 人。

(6)函数名称:COUNTA

主要功能:计算区域中非空单元格的个数。

使用格式:COUNTA(value1,value2,…)

参数说明:(value1,value2,…)是 1 到 255 个参数,代表要计算的值和单元格,可以是任意类型的数据信息。

应用举例:还是如图 11－35 所示的 Excel 数据表,我们要是将 COUNT 函数改为用 COUNTA 函数来计算 E4:E9 区域,则得出的结果为 6(包括未发放奖金的所有员工人数),如图 11－36 所示。

(7)函数名称:ROUND

主要功能:按指定的位数对数值进行四舍五入。

使用格式:ROUND(number,num_digits)

E10 =COUNTA(E4:E9)

	A	B	C	D	E	G
1–2	职工工资表					
3	序号	姓名	基本工资	工龄工资	奖金	应发工资
4	01	王一	1,500.00	400.00	300.00	2,200.00
5	02	李娜	1,200.00	200.00	无	1,400.00
6	03	杨雄	1,800.00	600.00	150.00	2,550.00
7	04	李四	1,000.00	100.00	200.00	1,300.00
8	05	谢正	1,400.00	300.00	无	1,700.00
9	06	陈丹	1,500.00	350.00	260.00	2,110.00
10					6	

图 11－36 COUNTA 函数

参数说明：number 表示需要四舍五入的数值；num_digits 为执行四舍五入时要采用的位数。【注】如果该参数为正数则保留该参数数值的小数位数；如果该参数为 0，则圆整到最接近的整数；如果该参数为负数，则圆整到小数点的左边。

应用举例：我们在单元格中输入如下的 ROUND 函数，具体的结果如下所示。

Round(9511.123，1)结果为 9511.1

Round(9511.123，0)结果为 955

Round(9511.123，－2)结果为 1000

(8)函数名称：RANK

主要功能：返回某数字在一列数字中相对其他数值的大小排名。

使用格式：RANK(number，ref，order)

参数说明：number 为要查找排名的数字；ref 是一组数或一个数据列表的引用(非数字值会被忽略)；order 为在列表中排名的方式，如为 0 或忽略则为降序排列，非 0 值为升序排列。

应用举例：如图 11－37 所示，我们在职工工资表中求出每个职工的应发工资在所有职工应发工资中所处的排位。操作步骤如下。

(1)选中 N4 单元格，插入 RANK 函数。

(2)在 RANK 函数编辑器中设置各参数 number 为 G4(王一的应发工资)；ref 为G4：G9(所有职工的应发工资)；order 为 0(降序排列)。

(3)单击"确定"按钮，N4 单元格显示数值为 2，即王一应发工资在所有职工应发工资中排第 2 位。

(9)函数名称：INT

主要功能：将数值向下取整为最接近的整数。

使用格式：INT(number)

参数说明：number 表示需要取整的数值或包含数值的引用单元格。

应用举例：输入公式：＝INT(18.89)，确认后显示出 18。【注】在取整时，不进行四舍五入；如果输入的公式为＝INT(－18.89)，则返回结果为－19。

(10)函数名称：ABS

主要功能：求出相应数字的绝对值，正数和 0 返回数字本身，负数返回数字的相反数。

使用格式：ABS(number)

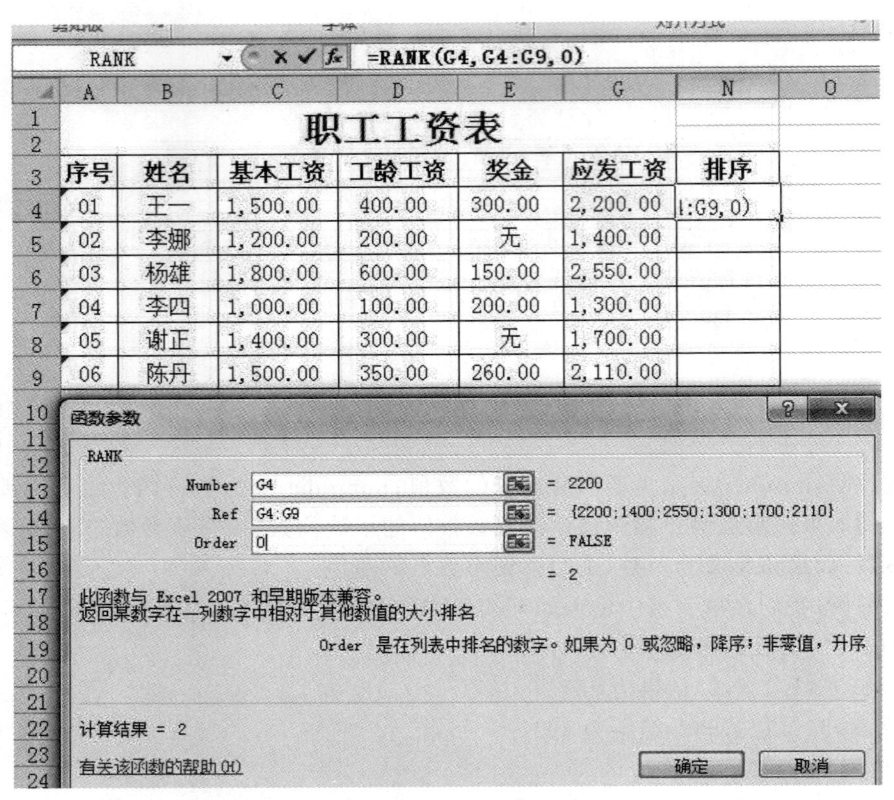

图 11－37 RANK 函数

参数说明：number 表示要返回绝对值的数字或单元格引用。

应用举例：如果在 B2 单元格中输入公式：＝ABS(A2)，则在 A2 单元格中无论输入正数(如 100)还是负数(如－100)，B2 中均显示出正数(如 100)。

【注】如果 number 参数不是数值，而是一些字符(如 A 等)，则 B2 中返回错误值“#VALUE!”。

(11)函数名称：LEN

主要功能：统计文本字符串中字符数目。

使用格式：LEN(text)

参数说明：text 表示要统计的文本字符串。

应用举例：假定 A41 单元格中保存了“我今年 28 岁”的字符串，我们在 C40 单元格中输入公式：＝LEN(A40)，确认后即显示出统计结果“6”。【注】LEN 要统计时，无论是全角字符，还是半角字符，每个字符均计为“1”；与之相对应的一个函数——LENB，在统计时半角字符计为“1”，全角字符计为“2”。

(12)函数名称：LEFT

主要功能：从一个文本字符串的第一个字符开始，截取指定数目的字符。

使用格式：LEFT(text，num_chars)

参数说明：text 代表要截字符的字符串；num_chars 代表给定的截取数目。

应用举例：假定 A38 单元格中保存了“我喜欢淘宝网”的字符串，我们在 C38 单元格中输入公式：=LEFT(A38,3)，确认后即显示出“我喜欢”的字符。

(13)函数名称：RIGHT

主要功能：从一个文本字符串的最后一个字符开始，截取指定数目的字符。

使用格式：RIGHT(text,num_chars)

参数说明：text 代表要截字符的字符串；num_chars 代表给定的截取数目。

应用举例：假定 A38 单元格中保存了“我喜欢淘宝网”的字符串，我们在 C38 单元格中输入公式：=RIGHT(A38,3)，确认后即显示出“淘宝网”的字符。

(14)函数名称：DATE

主要功能：给出指定数值的日期。

使用格式：DATE(year,month,day)

参数说明：year 为指定的年份数值(小于 9999)；month 为指定的月份数值(可以大于 12)；day 为指定的天数。

应用举例：在 C20 单元格中输入公式：=DATE(2003,13,35)，确认后，显示出 2004-2-4。【注】由于上述公式中，月份为 13，多了一个月，顺延至 2004 年 1 月；天数为 35，比 2004 年 1 月的实际天数又多了 4 天，故又顺延至 2004 年 2 月 4 日。

(15)函数名称：DAY

主要功能：返回指定日期或引用单元格中日期的天数。

使用格式：DAY(serial_number)

参数说明：serial_number 代表指定的日期或引用的单元格。

应用举例：输入公式：=DAY("2003-12-18")，确认后，显示出 18。【注】如果是给定的日期，需要包含在英文双引号中。

(16)函数名称：MONTH

主要功能：返回指定日期的月份值，值为 1(一月)至 12(十二月)间的数字。

使用格式：MONTH(serial_number)

参数说明：serial_number 代表指定的日期或引用的单元格。

应用举例：如图 11-38 所示，我们需要求送货流水表中的发生月份。

虽然有具体送货日期可供参考，很简单就能得出，但是一张送货流水表中的数据可能会有几十甚至几百条，若手工判断并输入太没效率，我们使用 MONTH 函数很简单就能完成要求。操作步骤如下：

(1)选中 G3 单元格，插入 MONTH 函数。

(2)serial_number 参数选择 B3 单元格(其对应的送货日期)，单击“确定”按钮，计算出送货日期所在的月份。

(3)鼠标左键拖动 G3 单元格的填充柄，向下进行填充，快速计算出所有数据所对应的发生月份。

(17)函数名称：YEAR

主要功能：返回指定日期的年份值，其值为 1900～9999 的数字。

使用格式：YEAR(serial_number)

参数说明：serial_number 代表指定的日期或引用的单元格。

应用举例：YEAR 函数的使用方法请参照 MONTH 函数。

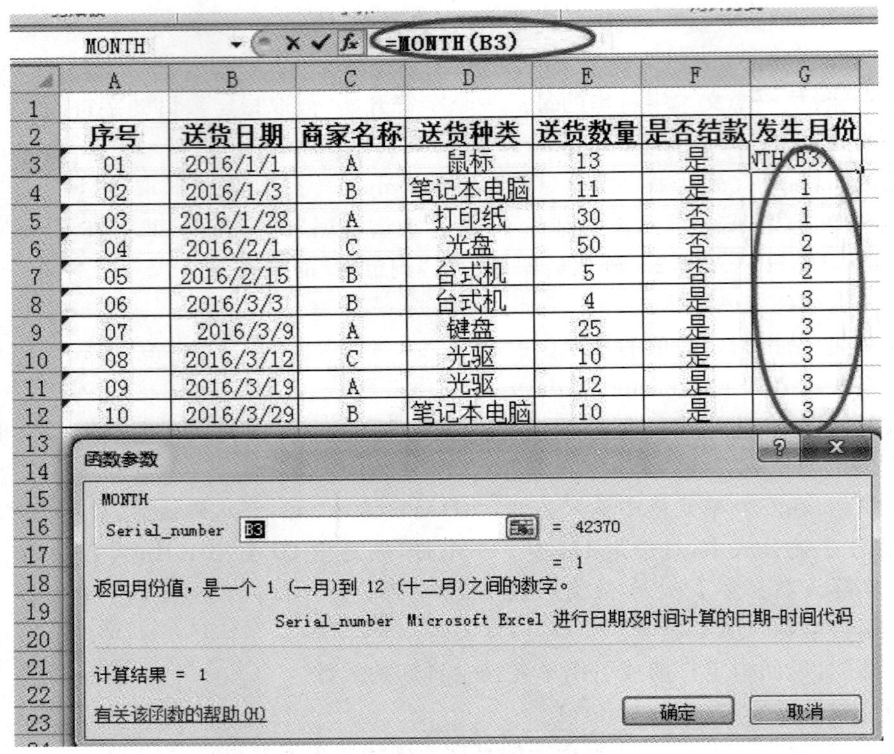

图 11－38　MONTH 函数

(18)函数名称：WEEKDAY

主要功能：返回某个日期是一周中的星期几。默认情况下，天数是 1(星期日)到 7(星期六)的整数。

使用格式：WEEKDAY(serial_number，return_type)

参数说明：serial_number 表示需要判断星期几的日期；return_type 决定一周中哪一天开始的数字。省略则默认为 1。

应用举例：如图 11－39 所示，若想知道送货日期当天是否为加班(周末上班)，则需计算出送货日期是星期几，使用 WEEKDAY 函数操作步骤如下。

(1)选中 C3 单元格，插入 WEEKDAY 函数。

(2)serial_number 参数选择 B3 单元格；return_type 参数设置为 2。单击“确定”按钮。

(3)鼠标左键拖动 C3 单元格的填充柄，向下进行填充，快速计算出所有送货日期所对应的星期几。

(19)函数名称：IF

主要功能：根据对指定条件的逻辑判断的真假结果，返回相对应的内容。

使用格式：IF(Logical_test，Value_if_true，Value_if_false)

参数说明：Logical_test 代表逻辑判断表达式；Value_if_true 表示当判断条件为逻辑“真(true)”时的显示内容，如果忽略返回“true”；Value_if_false 表示当判断条件为逻辑“假(false)”时的显示内容，如果忽略返回“false”。

应用举例：如图 11－40 所示的职工工资表，若职工发放的奖金大于等于“300”则对应的

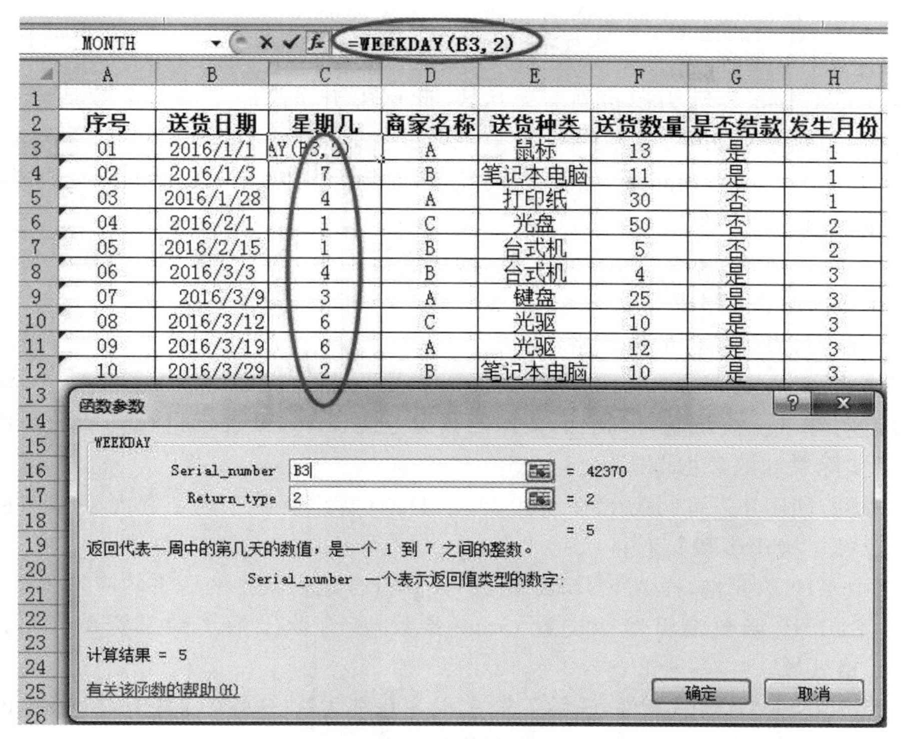

图 11－39　WEEKDAY 函数

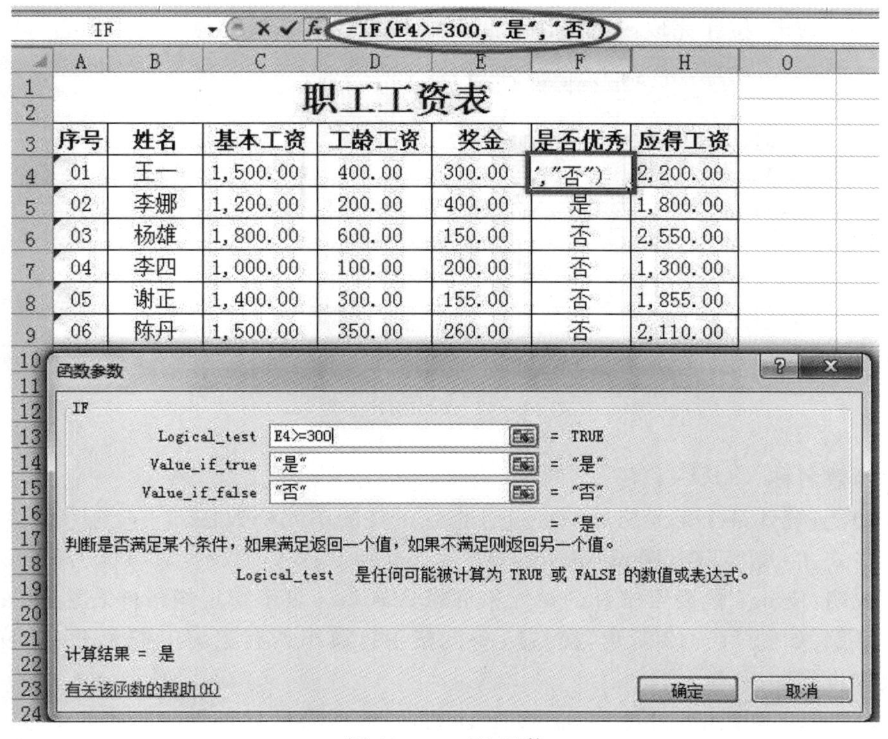

图 11－40　IF 函数

“是否优秀”一栏值为“是”，否则为值为“否”。操作步骤如下。

(1)选中 F4 单元格，插入 IF 函数判断王一是否优秀。

(2)Logical_test 参数为逻辑判断表达式，此例中为当前职工的奖金数是否大于等于300，因此输入“E4＞＝300”。【注】一定要有判断的主体(E4)，不能光是条件“＞＝300”。

(3)Value_if_true 当判断条件成立时的显示，此例为“是”；Value_if_false 当判断条件不成立时的显示，此例为“否”。

(4)鼠标左键拖动 F4 单元格的填充柄，向下进行填充，快速判断出所有职工是否优秀。

(20)函数名称：SUMIF

主要功能：对满足条件的单元格求和。

使用格式：SUMIF(range，criteria，sum_range)

参数说明：range 表示进行判断的条件的数据范围；criteria 表示进行判断的条件；sum_range 表示实际求和的数据范围。

应用举例：如图 11－41 所示，在 G10 单元格中计算出所有工龄工资大于 300 的职工的应发工资总额。操作步骤如下。

(1)选中 G10 单元格，插入 SUMIF 函数，计算符合题目条件的职工的应发工资总额。

(2)在 SUMIF 函数编辑器中设置 range 参数，所有职工的工龄工资单元格区域，即D4：D9单元格区域。

(3)criteria 参数为判断条件，工龄工资大于 300 则为“＞300”。【注】因为 range 参数设置了判断条件的主体区域，故此处只有判断条件本身。

(4)sum_range 参数为最终实际计算的应发工资单元格区域，即 G4：G9 单元格区域。

(5)单击“确定”按钮完成函数操作。此例中 G10 单元格最终显示的数值为“6860”。

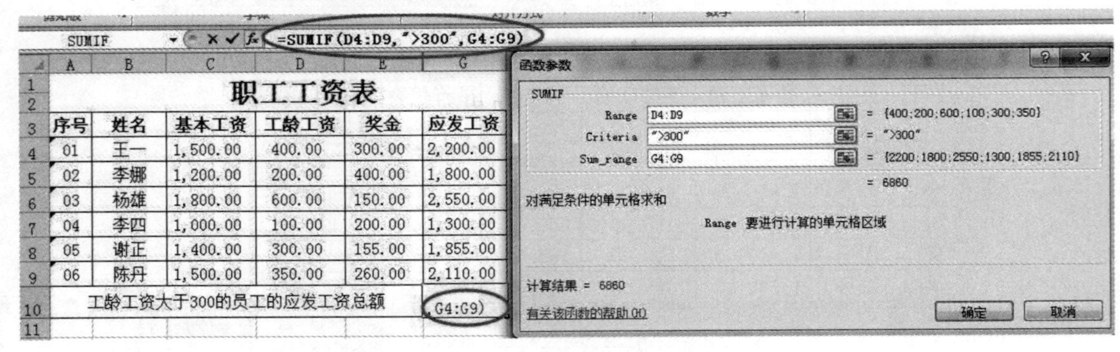

职工工资表					
序号	姓名	基本工资	工龄工资	奖金	应发工资
01	王一	1,500.00	400.00	300.00	2,200.00
02	李娜	1,200.00	200.00	400.00	1,800.00
03	杨雄	1,800.00	600.00	150.00	2,550.00
04	李四	1,000.00	100.00	200.00	1,300.00
05	谢正	1,400.00	300.00	155.00	1,855.00
06	陈丹	1,500.00	350.00	260.00	2,110.00
工龄工资大于300的员工的应发工资总额					G4:G9)

图 11－41 SUMIF 函数

(21)函数名称：COUNTIF

主要功能：统计某个单元格区域中符合指定条件的单元格数目。

使用格式：COUNTIF(Range，Criteria)

参数说明：Range 代表要统计的单元格区域；Criteria 表示指定的条件表达式。

函数举例：如图 11－42 所示，在 G10 单元格中计算出所有工龄工资大于 300 的职工的个数。操作步骤如下。

(1)选中 G10 单元格，插入 COUNTIF 函数，计算符合题目条件的职工的个数。

(2)在 COUNTIF 函数编辑器中设置 Range 参数，所有职工的工龄工资单元格区域，即

D4:D9 单元格区域。

(3)Criteria 参数为判断条件,工龄工资大于 300 则为“>300”。

(4)单击“确定”按钮完成函数操作。此例中 G10 单元格最终显示的数值为“3”。

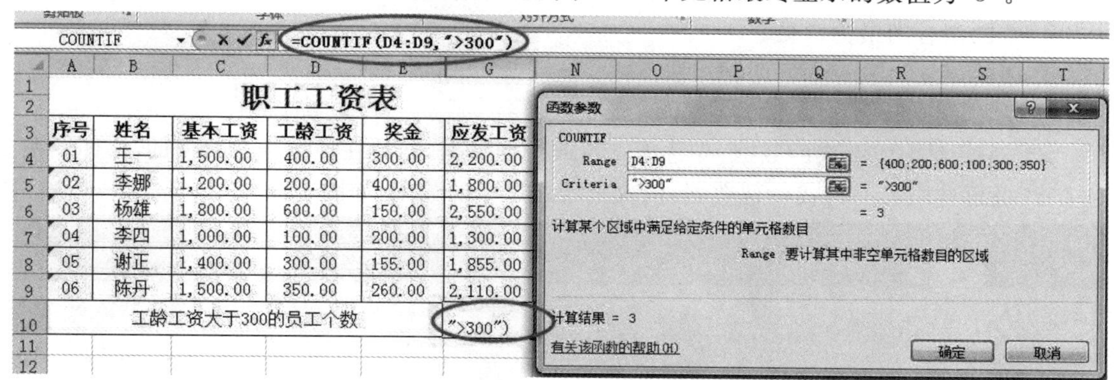

图 11-42　COUNTIF 函数

11.4　Excel 中数据的图表化

数据所表达的信息常常显得枯燥乏味,不易抓住重点,特别是当数据比较多时,我们该如何让数据更直观地表现出来呢? 毫无疑问的答案就是图表,Excel 能够把数据转化成图表,迅速而形象地把数据表现出来,让人一目了然。

11.4.1　图表的创建

Excel 中的图表是基于一个已存在数据的工作表转化而成的,Excel 2016 中大致有十五类图表,分别是柱形图、折线图、饼状图、条形图、面积图、散点图、股价图、曲面图、雷达图、树状图、旭日图、直方图、箱型图、瀑布图和组合图。

- 柱形图:用来比较两个或两个以上的数据,易于比较各组数据之间的差别。
- 折线图:主要用来表示随时间(根据常用比例设置)而变化的连续数据,因此非常适用于显示在相等时间间隔下数据的趋势。
- 饼状图:某数据在一个整体中的比例。
- 条形图:类似柱形图。
- 面积图:强调数量随时间而变化的程度,也可用于引起人们对总值趋势的注意。
- XY 散点图:表示因变量随自变量而变化的大致趋势,或区域中的数据密度。
- 股价图:通常用来显示股票价格变化,也常用于科学数据变化,如用来指示温度变化。
- 曲面图:是折线图和面积图的另一种形式,一般用于两组数据间的最佳组合。
- 雷达图:一般用于采用多项指标全面分析目标情况。
- 树状图:用于比较层级结构不同级别的值,以矩形显示层次结构级别中的比例。
- 旭日图:用于比较层级结构不同级别的值,以环形显示层次结构级别中的比例。
- 直方图:一种统计报告图,由一系列高度不等的纵向条纹或线段表示数据分布的情况。

- 箱型图：又称为盒须图或盒式图，是一种用作显示一组数据分散情况资料的统计图。
- 瀑布图：一般用于分类使用，便于反映各部分之间的差异。
- 组合图：多组数据按照不同的表现形态来协同分析的绘图方式，折线图与柱形图相结合的组合图最为常见。

图表的建立大致有如下两种方法。

方法 1

(1)选择要生成图表的数据，先选中一行或一列数据，然后在现有选中数据的基础上，按住 Ctrl 键再选中下一行或一列数据，依次来增加选中的数据，如图 11-43、图 11-44 所示。

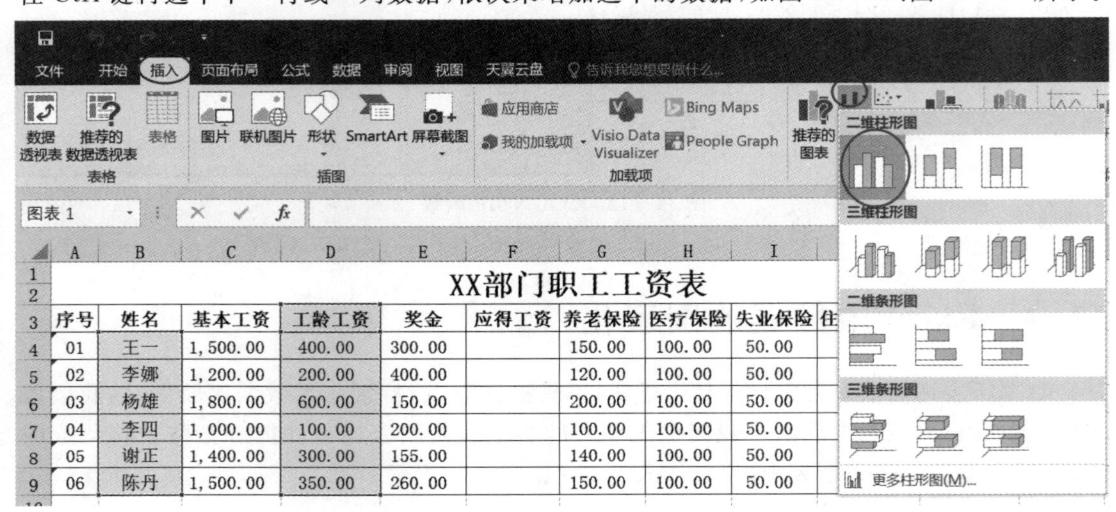

序号	姓名	基本工资	工龄工资	奖金	应得工资	养老保险	医疗保险	失业保险
01	王一	1,500.00	400.00	300.00		150.00	100.00	50.00
02	李娜	1,200.00	200.00	400.00		120.00	100.00	50.00
03	杨雄	1,800.00	600.00	150.00		200.00	100.00	50.00
04	李四	1,000.00	100.00	200.00		100.00	100.00	50.00
05	谢正	1,400.00	300.00	155.00		140.00	100.00	50.00
06	陈丹	1,500.00	350.00	260.00		150.00	100.00	50.00

图 11-43 先选中数据

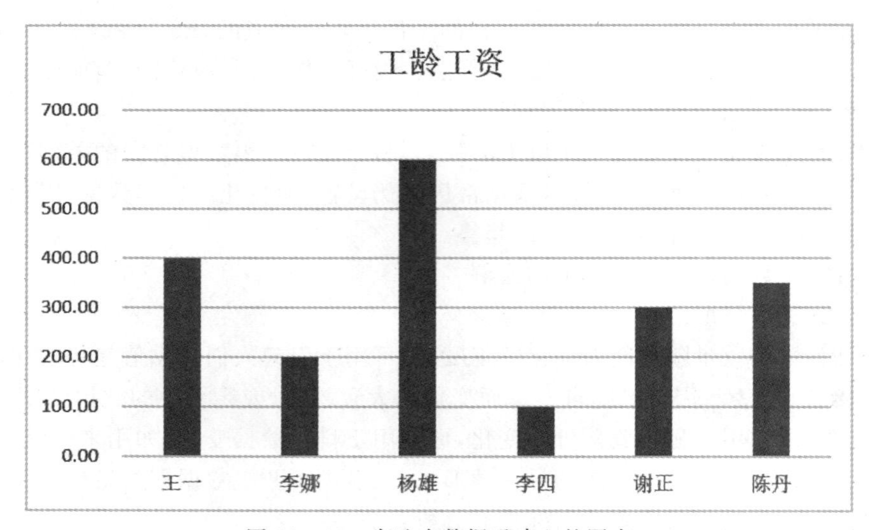

图 11-44 先选中数据后建立的图表

(2)在选择完数据后鼠标左键单击“插入”选项卡中的“图表”功能区，选择一个合适的图表种类。

方法 2

(1)鼠标左键单击“插入”选项卡中的“图表”功能区,选择一个合适的图表种类。如图 11－45(a)所示。

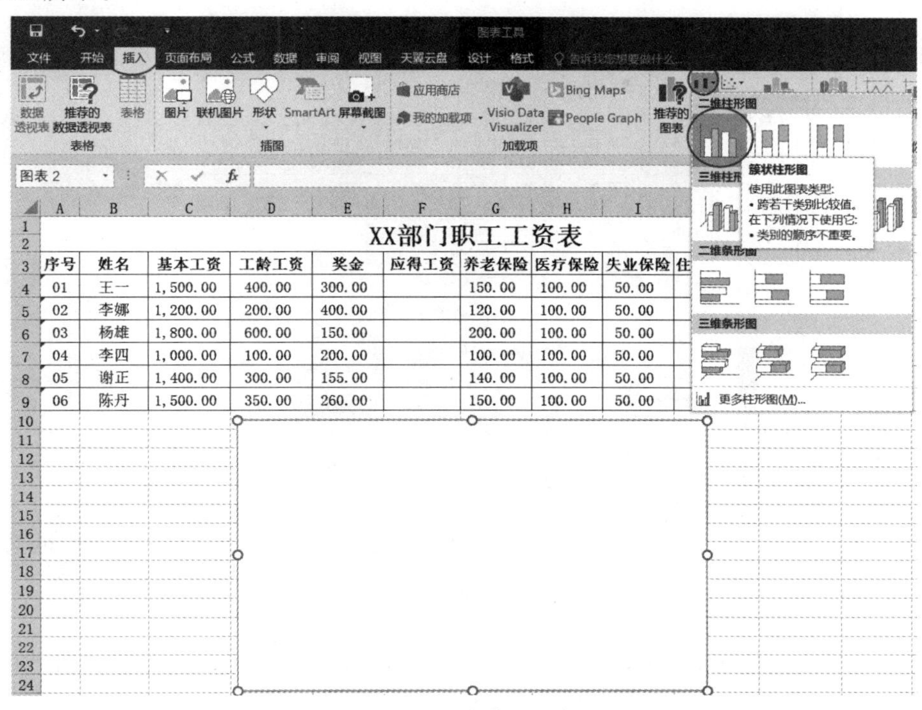

序号	姓名	基本工资	工龄工资	奖金	应得工资	养老保险	医疗保险	失业保险
01	王一	1,500.00	400.00	300.00		150.00	100.00	50.00
02	李娜	1,200.00	200.00	400.00		120.00	100.00	50.00
03	杨雄	1,800.00	600.00	150.00		200.00	100.00	50.00
04	李四	1,000.00	100.00	200.00		100.00	100.00	50.00
05	谢正	1,400.00	300.00	155.00		140.00	100.00	50.00
06	陈丹	1,500.00	350.00	260.00		150.00	100.00	50.00

图 11－45(a)　先建立空白图表

(2)在空白图表的“设计”选项卡中的“数据”功能区中单击“选择数据”按钮,进入“选择数据源”窗口,在“图表数据区域”先选择“姓名”数据列,然后按住 Ctrl 键增加“工龄工资”数据列,如图 11－45(b)所示。

数据选定完成后单击“确定”按钮,建立的图表同方法 1 最终建立的图表。

方法 1 与方法 2 除了操作的顺序不同外,最终的结果是相同的。

11.4.2　图表的编辑

1. 图表的删除

若要删除图表本身,则点选中图表后按 Delete 键删除;若要删除图表中的数据,则可在数据表中删除,图表的数据来源变化,则图表也相应变化。

2. 图表的复制

若要复制图表,可选中图表后鼠标右键单击,在弹出的快捷菜单中选择“复制”选项,然后在需要的地方粘贴图表;或选中图表后按住 Ctrl 键的同时用鼠标左键拖动图表至需要的位置。

3. 图表的移动

若需要移动图表,可以选中图表后用鼠标左键拖动,或用右键单击图表,在弹出的快捷

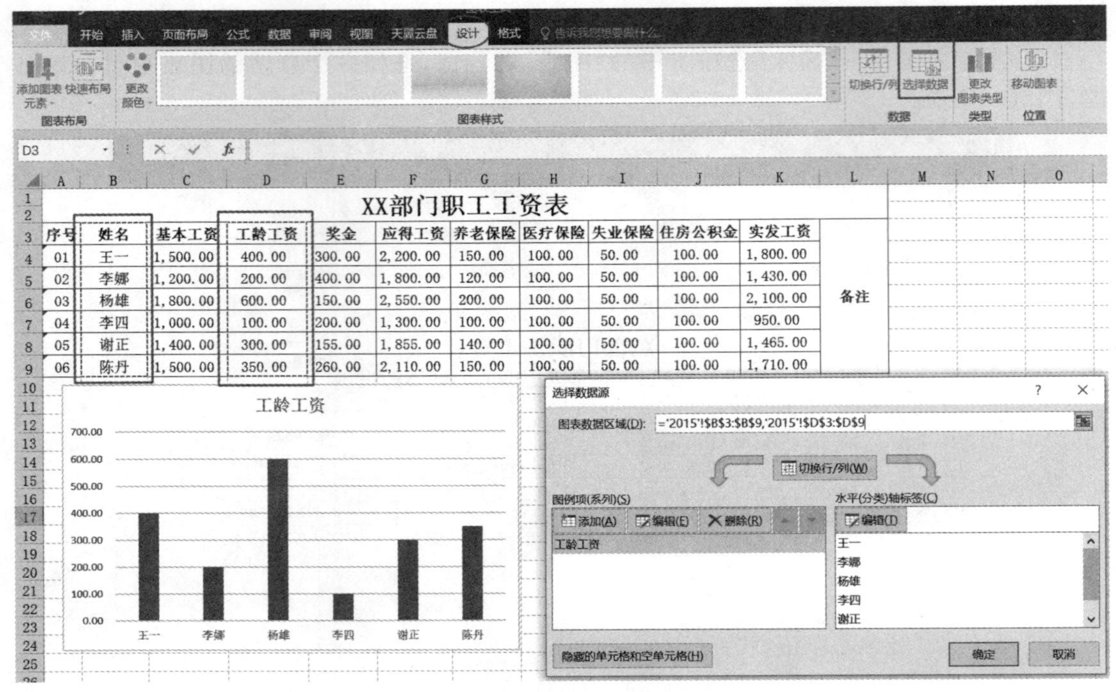

图 11-45(b)　设置图表数据来源

菜单中选择“移动图表”选项，在“移动图表”编辑窗口选择图表要移动到的位置，如图 11-46 所示。

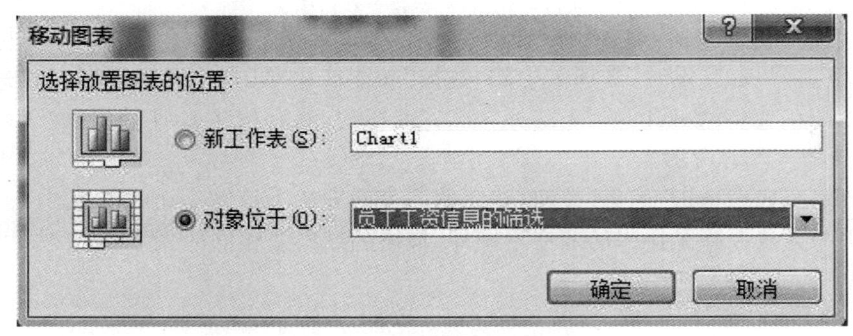

图 11-46　移动图表编辑窗口

11.4.3　图表的设计

当我们用鼠标点选中图表后，在选项卡的位置会多出两个选项卡内容，分别为“设计”和“格式”，如图 11-47 所示。

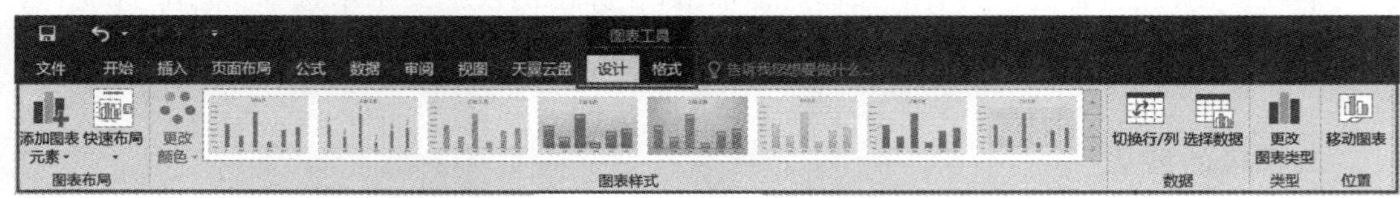

图 11-47　图表的两个特定选项卡

图表的设计选项卡中的内容主要是选择图表的数据来源，更改图表种类，设计图表的布局以及样式。在“设计”选项卡的功能区可以设置图表为Excel图表种类的任意一种，选择图表的数据来源，切换图表的行列数据，改变图表的样式等。

11.4.4 图表的布局

在图表的“布局”选项卡中我们可以对图表的各种细节加以设置和修改，如图11-48所示。

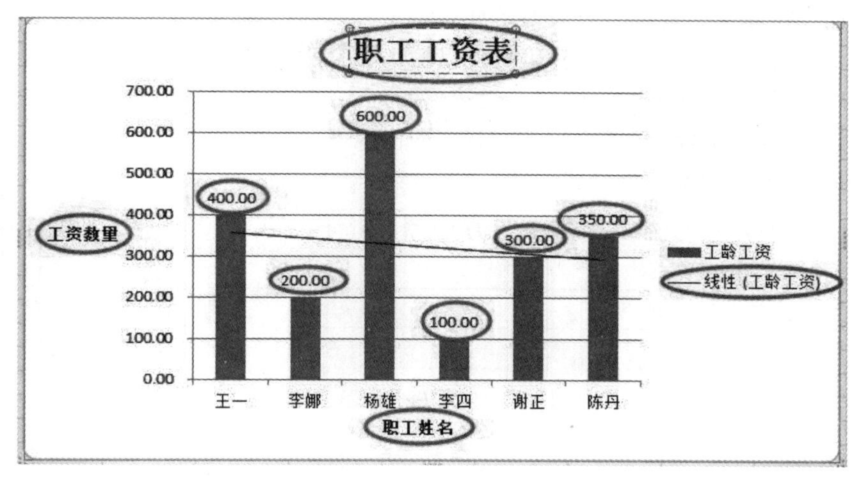

图11-48 图表的布局设置

我们可以更改图表的标题、为图表中的数据加上数据标签、增加网格线、加上趋势图，添加形状和文本等。

11.4.5 图表的格式

在图表的“格式”选项卡中我们主要可以对图表的美观进行设置，如图11-49所示。

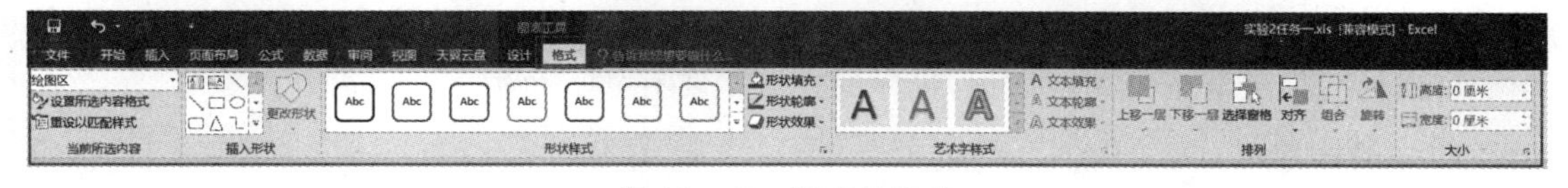

图11-49 图表的格式

我们可以对图表的形状样式、艺术字体、彩色填充字体效果、字体颜色、图表的尺寸和对齐方式等加以设置和修改。

11.4.6 迷你图

在Excel中还有一类图表叫作迷你图，Excel 2016的迷你图分为三类：折线图、柱形图、盈亏图，如图11-50所示。

迷你图是存在于单元格中的一种微型图表，结构简单紧凑，可以帮助用户快速识别数据的变化趋势，迷你图示例如图11-51所示。

迷你图与图表外观相似，但功能有所不同。

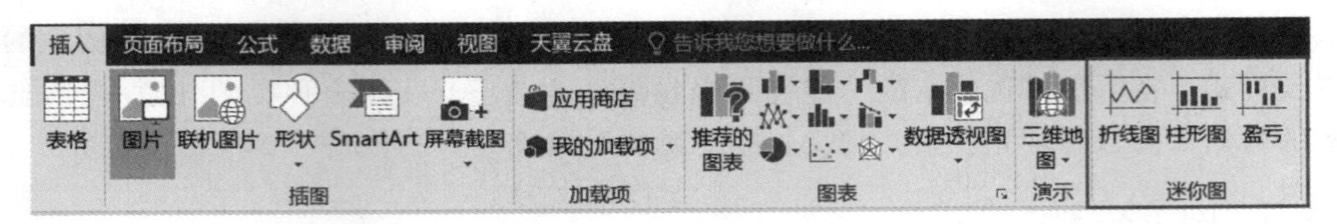

图 11－50　迷你图

• 图表是嵌入到工作表中的图形对象，能够显示多个数据系列，而迷你图显示在一个单元格中，并且只能显示一个数据系列。
• 在使用了迷你图的单元格内，仍然可以输入文字和设置填充色。
• 使用填充的方法能够快速创建一组迷你图。
• 迷你图没有纵坐标、图表标题、图例项、网格线等图表的元素。
• 不能制作多个类型的组合迷你图。

店铺名称	1月利润（万）	2月利润（万）	3月利润（万）	1季度趋势	迷你图种类
A商店	9	5	1		折线图
B商店	5	5	5		柱形图
C商店	6	-3	5		盈亏图

图 11－51　迷你图示例

11.5　Excel 中数据的管理与统计

在 Excel 中，除了各种函数和公式可以帮助我们进行很多数据的运算外，还有排序、筛选、分类汇总、建立数据透视表等常用功能用来对数据进行管理以及统计分析。

11.5.1　数据的排序

数据排序是常用的一种数据处理方法，可按照某种特定的规则来重新排列数据。排序功能可以使我们更清晰地理解数据，排序的方法主要有如下两类。

1. 一般排序

（1）选中我们要进行排序的某一列，数据中的任一单元格，此例中我们选择应发工资中的 G2 单元格，如图 11－52 所示。【注】Excel 中默认的排序是按照数据列为单位的。

（2）在“开始”选项卡的“编辑”功能区单击“排序和筛选”按钮，此时弹出的菜单中会有“升序”“降序”以及“自定义排序”。此例中我们选择“升序”，则当前单元格所在的列数据会按照我们的选择重新排列顺序。最终结果如图 11－53 所示。若我们想要按照数据行来对数据进行排序，方法见高级排序。【注】Excel 中默认的排序是按照数据列为单位的。

或我们选中要进行排序的某一列数据中的任一单元格，鼠标右键单击，在弹出的快捷菜单中选择“排序”选项，此时会展开下级菜单，除了“升序”“降序”“自定义排序”外还会有“将所选单元格颜色放在最前面”“将所选字体颜色放在最前面”及“将所选单元格图标放在最前面”三个特殊选项，如图 11－54 所示。

实验2任务一.xls [兼容模式] - Excel

文件 开始 插入 页面布局 公式 数据 审阅 视图 天翼云盘 告诉我您想要做什么... 共享

粘贴 宋体 12 数值 条件格式 套用表格格式 单元格样式 插入 删除 格式 排序和筛选 查找和选择 保存到天翼云盘

剪贴板 字体 对齐方式 数字 样式 单元格

升序(S) 降序(O) 自定义排序(U)... 筛选(F) 清除(C) 重新应用(Y)

K16

XX部门职工工资表

序号	姓名	基本工资	工龄工资	奖金	应得工资	养老保险	医疗保险	失业保险	住房公积金		
01	王一	1, 500. 00	400. 00	300. 00	2, 200. 00	150. 00	100. 00	50. 00	100. 00	1, 800. 00	备注
02	李娜	1, 200. 00	200. 00	400. 00	1, 800. 00	120. 00	100. 00	50. 00	100. 00	1, 430. 00	
03	杨雄	1, 800. 00	600. 00	150. 00	2, 550. 00	200. 00	100. 00	50. 00	100. 00	2, 100. 00	
04	李四	1, 000. 00	100. 00	200. 00	1, 300. 00	100. 00	100. 00	50. 00	100. 00	950. 00	
05	谢正	1, 400. 00	300. 00	155. 00	1, 855. 00	140. 00	100. 00	50. 00	100. 00	1, 465. 00	
06	陈丹	1, 500. 00	350. 00	260. 00	2, 110. 00	150. 00	100. 00	50. 00	100. 00	1, 710. 00	

图 11－52　一般性排序

G1　应发工资

序号	姓名	基本工资	工龄工资	奖金	应发工资
04	李四	1, 000. 00	100. 00	200. 00	1, 300. 00
02	李娜	1, 200. 00	200. 00	400. 00	1, 800. 00
05	谢正	1, 400. 00	300. 00	155. 00	1, 855. 00
06	陈丹	1, 500. 00	350. 00	260. 00	2, 110. 00
01	王一	1, 500. 00	400. 00	300. 00	2, 200. 00
03	杨雄	1, 800. 00	600. 00	150. 00	2, 550. 00

图 11－53　排序的结果

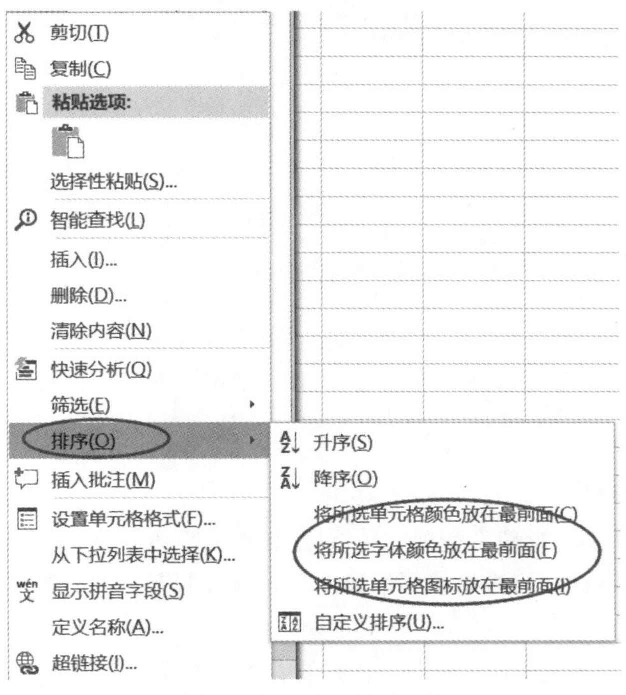

图 11－54　菜单排序选项

2. 高级排序

(1)选中我们要进行排序的数据表中的任一单元格,在“数据”选项卡中的“排序和筛选”功能区中单击“排序”按钮,如图 11－55 所示。

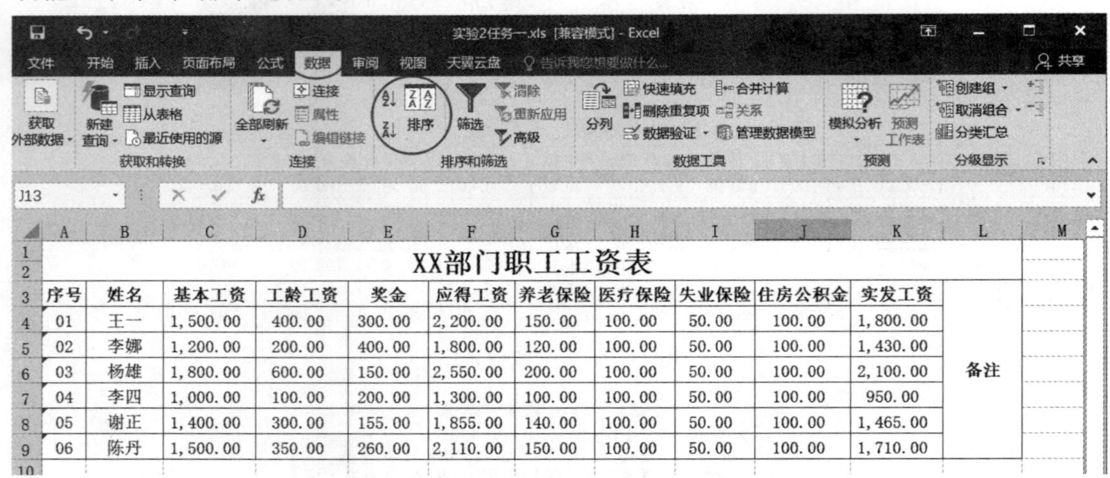

XX部门职工工资表

序号	姓名	基本工资	工龄工资	奖金	应得工资	养老保险	医疗保险	失业保险	住房公积金	实发工资	备注
01	王一	1,500.00	400.00	300.00	2,200.00	150.00	100.00	50.00	100.00	1,800.00	
02	李娜	1,200.00	200.00	400.00	1,800.00	120.00	100.00	50.00	100.00	1,430.00	
03	杨雄	1,800.00	600.00	150.00	2,550.00	200.00	100.00	50.00	100.00	2,100.00	
04	李四	1,000.00	100.00	200.00	1,300.00	100.00	100.00	50.00	100.00	950.00	
05	谢正	1,400.00	300.00	155.00	1,855.00	140.00	100.00	50.00	100.00	1,465.00	
06	陈丹	1,500.00	350.00	260.00	2,110.00	150.00	100.00	50.00	100.00	1,710.00	

图 11－55　高级排序

(2)在打开的排序设置窗口中选择排序的关键字,此例中我们选择“应发工资”,然后按照需要对“排序依据”与“次序”参数进行设置,如图 11－56 所示,完成后单击“确定”按钮。

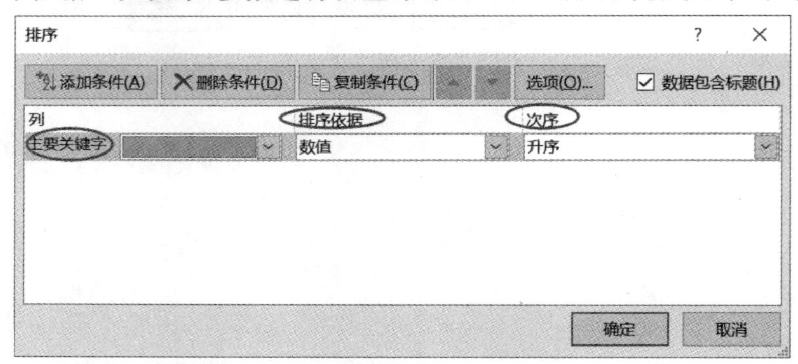

图 11－56　高级排序设置

【注】若想按照数据表中的行来进行数据的排序,则在高级排序中的排序设置窗口单击“选项”按钮,如图 11－57 所示,在“排序选项”对话框中选中“按行排序”单选按钮,然后单击“确定”按钮。

11.5.2　数据的筛选

数据筛选是常用的一种数据处理方法,可在数据表中挑出满足我们要求的数据,能极大地节省用户的时间,提高用户对数据管理的效率。筛选的方法主要有如下两类。

1. 自动筛选

如图 11－58 所示的数据表,筛选出工龄工资大于等于 200,奖金大于等于 200 的职工名单。

图 11－57 排序选项设置

(1)选中 C1 单元格(工龄工资属性名称单元格),鼠标左键单击“开始”选项卡中“编辑”区域的“排序和筛选”,在展开菜单中选择“筛选”选项,如图 11－58 所示。

XX部门职工工资表

序号	姓名	基本工资	工龄工资	奖金	应得工资	养老保险	医疗保险	失业保险	住房公积金		备注
01	王一	1,500.00	400.00	300.00	2,200.00	150.00	100.00	50.00	100.00	1,800.00	
02	李娜	1,200.00	200.00	400.00	1,800.00	120.00	100.00	50.00	100.00	1,430.00	
03	杨雄	1,800.00	600.00	150.00	2,550.00	200.00	100.00	50.00	100.00	2,100.00	
04	李四	1,000.00	100.00	200.00	1,300.00	100.00	100.00	50.00	100.00	950.00	
05	谢正	1,400.00	300.00	155.00	1,855.00	140.00	100.00	50.00	100.00	1,465.00	
06	陈丹	1,500.00	350.00	260.00	2,110.00	150.00	100.00	50.00	100.00	1,710.00	

图 11－58 自动筛选

(2)此时“姓名”“基本工资”“工龄工资”“奖金”和“应发工资”属性名称单元格的右下角会出现“下拉箭头”按钮,单击该箭头,在展开的菜单中选择“数字筛选”→“大于或等于”选项,如图 11－59 所示。

(3)将条件“大于或等于”对应的值设置为“200”,单击“确定”按钮。

(4)“奖金”属性的设置过程同上,最终结果如图 11－60 所示。

2. 高级筛选

(1)在数据表格外的空白单元格建立筛选条件,筛选条件建立时一定要把条件主体(属性名称)和条件上下分开,如图 11－61 所示。

(2)筛选条件建立好后在“数据”选项卡→“排序和筛选”区域中单击“高级”按钮,进入“高级筛选”对话框,对高级筛选参数进行设置,如图 11－62 所示。

参数“方式”:可以选择将筛选的结果在原数据表位置显示(不合条件的数据会被隐藏,

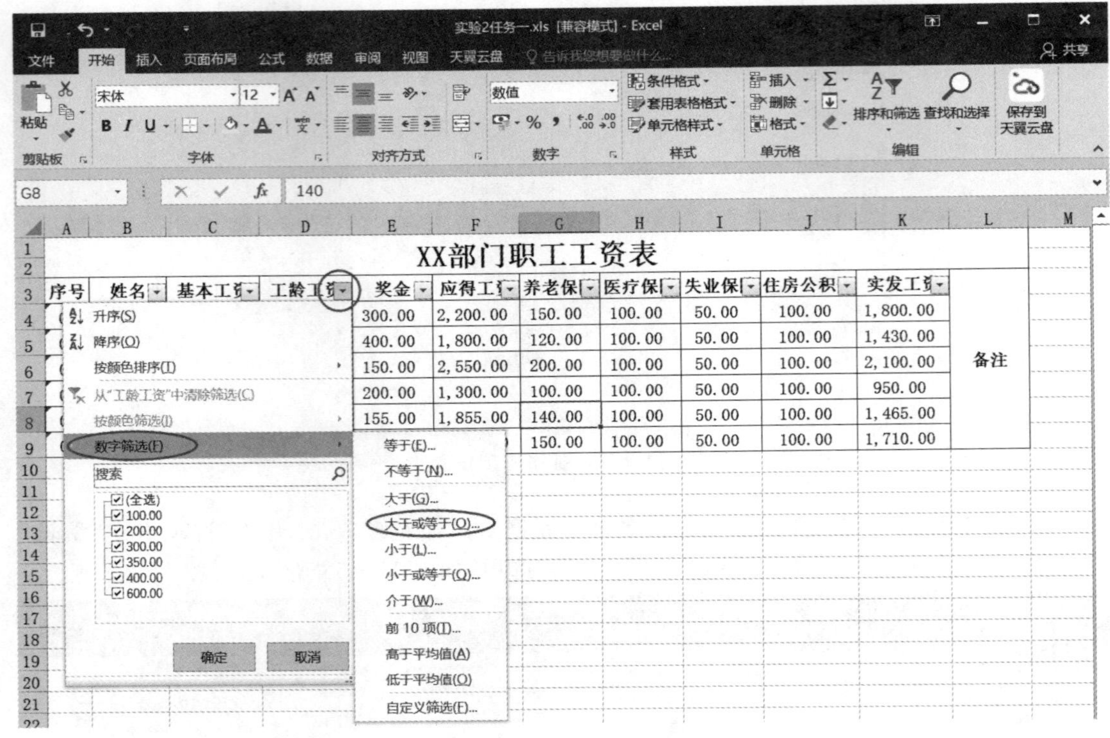

图 11－59　自动筛选设置

	A	B	C	D	E
1	姓名	基本工资	工龄工资	奖金	应发工资
3	李娜	1,200.00	200.00	400.00	1,800.00
5	陈丹	1,500.00	350.00	260.00	2,110.00
6	王一	1,500.00	400.00	300.00	2,200.00

图 11－60　自动筛选的结果

	A	B	C	D	E	F	G	H
1	姓名	基本工资	工龄工资	奖金	应发工资			
2	李四	1,000.00	100.00	200.00	1,300.00		工龄工资	奖金
3	李娜	1,200.00	200.00	400.00	1,800.00		>=200	>=200
4	谢正	1,400.00	300.00	155.00	1,855.00			
5	陈丹	1,500.00	350.00	260.00	2,110.00			
6	王一	1,500.00	400.00	300.00	2,200.00			
7	杨雄	1,800.00	600.00	150.00	2,550.00			

图 11－61　建立高级筛选条件

原数据表会变样)还是将筛选出的数据放置在其他指定的位置。本例中选择“在原有区域显示筛选结果”。

参数“列表区域”:原数据表全部数据区域(如有合并单元格的标题则不选)。本例为＄A＄1:＄E＄7。

参数“条件区域”:自己建立的筛选条件的区域。本例为＄G＄2:＄H＄3。

参数“复制到”:平时为灰色无法设置,需要时先在参数“方式”中选择“将筛选结果复制到其他位置”,然后在此输入最终显示筛选结果的单元格区域地址,此区域地址列数需大于

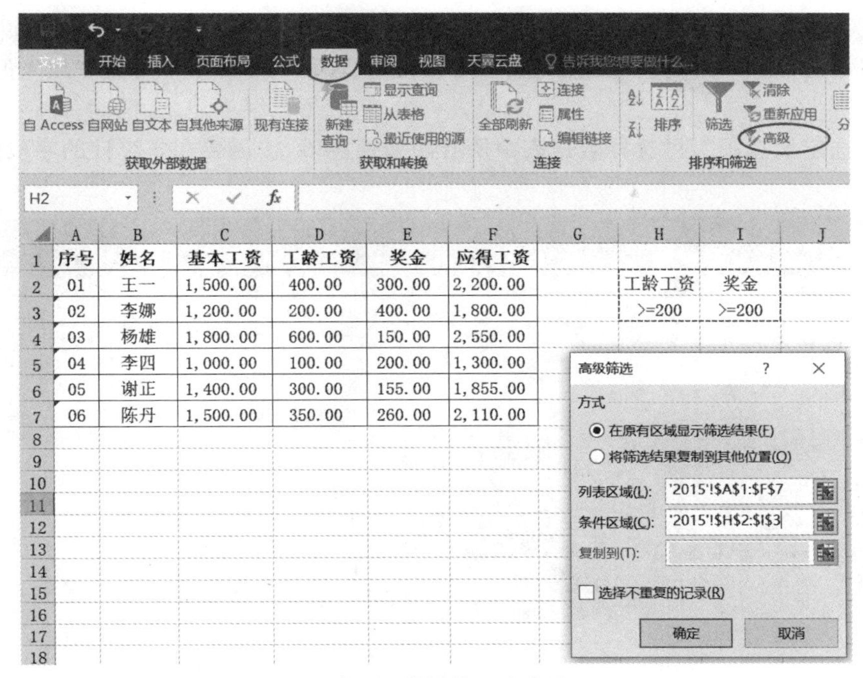

	A	B	C	D	E	F	G	H	I
1	序号	姓名	基本工资	工龄工资	奖金	应得工资			
2	01	王一	1,500.00	400.00	300.00	2,200.00		工龄工资	奖金
3	02	李娜	1,200.00	200.00	400.00	1,800.00		>=200	>=200
4	03	杨雄	1,800.00	600.00	150.00	2,550.00			
5	04	李四	1,000.00	100.00	200.00	1,300.00			
6	05	谢正	1,400.00	300.00	155.00	1,855.00			
7	06	陈丹	1,500.00	350.00	260.00	2,110.00			

图 11-62　高级筛选参数设置

或等于原数据表列数，不然会提示失败，本例中不进行设置。【注】Excel 中默认的排序是按照数据列为单位的，若我们想要按照数据行来对数据进行排序，方法见高级排序。

(3)参数设置完后单击“确定”按钮，完成高级筛选。

11.5.3　数据的分类汇总

数据的分类汇总是常用的一种数据分析方法，可根据数据表中的某一项数据进行相关的信息汇总(统计)。示例：如图 11-63 所示，现需要按部门统计出实发工资及奖金的发放总额。

	A	B	C	D	E	F
1	部门	姓名	基本工资	工龄工资	奖金	应发工资
2	人事部	李四	1,000.00	100.00	200.00	1,300.00
3	财务部	李娜	1,200.00	200.00	400.00	1,800.00
4	人事部	谢正	1,400.00	300.00	155.00	1,855.00
5	业务部	陈丹	1,500.00	350.00	260.00	2,110.00
6	业务部	王一	1,500.00	400.00	300.00	2,200.00
7	人事部	杨雄	1,800.00	600.00	150.00	2,550.00

图 11-63　分类汇总原始数据表

(1)按照要求对数据进行分类。本例中要求按照部门统计出数据，则我们对“部门”数据列进行排序，达到同样部门在一起的分类目的。选中 A1:A7 中任一单元格，打开“开始”选项卡→“编辑”区→“排序和筛选”，在升序降序中任选一种。

(2)单击“数据”→“分级显示”→“分类汇总”。【注】鼠标需点在数据表区域中，打开“分类汇总”参数设置对话框，如图 11-64 所示。从上到下依次对参数进行设置。

参数“分类字段”：选择进行分类的属性名称，本例为“部门”。需在步骤(1)中先对该字段进行分类，不然在此设置了也会显示错误结果。

参数“汇总方式”：可选择数据汇总的方式，比如“求和”“计数”“平均值”“最大值”等。本例为“求和”。

参数“选定汇总项”：可选择数据表中所有的属性字段，按需要在要统计的字段前打钩加以选定。

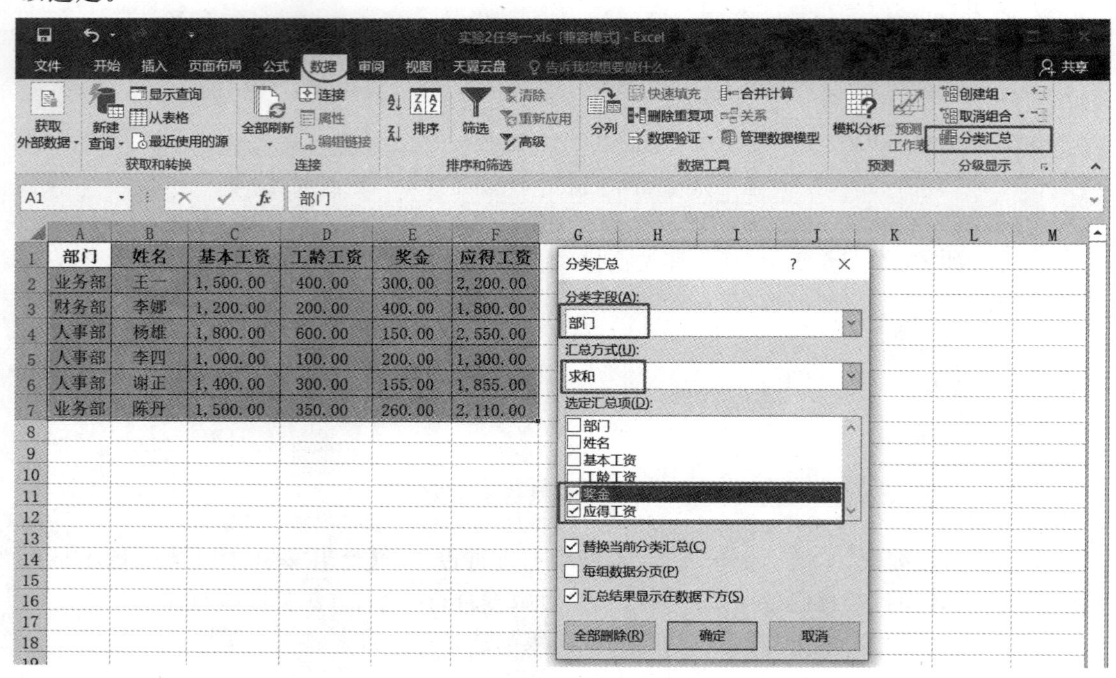

图 11-64 分类汇总参数设置

(3)参数设置完后单击“确定”按钮，完成分类汇总，最终结果如图 11-65 所示。

	A	B	C	D	E	F
1	部门	姓名	基本工资	工龄工资	奖金	应得工资
2	业务部	王一	1,500.00	400.00	300.00	2,200.00
3	业务部 汇总				300.00	2,200.00
4	财务部	李娜	1,200.00	200.00	400.00	1,800.00
5	财务部 汇总				400.00	1,800.00
6	人事部	杨雄	1,800.00	600.00	150.00	2,550.00
7	人事部	李四	1,000.00	100.00	200.00	1,300.00
8	人事部	谢正	1,400.00	300.00	155.00	1,855.00
9	人事部 汇总				505.00	5,705.00
10	业务部	陈丹	1,500.00	350.00	260.00	2,110.00
11	业务部 汇总				260.00	2,110.00
12	总计				1,465.00	11,815.00
13						

图 11-65 分类汇总结果

【注 1】分类汇总后若要将数据表恢复原样，则鼠标单击在分类汇总区域中，然后打开“分类汇总”对话框，单击左下角的“全部删除”按钮即可。

【注 2】分类汇总完成后在左侧地址栏的下方有分类汇总的显示方式级别(1 2 3)，如图 11－65 左侧所示，可按需要或要求按照 1 级、2 级、3 级不同的信息详细度来展示。

11.5.4　数据透视表

数据透视表是一种非常有用的数据分析方法。之所以称为数据透视表，是因为可以动态地改变它们的版面布置，也可以重新安排行号、列标和页字段，以便按照不同方式分析数据。每一次改变版面布置时，数据透视表会立即按照新的布置重新计算数据。另外，如果原始数据发生更改，还可以更新数据透视表。

示例：如图 11－66 所示，现需要按商家统计各类产品的销售总计。原始数据比较杂乱，很难快速得出我们想要的数据结果以供决策参考，在此我们使用数据透视表来进行分析统计，操作步骤如下。

	A	B	C	D	E
1	商家	品牌	暑期	销售数量	销售额
2	国美	文具	寒假	612	12331.8
3	苏宁	文具	平时	302	6085.3
4	国美	文具	暑期	411	8281.65
5	京东	运动服	寒假	303	24240
6	国美	运动服	平时	102	8160
7	苏宁	运动服	暑期	309	24720
8	国美	纪念品	寒假	1001	10240.2
9	京东	纪念品	平时	415	4245.45
10	国美	纪念品	暑期	808	8265.84
11	苏宁	电子产品	寒假	1203	64962
12	国美	电子产品	平时	504	27216
13	京东	电子产品	暑期	707	38178
14	京东	文具	寒假	680	13702
15	京东	文具	平时	315	6347.25
16	苏宁	文具	暑期	432	8704.8
17	国美	运动服	寒假	312	24960
18	苏宁	运动服	平时	125	10000
19	国美	运动服	暑期	307	24560
20	苏宁	纪念品	寒假	1085	11099.55
21	国美	纪念品	平时	455	4654.65
22	京东	纪念品	暑期	821	8398.83
23	国美	电子产品	寒假	1206	65124
24	苏宁	电子产品	平时	518	27972
25	国美	电子产品	暑期	728	39312

图 11－66　数据透视表用原始数据

(1)单击“插入”选项卡→“表格”→“数据透视表”，如图 11－67 所示。

(2)在打开的“创建数据透视表”对话框中选择所要分析的数据表范围和数据透视表所要存放的位置。本例中分析数据表范围选择“A1:E25”；存放地址选择“现有工作表”。

(3)在出现的“数据透视表字段列表”设置对话框中，按需求将各字段拖放至“行标签”“列标签”“数值”等位置。此例中拖动“产品种类”至“列标签”处；拖动“商家”至“行标签”处；拖动“销售额”至“数值”处，如图 11－68 所示。

(4)字段列表设置完成后会根据选定的数据表区域的数据自动生成数据透视表，如图

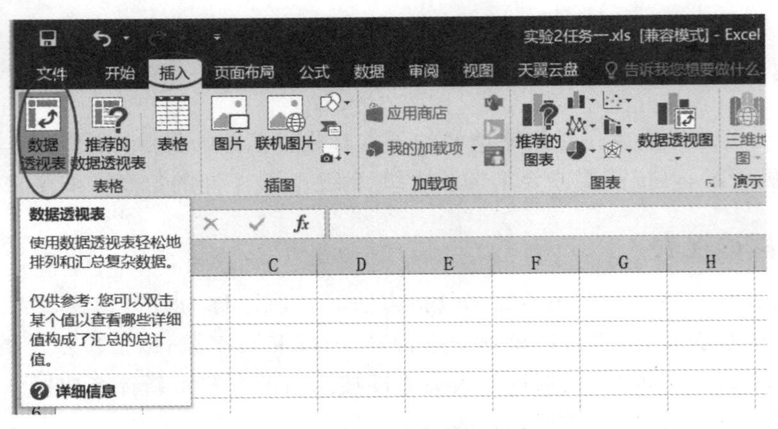

图 11-67　插入数据透视表

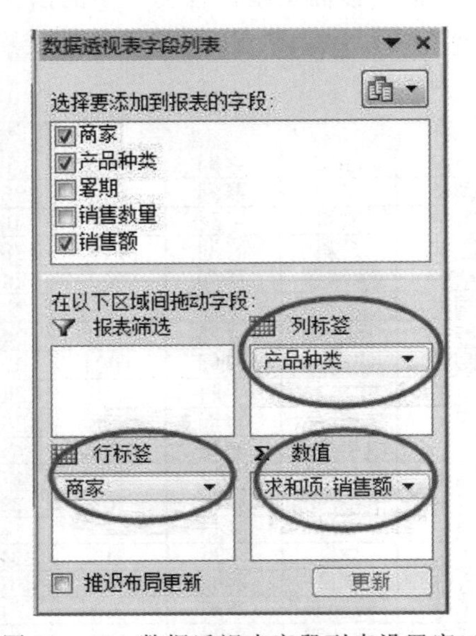

图 11-68　数据透视表字段列表设置窗口

11-69 所示，我们可以迅速直观地看到想要的分析统计数据。

求和项:销售额	列标签				
行标签	电子产品	纪念品	文具	运动服	总计
国美	131652	23160.72	20613.45	57680	233106.17
京东	38178	12644.28	20049.25	24240	95111.53
苏宁	92934	11099.55	14790.1	34720	153543.65
总计	**262764**	**46904.55**	**55452.8**	**116640**	**481761.35**

图 11-69　数据透视表结果

习题与练习

1. Excel 中，MAX(number1，number2，…)函数的作用是(　　)。

A. 返回一组数值中的最小值，忽略逻辑值及文本

B. 返回一组数值中的最小值，不忽略逻辑值及文本

C. 返回一组数值中的最大值，忽略逻辑值及文本

D. 返回一组数值中的最大值，不忽略逻辑值及文本

2. 新建一个 Excel 文档，要在 A1:A100 的区域快速填充上 1、2、3、…、98、99、100 这个步长为 1 的等差数列，可以采用的方法是(　　)。

A. 在 A1 单元格填入 1，向下拖动填充柄至 A100 单元格

B. 在 A1 单元格填入 100，按住 Ctrl 键向下拖动填充柄至 A100 单元格

C. 在 A100 单元格填入 100，按住 Ctrl 键向上拖动填充柄至 A1 单元格

D. 在 A100 单元格填入 100，向上拖动填充柄至 A1 单元格

3. 在下列图表类型中，在 Excel 里不可以实现的一个是(　　)。

A. 饼图　　　　B. 散点图

C. 折线图　　　　D. 正态曲线分布图

4. 某学生要进行数据结构、操作系统和计算机组成原理三门课的考试。已知数据结构成绩是 85 分、操作系统成绩是 87 分，希望总分达到 240 分，需要求出计算机组成原理应考的分数。此类问题可以使用 Excel 中的(　　)功能来解决。

A. 自动求和　　　　B. 公式求解

C. 单变量求解　　　　D. 双变量求解

5. 在 Excel 中，如果想打印某块特定的区域，可以先用鼠标选中这块区域，然后(　　)。

A. 单击“文件”菜单中的“打印”命令

B. 单击“文件”菜单中的子菜单“打印区域”中的“设置打印区域”命令，再单击“文件”菜单中的“打印”命令

C. 单击“文件”菜单中的“打印预览”命令，再单击“打印预览”窗口中的“打印”按钮

D. 单击“视图”菜单中的“分页预览”命令，再单击“文件”菜单中的“打印”命令

6. 如果已知一个 Excel 表格 B1 单元格是空格，B2 单元格的内容为数值 2，B3 单元格的内容为数值 3，B4 单元格的内容为数值 4.5，B5 单元格的内容为数值 5.5，B6 单元格的内容为“=COUNT(B1:B5)”，那么，B6 单元格显示的内容应为(　　)。

A. 1　　　　B. 4

C. 5　　　　D. 15

7. 在 Excel 的 A2 单元格中输入：=1=2，则显示的结果是(　　)。

A. =1=2　　　　B. =12

C. TRUE　　　　D. FALSE

8. 下列关于 Excel 排序的叙述，不正确的是(　　)。

A. 可以递增排序　　　　B. 可以指定按关键字排序

C. 可以递减排序　　　　D. 排序时只有选中的单元格数据发生变化

9. 在 Excel 的 A1 单元格中输入：=6+16+MIN(16,6)，按回车键后，A1 单元格中显示的值为(　　)。

A. 38　　　　B. 28

C. 22　　　　D. 44

10. 在 Excel 工作表中，A1 单元格和 B1 单元格的内容分别为“信息”和“处理技术员”，

要在 C1 单元格显示“信息处理技术员”，则应在 C1 单元格中输入(　　)。

A. =“信息”+“处理技术员”　　B. =A1 $ B1

C. =A1+B1　　D. =A1&B1

11. 在 Excel 中，A1、A2、B1、B2、C1、C2 单元格的值分别为 1、2、3、4、3、5，在 D1 单元格中输入函数“=SUM(A1:B2,B1:C2)”，按回车键后，D1 单元格中显示的值为(　　)。

A. 25　　B. 18

C. 11　　D. 7

12. 在 Excel 中，A1 单元格中的值为 57.25，在 B1 单元格中输入函数“=ROUND(A1,0)”，按回车键后，B1 单元格中的值为(　　)。

A. 57　　B. 57.3

C. 57.25　　D. 57.250

13. 在 Excel 中，C3:C7 单元格中的值分别为 10、OK、20、YES 和 48，在 D7 单元格中输入函数“=COUNT(C3:C7)”，按回车键后，D7 单元格中显示的值为(　　)。

A. 1　　B. 2

C. 3　　D. 5

14. 在 Excel 中，A1 单元格的值为 18，在 A2 单元格中输入公式“=IF(A1>20,"优",IF(A1>10,"良","差"))”，按回车键后，A2 单元格中显示的值为(　　)。

A. 优　　B. 良

C. 差　　D. #NAME?

15. 在 Excel 中，下列关于分类汇总的叙述，不正确的是(　　)。

A. 分类汇总前必须按关键字段排序数据

B. 汇总方式只能是全部求和

C. 分类汇总的关键字段只能是一个字段

D. 分类汇总可以被删除，但删除汇总后排序操作不能撤销

16. 在 Excel 中，“(sum(A2:A4))*2”的含义是(　　)。

A. A2 与 A4 之比的值乘以 2　　B. A2 与 A4 之比的 2 次方

C. A2、A3、A4 单元格的和乘以 2　　D. A2 与 A4 单元格的和的平方

17. 小王在 Excel 中录入某企业各部门的生产经营数据，录入完成后发现报表略超一页，为在一页中完整打印，以下(　　)做法更为合适。

A. 将数据单元格式小数点后的位数减少一位，以压缩列宽

B. 将企业各部门的名称用简写，压缩列宽或行宽

C. 在打印预览中调整上、下、左、右页边距，必要时适当缩小字体

D. 适当删除某些不重要的列或行

18. 在 Excel 中，A2 单元格的值为“李凌”，B2 单元格的值为 100，要使 C2 单元格的值为“李凌成绩为 100”，则可在 C2 单元格输入公式(　　)。

A. =A2&“成绩为”&B2　　B. =A2+“成绩为”+B2

C. =A2+成绩为+B2　　D. =&A2“成绩为”&B2

19. 向 Excel 工作表当前单元输入公式时，使用单元格地址 D$2 引用 D 列第 2 行单元格，该单元格的引用称为(　　)。

A. 交叉地址引用　　　　B. 混合地址引用

C. 相对地址引用　　　　D. 绝对地址引用

20. 在 Excel 中,在某一个单元格中输入了一个位数较多的数,但该单元格却显示“######”,原因是(　　)。

A. 系统故障　　　　B. 单元格宽度不够

C. 输入错误　　　　D. 使用了科学记数法

第 12 章　PowerPoint 演示文稿

PowerPoint 是微软公司的办公软件 Microsoft Office 的重要组件之一，用于制作具有图文并茂效果的演示文稿，演示文稿由用户根据软件提供的功能自行设计、制作和放映，具有动态性、交互性和可视性，广泛应用在演讲、报告、产品演示和课件制作等的内容展示上，借助演示文稿，可更有效地进行表达与交流。Word、Excel 与 PowerPoint 是日常办公最常用到的三款软件。

本章以 Microsoft Office PowerPoint 2016 为例进行介绍，主要涉及演示文稿的基本概念与基本操作，以及演示文稿的设计与制作等内容。

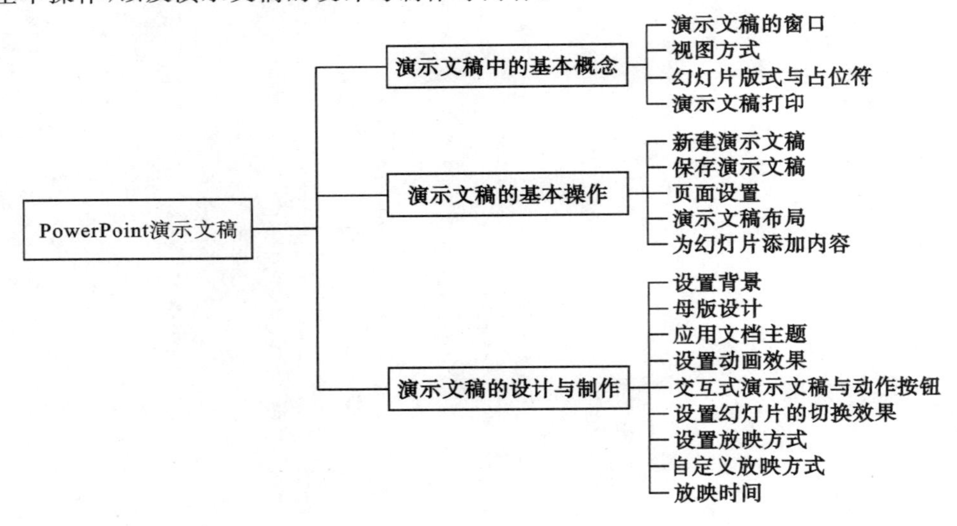

12.1　演示文稿中的基本概念

PowerPoint 引入“演示文稿”概念，把一部分零乱的幻灯片整编、处理形成一个幻灯片集进行演示。PowerPoint 是多媒体演示文稿软件，它可以制作包含文字、图片、表格、组织结构图、音频、视频等内容的幻灯片。并将这些幻灯片编辑成演示文稿。PowerPoint 做出来的文件整体称为演示文稿，演示文稿中的每一页称为幻灯片，每张幻灯片都是演示文稿中既相互独立又相互联系的内容。用户可以在投影仪或计算机上进行演示，也可以将演示文稿打印出来，制作成胶片，以便应用到更广泛的领域中。

12.1.1　演示文稿的窗口

PowerPoint 2016 的工作窗口和其他 Office 2010 组件的窗口基本上相同，如图 12－1 所示。

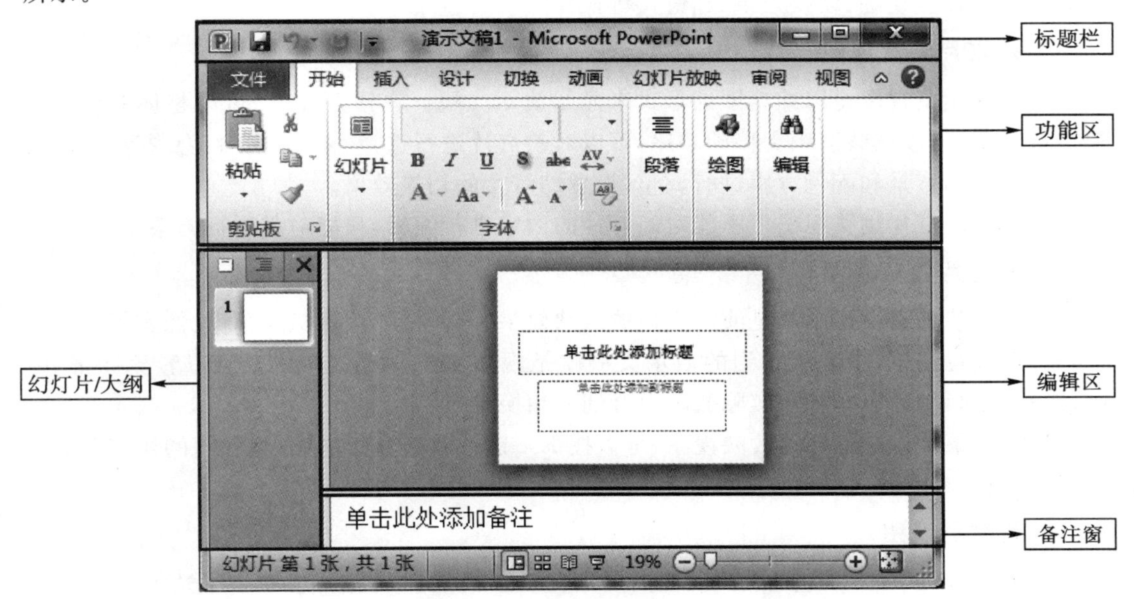

图 12－1　PowerPoint 2016

标题栏：显示软件名称和当前文档名称，新建时系统默认的文档名为“演示文稿 1.pptx”。

【注】PowerPoint 2007 及之后的版本文件扩展名为.pptx，PowerPoint 2003 及之前的版本文件扩展名为.ppt。

功能选项卡：默认情况下提供开始、插入、设计、动画、幻灯片放映、审阅、视图七个功能选项卡，每个选项卡包含若干个组，每个组包含若干个命令。

幻灯片编辑区：位于工作窗口最中间，是编辑幻灯片的场所，是演示文稿的核心部分，在其中可以直观地看到幻灯片的外观效果，编辑文本，添加图形，插入动画、音频等操作都在该区域内完成。

幻灯片/大纲窗格：位于“幻灯片编辑区”左侧，包括“大纲”和“幻灯片”两个选项卡，单击“大纲”选项卡，在该窗格中以大纲形式列出当前演示文稿中每张幻灯片中的文本内容，在该窗格中可以对幻灯片的文本进行编辑；单击“幻灯片”选项卡，在该窗格中将显示当前演示文稿中所有幻灯片的缩略图，但在该窗格中无法编辑幻灯片中的内容。

备注窗格：位于“幻灯片编辑区”的下方。在备注窗格中可以为幻灯片添加说明，提供幻灯片展示的内容背景和细节等。

12.1.2　视图方式

PowerPoint 2016 根据不同的需要提供了多种视图方式来显示演示文稿的内容。视图方式包括：普通视图、幻灯片浏览视图、备注页视图和幻灯片放映视图。当启动 PowerPoint

时,系统默认的是普通视图工作模式。

1. 普通视图

普通视图也称为编辑视图。在该视图下,可对演示文稿进行文字编辑,插入图形、图片、音频、视频,设置动画、切换效果、超链接等操作。

2. 幻灯片浏览视图

幻灯片浏览视图是以缩略图的形式来显示演示文稿。在该视图下,可以整体对演示文稿进行浏览,可以调整演示文稿的顺序,可以对幻灯片进行选择、复制、删除、隐藏等操作,可以对幻灯片的背景和配色方案进行调整,设置幻灯片的切换效果。

【注】在幻灯片浏览视图下不能对幻灯片的内容进行编辑,只能对其进行调整。

3. 幻灯片放映视图

幻灯片放映视图显示的是演示文稿的放映效果,占据整个计算机屏幕,就像实际的演示一样。在该视图下,作者所看到的演示文稿就是观众将来看到的效果。可以看到图形、时间、影片、动画元素以及将在实际放映中看到的切换效果。

【注】如果要退出幻灯片放映视图,可以按 Esc 键或单击鼠标右键,在弹出的快捷菜单中选择“结束放映”命令。

4. 备注页视图

在 PowerPoint 2016 中没有“备注页视图”按钮,只能在“视图”选项卡中选择“备注页”命令来切换至备注页视图。在备注页视图中可以看到画面被分成了两部分,上半部分是幻灯片,下半部分是一个文本框。文本框中显示的是备注内容,可以输入编辑备注内容。

如果在备注页视图中无法看清输入的备注文字,可选择“视图”选项卡中的“显示比例”命令,在打开的对话框中选择一个合适的显示比例。

【注】除文字外,插入到备注页中的对象只能在备注页中显示,可通过打印备注页将其打印出来,但是不能在普通视图模式下显示。

12.1.3 幻灯片版式与占位符

幻灯片版式又叫做自动布局格式,它是幻灯片中各对象间的搭配布局,这种布局是否合理、协调,影响了整个视觉效果。所以,要根据不同的需要,选择不同的布局。幻灯片版式是一张幻灯片上各种对象(文本、表格、图片等)的格式和排列形式,如图 12-2 所示。在 PowerPoint 中的版式分为文字版式、内容版式、文字和内容版式以及其他版式。

幻灯片版式可在“开始”选项卡的“幻灯片”组中选择“幻灯片版式”命令打开。

【注】当某张幻灯片应用一个新的版式时,该幻灯片中原有的文本和对象保留,但会重新排列位置,以适应新的版式。

在创建幻灯片时,若用户选择一种非空的自动版式,则该幻灯片中会自动给出相应的标题区域、文本区域和其他对象区域,它们分别用一个虚框表示,该虚框被称为“占位符”。单击占位符可以添加文字,或单击图标添加制定对象,如图 12-3 所示。

占位符是 PowerPoint 提供的带有输入的提示信息。因此,占位符的编辑与谱图文本框的编辑完全一致,用户可以通过改变幻灯片版式来更改幻灯片中占位符的类型和数量。

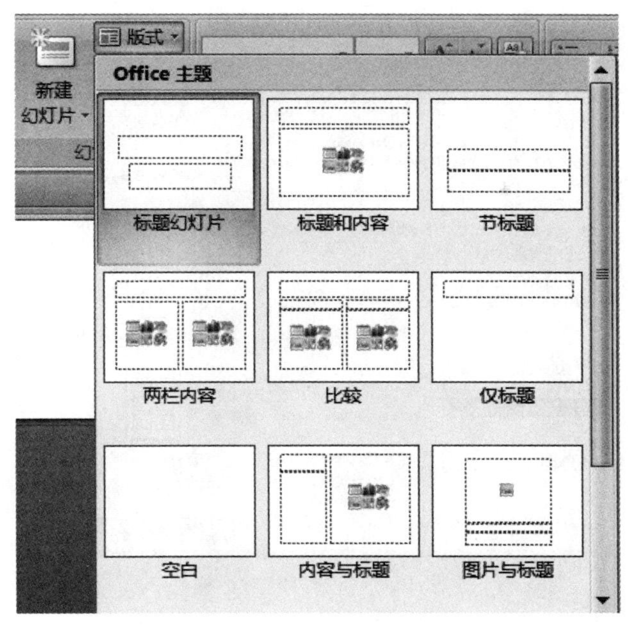

图 12-2　幻灯片版式

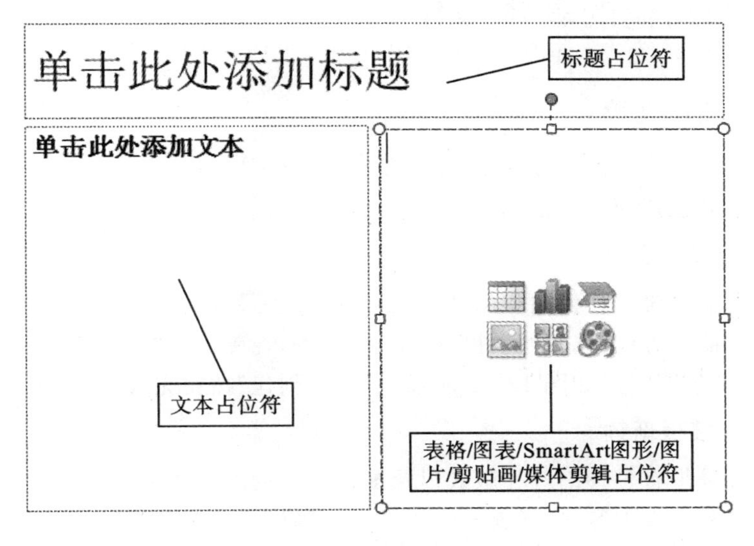

图 12-3　幻灯片占位符

12.1.4　演示文稿打印

PowerPoint 演示文稿可以采用幻灯片、讲义、备注页和大纲的形式进行打印。操作方法：单击“文件”选项卡→选择“打印”→单击子菜单中的“打印”命令，弹出“打印”对话框，进行设置，如图 12-4 所示。设置完成单击“确定”按钮即可。

图 12-4 “打印”对话框

12.2 演示文稿的基本操作

12.2.1 新建演示文稿

制作演示文稿的第一步就是新建演示文稿，PowerPoint 2016 中的“新建演示文稿”对话框提供了一系列创建演示文稿的方法。包括创建空白演示文稿、根据模版新建等。

1. 新建空白演示文稿

空白演示文稿是没有任何内容的演示文稿，既具备最少的设计且未应用颜色的幻灯片。新建空白演示文稿的方法：选择“文件”→“新建”命令，在弹出的“可用模板和主题”对话框中选择“空白演示文稿”图标，如图 12-5 所示。单击“创建”按钮完成创建。

2. 根据设计模板新建

设计模板就是带有各种幻灯片版式以及配色方案的幻灯片模板。打开一个模板后只需要根据自己的需要输入内容，这样就省去了设计文稿格式的时间，提高了工作效率。

PowerPoint 2016 提供了多种设计模板的样式供用户选择。在“新建演示文稿”对话框中，用户可以选择系统提供的模板，新建自己的文稿。操作方法：选择“文件”→“新建”命令，在弹出的“可用模板和主题”对话框中选择“样本模板”选项，然后在打开的“可用的模板和主题”列表中选择自己所需要的模板。单击“创建”按钮即可，如图 12-6 所示。

12.2.2 保存演示文稿

在 PowerPoint 中，当用户中断文稿编辑或退出时，必须保存文稿，否则文稿将会丢失。保存时，演示文稿将作为“文件”保存在计算机上。保存操作：单击 Office 按钮(或直接单击快速访问工具栏里的“保存”按钮)→选择“保存”命令→在弹出的“另存为”对话框中，设置保

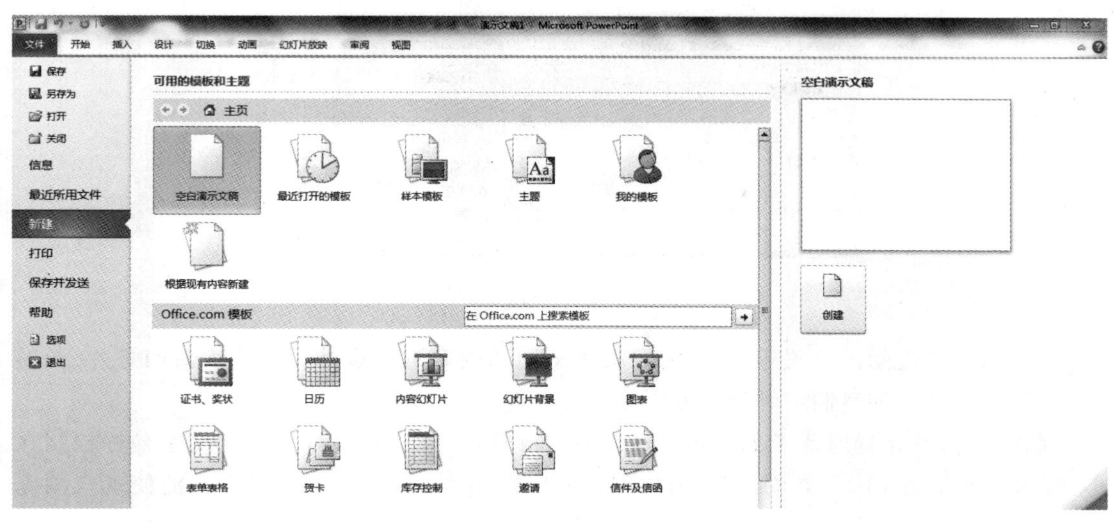

图 12－5　新建空白演示文稿

图 12－6　根据模板新建演示文稿

存位置，输入文件名称，选择保存类型→单击“保存”按钮完成。

【注】如果是第一次保存，单击快速访问工具栏里的“保存”按钮，会弹出“另存为”对话框，如果文件已保存过，单击按钮后系统会自动保存，将不再弹出“另存为”对话框。

12.2.3　页面设置

新建的演示文稿大小和页面布局是系统默认的，如果需要修改页面的大小和布局，则要在“设计”选项卡中单击“页面设置”命令，打开“页面设置”对话框，在其中进行设置，如图 12－7 所示。

12.2.4　演示文稿布局

在制作演示文稿过程中，可以根据需要对其布局进行整体管理，幻灯片布局包括组成对

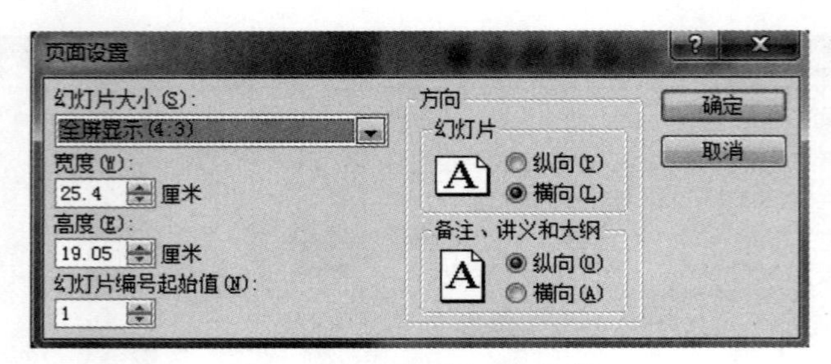

图 12-7 “页面设置”对话框

象的种类、对象之间的位置等问题,需要根据不同的内容进行设计。如插入新幻灯片、调整幻灯片顺序、移动和复制幻灯片或者删除幻灯片等。

【注】幻灯片布局时要考虑单张幻灯片中的行数,一般一张幻灯片中的文字最好控制在13行内。若超出13行,则幻灯片中的文字将小于20号,这样在放映时有可能使观众浏览文字感到费力。

1. 选择幻灯片

在普通视图中,选择一张幻灯片,单击大纲区中该幻灯片的编号或图标。在幻灯片浏览视图中,只要单击就可以选中某张幻灯片。如果要选择多张幻灯片,操作与在 Windows 资源管理器中选择多个文件的操作相同。

2. 插入新的幻灯片

演示文稿是由很多零散的幻灯片组成的,所以演示文稿不能只有一张幻灯片,而需要插入更多的幻灯片增强表达效果。插入新幻灯片的操作:选中要插入新幻灯片位置的前一张幻灯片,在“开始”选项卡的“幻灯片”组中单击“新建幻灯片”按钮,在弹出的下拉列表中选择一种版式的幻灯片,即可插入一张新幻灯片。

【注】在“幻灯片”区,选定要插入幻灯片的位置,按回车键即可插入一张新幻灯片。

3. 移动和复制幻灯片

想要调整幻灯片的顺序或是要插入一张与已有幻灯片相同的幻灯片,就可以通过移动和复制幻灯片直接完成。常用的方法有以下几种。

(1)在普通视图的“大纲/幻灯片”浏览窗格中,选择要移动的幻灯片图标,按住鼠标左键不放将其拖动到目标位置释放鼠标,便可移动该幻灯片,在拖动的同时按住 Ctrl 键不放则可复制该幻灯片。

(2)在普通视图的“大纲/幻灯片”浏览窗格中,选择要移动的幻灯片图标,单击鼠标右键,在弹出的快捷菜单中选择“剪切”或“复制”命令,然后将鼠标光标定位到目标位置处,单击鼠标右键,在弹出的快捷菜单中选择“粘贴”命令。

(3)在普通视图的“大纲/幻灯片”浏览窗格中,选择要移动的幻灯片图标,在“开始”选项卡的“剪贴板”组中单击“剪切”按钮 剪切 或“复制”按钮 复制 ,鼠标光标定位到目标位置处单击“粘贴”按钮 。

(4)在幻灯片浏览视图中,选择要移动的幻灯片缩略图,然后按住鼠标左键不放将其拖动至目标位置,释放鼠标即可,在拖动的同时按住 Ctrl 键不放则可复制该幻灯片。

4. 删除幻灯片

当演示文稿中的幻灯片不需要时，可将其删除，幻灯片的删除可在“幻灯片浏览视图”或“大纲/幻灯片”浏览窗格中进行。操作方法：选定要删除的幻灯片，在“开始”选项卡上的“幻灯片”组中单击删除 删除 按钮（或单击鼠标右键，在弹出的快捷菜单上选择“删除幻灯片”命令），即可删除该幻灯片。

【注】选定要删除的幻灯片，按 Delete 键也可删除。

12.2.5 为幻灯片添加内容

在创建完演示文稿的基本结构之后，就该为幻灯片加上丰富多彩的内容。PowerPoint 2016 为用户提供了多种简便的方法，不仅可以添加文本，还可以为幻灯片添加更丰富的内容，如插入图片、剪贴画、艺术字、形状、SmartArt 图形、图表和表格等。

1. 文本处理

添加文本时，用户可直接将文本输入到幻灯片的文本占位符中，也可以在占位符之外的任何位置使用“插入”功能选项卡上的“文本框”命令创建文本框，在文本框里可以输入文本。完成文本输入后，可将文本选中，打开“开始”选项卡，在“字体”组中对文字的大小、字体、颜色进行设置。

2. 插入对象

当用户在创建、编辑一个演示文稿时，仅仅只有文本内容是不够的，为了增强演示文稿的视觉效果，可以插入图片、剪贴画、形状、SmartArt 图形、图表和表格等内容。

1)插入艺术字

为了使幻灯片的标题生动，可以使用插入艺术字功能，生成特殊效果的标题。操作方法：选择要插入艺术字的幻灯片，打开“插入”选项卡，在“文本”组中选择“艺术字”命令，弹出下拉列表，如图 12-8 所示。在该列表中选择所需的艺术字样式即可在幻灯片中插入“请在此键入您自己的内容”占位符，此时只需要直接输入文本即可，单击“格式”选项卡“艺术字样式”组中的按钮可对艺术字的填充色、轮廓色以及效果等进行更改。

2)插入图片

在 PowerPoint 2016 中可以插入的图片分为剪贴画和来自文件的图片等。在操作时可以使用带有占位符的幻灯片版式进行插入，也可以利用命令进行插入。操作方法：选择要插入图片的幻灯片，打开“插入”选项卡，单击“图像”组中的“图片”按钮，弹出“插入图片”对话框，如图 12-9 所示。选择图片所在的文件夹并打开，在对话框中就显示出所有的图片。选择所需要的图片，然后单击“插入”按钮，选中的图片即可插入到当前幻灯片中。

选择带有图片占位符的版式，如图 12-10 所示。单击“插入来自文件的图片”按钮，系统弹出“插入图片”对话框。选择图片所在的文件夹并打开，在对话框中就显示出所有的图片。选择所需要的图片，然后单击“插入”按钮，选中的图片即可被插入到当前幻灯片中。

3)插入及录制声音

除了给演示文稿插入图片、艺术字等对象外，还可以插入音频，从而丰富演示文稿的表达效果。

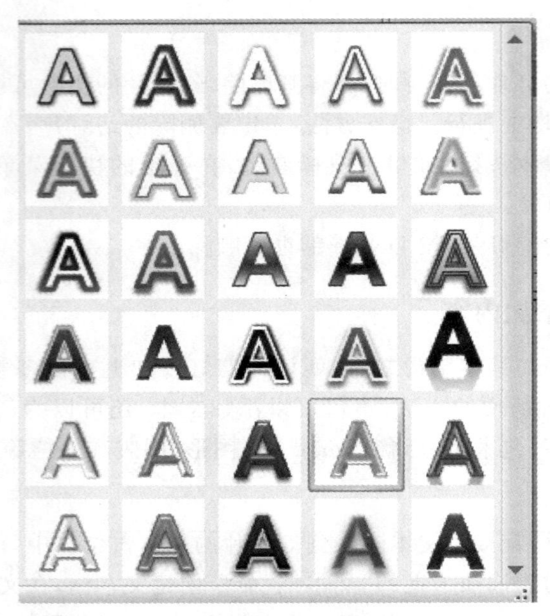

图 12－8　艺术字下拉列表

图 12－9　“插入图片”对话框

(1)插入音频。插入文件或剪贴画音频的操作方法如下。

选中要插入声音文件的幻灯片，选择“插入”选项卡，单击“媒体”组中的“音频”按钮，弹出其下拉列表，如图 12－11 所示。列表中有“文件中的音频”“剪贴画音频”“录制音频”三个选项。

①选择“文件中的音频”，弹出“插入音频”对话框，如图 12－12 所示。然后选择需要插入的声音文件，单击“确定”按钮。弹出提示框询问在放映幻灯片时如何开始播放声音，如图 12－13 所示。如果单击“自动”按钮，则放映时将自动播放声音；如果单击“在单击时”按钮，则放映时声音在单击鼠标后开始播放。

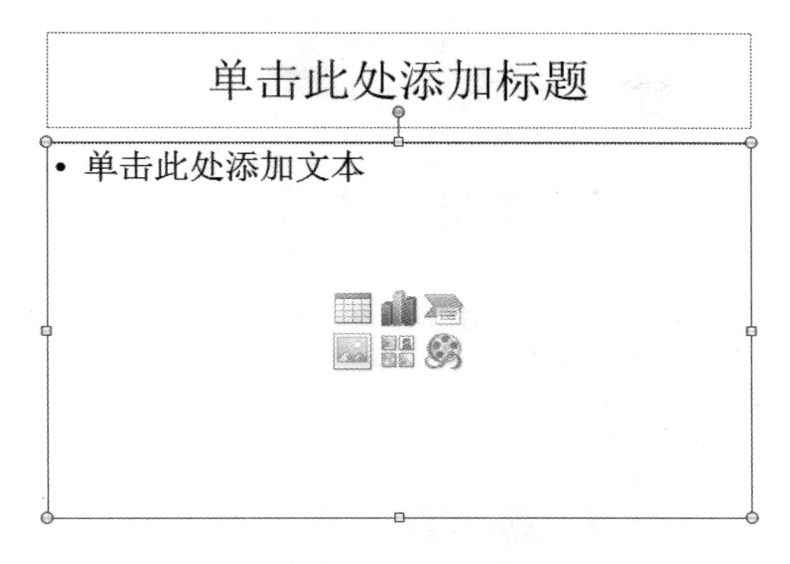

图 12－10　“图片占位符”版式

②选择“剪贴画音频”，系统打开“剪贴画”任务窗格，选择剪辑管理器中列出的声音文件将其插入到幻灯片中。

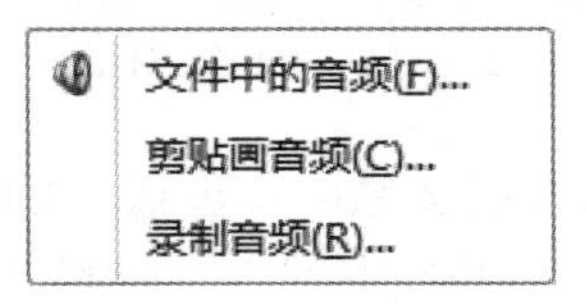

图 12－11　下拉列表

图 12－12　“插入音频”对话框

(2)录制声音的操作方法。

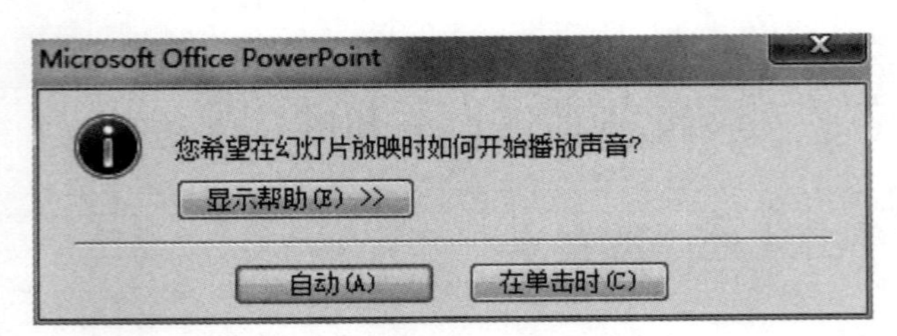

图 12－13　播放方式选择对话框

①选择“插入”功能选项卡上的“媒体”组中的“音频”下拉命令按钮，选择执行“录制音频”命令，系统弹出“录音”对话框，如图 12－14 所示。

②单击开始录音按钮，即可开始录音。

③录音完毕，单击停止录音按钮。

④在“名称”文本框中输入文件名，单击“确定”按钮即可。

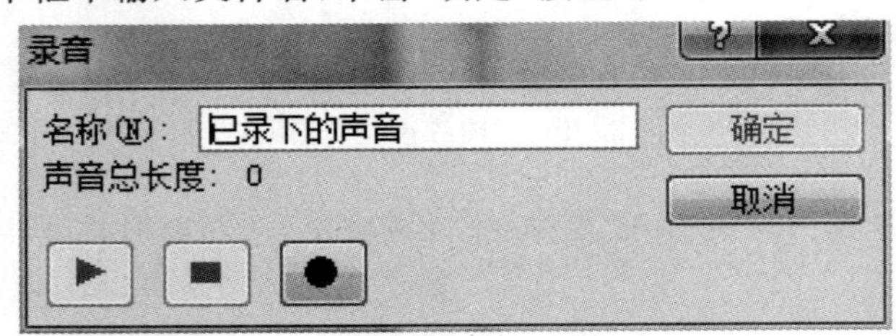

图 12－14　“录音”对话框

(3)插入视频。可插入的桌面视频文件格式包括 AVI 或 MPEG，文件扩展名包括 avi、mov、mpg、mpeg。另外，Microsoft Office 中的“剪贴画”功能将 GIF 文件归为影片剪辑一类，实际上这些文件并不是数字视频，所以不是所有影片选型都适用于动态 GIF 文件。操作方法：

①在“普通”视图中选择要插入视频的幻灯片。

②在“插入”选项卡的“媒体”组中单击“视频”按钮，弹出其下拉列表，如图 12－15 所示。列表中有“文件中的视频”“来自网站的视频”和“剪贴画视频”三项选择。

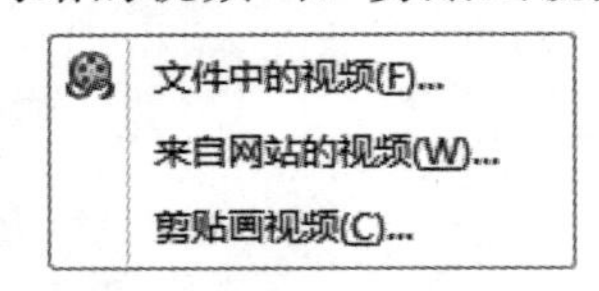

图 12－15　“插入视频”下拉列表

③选择“文件中的视频”，弹出“插入视频”对话框，选择需要插入的视频文件，单击“确定”按钮，弹出提示框询问在放映幻灯片时如何开始播放影片。如果单击“自动”按钮，则放映时将自动播放影片；如果单击“在单击时”按钮，则放映时影片在单击鼠标后开始播放。

④选择“来自网站的视频”，弹出“从网站插入视频”对话框，在网页地址栏输入视频地址，获取 html 代码，将代码粘贴到“从网站插入视频”对话框的文本框中，单击“插入”按钮。

⑤选择“剪贴画视频”，系统打开“剪贴画”任务窗格，选择剪辑管理器中列出的影片文件，将其插入到幻灯片中。

12.3 演示文稿的设计与制作

12.3.1 设置背景

演示文稿的背景对于整个演示文稿的放映来说是非常重要的，用户可以更改幻灯片、备注及讲义的背景色或背景设计。幻灯片背景色类型有过渡背景、背景图案、背景纹理和背景图片。如果用户只希望更改背景以强调演示文稿的某些部分，除可更改颜色外，还可添加底纹、图案、纹理或图片。更改背景时，可以将这项改变只应用于当前幻灯片，或应用于所有幻灯片或幻灯片母版。

PowerPoint 2016 提供了多种幻灯片背景，用户也可以根据自己的需要自定义背景，设置背景的操作方法：

(1)在普通视图中选定要更改背景的幻灯片。

(2)选择“设计”选项卡中的“背景”组，单击“背景样式”按钮，弹出其下拉列表，如图 12 - 16 所示。

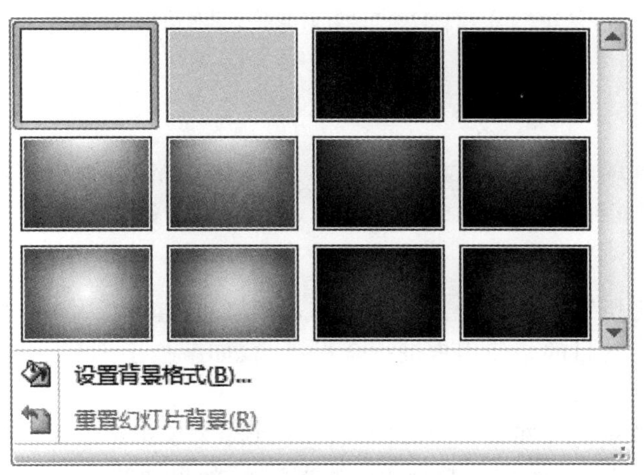

图 12 - 16 “背景样式”下拉列表

在该下拉列表中选择需要的样式选项，此时幻灯片编辑区中将显示应用该样式的效果，如果不满意，还可以单击下拉列表下方的“设置背景格式”按钮，弹出“设置背景格式”对话框，如图 12 - 17 所示。

(1)单击“颜色”下拉按钮，系统显示“颜色”列表框供选择。

(2)在“颜色”列表框中选择“其他颜色”选项，打开“颜色”对话框，选择更多的其他颜色或者调配自己所需的颜色。

(3)在“背景”对话框中单击“全部应用”按钮，可将更改应用到所有的幻灯片和幻灯片母版中，否则只对当前幻灯片有效。单击“关闭”按钮完成设置。

【注】如果要隐藏单个幻灯片上的背景图形，则选中“设计”功能选项卡上的“背景”组中的“隐藏背景图形”复选框。

图 12-17 “设置背景格式”对话框

12.3.2 母版设计

母版是一种特殊的幻灯片，可以定义整个演示文稿的格式，控制演示文稿的整体外观。PowerPoint 2016 有 3 种主要母版：幻灯片母版、讲义母版、备注母版。

1. 幻灯片母版

幻灯片母版是为所有幻灯片设置的默认版式和格式，包括字形、占位符大小和位置、背景设计和配色方案。其目的是使用户进行全局更改(如替换字形)，并使该更改应用到演示文稿中的所有幻灯片。

幻灯片母版是模板的一部分，它存储的信息包括：文本和对象在幻灯片上的放置位置、文本和对象占位符的大小、文本样式、背景、颜色主题、效果和动画。用户在“幻灯片母版”中进行的所有操作都将出现在所有幻灯片中，如果将一个或多个幻灯片母版另存为单个模板文件(.potx)，将生成一个可用于创建新演示文稿的模板。幻灯片母版的操作方法如下。

(1)选择“视图”功能选项卡，选择“母版视图”组上的“幻灯片母版”命令，进入“幻灯片母版”视图，如图 12-18 所示。

(2)根据需要进行相关操作，方法和在普通幻灯片中的一样，如对占位符、文字格式、图片等操作。

2. 讲义母版

“讲义母板”的操作与“幻灯片母板”相似，只是进行格式化的是讲义，而不是幻灯片。讲义可以使观众更容易理解演示文稿中的内容，讲义一般包括幻灯片图像和演讲者提供的其他额外信息等。在打印讲义时，选择“文件”→“打印”菜单命令，然后从弹出的“打印”对话框的“打印内容”列表框中选择“讲义”即可。在“讲义母板”中可增加页码(并非幻灯片编号)、页眉和页脚等，可在“讲义母版”工具栏选择在一页中打印 1 张、2 张、3 张、4 张、6 张或 9 张

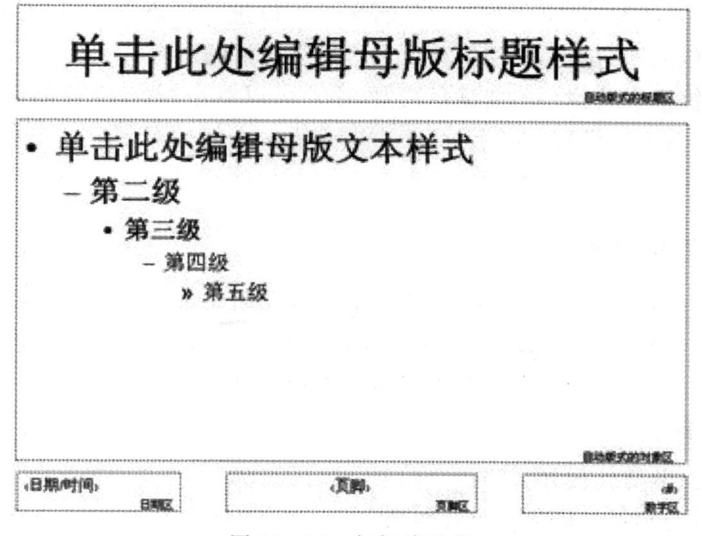

图 12 - 18　幻灯片母版

幻灯片。

3. 备注母版

“备注母板”的操作与其他母板基本相似，对输入备注中的文本可以设定默认格式，也可以重新定位，并可以根据自己的意愿添加图形、填充色或背景等。备注要比讲义更有用。备注实际上可以当作讲义，尤其是在对某个幻灯片需要提供补充信息时。备注页由单个幻灯片的图像及相关的附属文本区域组成，可以从“普通视图”中的“幻灯片视图”窗口下面的“备注”栏直接输入备注信息。

12.3.3　应用文档主题

通过应用文档主题，用户可以快速而轻松地设置整个演示文稿的格式，赋予它专业和时尚的外观。文档主题是一组格式选项，包括一组主题颜色、一座主题字体和一组主题效果。

1. 应用文档主题

操作方法：

(1)打开演示文稿，选择“设计”功能选项卡上的“主题”组。

(2)单击所需的文档主题，或单击其他下拉按钮，在下拉列表框中选择所需的文档主题即可。

2. 自定义文档主题

自定义文档主题主要从更改已使用的颜色、字体或线条和填充效果开始。对一个或多个这样的主题组件所做的更改将立即影响活动文档中已经应用的样式。如果要将这些更改应用到新文档，可以将它们另存为自定义文档主题。操作方法：

(1)打开演示文稿，选择“设计”功能选项卡上的“主题”组中的“颜色”“字体”“效果”下拉按钮。

(2)单击“颜色”下拉按钮，系统显示“颜色”下拉列表，用户可以进行所需颜色设置；单击

“字体”下拉按钮，系统显示“字体”下拉列表，用户可以进行所需字体设置；单击“效果”下拉按钮，系统显示“效果”下拉列表，用户可以进行所需效果的设置。

【注】如果系统内置的颜色不能满足需要，用户可以单击“新建主题颜色”按钮，打开“新建主题颜色”对话框进行设置，在“名称”文本框输入一个新的主题颜色名称，单击“保存”按钮即可。（字体方法相同）

12.3.4 设置动画效果

利用 PowerPoint 2016 中提供的动画功能可以控制对象进入幻灯片的方式，控制多个对象动画的顺序。当设置动画效果时，可以使用 PowerPoint 2016 自带的预设动画，还可以创建自定义动画。为幻灯片设置动画效果可以增强幻灯片的视觉效果。

1. 设置预设动画

设置预设动画的具体操作方法：

(1)选择要设置预设动画的幻灯片对象。

(2)在“动画”功能选项卡“动画”组中单击下拉列表按钮，打开下拉列表框，选择需要的动画效果。

(3)设置对象动画效果后，单击“预览”组中的“预览”按钮，可进行预览。

【注】只有先选择幻灯片对象，才能设置对象的动画效果，否则“动画”下拉列表框呈灰色，无法进行设置。在预览动画时，该预览是根据设置先后，对幻灯片的所有动画效果进行预览。

2. 自定义动画

若想对幻灯片的动画进行更多设置，或为幻灯片中的图形等对象也指定动画效果，则可以通过自定义动画来实现。操作方法：

(1)选择需要设置自定义动画的幻灯片，单击“动画”功能选项卡，在“高级动画”组中选择“动画窗格”命令，打开“动画窗格”对话框，如图 12－19 所示。

(2)在幻灯片编辑区中选择该张幻灯片中需要设置动画效果的对象，然后单击“动画”功能选项卡，在“高级动画”组中选择“添加动画”命令，打开下拉列表。下拉列表包含了 4 种设置，如图 12－20 所示。各种设置的含义为

①进入：用于设置在幻灯片放映时文本及对象进入放映界面的动画效果，如旋转、飞入或随机线条等效果。

②强调：用于在放映过程中对需要强调的部分动画效果，如放大/缩小等。

③退出：用于设置放映幻灯片时相关内容退出放映界面时的动画效果，如飞出、擦除或旋转等效果。

④动作路径：用于指定放映所能通过的轨迹，如直线、转弯、循环等。设置好路径后将在黄灯片编辑区中以红色箭头显示其路径的起始方向。

(3)修改某一动画效果，可在“动画窗格”中将其选中，然后在“动画”组列表中进行修改。如果想删除已添加的某个动画效果，则选择要设置的动画效果列表项，单击列表项右边的向下箭头按钮，弹出下拉菜单，在菜单里选择“删除”命令即可。

(4)在下拉菜单中还可以设置选择对象的动画效果的开始时间，其中有“单击开始”“从

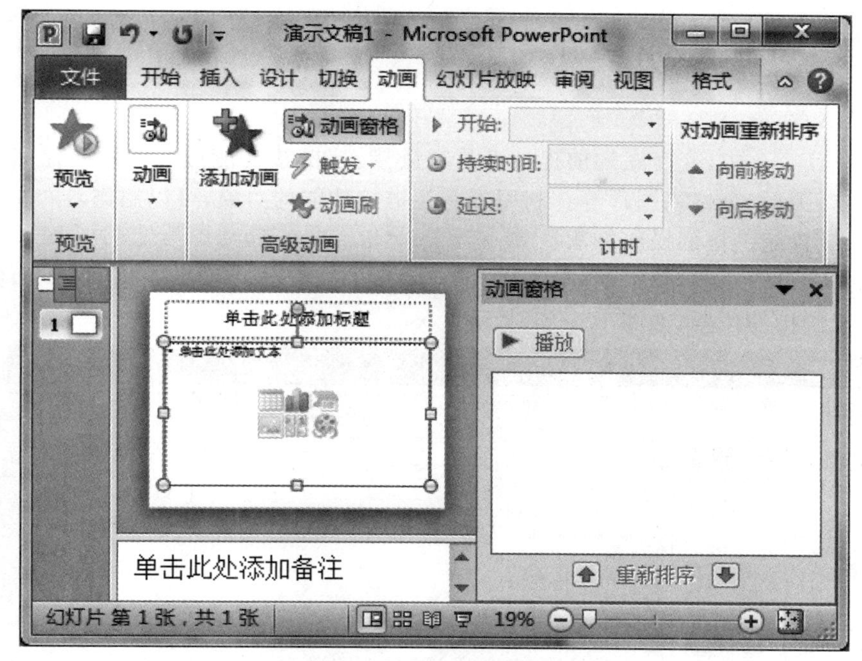

图 12－19　动画窗格

图 12－20　添加动画列表

上一项开始”“从上一项之后开始”3 个选项。

12.3.5　交互式演示文稿与动作按钮

1. 演示文稿

在 PowerPoint 中，交互式的前提技术是超链接，超链接功能可以创建在任何幻灯片对象上，如文本、图形、表格或图片等。利用带有超链接功能的对象，可以制作具有交互功能的演示文稿。设置超链接的操作方法：

(1)选定欲设置对象，单击功能区“插入”选项卡“链接”组中的“超链接”命令，弹出链接对话框，设置链接的位置，如图 12－21 所示。

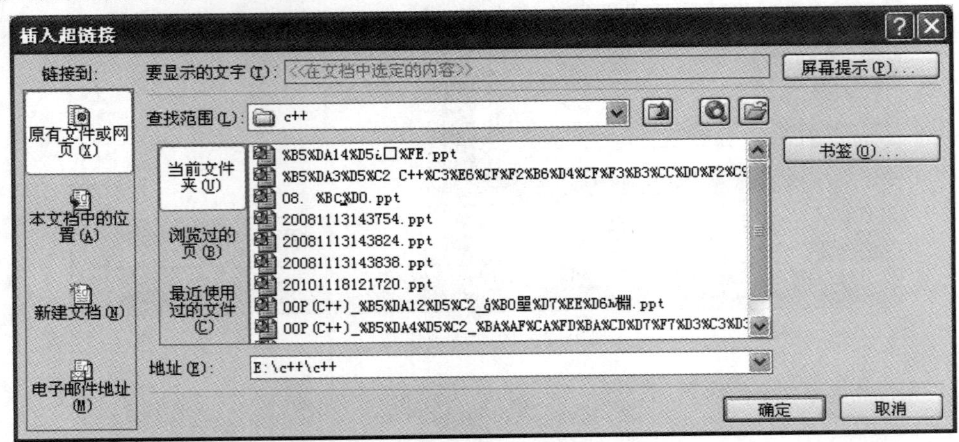

图 12－21　“插入超链接”对话框

(2)选择“插入”选项卡上的“链接”组，单击“动作”命令按钮，系统显示“动作设置”对话框，如图 12－22 所示。

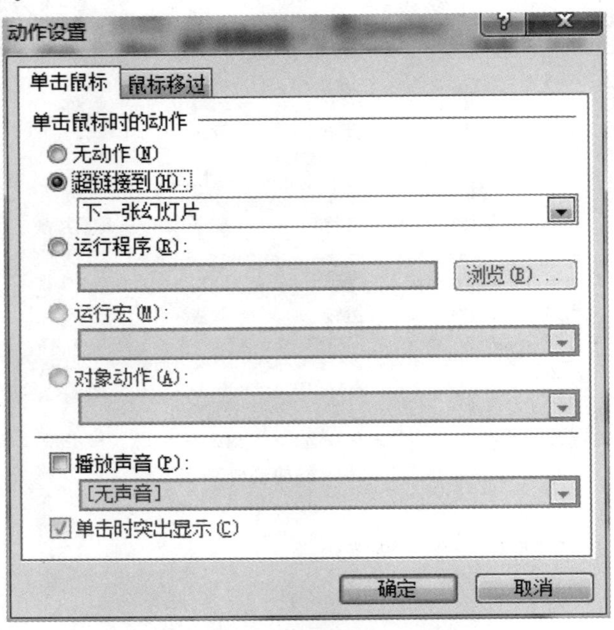

图 12－22　“动作设置”对话框

(3)在“动作设置”对话框中,“单击鼠标”选项卡用以设置单击对象来激活超链接功能;“鼠标移过”选项卡用以设置鼠标移过对象来激活超链接功能。大多数情况下,建议采用单击鼠标的方式,如果采用鼠标移过的方式,可能会出现意外的跳转。通常鼠标移过的方式适用于提示、播放声音或影片。

(4)选择“超链接到”选项,打开下拉列表框并选择“跳转目的地”;“运行程序”选项可以创建和计算机中其他程序相连的链接;“播放声音”选项,能够实现单击某个对象并发出某种声音。单击“确定”按钮。

【注】删除超链接方法:选择被超链接的文本或对象,在“动作设置”对话框中选择“无动作”选项即可。

2. 动作按钮

利用 PowerPoint 提供的动作按钮,可以将动作按钮插入到演示文稿并为之定义超级链接,从当前幻灯片中链接到另一张幻灯片,或另一个程序,或互联网上的任何一个地方。动作按钮包括一些形状。通过使用这些常用的易理解符号转到下一张、上一张、第一张和最后一张幻灯片。在幻灯片中插入动作按钮的操作方法:

(1)选择要插入动作按钮的幻灯片。

(2)选择“插入”功能选项卡上的“插图”组,单击“形状”下拉命令按钮,在下拉列表中选择“动作按钮”选项,如图 12－23 所示。

图 12－23 “动作按钮”选项

(3)将鼠标指针移动到按钮选项上时,会出现黄色的提示框,指明按钮的作用。选择一种适合的动作按钮,在幻灯片中想要插入按钮的位置单击鼠标,或按住鼠标左键拖动,可插入一个动作按钮,并打开“动作设置”对话框,如图 12－24 所示。

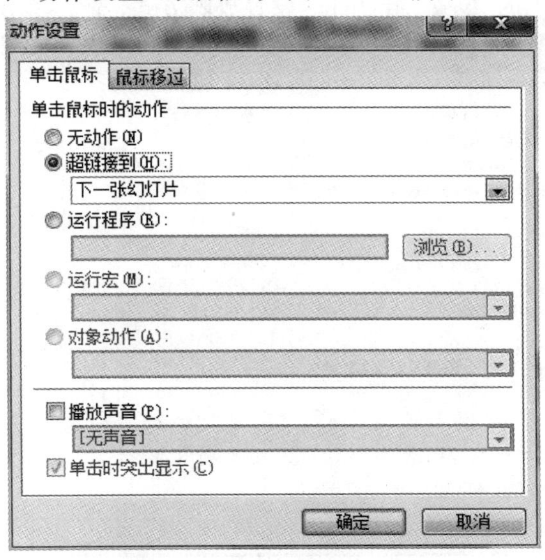

图 12－24 “动作设置”对话框

①选中"超链接到"单选按钮,然后在下方的下拉列表框中,选择要链接的目标选项。

②在"动作设置"对话框中,选中"运行程序"单选按钮,再单击"浏览"按钮,会打开"选择一个要运行的程序"对话框。

③在对话框中选择一个程序后,单击"确定"按钮,可建立一个用来运行外部程序的动作按钮。

④选中"播放声音"复选框,在下方的下拉列表框中,可以设置一种单击动作按钮时的声音效果。

⑤全部设置完后,单击"确定"按钮,完成动作按钮的插入。用此方法可以在幻灯片中插入多个链接到不同位置和目标对象的动作按钮。

12.3.6 设置幻灯片的切换效果

切换即从一个幻灯片切换到另一个幻灯片时采用的出现在屏幕上的各种方式,这是一种加在幻灯片之间的特殊效果。使用幻灯片切换后,幻灯片会变得更加生动。同时还可以为其设置 PowerPoint 自带的多种声音来陪衬切换效果,也可以调整切换速度。设置幻灯片切换效果的具体操作方法:

(1)单击演示文稿窗口的"幻灯片浏览视图"按钮,切换至幻灯片浏览视图。

(2)选择要添加效果的一张或一组幻灯片。

(3)选择"切换"选项卡,在"切换到此幻灯片"组中单击下拉按钮,弹出下拉列表。

(4)在该列表中选择需要的方案。

(5)在"声音"下拉列表框中,可以选择切换时播放的声音;如果要对演示文稿中所有的幻灯片应用相同的切换方式,可以单击"全部应用"按钮。

12.3.7 设置放映方式

幻灯片放映方式有演讲者放映、观众自行浏览和在展台浏览三种。设置方法:选择"幻灯片放映"功能选项卡上的"设置"组,单击"设置放映方式"命令,系统显示如图 12-25 所示

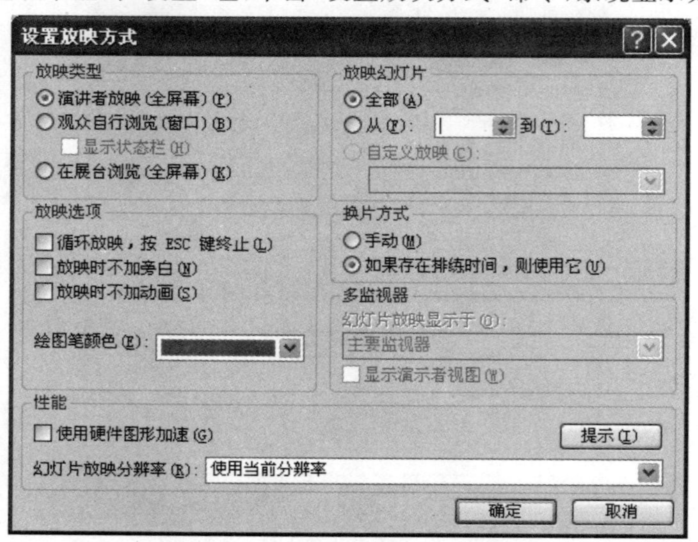

图 12-25 "设置放映方式"对话框

的对话框,可以进行放映类型、放映选项、换片方式、绘图笔颜色等参数设置。

1. 放映方式

(1)"演讲者放映(全屏幕)"选项是最常用的方式,通常用于演讲者指导演示幻灯片。在该方式下,演讲者具有对放映的完全控制权,并可用自动或人工方式运行幻灯片放映;演讲者可以暂停幻灯片放映,以添加会议细节或即席反应;还可以在放映过程中录下旁白。也可以使用此方式,将幻灯片放映投射到大屏幕上、主持联机会议或广播演示文稿。

(2)"观众自行浏览(窗口)"选项可运行小屏幕的演示文稿。例如个人通过公司网络或全球广域网浏览的演示文稿。演示文稿会出现在小型窗口内,并提供在放映时移动、编辑、复制和打印幻灯片的命令。在该方式下可以使用滚动条或 Page Up 和 Page Down 键从一张幻灯片移到另一张幻灯片。

(3)"在展台浏览(全屏幕)"选项可自动运行演示文稿。例如在展览会场或会议中播放演示文稿。如果摊位、展台或其他地点需要运行无人操作的幻灯片放映,可以将幻灯片放映设置为运行时大多数的菜单和命令都不可用,并且在每次放映完毕后自动重新开始。观众可以浏览演示文稿内容,但不能更改演示文稿。

2. 放映选项

放映选项包括"循环放映,按 ESC 键终止""放映时不加旁白"和"放映时不加动画"选项。如果选择"循环放映,按 ESC 键终止"选项,可循环运行演示文稿。需要说明的是如果用户选中"在展台浏览(全屏幕)"选项,此复选框将自动选中。

3. 换片方式

"换片方式"选项区域主要可进行"手动"或者"如果存在排练时间,则使用它"设置。

4. 绘图笔颜色

绘图笔颜色设置是选择放映幻灯片时绘图笔的颜色,便于用户在幻灯片上书写。

12.3.8 自定义放映方式

采用自定义放映方式,可以将不同的幻灯片组合起来,并加以命名,然后在衍射过程中跳转到这些幻灯片上,不必针对不同的听众创建多个几乎完全相同的演示文稿,从而达到"一稿多用"的目的。自定义放映方式的操作方法:

(1)选择"幻灯片放映"选项卡上的"开始放映幻灯片"组中的"自定义放映"下拉命令,执行"自定义放映"命令,弹出"自定义放映"对话框,如图 12-26 所示。

(2)单击"新建"按钮,弹出"定义自定义放映"对话框,在左侧列表框中按顺序选择需要放映的幻灯片,并添加至右侧列表框中。

(3)在"幻灯片放映名称"文本框中输入自定义放映名称,单击"确定"按钮。

(4)单击"放映"按钮即可放映。

12.3.9 放映时间

使用排练计时,可以利用预演的方式,为每张幻灯片设置放映时间,使幻灯片能够按照设置的排练计时时间自动进行放映。操作方法:

(1)打开演示文稿,选择"幻灯片放映"功能选项卡上的"设置"组,单击"排练计时"命令

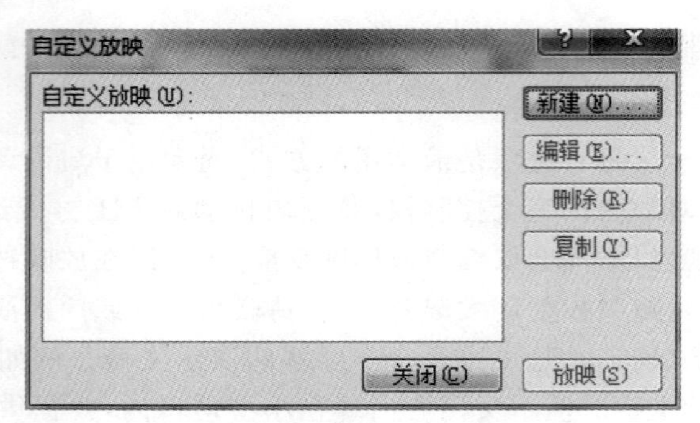

图 12－26 “自定义放映”对话框

按钮，进入“预演幻灯片”模式，在屏幕上将会显示预演工具栏。

(2)在“预演”工具栏上单击“下一项”按钮，可排练下一张幻灯片的时间(时间的长短由用户自己定)，单击“暂停”按钮，可以暂停计时，再单击可继续计时。单击“重复”按钮，将重新计时。

排练结束时，会出现一个对话框，询问是否保留新的幻灯片排练时间，单击“是”按钮，则会在每张幻灯片的左下角显示该幻灯片的放映时间。

习题与练习

1. PowerPoint 2016 的文件的默认扩展名是(　　)。

A. docx　　B. txt

C. xls　　D. pptx

2. PowerPoint 系统是一个(　　)软件。

A. 文字处理　　B. 表格处理

C. 图像处理　　D. 文稿演示

3. PowerPoint 的核心是(　　)。

A. 标题　　B. 版式

C. 幻灯片　　D. 母板

4. 用户编辑演示文稿时的主要视图是(　　)。

A. 幻灯片浏览视图　　B. 普通视图

C. 备注页视图　　D. 幻灯片放映视图

5. 幻灯片中占位符的作用是(　　)。

A. 表示文本长度　　B. 限制插入对象的数量

C. 表示图形大小　　D. 为文本、图形预留位置

6. 使用快捷键(　　)可以退出 PowerPoint 2016。

A. Ctrl＋Shift　　B. Shift＋Alt

C. Ctrl＋F4　　D. Alt＋F4

7. 在 PowerPoint 2016 中，撰写或设计演示文稿一般在(　　)视图模式下进行。

A. 普通视图　　B. 幻灯片放映视图

C. 版式视图　　D. 幻灯片浏览视图

8. 在演示文稿放映过程中，可随时按(　　)键终止放映，返回到原来的视图中。

A. Enter　　B. Esc

C. Pause　　D. Ctrl

9. 单击(　　)功能区的相关命令可以插入文本框。

A. 插入功能区　　B. 设计功能区

C. 视图功能区　　D. 格式功能区

10. 设置幻灯片放映时间的命令是(　　)。

A. “幻灯片放映”菜单中的“预设动画”命令

B. “幻灯片放映”菜单中的“动作设置”命令

C. “幻灯片放映”菜单中的“排练计时”命令

D. “插入”菜单中的“日期和时间”命令

11. PowerPoint内置的动画效果中，不包含(　　)。

A. 百叶窗　　B. 溶解

C. 蛇形排列　　D. 渐变

12. PowerPoint提供了多种(　　)，它包含了相应的母版和字体样式等，可供用户快速生成风格统一的演示文稿。

A. 板式　　B. 模板

C. 母版　　D. 幻灯片

13. 如果要对当前幻灯片的标题文本占位符添加边框线，首先要(　　)。

A. 使用“颜色和线条”命令　　B. 选中标题文本占位符

C. 切换至标题母版　　D. 切换至幻灯片母版

14. 若要使制作的幻灯片能够在放映时自动播放，应该为其设置(　　)。

A. 超级链接　　B. 动作按钮

C. 排练计时　　D. 录制旁白

15. 若演示文稿在演示时，需要从第一张幻灯片直接跳转到第五张幻灯片，则应在第一张幻灯片上添加(　　)，并对其进行相关设置。

A. 动作按钮　　B. 预设动画

C. 幻灯片切换　　D. 为自定义动画

16. 关于PowerPoint的叙述中，(　　)是不正确的。

A. PowerPoint可以调整全部幻灯片的配色方案

B. PowerPoint可以更改动画对象的出现顺序

C. 在放映幻灯片时可以修改动画效果

D. PowerPoint可以设置幻灯片切换效果

17. 在PowerPoint中，不可以在(　　)上设置超链接。

A. 文本　　B. 背景

C. 图形　　D. 剪贴画

18. 在PowerPoint中，幻灯片(　　)。

A. 各个对象的动画效果出现顺序是固定的，不能随便调整

B. 各个对象都可以使用不同的动画效果，并可以按任意顺序出现

C. 每个对象都只能使用相同的动画效果

D. 不能进行自定义动画设置

19. 如果一张幻灯片中的数据比较多，很重要，不能减少，可行的处理方法是（　　）。

A. 用动画分批展示数据　　B. 缩小字号，以容纳全部数据

C. 采用多种颜色展示不同的数据　　D. 采用美观的图案背景

20. 若将一张幻灯片中的图片及文本框设置成一致的动画效果后，则（　　）动画效果。

A. 图片和文本框都没有　　B. 图片没有而文本框有

C. 图片和文本框都有　　D. 图片有而文本框没有

第 13 章 Visio 图形设计与制作

Microsoft Office Visio 是一款专业的办公绘图软件，它将强大的功能和简单的操作完美结合在一起。它可以帮助用户绘制业务流程图、组织结构图、项目管理图、营销图表、办公室布局图、网络图、电子线路图、数据库模型图、工艺管道图、因果图、方向图等。

通过本章的学习，可以掌握 Visio 图形绘制的基本操作；图形模具的使用；图形的连接方法；图形的设计，结合课后，可以练习帮助同学们进一步熟练掌握如何用 Visio 工具绘制常用图形，提高实际动手能力。

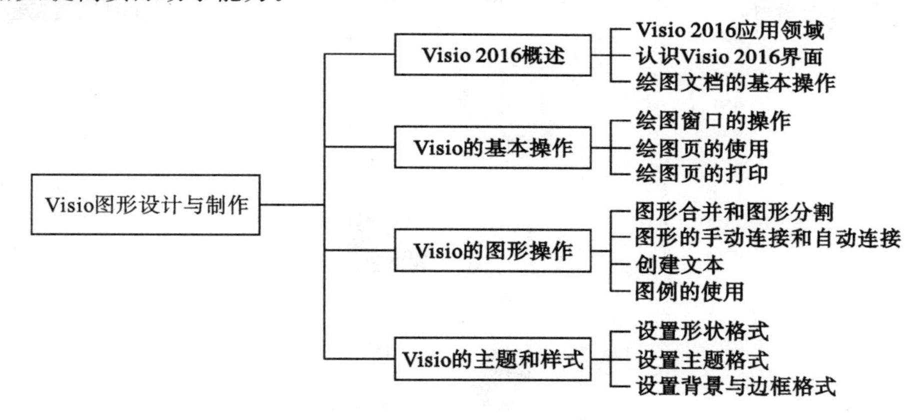

13.1 Visio 2016 概述

Microsoft Office Visio 2016 是一款可视化的绘图软件，它能够创建绘图以便有效地传达信息。Visio 面向不同层次的用户，甚至是最初级的用户也可以很方便地使用 Visio 来绘图。Visio 利用强大的模板、模具和形状等元素，帮助用户实现各种图表与模具的绘制功能。Office Visio 2016 包含标准版、专业版和高级版。

13.1.1 Visio 2016 应用领域

Visio 由于强大丰富的绘图功能，深受用户的喜爱。Visio 被广泛地应用于软件设计、办公自动化、项目管理、广告、企业管理、建筑、电子、机械、通信、科研和日常生活等众多领域。

13.1.2 认识 Visio 2016 界面

启动 Visio 2016，可以从“开始”菜单启动或者利用已存在的 Visio 文档进入 Visio

2016，另外还可选择安装时在桌面创建的快捷方式启动 Visio 2016。

启动后 Visio 2016 的窗口如图 13 - 1 所示，系统会自动显示新的“选择绘图类型”对话框，对话框左侧展示绘图类别，右侧展示类别下的对应模块。用户可根据自己的绘图需求选择不同模块。

“类别”选项下面是 Visio 支持的模板类型，总共有 8 种。

(1)商务：包含用于创建 EPC 图表、价值流图、审计图等商务方面的绘图模板。

(2)地图和平面布置图：包含用于创建 HAVC 规划图、办公室布局图、平面布置图、家具规划图等绘图的模板。

(3)工程：包含用于创建逻辑电路图、工艺流程图、基本电气图等绘图的模板。

(4)常规：包含用于创建基本框图、框图的模板。

(5)日程安排：包含用于创建日历、日程表和甘特图等绘图的模板。

(6)流程图：包含用于创建各种流程图的模板。

(7)网络：包含用于创建基本网络图等计算机网络方面的绘图模板。

(8)软件和数据库：包含用于创建软件开发流程图和数据库流程图等方面的绘图模板。

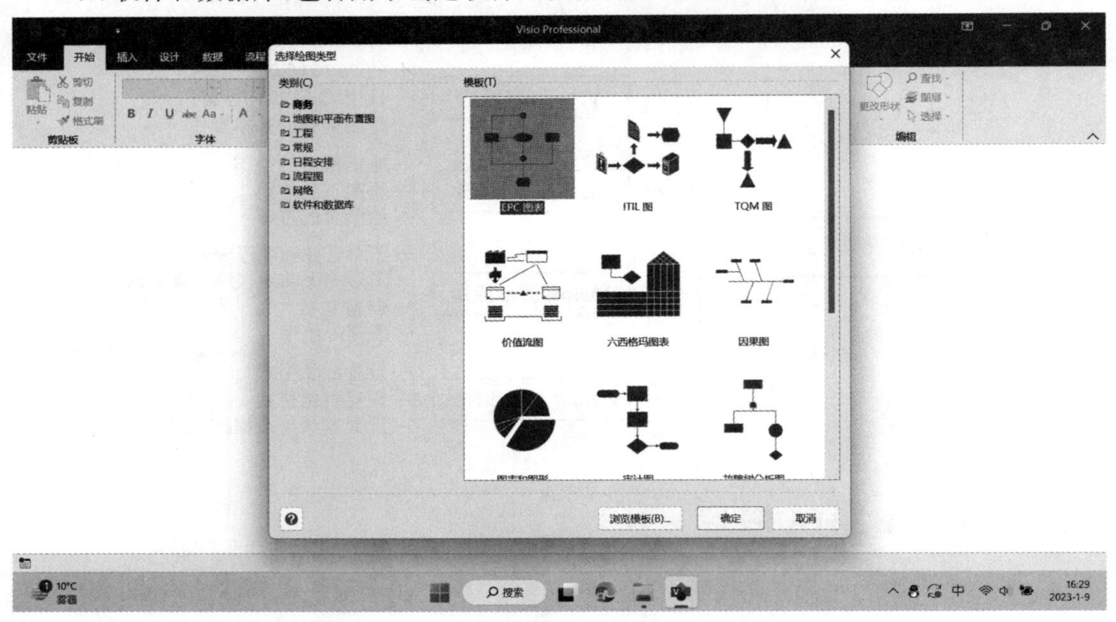

图 13 - 1　Visio 2016 启动窗口

启动 Visio 2016 以后，选择一种需要的绘图类型，即可进入 Visio 2016 的工作界面。该窗口主要由标题栏、菜单栏、工具栏、形状任务窗格、任务窗格和绘图区等组成，如图 13 - 2 所示。

标题栏、菜单栏与工具栏位于 Visio 2016 窗口的最上方，主要用来显示各级操作命令。Visio 2016 中的菜单与 Word 2016 中的菜单显示大体相同。

用户通过单击主菜单的“视图”选项中的“任务窗格”命令，可以显示或者隐藏各种任务命令，该窗格主要应用于设置图形的形状和位置、平铺和结构等。通过任务窗格，可以选择显示各种选项。

“形状”窗格中包含多个模具。例如，“矩形”模具、“45 度单向箭头”模具，以及“十字形”模具等。绘制各种类型的图表与模型时，可以通过将模具中的形状拖动到绘图页上的方法来实现。

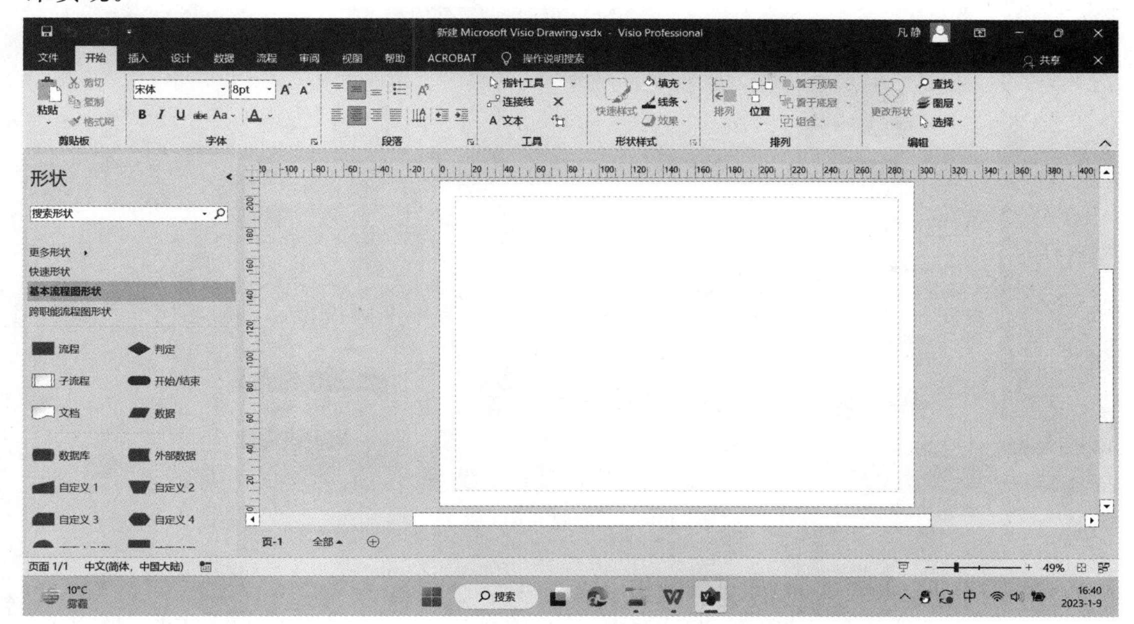

图 13－2　Visio 2016 工作界面

13.1.3　绘图文档的基本操作

1. 创建 Visio 文档

在 Visio 2016 中，用户不仅可以从头开始新建一个空白文档，还可以通过系统自带的模板或者现有的绘图文档来创建一个新的绘图文档。

(1)使用模板创建绘图文档。启动 Visio 2016，在窗口左侧的“类别”中选择需要的图形类型，在窗口右侧选择相应的“模板”，单击“创建”按钮，即可创建一个模板绘图文档。

也可以通过单击主菜单的“文件”选项，选择“新建”子菜单中的“Office”或者“类别”命令，在弹出的模板窗口中，选择一个已有的 Visio 模板，如图 13－3 所示。双击便可使用该模板。

(2)使用现有文档新建绘图文档。当所有的模板都不能满足要求时，可以通过已有的绘图文档新建一个绘图文档，新建的绘图文档将保留原文档的所有设置和内容。

(3)新建一个空白文档。如果想建立一个特殊的、与众不同的文档，可以单击主菜单的“文件”选项，选择“新建”子菜单中的“新建绘图”命令，可以创建一个空白绘图页。也可以使用快捷键“Ctrl＋N”来新建一个空白绘图文档。

2. 打开 Visio 文档

可以打开保存过的绘图文档，对其进行修改和编辑操作。

执行主菜单中“文件”选项中的“打开”命令，在弹出的“打开”对话框中选择需要打开

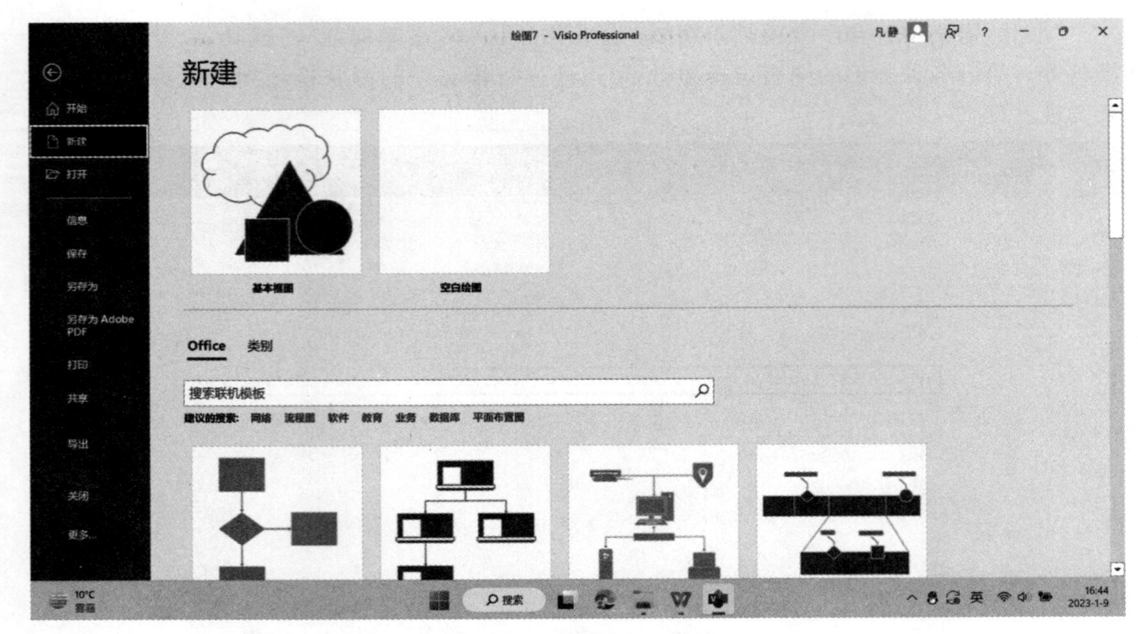

图 13－3　新建 Visio 模板

Visio 文档，单击“打开”按钮，即可打开相应的文档。

若要选择打开方式，在“打开”对话框中，选择需要打开的文件后，单击“打开”下拉按钮，选择一种打开方式，如图 13－4 所示。选择“以只读方式打开”，则文件打开后不能修改。选择“以副本方式打开”，则打开文件时，程序将创建文档的副本，对文档的修改将保存在该副本中。

图 13－4　“打开”按钮下拉列表

在“打开”对话框的文件类型下拉列表中，可以选择需要打开的文件类型。默认为“所有 Visio 文件”，如图 13－5 所示。

3. 保存 Visio 文档

通过主菜单中的“文件”选项中的“保存”命令，对新建的绘图文档进行保存，也可通过快捷键 Ctrl＋S 快速保存当前文档。还可以通过选择主菜单的“文件”选项中的“另存为”命令，将当前文档保存为其他格式的文件。

Visio 2016 提供了多种保存类型，表 13－1 为几种常用的文档类型。

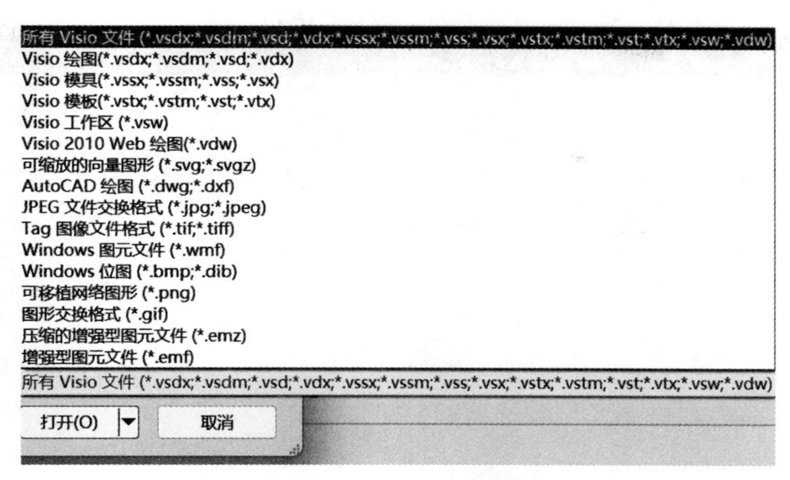

图 13－5　文件类型下拉列表

表 13－1　Visio 2016 保存类型

类型	扩展名
绘图	. vsd
模板	. vst
模具	. vss
XML 绘图	. vdx
Web 页	. htm 与. html
JPEG 文件交换格式	. jpg
图形交换格式	. gif
可移植网络图形	. png

13.2　Visio 的基本操作

本小节主要介绍 Visio 2016 的基础操作，例如 Visio 中绘图窗口的操作、绘图页的使用、绘图页的打印。通过学习本章内容，读者可以掌握绘图页的创建、编辑、页面设置、打印预览等基本操作，并利用该软件迅速绘制出更加专业、美观的图表。

13.2.1　绘图窗口的操作

在 Visio 2016 中，可以通过切换窗口来查看绘图页的不同部分，在此，就需要对绘图窗口进行排列。具体操作步骤如下。

(1)创建绘图窗口。用户通过单击“视图”选项中的“窗口”命令，并选择“新建窗口”，此步骤将在 Visio 2016 中显示新创建的窗口，如图 13－6 所示。

(2)排列绘图窗口。当用户需要同时查看多个窗口时，可以执行“视图”选项中的“窗口”命令，并选择“全部重排”或者“层叠”，如图 13－7 所示。

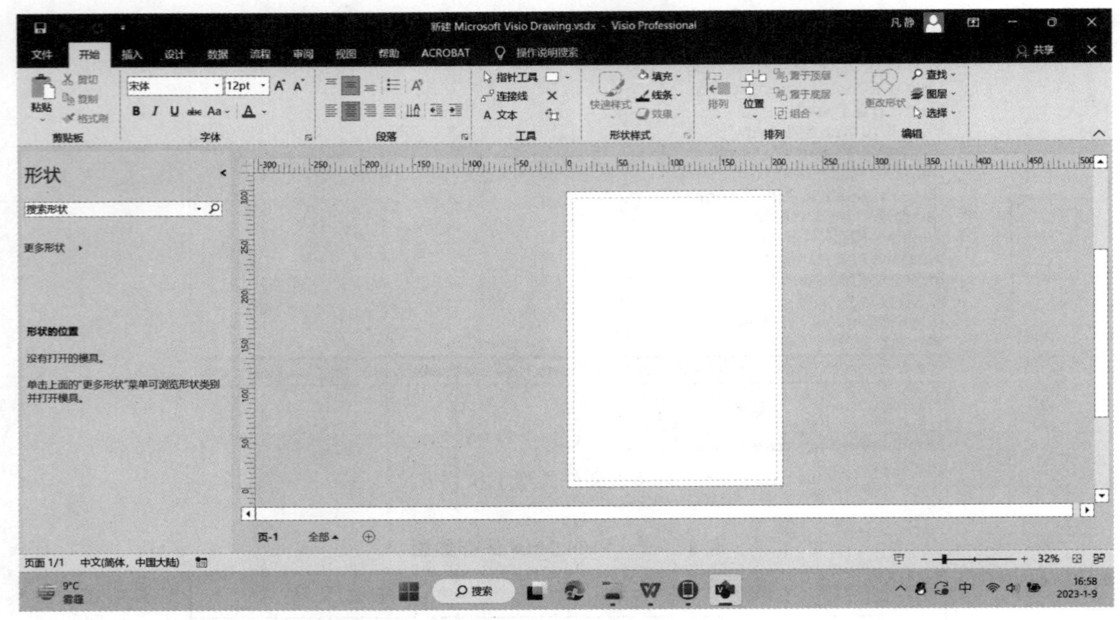

图 13－6　新建窗口

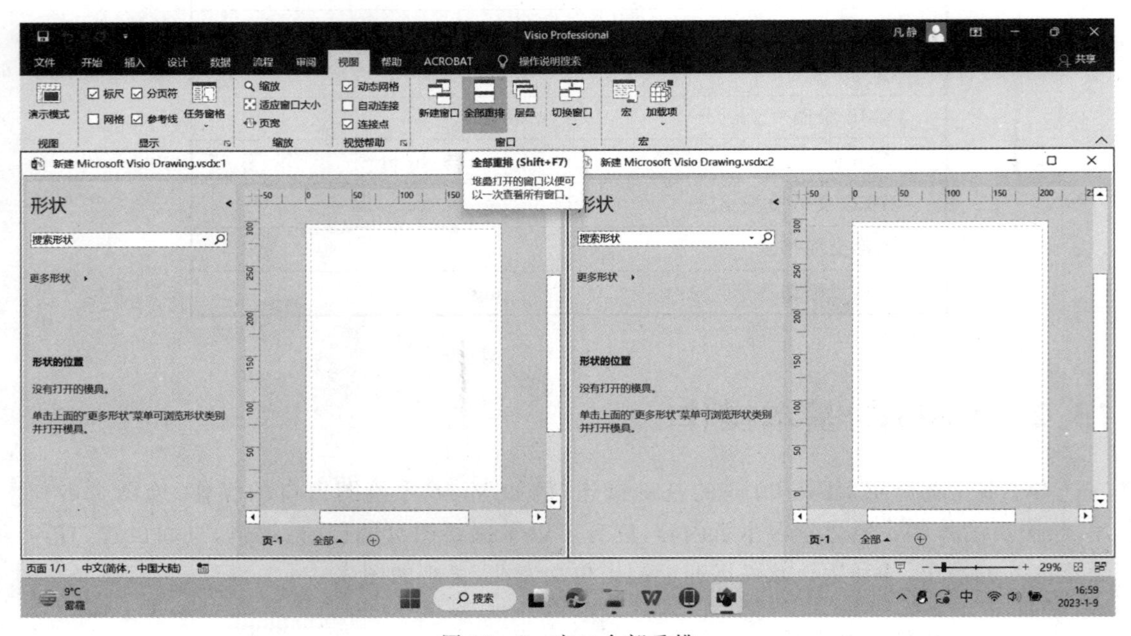

图 13－7　窗口全部重排

13.2.2　绘图页的使用

绘图页的使用，可以帮助用户在绘图窗口中创建、编辑、设置绘图页，从而制作出符合用户需求的图页。

Visio 2016 将绘图页区分成前景页和背景页，前景页主要用于显示图表内容，例如流程图形状、组织结构图形等内容。背景页相当于 Word 中的页眉页脚，主要用于显示页编号、日期等信息。具体操作步骤如下。

(1)创建空白页。用户通过执行“插入”选项中的“新建页”命令,再选择“空白页”选项,系统将在原始绘图页上创建一个新的空白页,如图 13-8 所示。

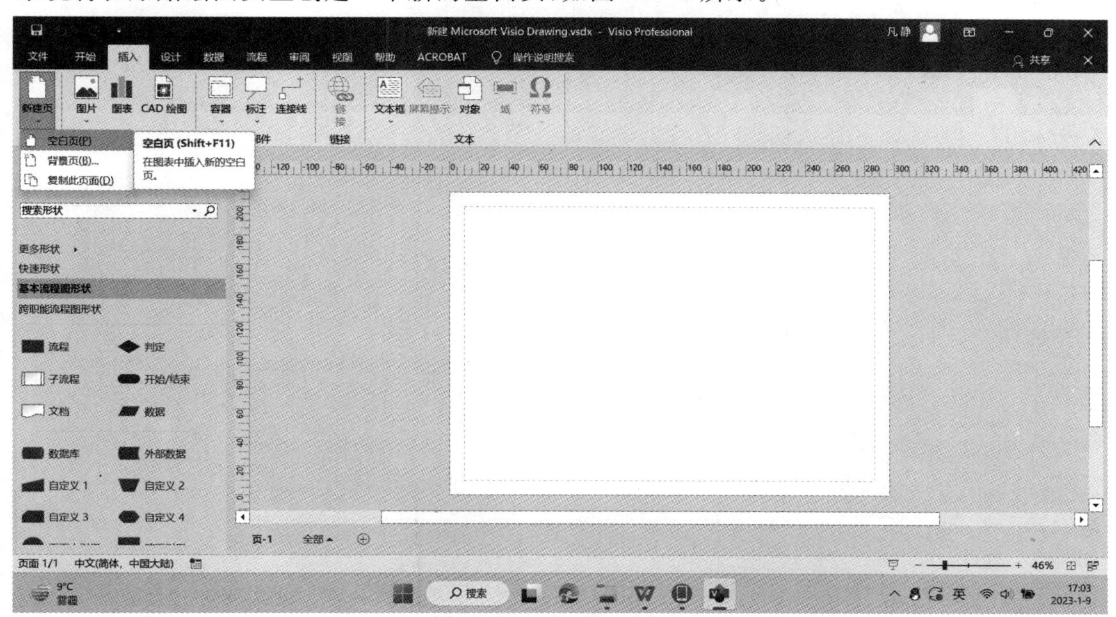

图 13-8　创建空白页

(2)创建背景页。页-2 即是新创建的空白页。用户通过执行“插入”选项中的“新建页”命令,选择“背景页”选项,系统出现页面设置,在“页属性”中选中“背景”单选按钮,并设置背景名称与度量单位,如图 13-9 所示。

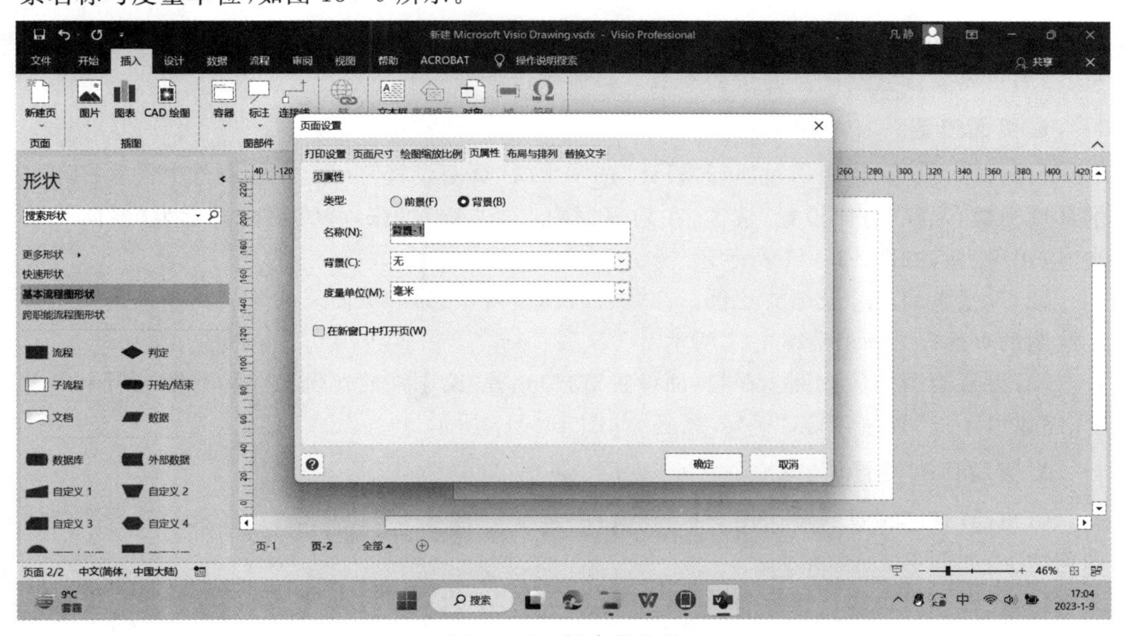

图 13-9　创建背景页

(3)将背景页指派给一个前景页。背景-1即是新创建的背景页。用户通过执行“插入”选项中的“新建页”命令,选择“背景页”选项,系统出现页面设置,在“页属性”中选中“前景”单选按钮,在“背景”下拉列表中选择相应的选项,最后单击“确定”按钮即可,如图13-10所示。

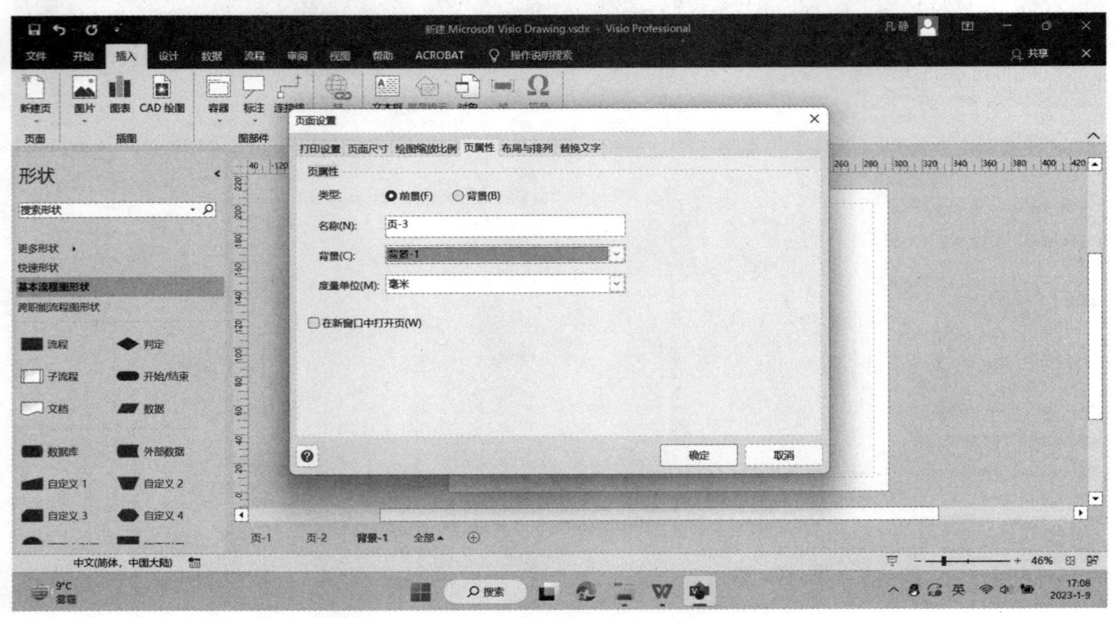

图13-10　将背景页指派给一个前景页

13.2.3　绘图页的打印

Visio 2016与Office其他组件一样,都可以通过打印选项打印绘图页,为了保证版面的整齐,用户需要设置绘图页的页面参数。具体操作步骤如下。

1. 页面设置

(1)打印设置。用户通过执行“设计”选项中的“页面设置”命令,在选项卡中设置打印机的各项参数,选择“打印设置”选项,在列表框中选择“A4”纸张,并将页面设置为“横向”,单击“应用”按钮,如图13-11所示。

(2)设置页面尺寸及缩放比例。在“页面设置”窗口选择“页面尺寸”选项,在该选项中指定绘图的页面尺寸,如图13-12所示。

(3)设置绘图缩放比例。在“页面设置”窗口选择“绘图缩放比例”选项,在该选项中单击“无缩放(1∶1)”按钮,单击“确定”按钮,如图13-13所示。

2. 页眉页脚设置

(1)打开打印预览选项。用户执行“文件”选项中的“打印”命令,右边显示的就是图像的预览情况,如图13-14所示。

(2)设置页眉页脚。执行“打印预览”选项下的“编辑页眉和页脚”命令,将弹出一个对话框,在弹出的对话框中,设置页眉页脚的显示内容,如图13-15所示。

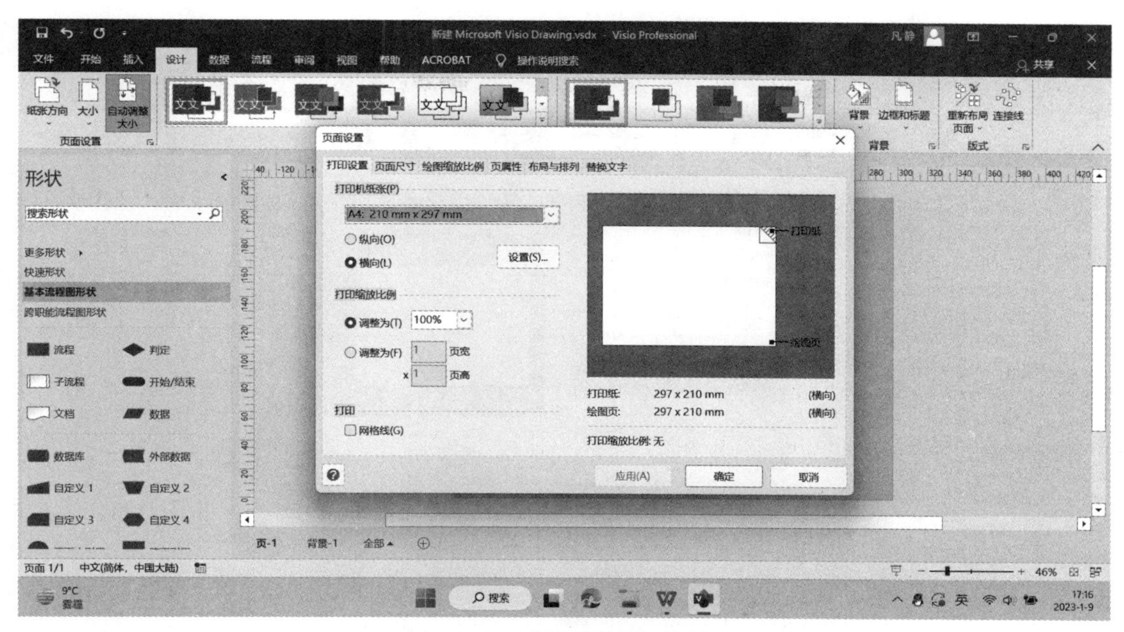

图 13－11 “页面设置”对话框

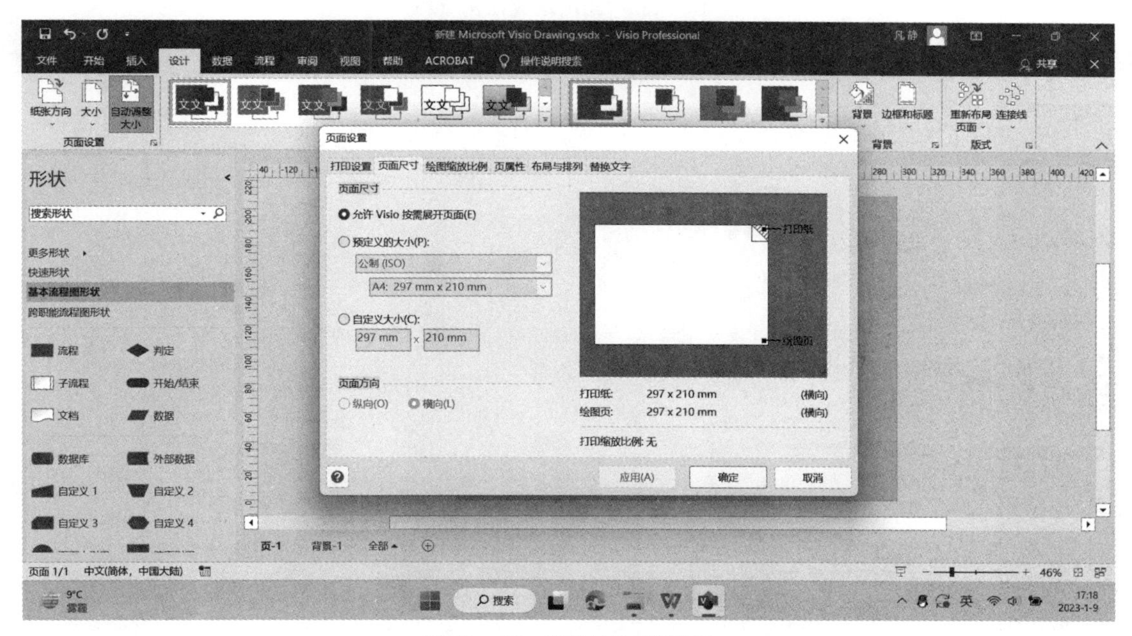

图 13－12 “页面尺寸”设置

3. 预览与打印

(1)预览绘图。用户执行“文件”选项中的“打印”命令，便可以对视图进行预览。

(2)打印绘图。用户单击“打印”选项中的“设置”菜单，可以对页面、页码、纸张、颜色等选项进行设置，如图 13－16 所示。

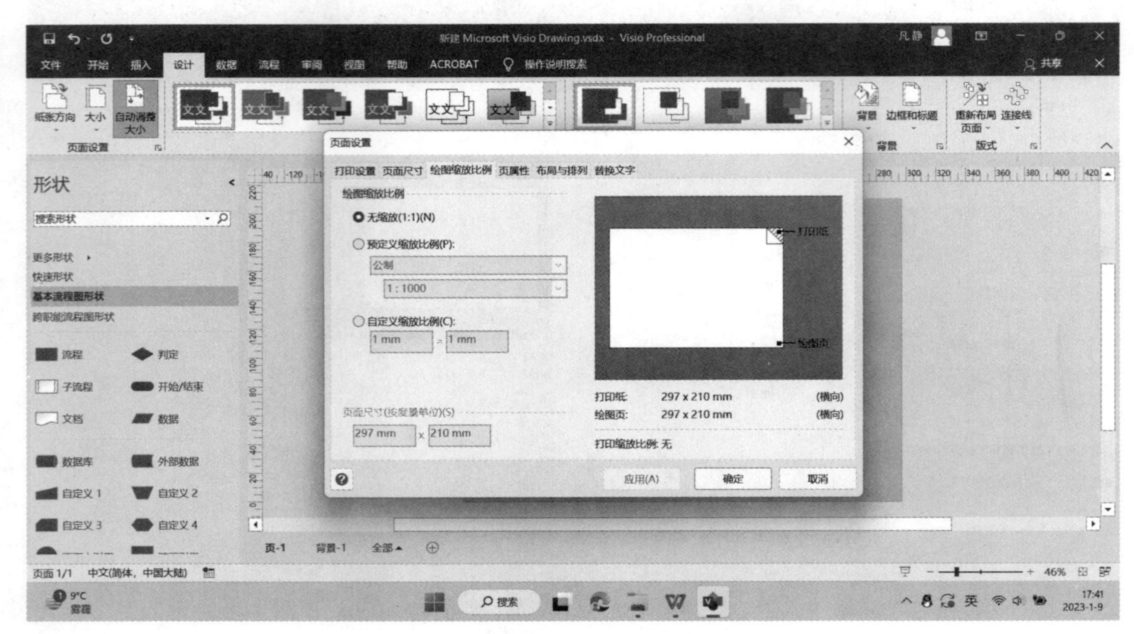

图 13 - 13 “绘图缩放比例”设置

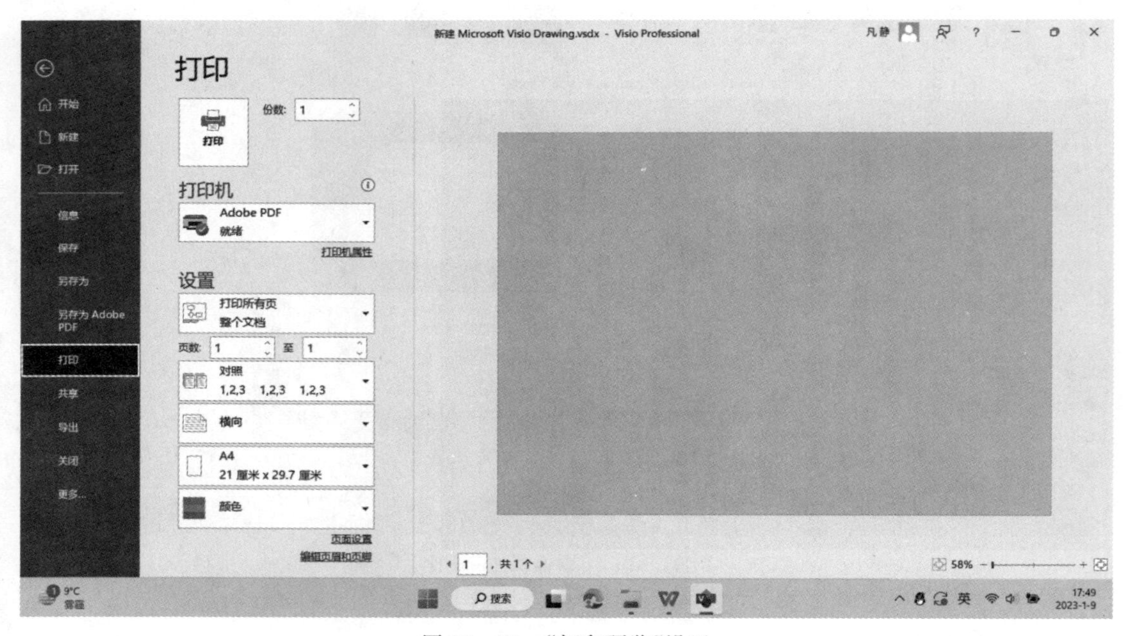

图 13 - 14 “打印预览”设置

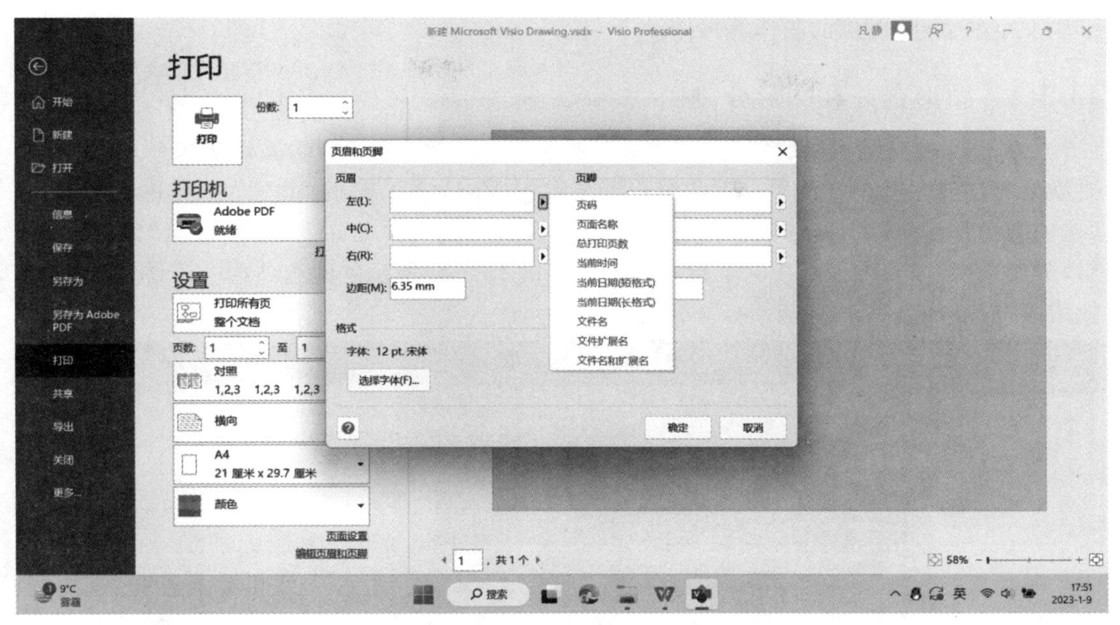

图 13－15　设置页眉页脚

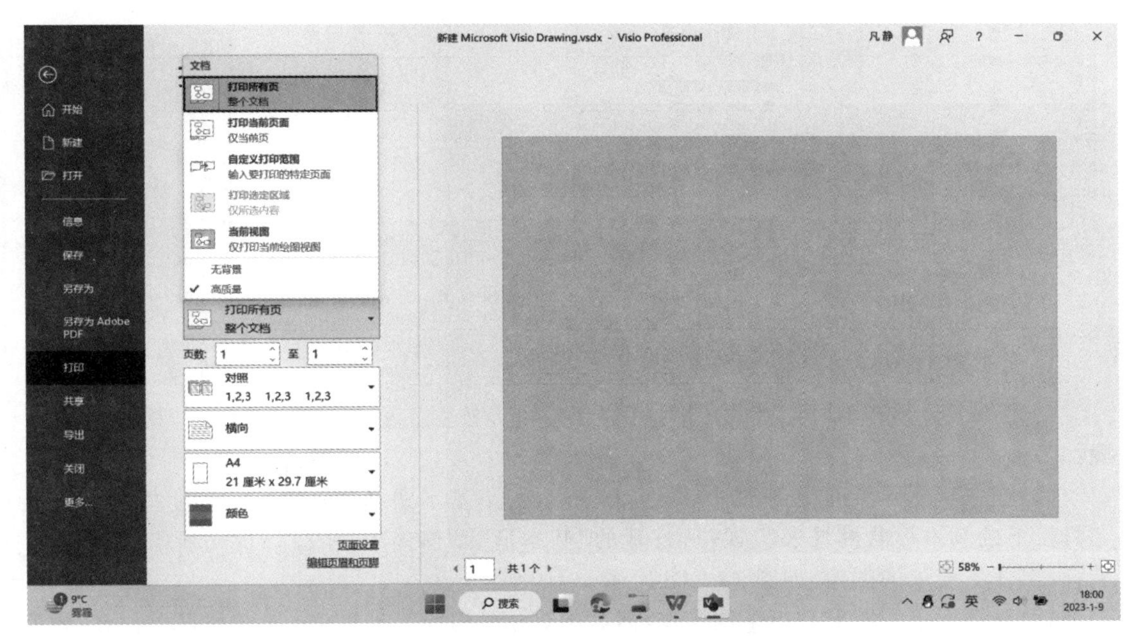

图 13－16　打印页面

13.3　Visio 的图形操作

Visio 中的绘图是由各种各样的形状组成的，形状也是构成图表的基本元素。本小节主要介绍基本图形绘制的常用操作，如图形的合并、分割；图形之间的手动连接和自动连接；图形中文字的创建、图例的制作等操作。

13.3.1 图形合并和图形分割

Visio 2016 里面形状的“联合”“组合”“拆分”“相交”“剪除”等功能默认未显示，用户需要激活此功能才能正常使用。因此用户需要单击 Visio 左上角的“文件”选项卡，然后选择“选项”，在弹出的“Visio 选项”对话框中选取“高级”，然后在右边窗口，下滚至“常规”选项组，最后选中“以开发人员模式运行”复选框，如图 13 - 17 所示。此选项选中后，将可以正常使用 Visio 的开发工具功能。

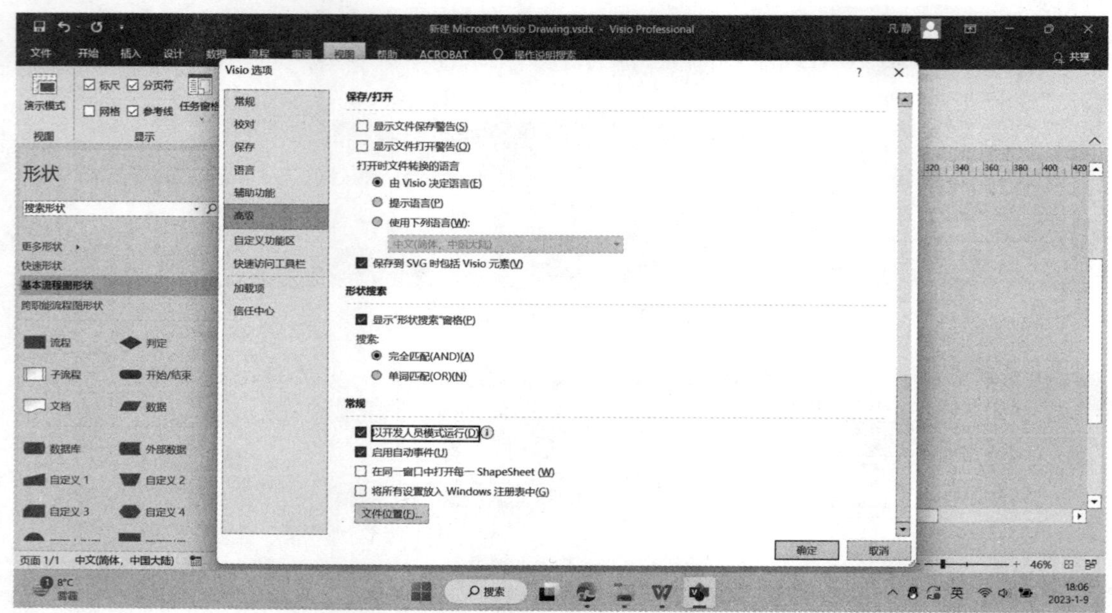

图 13 - 17 Visio 高级设置

1. 多个图形的合并

创建一个包含有不同形状的图形，将这几个图形按照实验要求进行合并。具体操作步骤如下。

(1)在一个图形页面中创建两个矩形和一个圆形，基本图形的创建可以通过左侧“形状”工具栏下的基本形状模具来实现，从打开的“基本形状”窗体中，用鼠标拖动所需的图形对象，画出任务要求的图像，如图 13 - 18 所示。

(2)对页面中的图形进行全选操作，然后用鼠标单击 Visio 主窗体菜单栏的“开发工具”的“操作”选项，接下来选择“联合”选项，操作结果如图 13 - 19 所示。这样就完成了对所选图形的合并操作，此时图像成为一个整体，结果如图 13 - 20 所示。

2. 多个图形的分割

(1)在一个图形页面中创建一个椭圆形，然后选取矩形工具，将矩形工具放置于椭圆内部，如图 13 - 21 所示。

(2)对页面中的图形进行全选操作，然后用鼠标单击 Visio 主窗体菜单栏的“开发工具”

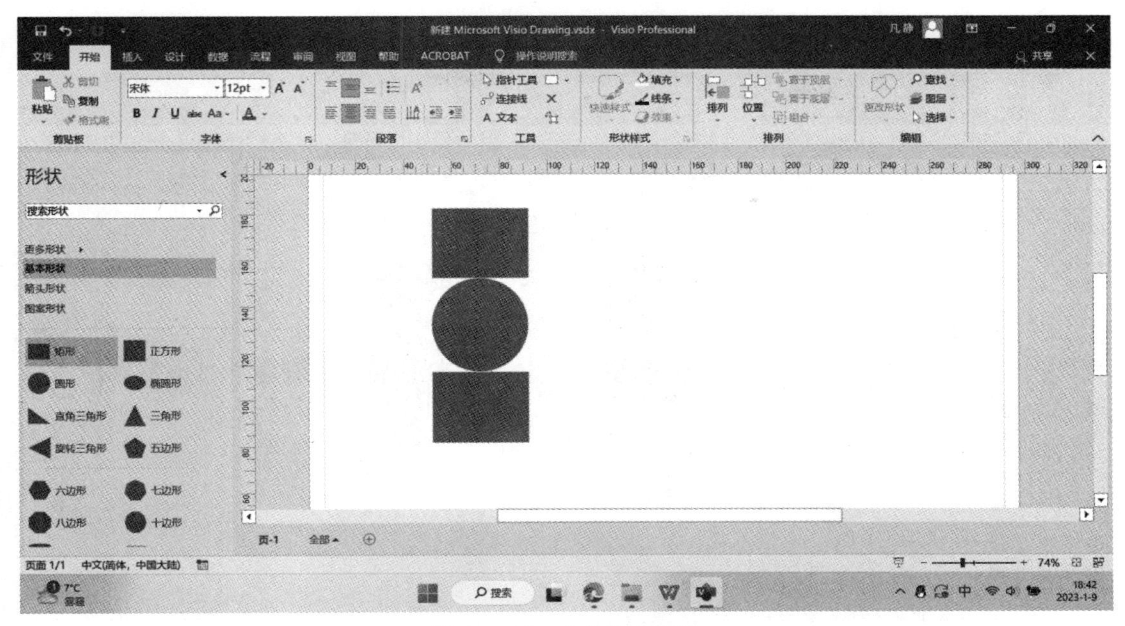

图 13－18　合并所选图形

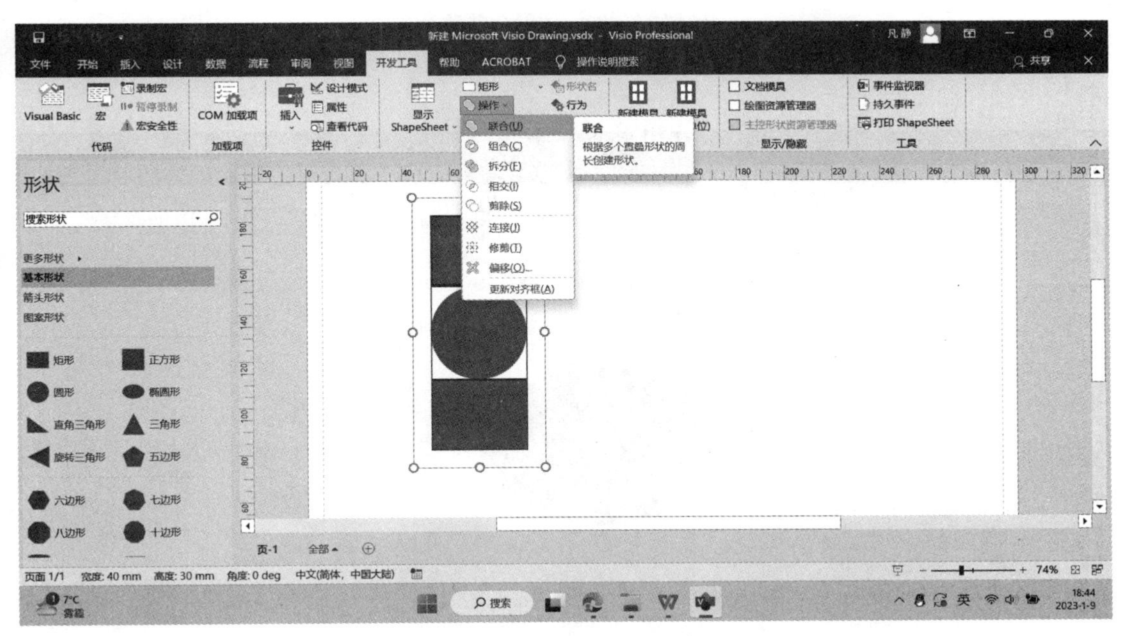

图 13－19　执行联合操作

的“操作”选项，接下来选择“拆分”选项，操作结果如图 13－22 所示。这样就完成了对所选图形的拆分操作，结果如图 13－23 所示。同样还可以完成对图形的组合、相交、剪除、连接等操作，使得对图形的编辑功能更加丰富。

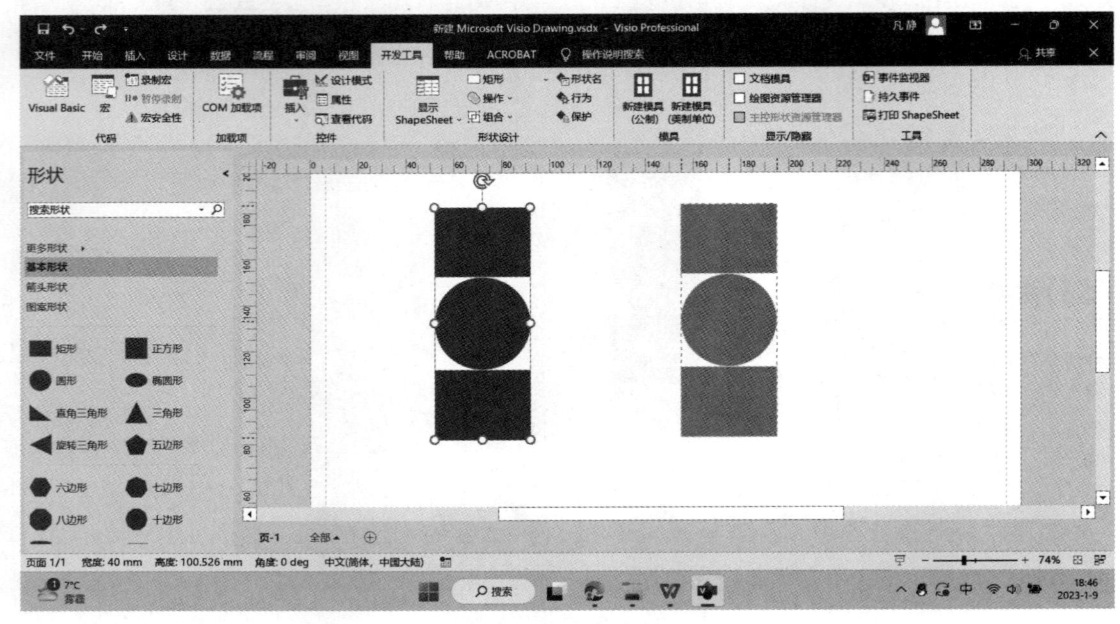

图 13－20 图形合并后

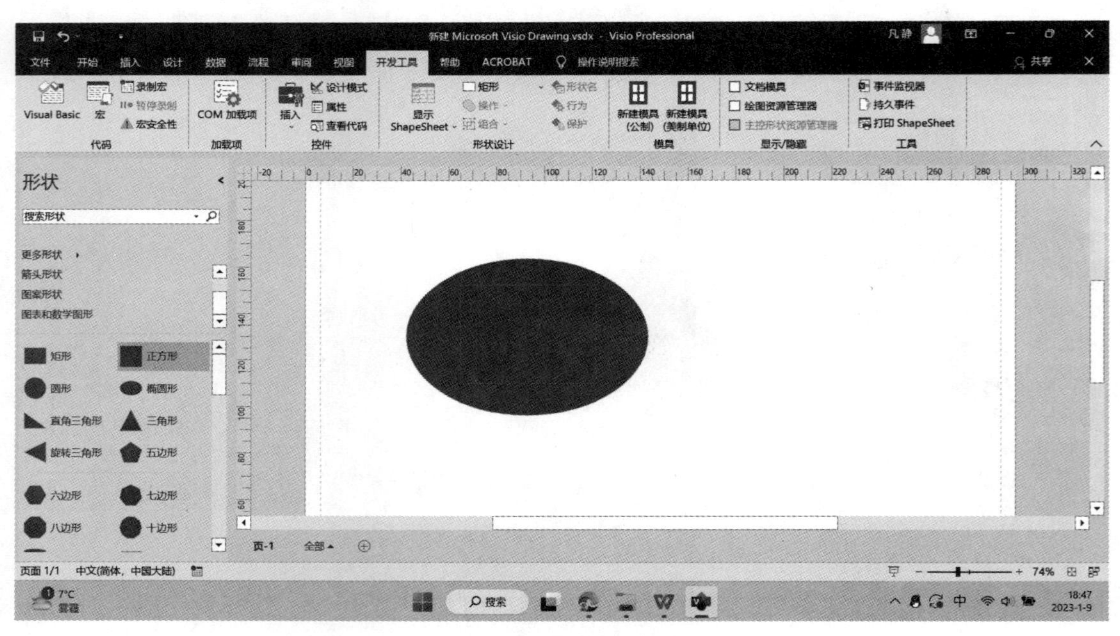

图 13－21 图形拆分前

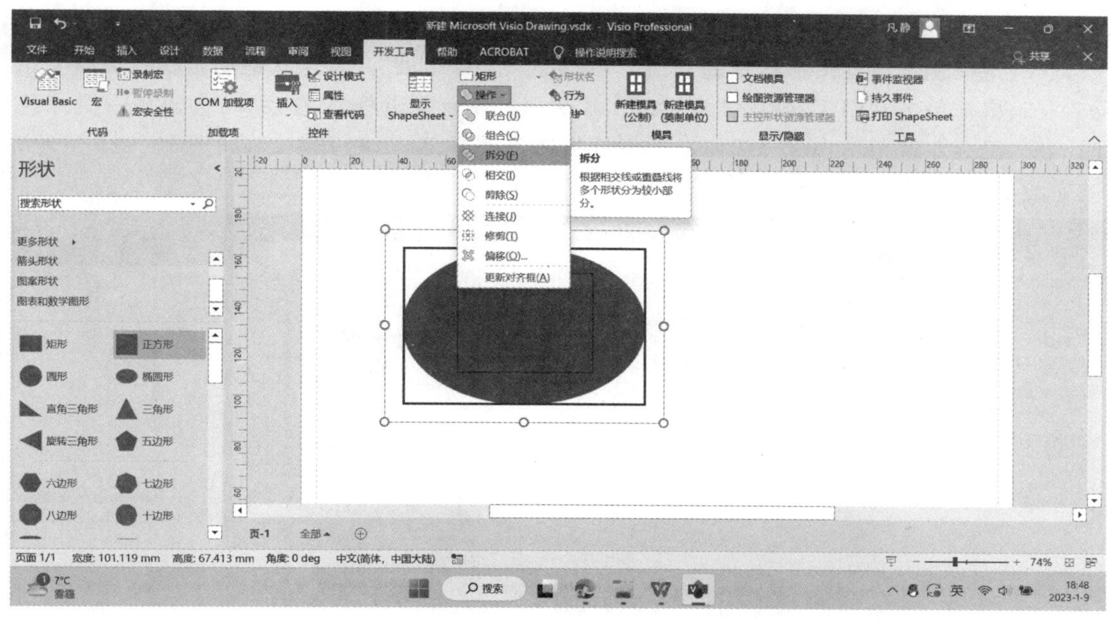

图 13－22　执行拆分操作

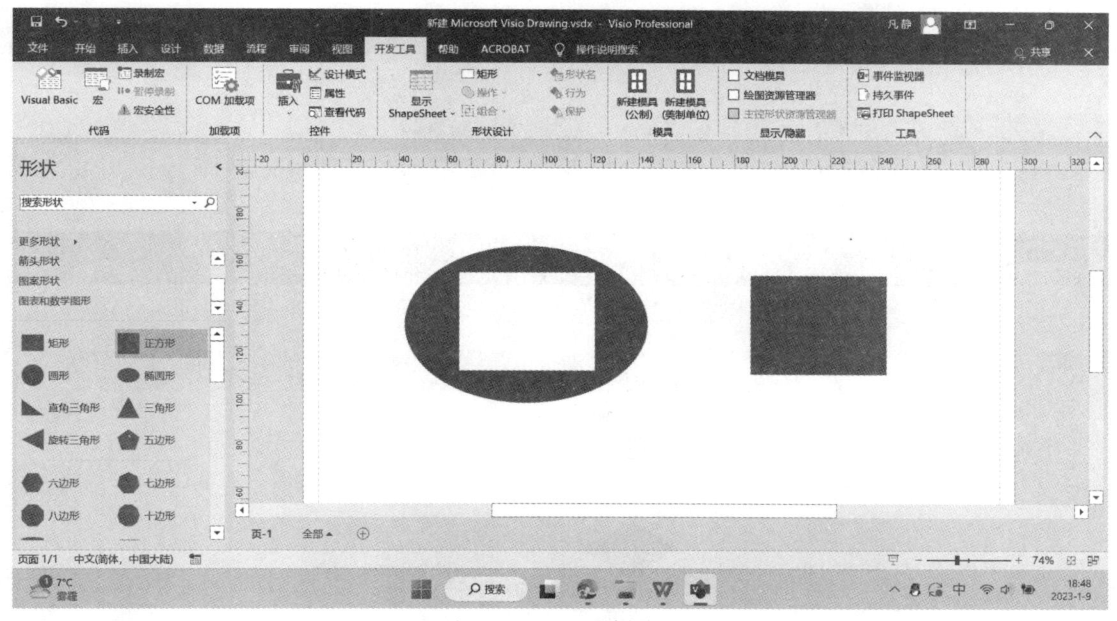

图 13－23　图形拆分后

13.3.2　图形的手动连接和自动连接

创建一个绘图页面，在页面中画一个简单的程序流程图，在图中分别用手动连接和自动连接来完成流程图中对象之间的连接关系。具体操作步骤如下。

1. 流程图的手动连接

(1)在绘图页面中绘制一个简单的业务流程图，从而在移动任何一个对象时，链接点不会发生变化。选择创建“流程图”，并选择“基本流程图”模板，操作如图 13－24 所示。

(2)选择基本流程图形状中的“流程”“判定”“开始/结束”。将形状拖动至绘图页面上。

(3)鼠标单击常用工具栏的“连接线”，然后鼠标指针靠近模具 A 后，A 会出现一个绿色的小框，鼠标左键单击 A 点，按住左键不放拖拽到模具 B 点，松开左键，如图 13－25 所示，就完成了手动连接的绘制。同样绘制出 C 到 D 点的手动连接。

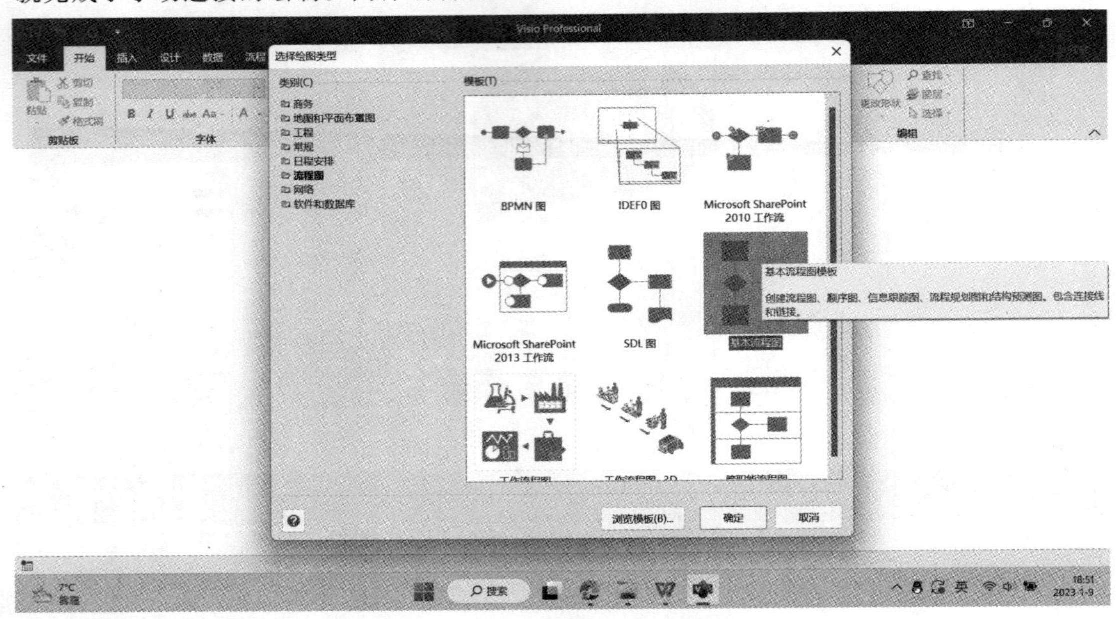

图 13－24 选择基本流程图模板

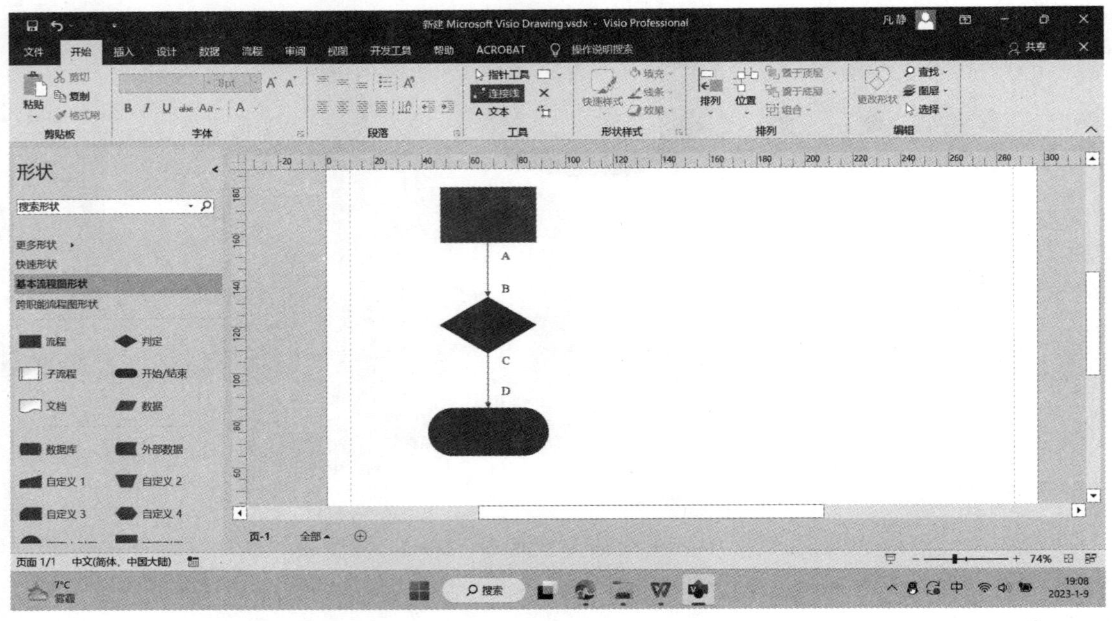

图 13－25 手动连接

2. 流程图的自动连接

Visio 2016 为用户提供了自动连接的功能，该功能可以将所连接的形状快速添加到图表中，并且保证每个形状在添加后间距一致。用户需要在“视图”中选择“自动连接”命令，从而开启自动连接功能。

(1)将指针放在绘图页的形状上，形状周围会出现“自动连接”的箭头，指针旁边会显示出一个工具栏，用户可以选择想要连接的形状，单击后便可自动连接该形状，如图 13－26 所示。自动连接后的图形如图 13－27 所示。

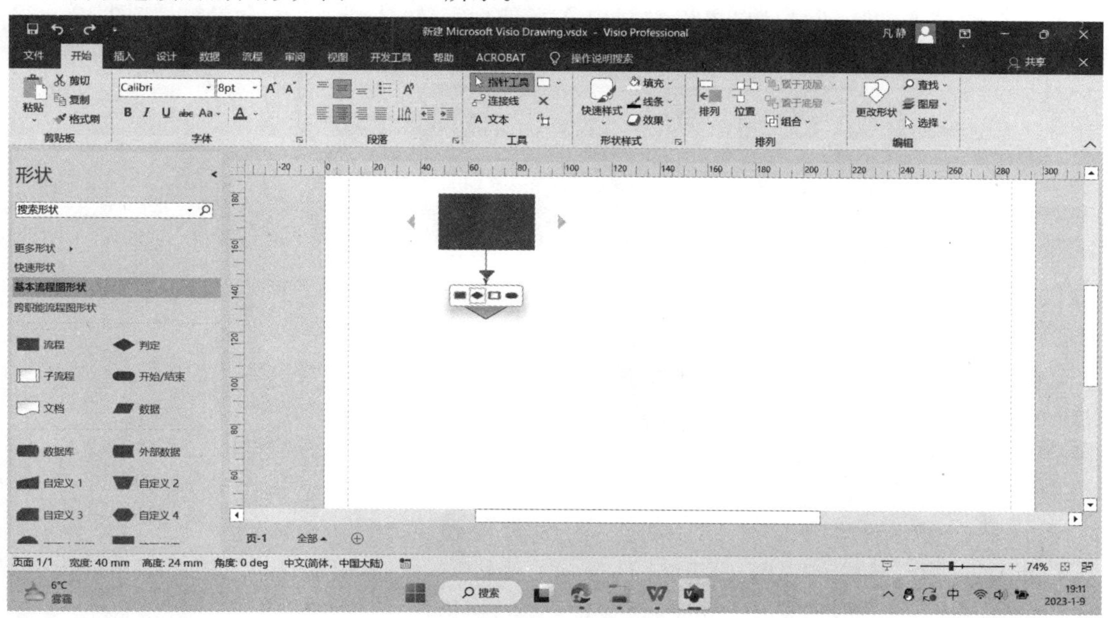

图 13－26　自动连接

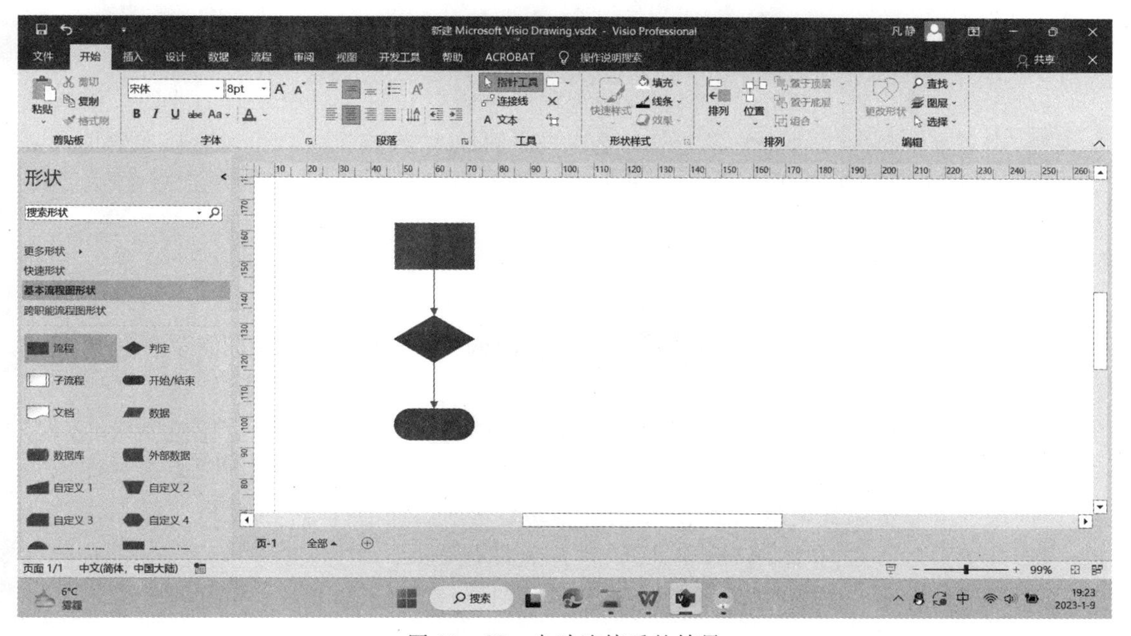

图 13－27　自动连接后的结果

13.3.3 创建文本

Visio 2016 中，可以在绘制的图形中加入文字，也可以通过文本工具创建纯文本，用来作为图形对象的署名或者功能的文字描述，从而提高图形的说明性、可读性。具体操作步骤如下。

(1)为图形添加文本。在绘图页面中绘制一个矩形，然后将这个矩形对象命名为“矩形”。在矩形框中双击即可出现一个闪烁的输入光标，此时系统进入文字编辑状态，鼠标定位到文本框输入文本即可。也可以对框内文字进行字体、大小、颜色设置等，如图 13－28 所示。

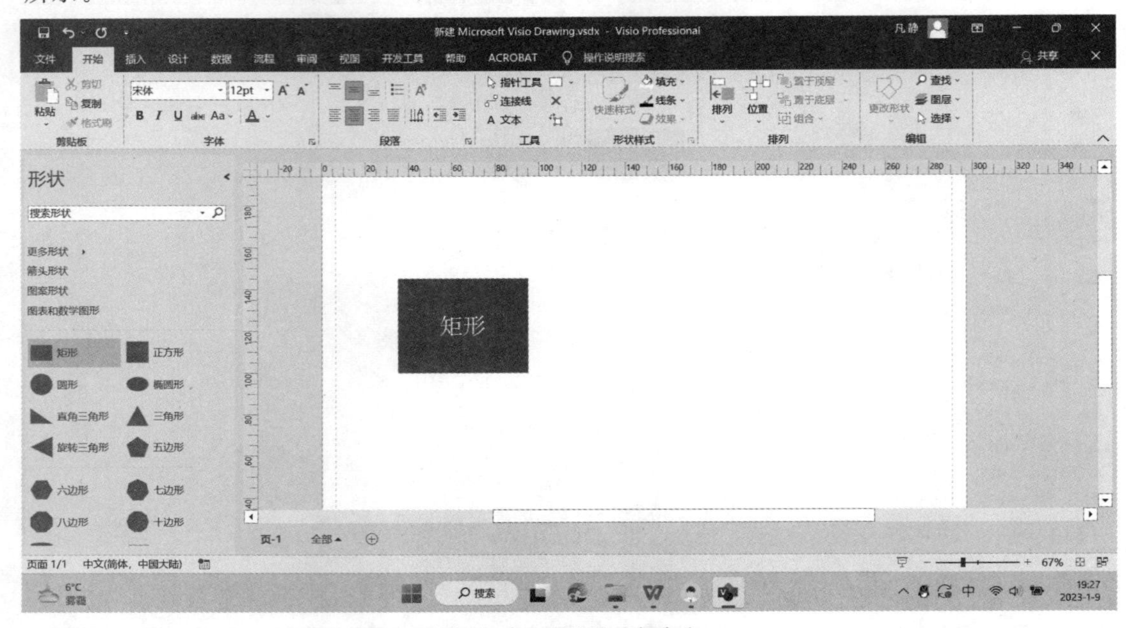

图 13－28　图形对象命名

(2)在链接线中加入文字。在绘制一些流程图时需要在图中对象之间的连线上给出文字说明，用来表示对象之间的关系。在对象连线之间加入“转换”文本，可以直接在要加入文本的连线上双击鼠标左键，此时在连线上出现一个可输入状态的文本框，然后输入“转换”，在空白区域单击鼠标完成输入，如图 13－29 所示。

13.3.4 图例的使用

当用户在绘图中使用符号时，往往需要利用“图例”来介绍符号的具体含义。创建图例的具体操作步骤如下。

(1)创建图例。选择左侧菜单中的“更多形状”项，选择“商务”中的“灵感触发”命令，最后选择“图例形状”命令，如图 13－30 所示。将“图例形状”模具中的“图例”拖动到绘图页面，将使用的符号也添加至绘图页中，图例会自动显示所添加的符号，如图 13－31 所示。

(2)配置图例。右击“图例”形状并执行“配置图例”命令，在弹出的“配置图例”对话框中，可以设置标题、计数与列名称的显示状态，如图 13－32 所示。

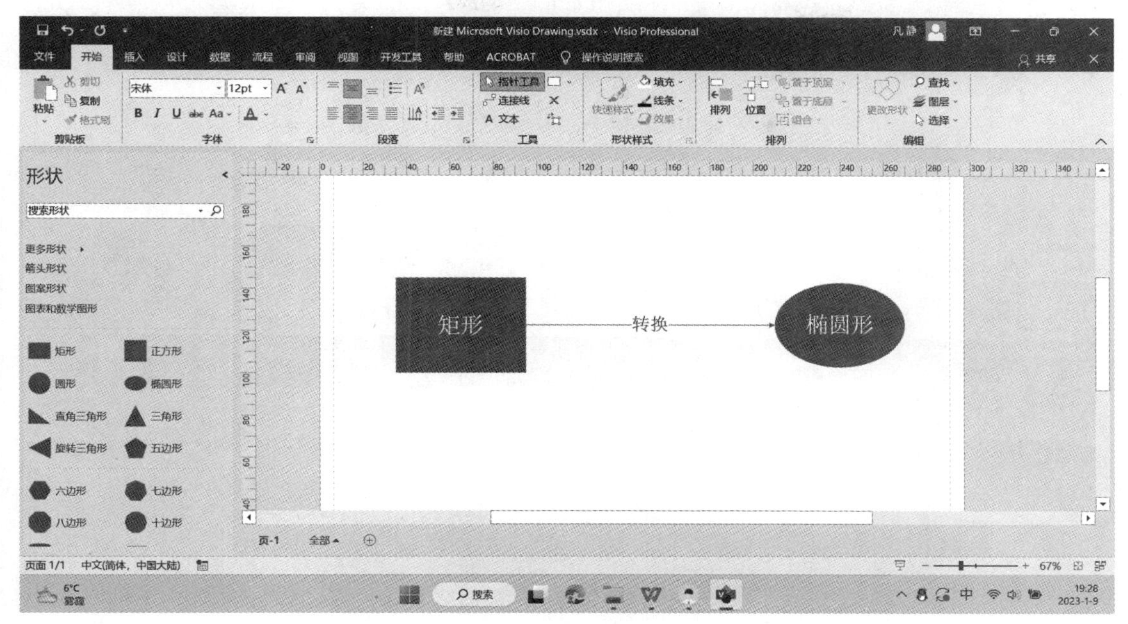

图 13－29　连接线上加文字

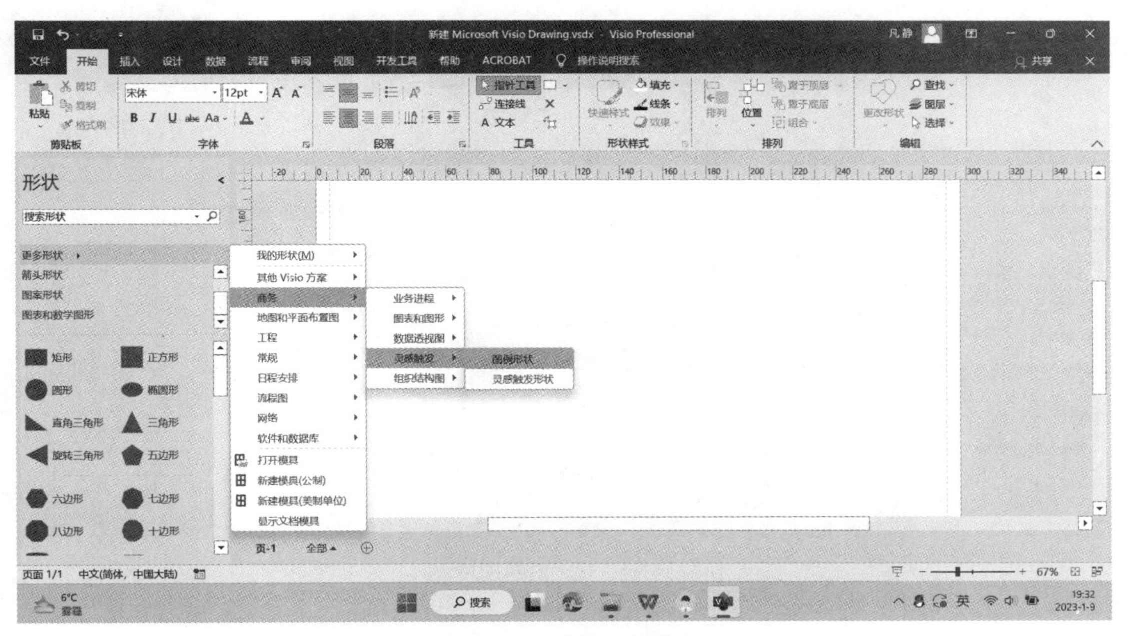

图 13－30　选择图例形状

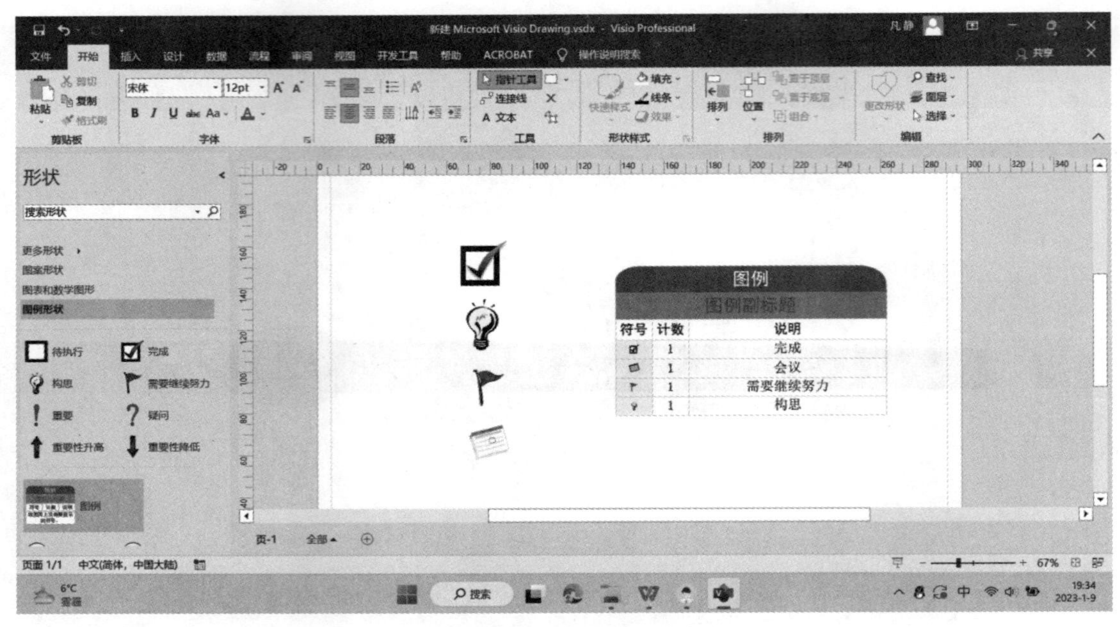

图 13－31　创建图例后的结果

图 13－32　配置图例

13.4　Visio 的主题和样式

Visio 2016 为用户提供了很多的样式，通过样式可以设置图表的格式，从而提供更多的艺术效果，使图像更加具有吸引力、丰富度。用户也可以根据自身喜好设置形状线条、主题、颜色等。本节主要介绍主题、颜色、背景、边框等工具的使用技巧。

13.4.1　设置形状格式

在 Visio 2016 中，形状是绘图的主要元素。用户可以通过设置形状的属性，改变形状的线条样式、填充颜色、阴影等内容。

(1)设置线条样式。用户在绘图页创建一个形状，点击形状后，选择“开始”菜单中的“形状样式”，点击“线条”选项，就可以对线条的颜色、粗细、虚线、箭头进行设置，如图 13－33 所示。

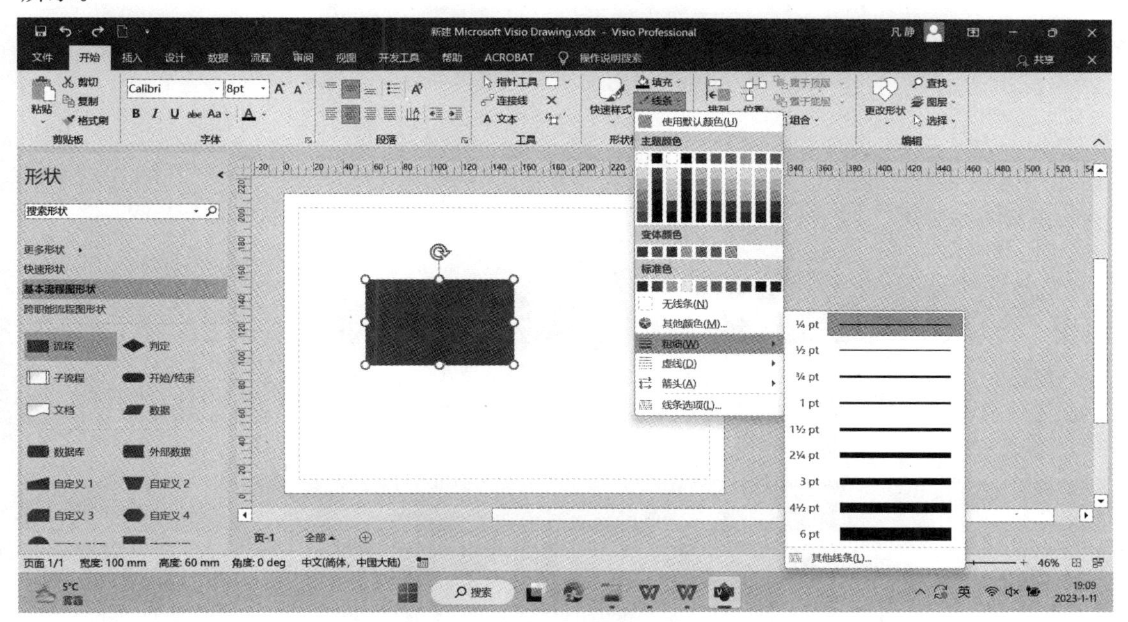

图 13－33　设置线条样式

(2)设置形状效果。用户在绘图页创建一个形状，点击形状后，选择“开始”菜单中的“形状样式”，点击“效果”选项，就可以对形状的效果进行设置，如图 13－34 所示。

13.4.2　设置主题格式

主题是一组丰富、和谐的颜色效果，它具有专业的外观设计。用户可以直接使用 Visio 2016 内置的主题美化绘图，也可以创建并使用自定义主题创作新颖的绘图。

(1)使用系统内置主题。Visio 2016 为用户提供了多种主题效果。用户选择“设计”下的“主题”，并选择“变体”中的“效果”命令，在其级联菜单中选择相应的选项，即可更改主题效果，如图 13－35 所示。

(2)创建自定义主题。用户执行“设计”下的“变体”，并选择“颜色”中的“新建主题颜色”命令。打开“新建主题颜色”对话框，在其中自定义主题颜色，单击“确定”按钮即可完成新建主题颜色的操作，如图 13－36 所示。

图 13－34 设置形状效果

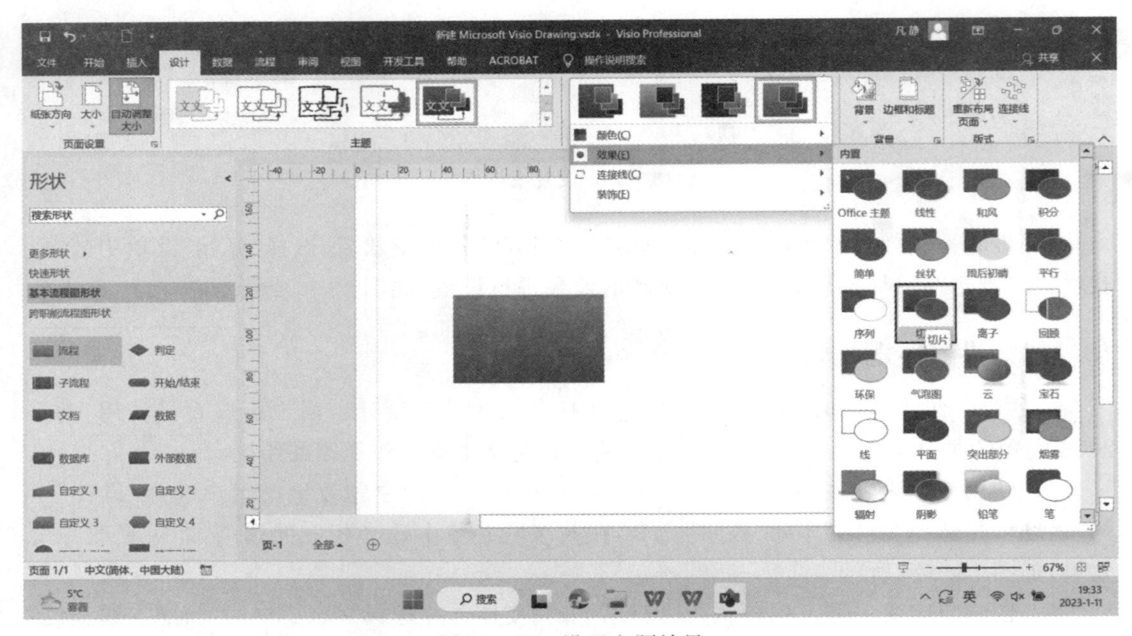

图 13－35 设置主题效果

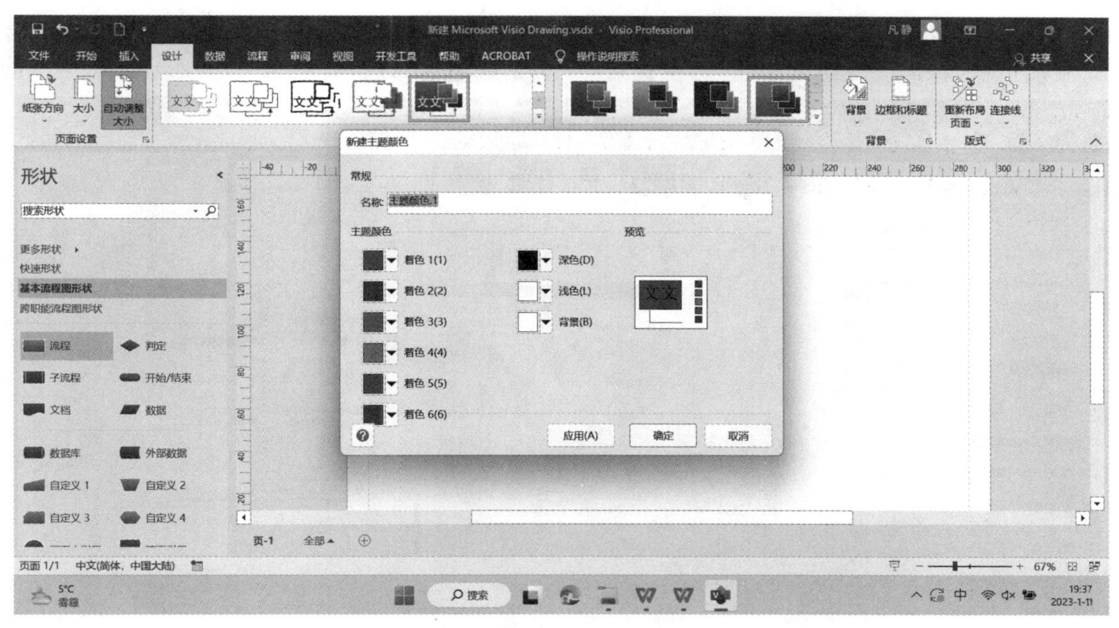

图 13 - 36　自定义主题颜色

13.4.3　设置背景与边框格式

在使用 Visio 绘制图表的过程中，用户也可以根据工作创建或者编辑图像的背景和边框。

(1)添加背景。用户执行“设计”下的“背景”，便可为当前页面添加背景，如需改变背景颜色，可以打开“背景色”进行改变，如图 13 - 37 所示。

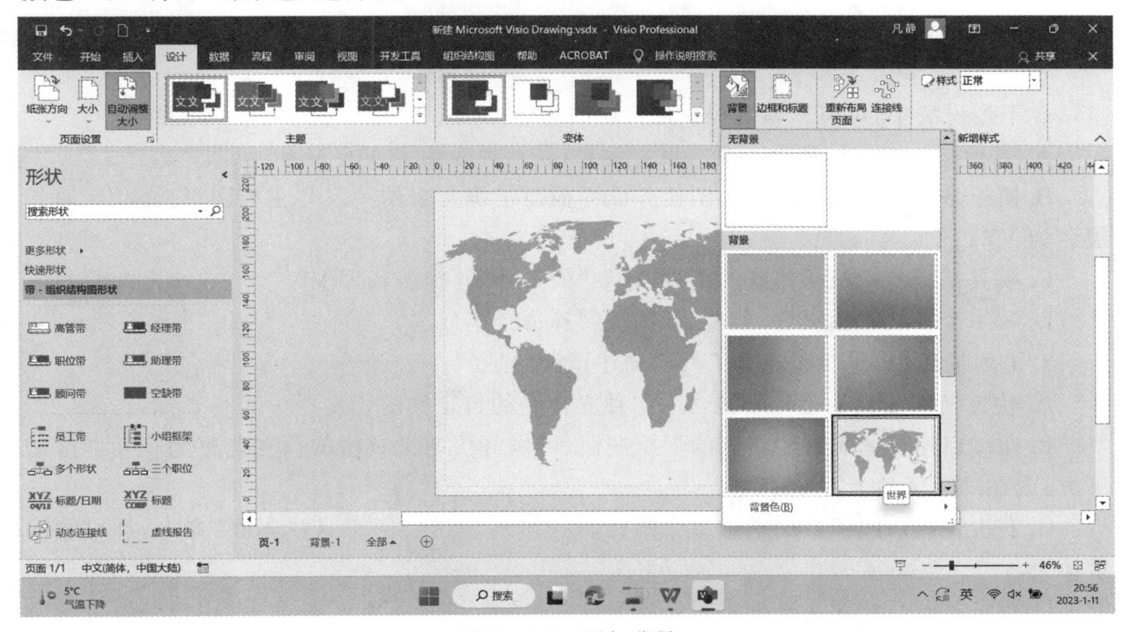

图 13 - 37　添加背景

(2)添加边框和标题。用户执行“设计”的“背景”,并选择“边框和标题”,便可为当前页面添加边框,如需改变边框标题,可在背景－1 页面中进行修改,如图 13 - 38 所示。

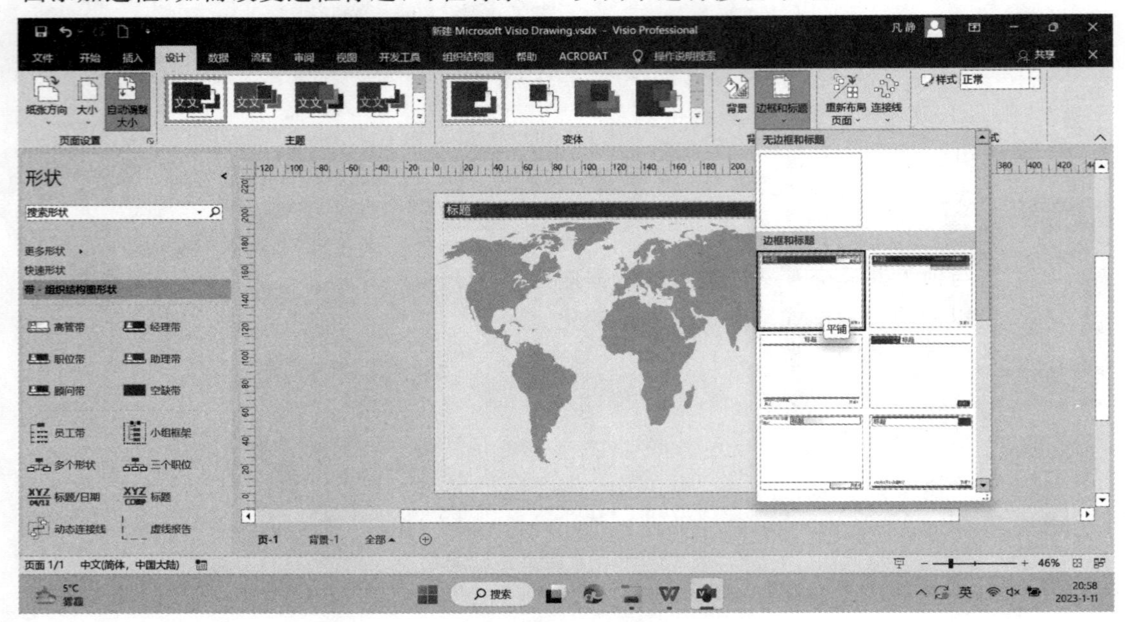

图 13 - 38　添加边框

以上内容就是关于 Visio 2016 的大致讲述,主要介绍了绘图文档的基本操作、绘图页的使用和打印、图形的操作、连接线的使用、文本和图例的添加,以及 Visio 中形状、主题、背景、边框的设置方法。图像的完整绘制过程可参考实践教程的 3 个案例进行练习。

习题与练习

1. 下列说法中,对模具和模板描述错误的为(　　)。

A. 模板是一组模具和绘图页的设置信息,是一种专用类型的 Visio 绘图文件

B. 模板是针对某种特定的绘图任务或样板而组织起来的一系列主控图形的集合,其扩展名为 VST

C. 模具是指与模板相关联的图件或形状的集合,其扩展名为 VSS

D. 每一个模具都由设置、模板、样式或特殊命令组成

2. 下列描述中,对快速访问工具栏描述错误的是(　　)。

A. 快速访问工具栏是一个包含一组独立命令的自定义的工具栏

B. 通过启用快速工具栏右侧的下拉按钮,可以将快速工具栏的位置调整为在功能区的下方,或在功能区的上方显示

C. 右击快速访问工具栏中的命令图标,执行“从快速访问工具栏删除”命令,即可删除该命令

D. 默认状态下快速工具栏中只显示“保存”“撤销”与“恢复”3 种命令,用户不可以为其添加命令

3. 用户可以通过选择形状后，按下(　　)键的方法，来为形状添加文本。

A. Ctrl+A　　B. Ctrl+F2

C. F2　　4. F4

4. 在 Visio 2016 中，可以通过(　　)组合键来打开“查找”对话框。

A. Ctrl+F　　B. Ctrl+F1

C. Ctrl+F2　　D. Ctrl+A

5. 对于 Microsoft Visio 2016 软件，以下说法错误的是(　　)。

A. 可以用图形方式显示有意义的数据和信息

B. 可与他人共享交互不同类型的数据连接图表

C. 可以采用动画形式动态跟踪数据变化

D. 能够帮助用户分析信息

6. 如果你想使用 Visio 软件创建某单位的组织示意图，应该选择(　　)。

A. 图表和图形　　B. 组织结构图

C. 基本流程图　　D. 网络

7. 在 Microsoft Visio 2016 中，如果想将图表保存为图片文件，那么可以保存的图片格式拓展名为(　　)。

A. jpg htm vsx　　B. jpg gif bmp

C. jpg vdx gif　　D. vdx gif bmp

8. 在 Microsoft Visio 2016 中，如果想要将椭圆形的形状放入绘图页，正确的操作是(　　)。

A. 单击该形状　　B. 右击该形状

C. 双击该形状　　D. 单击并拖拽该形状

9. 在 Microsoft Visio 2016 中不支持的插图类型是(　　)。

A. 图片　　B. 图表

C. CAD 绘图　　D. 影视片段

10. 在 Microsoft Visio 2016 中，下面哪一种不是获得形状的方法(　　)。

A. 在文件“新建”中选择模板

B. 在形状窗口中选择“模板”或“模具”

C. 在更多形状菜单下选择“新建模具”

D. 插入一张图片

11. 某用户想使用 Visio 软件建立办公室布局图，他应该选择(　　)类别创建模板。

A. 地图和平面布置图　　B. 流程图

C. 软件和数据库　　D. 商务

12. Microsoft Visio 2016 中，形状的颜色不能由(　　)项操作获得。

A. 设计菜单中的“主题颜色”　　B. 设计菜单中的“主题效果”

C. 设计菜单中的“主题”样式　　D. 开始菜单中的“字体颜色”

13. 在打印绘图页时，如果页面尺寸恰好可以包含绘图页中的内容，需要在“页面设置”对话框中选中(　　)选项。

A. 预定义大小　　B. 自定义大小

C. 调整大小以适应绘图页内容　　D. 无缩放

14. 在 Visio 2016 中,用户可以使用(　　)放大绘图页。

A. Alt＋F6　　B. Alt＋Shift＋F6

C. Ctrl＋Shift＋W　　D. Ctrl＋鼠标滚轮

15. 在 Visio 中的基本流程图中,菱形表示的是(　　)。

A. 流程　　B. 判定

C. 文档　　D. 结束

16. 如果希望 Visio 页面图显示网格,以下正确的操作的是(　　)。

A. 选择视图→显示→网格　　B. 选择插入→页面→网格

C. 选择视图→视觉帮助→网格　　D. 选择插入→图部件→网格

17. 在绘图页中,可以使用(　　)键,快速打开"另存为"对话框。

A. Alt＋F＋A　　B. Ctrl＋F＋A

C. Alt＋F　　D. Ctrl＋F

18. 按(　　)键即可选择当前绘图页内的所有形状。

A. Ctrl＋A　　B. Ctrl＋B

C. Alt＋A　　D. Alt＋B

19. 以下哪一项不是开发工具→形状设计→操作中包含的(　　)。

A. 联合　　B. 组合

C. 对称　　D. 拆分

20. Visio 的设计菜单下,包含以下哪些部分(　　)。

A. 页面设置、主题、变体、背景、版式

B. 页面设置、主题、插图、变体、版式

C. 页面设置、数据图形、变体、背景、版式

D. 主题、数据图形、变体、背景、版式

附录

附录 1　课本习题参考答案

第 1 章　信息与信息技术									
1	2	3	4	5	6	7	8	9	10
B	C	D	A	A	B	D	D	C	D
11	12	13	14	15	16	17	18	19	20
A	A	A	D	B	B	B	C	A	A

第 2 章　信息素养与道德法规									
1	2	3	4	5	6	7	8	9	10
B	A	D	D	C	A	A	A	D	D
11	12	13	14	15					
C	C	B	D	B					

第 3 章　信息安全与计算机病毒									
1	2	3	4	5	6	7	8	9	10
D	D	D	A	A	A	B	C	A	C
11	12	13	14	15					
C	B	D	A	B					

第 4 章　计算机与计算思维									
1	2	3	4	5	6	7	8	9	10
A	B	C	D	D	A	C	C	A	C
11	12	13	14	15	16	17	18	19	20
C	A	B	C	A	C	D	D	A	D

第5章　计算机硬件系统									
1	2	3	4	5	6	7	8	9	10
A	C	D	B	D	B	A	D	C	D
11	12	13	14	15	16	17	18	19	20
A	C	A	D	A	C	A	D	B	D

第6章　计算机软件系统									
1	2	3	4	5	6	7	8	9	10
A	C	C	B	C	B	C	B	D	D
11	12	13	14	15	16	17	18	19	20
B	A	D	A	D	A	B	C	D	B

第7章　计算机网络基础知识									
1	2	3	4	5	6	7	8	9	10
C	B	B	B	A	C	D	B	D	B
11	12	13	14	15	16	17	18	19	20
D	A	B	A	B	D	C	D	B	C

第8章　媒体信息处理技术									
1	2	3	4	5	6	7	8	9	10
A	B	C	D	D	A	C	C	A	A
11	12	13	14	15	16	17	18	19	20
B	C	A	B	D	C	D	B	A	D

第9章　新一代信息技术									
1	2	3	4	5	6	7	8	9	10
A	D	A	B	D	D	C	D	D	B
11	12	13	14	15	16	17	18	19	20
A	A	C	B	D	C	A	A	A	A

第10章　Word文字处理									
1	2	3	4	5	6	7	8	9	10
C	A	B	C	B/H	C	D	B	C	A
11	12	13	14	15	16	17	18	19	20
A	A	D	A	B	B	D	A	B	B

第 11 章 Excel 电子表格									
1	2	3	4	5	6	7	8	9	10
C	C	D	C	B	B	D	D	B	D
11	12	13	14	15	16	17	18	19	20
A	A	C	B	B	C	C	A	B	B

第 12 章 PowerPoint 演示文稿									
1	2	3	4	5	6	7	8	9	10
D	D	C	B	D	D	A	B	A	C
11	12	13	14	15	16	17	18	19	20
C	B	B	C	A	C	B	B	A	C

第 13 章 Visio 图形设计与制作									
1	2	3	4	5	6	7	8	9	10
D	D	A	A	C	B	B	D	D	C
11	12	13	14	15	16	17	18	19	20
A	D	D	D	B	A	A	A	C	A

附录 2

【注】因国家考试科目、大纲、考试环境等内容会进行调整，此处资料仅做参考使用，详情请以国家考试官网为准。

一、全国计算机技术与软件专业技术资格(水平)考试介绍

考试简介

计算机技术与软件专业技术资格(水平)考试(简称全国计算机软考或计算机与软件考试或计算机软件资格考试)是国家人力资源和社会保障部、工业和信息化部共同组织的国家级考试，其目的是科学、公正地对全国计算机与软件专业技术人员进行职业资格、专业技术资格认定和专业技术水平测试。目前，除台湾地区外，计算机软件资格考试在全国各省、自治区、直辖市及计划单列市和新疆生产建设兵团，以及香港特别行政区和澳门特别行政区，都建立了考试管理机构。

根据人力资源和社会保障部、工业和信息化部文件(国人部发[2003]39 号)，计算机与软件考试已纳入全国专业技术人员职业资格证书制度的统一规划。通过考试获得证书的人员，表明其已具备从事相应专业岗位工作的水平和能力，用人单位可根据工作需要从获得证书的人员中择优聘任相应专业技术职务(技术员、助理工程师、工程师、高级工程师)。计算机与软件专业不再进行相应专业技术职务任职资格的评审工作，实施以考代评。因此，这种考试既是职业资格考试，又是职称资格考试。

同时，这种考试还具有水平考试性质，报考任何级别不受学历和资历条件的限制，只要达到相应的技术水平就可以报考相应的级别。计算机软件资格考试部分专业岗位的考试标准目前已与日本、韩国相关考试标准实现了互认，中国信息技术人员在这些国家还可以享受相应的待遇。

考试设置了三个层次：高级资格（高级工程师）、中级资格（工程师）、初级资格（助理工程师、技术员）；五个专业：计算机软件、计算机网络、计算机应用技术、信息系统、信息服务和27种资格。每年举行两次考试。每年上半年和下半年考试的级别不尽相同，具体安排可在考试官网查阅。考试合格者将颁发由中华人民共和国人力资源和社会保障部、工业和信息化部用印的计算机技术与软件专业技术资格（水平）证书。该证书在全国范围内有效。

【注】经国务院同意，2017年9月12日人力资源和社会保障部公布清理整顿后保留140项国家职业资格目录。其中包括专业技术人员职业资格59项，技能人员职业资格81项。目录之外一律不得许可和认定职业资格(《人力资源社会保障部关于公布国家职业资格目录的通知》(人社部发〔2017〕68号）)。计算机软与软件考试排列在专业技术人员职业资格公布列表中的第39项，也是唯一项国家级的计算机专业考试。

资格设置

级别	计算机软件	计算机网络	计算机应用技术	信息系统	信息服务
高级资格	信息系统项目管理师　系统分析师　系统架构设计师 网络规划设计师　系统规划与管理师				
中级资格	软件评测师 软件设计师 软件过程能力评估师	网络工程师	多媒体应用设计师 嵌入式系统设计师 计算机辅助设计师 电子商务设计师	系统集成项目管理工程师 信息系统监理师 信息安全工程师 数据库系统工程师 信息系统管理工程师	计算机硬件工程师 信息技术支持工程师
初级资格	程序员	网络管理员	多媒体应用制作技术员 电子商务技术员	信息系统运行管理员	网页制作员 信息处理技术员

考试科目与对应岗位描述

级别	资格名称	考核内容	岗位描述
初级	程序员	计算机相关基础知识；基本数据结构和常用算法；C程序设计语言以及C++、Java中的一种程序设计语言	从事软件开发和调试工作的初级技术人员
	网络管理员	计算机系统、网络操作系统、数据通信的基础知识；计算机网络的相关知识；以太网的性能、特点、组网方法及简单管理；主流操作系统的安装、设置和管理方法；Web网站的建立、管理与维护方法；交换机和路由器的基本配置	从事小型网络系统的设计、构建、安装和调试，中小型局域网的运行维护和日常管理，构建和维护Web网站的初级技术人员

续表

级别	资格名称	考核内容	岗位描述
初级	信息处理技术员	信息技术的基本概念；计算机的组成、各主要部件的功能和性能指标；操作系统和文件管理的基本概念和基本操作；文字处理、电子表格、演示文稿和数据库应用的基本知识和基本操作；Internet 及其常用软件的基本操作	从事信息收集、存储、加工、分析、展示等工作，并对计算机办公系统进行日常维护的初级技术人员
	信息系统运行管理员	计算机系统的组成及主要设备的基本性能指标；操作系统、数据库系统、计算机网络的基础知识；多媒体设备、电子办公设备的安装、配置和使用；信息处理基本操作；信息化及信息系统开发的基本知识	从事信息系统的运行管理，安装和配置相关设备，熟练地进行信息处理操作，记录信息系统运行文档，处理信息系统运行中出现的常见问题的初级技术人员
	网页制作员	Internet、网页、网站的基本知识；HTML 语言及其应用；CSS 及其应用；网站设计的步骤、原则、布局等知识；使用 Photoshop 进行平面设计的基本方法和技巧；使用 Flash 进行动画设计的基本方法和技巧	从事网站结构与内容的策划与组织，网站的页面设计及美观优化，网站栏目内容的采编与日常维护的初级技术人员
	电子商务技术员	现代电子商务的定义、作用、特点；电子商务模式；网络营销的定义和内容；现代电子商务的相关技术基础；电子商务网站的维护和管理；电子商务安全的概念和技术基础；电子支付技术	从事电子商务网站的维护和管理，网络产品的营销策划的初级技术人员
	多媒体应用制作技术员	计算机相关基础知识；多媒体数据获取、处理及输出技术；数字音频编辑；动画和视频的制作；多媒体制作工具的使用	从事多媒体系统制作的初级技术人员
中级	软件评测师	操作系统、数据库、中间件、程序设计语言、计算机网络基础知识；软件工程知识；软件质量及软件质量管理基础知识；软件测试标准、测试技术及方法；软件测试项目管理知识	从事软件测试工作的中级技术人员
	软件设计师	计算机相关基础知识；常用数据结构和常用算法；C 程序设计语言，以及 C＋＋、Java 中的一种程序设计语言；软件工程、软件过程改进和软件开发项目管理的基础知识；软件设计的方法和技术	从事软件设计与开发工作的中级技术人员
	网络工程师	计算机系统、网络操作系统、数据通信的基础知识；计算机网络的相关知识，包括计算机网络体系结构和网络协议、计算机网络互联技术、网络管理的基本原理和操作方法、网络安全机制和安全协议；网络系统的性能测试和优化技术，以及可靠性设计技术；网络新技术及其发展趋势	从事计算机网络系统的规划、设计，网络设备的软硬件安装调试，网络系统的运行、维护和管理的中级技术人员

续表

级别	资格名称	考核内容	岗位描述
中级	多媒体应用设计师	多媒体计算机的系统结构；多媒体数据获取、处理及输出技术；多媒体数据压缩编码及其适用的国际标准；多媒体应用系统的创作过程，包括数字音频编辑、图形的绘制、动画和视频的制作、多媒体制作工具的使用等	从事多媒体系统的设计、制作和集成的中级技术人员
	嵌入式系统设计师	嵌入式系统的硬软件基础知识；嵌入式系统需求分析方法；嵌入式系统设计与开发的方法及步骤；嵌入式系统实施、运行、维护知识；软件过程改进和软件开发项目管理等软件工程基础知识；系统的安全性、可靠性、信息技术标准以及有关法律法规的基本知识	从事嵌入式系统的设计、开发和调试的中级技术人员
	电子商务设计师	电子商务基本模式、模式创新及发展趋势；电子商务交易的一般流程；电子支付概念；现代物流技术和供应链技术；电子商务网站的运行、维护和管理；电子商务相关的经济学和管理学基本原理、法律法规等	从事电子商务网站的建立、维护、管理和营销的中级技术人员
	系统集成项目管理工程师	信息系统集成项目管理知识、方法和工具；系统集成项目管理工程师职业道德要求；信息化知识；信息安全知识与安全管理体系	从事信息系统项目管理的中级管理人员、中级项目经理等
	信息系统监理师	信息系统工程监理知识、方法和工具；信息系统工程监理师的职业道德要求；信息系统工程监理的有关政策、法律、法规、标准和规范	从事信息系统监理的中级技术人员
	数据库系统工程师	数据库系统基本概念及关系理论；常用的大型数据库管理系统的应用技术；数据库应用系统的设计方法和开发过程；数据库系统的管理和维护方法	从事数据库系统设计、建立、运行、维护的中级技术人员
	信息系统管理工程师	信息化和信息系统基础知识；信息系统开发的基本过程与方法；信息系统管理维护的知识、工具与方法	从事对信息系统的功能与性能、日常应用、相关资源、运营成本、安全等进行监控、管理、评估、提出系统改进建议的中级技术人员
	信息安全工程师	信息安全的基本知识；密码学的基本知识与应用技术；计算机安全防护与检测技术；网络安全防护与处理技术；数字水印在版权保护中的应用技术；信息安全相关的法律法规和管理规定	从事信息系统安全设施的运行维护和配置管理，处理信息系统一般安全风险问题的中级技术人员
	计算机辅助设计师	计算机相关基础知识；计算机辅助设计的基本知识；相关计算机辅助设计软件的使用；属性、图块与外部参照在图形绘制中的应用；图形的着色与渲染	运用相关计算机辅助设计软件从事机械设计、数字制图等的中级技术人员

续表

级别	资格名称	考核内容	岗位描述
中级	信息技术支持工程师	信息技术知识；计算机硬件和软件知识；计算机日常系统安全与维护知识；文字处理、电子表格、演示文稿和数据库软件的操作；多媒体、信息检索与管理的基础知识；常用办公设备的使用方法	从事计算机系统安全与维护，多媒体、信息检索与管理，熟练使用常用办公软件的中级技术人员
	计算机硬件技术工程师	计算机硬件基础知识；数字电路基础；计算机原理；PCB 设计；C 语言和汇编语言编程技术；计算机常见故障现象和判断方法	从事计算机相关硬件设计、开发和维护的中级技术人员
	软件过程能力评估师	软件工程基础知识；软件过程能力评估模型；软件能力成熟度模型；软件过程及能力成熟度评估方法；相关认证认可基本规范	从事软件过程能力及成熟度评估活动的中级技术人员
高级	信息系统项目管理师	信息系统项目管理知识和方法；项目整体绩效评估方法；常用项目管理工具；信息系统相关法律法规、技术标准与规范	从事信息系统项目管理的高级管理人员、高级项目经理等
	系统分析师	信息系统开发所需的综合技术知识，包括硬件、软件、网络、数据库等；信息系统开发过程和方法；信息系统开发标准；信息安全的相关知识与技术	在信息系统项目开发过程中负责制定信息系统需求规格说明书和项目开发计划、指导和协调信息系统开发与运行、编写系统分析设计文档、对开发过程进行质量控制与进度控制等的高级技术人员
	系统架构设计师	计算机硬软件知识；信息系统开发过程和开发标准；主流的中间件和应用服务器平台；软件系统建模和系统架构设计基本技术；计算机安全技术、安全策略、安全管理知识	从事系统架构分析、设计与评估的高级技术人员
	网络规划设计师	数据通信、计算机网络、计算机系统的基本原理；网络计算环境与网络应用；各类网络产品及其应用规范；网络安全和信息安全技术、安全产品及其应用规范；应用项目管理的方法和工具实施网络工程项目	从事计算机网络领域的需求分析、规划设计、部署实施、评测、运行维护等工作，能指导制订用户的数据和网络战略规划，能指导网络工程师进行系统建设实施的高级技术人员
	系统规划与管理师	IT 战略规划知识；信息技术服务知识；IT 服务规划设计、部署实施、运营管理、持续改进、监督管理、服务营销；团队建设与管理的方法和技术；标准化相关知识	从事信息技术服务规划和信息系统运行维护管理，制定组织的 IT 服务标准和相关制度、管理 IT 服务团队的高级技术人员

二、信息处理技术员考试大纲及考试方式

信息处理技术员考试大纲

(一)考试说明

1. 考试目标

通过本考试的合格人员具有信息处理技术员职业岗位所要求的信息素养,具有计算机与信息处理的基础知识,能根据应用部门的要求,熟练使用计算机等工具有效、安全地进行信息收集、存储、加工、分析、展示等工作,并对计算机办公系统进行日常维护,具有助理工程师(或技术员)的实际工作能力和业务水平。

2. 考试要求

(1)了解信息技术的基本概念;

(2)熟悉信息处理基础知识;

(3)熟悉计算机的组成、各主要部件的功能和性能指标;

(4)了解计算机网络与多媒体基础知识;

(5)熟悉信息处理常用设备;

(6)熟悉计算机系统安装和维护的基本知识;

(7)熟练掌握操作系统和文件管理的基本概念和 Windows 基本操作;

(8)熟练掌握文字处理的基本知识和 WPS Office 版、Microsoft Office 版文字处理的基本操作;

(9)熟练掌握电子表格的基本知识和 WPS Office 版、Microsoft Office 版电子表格的基本操作;

(10)熟练掌握演示文稿的基本知识和 WPS Office 版、Microsoft Office 版演示文稿的基本操作;

(11)熟练掌握新闻/海报的基本知识和 Microsoft Publisher 版的基本操作;

(12)熟练掌握图形设计的基本知识和 Microsoft Visio 版的基本操作;

(13)熟悉数据库应用的基本概念、基本理论和基本操作;

(14)熟练掌握 Internet 及其常用软件的基本操作;

(15)了解信息安全基本知识;

(16)了解有关的法律、法规要点;

(17)正确阅读和理解计算机使用中常见的简单英文及语句(常用专业英语词汇与例句)。

3. 考试科目设置

(1)信息处理基础知识,考试时间为 150 分钟,笔试或机试,选择题;

(2)信息处理应用技术,考试时间为 150 分钟,机试,操作题。

(二)考试范围

考试科目 1:信息处理基础知识

1. 信息技术基本概念

1.1　信息社会与信息技术应用

• 信息与数据(大数据、云计算)的基本概念

• 信息的特征、分类

- 信息化、信息社会与信息技术
- 信息系统应用及发展
- 信息素养(信息意识、信息能力和信息道德)

1.2　初等数学基础知识

- 数据的简单统计,常用统计函数,常用统计图表
- 初等数学应用

2. 信息处理基础知识

2.1　信息处理基本概念

- 信息处理的全过程
- 信息处理的要求(准确、安全、及时、适用)
- 信息处理系统
- 信息处理人员的职责
- 信息处理流程以及有关的规章制度

2.2　数据处理方法

- 数据收集方法、分类方法、编码方法
- 数据录入方法与要求,数据校验方法
- 数据的整理、清洗和筛选
- 数据加工和计算
- 数据的存储和检索
- 数据分析
- 数据的展示(可视化)

3. 计算机系统基础知识

3.1　硬件基础知识

- 计算机硬件系统中各主要部件的连接
- CPU 的主要性能指标
- 主存的类别、特征及主要性能指标
- 辅存(外存)的类别、特征及主要性能指标
- 常用存储介质的类别、特征、主要性能指标及保护方法
- 常用输入/输出设备的类别、特征及主要性能指标
- 常用 I/O 接口的类别和特征
- 常用信息处理设备的安装、使用及维护常识

3.2　软件基础知识

- 操作系统基本概念
- 应用软件基本知识

3.3　多媒体基础知识(包括数字媒体)

- 多媒体数据格式
- 常用多媒体工具及应用

4. 操作系统使用和文件管理的基础知识

- 常见的用户界面及其操作方法

• 图标、窗口及其各组成部分的基本概念
• 操作系统的使用方法
• 文件、文件系统及目录结构
• 文件的压缩与解压
• 文件管理操作方法

5. 文字处理基础知识
• 文字处理的基本过程
• 汉字输入方法
• 文字编辑和排版基本知识
• 文字处理软件的基本功能与操作方法
• 文件类型与格式兼容性

6. 电子表格基础知识
• 电子表格的基本概念
• 电子表格的组成
• 电子表格软件的基本功能与操作方法
• 常用数据格式和常用函数
• 利用电子表格软件进行数据统计分析

7. 演示文稿基础知识
• 演示文稿的基本概念
• 常用演示文稿软件的基本功能
• 利用演示文稿软件制作符合需求的、可视化的演示文稿(要求)

8. 数据库应用基础知识
• 数据库应用的基本概念
• 数据库管理系统的基本理论
• 数据库管理系统的基本操作

9. 计算机网络应用基础知识
• 局域网基本概念
• TCP/IP 协议和互联网基本概念
• 移动互联网(包括无线网络 4G/5G)基本概念
• 云计算和物联网基本概念
• 常用网络通信设备的类别和特征
• 网络信息的浏览、搜索、交流和下载方法

10. 信息安全基础知识
• 计算机系统安装及使用中的安全基本知识
• 计算机操作环境的健康与安全基本知识
• 信息安全保障的常用方法(管理措施、计算机病毒防治、文件存取控制、数据加密/解密、备份与恢复、数字签名、防火墙)

11. 有关法律法规的基本知识
• 涉及知识产权保护的法律法规(计算机软件保护条例、著作权法)要点

• 涉及计算机系统安全保护和互联网管理的法律法规要点
• 有关信息安全的法律、法规与职业道德要求(国家安全与社会安全、网络安全、商业秘密与个人信息的保护等)

12. 信息处理实务

• 理解应用部门的信息处理要求以及现有的信息处理环境
• 根据信息处理目标,制定信息处理工作计划与流程
• 根据日常办公业务中的问题,选择并改进信息处理方法
• 发现信息处理中的问题,寻求解决方法
• 信息处理团队中的合作、沟通与协调
• 信息处理过程中的质量控制与质量保证
• 撰写数据处理工作总结和数据统计分析报告

13. 专业英语

• 正确阅读和理解计算机系统及使用中常见的简单英文语句

考试科目 2:信息处理应用技术

说明:分批进行上机考试。考生用机安装有操作系统 Windows 以及办公软件(采用考试提供的软件与版本)。考生可在考试时选用提供的软件,按照试题的要求完成操作任务并保存操作结果。

1. 文字处理

• 文档管理操作
• 使用“帮助”功能
• 文字和文字块的编辑操作
• 设置超文本链接,宏操作
• 插入表格、特殊符号、公式、对象,并掌握基本操作
• 插入图像(包括图片、剪贴画、形状、SmartArt、图表、艺术字等),熟练掌握其基本操作(包括位置移动、缩放、裁剪、组合、环绕方式等),完成图文混排编辑功能
• 绘制简单的图形
• 邮件合并
• 设置页眉、页脚和页码
• 页面设置,版式设计和排版
• 应用模板制作格式文档,新建模板
• 多种文档格式转换(纯文本、docx、doc、html、PDF 格式)
• 打印预览,按多种指定方式打印

2. 电子表格处理

• 电子表格管理操作
• 使用“帮助”功能
• 电子表格的基本设置和基本操作
• 设定单元格的格式
• 在单元格中插入文字、特殊符号、公式、图像,宏等操作

• 利用电子表格进行数据处理(包括运用函数、分类汇总、筛选、透视)
• 根据数据表制作各种图表以分析数据,编辑修改图表使之美观实用
• 电子报表的排版和打印

3. 演示文稿处理

• 新建演示文稿,选择适当的模板,使用和制作母版
• 使用帮助功能
• 插入新幻灯片,输入文字
• 插入表格、链接、文本、媒体剪辑、特殊符号等各种对象
• 插入插图,熟练掌握其基本操作(包括位置移动、缩放、裁剪、组合、环绕方式等),完成图文混排编辑功能
• 打开演示文档,编辑修改幻灯片内容,设置格式,进行修饰,设置背景
• 复制、移动、删除幻灯片,重新排序
• 设置幻灯片切换方式,添加备注,设置动画、超链接
• 浏览演示文稿,调整放映时间
• 连接投影仪进行演示操作
• 按指定方式打印演示文稿

4. 新闻/海报(Publisher)

• 选择适当的模板创建出版物
• 使用帮助功能
• 对文本进行基本格式设置
• 对图片进行位置、大小及旋转操作
• 对表格进行修改、编辑,对列宽、行高进行调整
• 对自选图形进行格式设置、组合和旋转操作
• 对出版物上的对象进行排列(如叠放次序、对齐或分布、旋转、文字环绕)
• 出版物的页面设置及打印

5. 框图(Visio)

• Visio 文档管理
• 在 Visio 文档中插入及编辑形状、文本、图表、图像等操作
• 创建和编辑图形(流程图、日程进度图、网格图、工程图、软件及数据库图等)
• Visio 和其他软件协同办公

考试方式:

本考试设置的科目包括

(1)信息处理基础知识,考试时间为 90 分钟,机试,选择题;

(2)信息处理应用技术,考试时间为 90 分钟,机试,操作题。

题型及分值

信息处理基础知识,75 道选择题,每题 1 分,共 75 分(45 分通过);

信息处理应用技术,5 道操作题(Word 2 道,Excel 2 道,PowerPoint 1 道),每题 15 分,共 78 分(45 分通过)。

考试环境

操作系统：中文版 Windows 7。

应用程序环境：Microsoft Office 2010。

附录 3

【注】因国家考试科目、大纲、考试环境等内容会进行调整，此处资料仅做参考使用，详情请以国家考试官网为准。

一、全国计算机等级考试介绍

考试简介

全国计算机等级考试（National Computer Rank Examination，NCRE），是经原国家教育委员会（现教育部）批准，由教育部考试中心主办，面向社会，用于考查应试人员计算机应用知识与技能的全国性计算机水平考试体系。

科目设置

级别	科目名称	科目代码	考试时长	获证条件
一级	计算机基础及 WPS Office 应用	14	90 分钟	科目 14 考试合格
	计算机基础及 MS Office 应用	15	90 分钟	科目 15 考试合格
	计算机基础及 Photoshop 应用	16	90 分钟	科目 16 考试合格
	网络安全素质教育	17	90 分钟	科目 17 考试合格
二级	C 语言程序设计	24	120 分钟	科目 24 考试合格
	Java 语言程序设计	28	120 分钟	科目 28 考试合格
	Access 数据库程序设计	29	120 分钟	科目 29 考试合格
	C++语言程序设计	61	120 分钟	科目 61 考试合格
	MySQL 数据库程序设计	63	120 分钟	科目 63 考试合格
	Web 程序设计	64	120 分钟	科目 64 考试合格
	MS Office 高级应用	65	120 分钟	科目 65 考试合格
	Python 语言程序设计	66	120 分钟	科目 66 考试合格
	WPS Office 高级应用与设计	67	120 分钟	科目 67 考试合格
	OpenGauss 数据库程序设计	68	120 分钟	科目 68 考试合格
三级	网络技术	35	120 分钟	科目 35 考试合格
	数据库技术	36	120 分钟	科目 36 考试合格
	信息安全技术	38	120 分钟	科目 38 考试合格
	嵌入式系统开发技术	39	120 分钟	科目 39 考试合格
	Linux 应用与开发技术	71	120 分钟	科目 71 考试合格

续表

级别	科目名称	科目代码	考试时长	获证条件
四级	网络工程师	41	90分钟	获得科目35证书，科目41考试合格
	数据库工程师	42	90分钟	获得科目36证书，科目42考试合格
	信息安全工程师	44	90分钟	获得科目38证书，科目44考试合格
	嵌入式系统开发工程师	45	90分钟	获得科目39证书，科目45考试合格
	Linux应用与开发工程师	46	90分钟	获得科目71证书，科目46考试合格

二、二级 MS Office 高级应用考试大纲及考试方式

二级 MS Office 高级应用考试大纲

基本要求：

1. 正确采集信息并能在文字处理软件 Word、电子表格软件 Excel、演示文稿制作软件 PowerPoint 中熟练应用。
2. 掌握 Word 的操作技能，并熟练应用编制文档。
3. 掌握 Excel 的操作技能，并熟练应用进行数据计算及分析。
4. 掌握 PowerPoint 的操作技能，并熟练应用制作演示文稿。

考试内容：

1. Microsoft Office 应用基础

(1)Office 应用界面使用和功能设置。

(2)Office 各模块之间的信息共享。

2. Word 的功能和使用

(1)Word 的基本功能，文档的创建、编辑、保存、打印和保护等基本操作。

(2)设置字体和段落格式、应用文档样式和主题、调整页面布局等排版操作。

(3)文档中表格的制作与编辑。

(4)文档中图形、图像(片)对象的编辑和处理，文本框和文档部件的使用，符号与数学公式的输入与编辑。

(5)文档的分栏、分页和分节操作，文档页眉、页脚的设置，文档内容引用操作。

(6)文档审阅和修订。

(7)利用邮件合并功能批量制作和处理文档。

(8)多窗口和多文档的编辑，文档视图的使用。

(9)分析图文素材，并根据需求提取相关信息引用到 Word 文档中。

3. Excel 的功能和使用

(1)Excel 的基本功能，工作簿和工作表的基本操作，工作视图的控制。

(2)工作表数据的输入、编辑和修改。
(3)单元格格式化操作、数据格式的设置。
(4)工作簿和工作表的保护、共享及修订。
(5)单元格的引用、公式和函数的使用。
(6)多个工作表的联动操作。
(7)迷你图和图表的创建、编辑与修饰。
(8)数据的排序、筛选、分类汇总、分组显示和合并计算。
(9)数据透视表和数据透视图的使用。
(10)数据模拟分析和运算。
(11)宏功能的简单使用。
(12)获取外部数据并分析处理。
(13)分析数据素材,并根据需求提取相关信息引用到 Excel 文档中。
4. PowerPoint 的功能和使用
(1)PowerPoint 的基本功能和基本操作,演示文稿的视图模式和使用。
(2)演示文稿中幻灯片的主题设置、背景设置、母版制作和使用。
(3)幻灯片中文本、图形、SmartArt、图像(片)、图表、音频、视频、艺术字等对象的编辑和应用。
(4)幻灯片中对象动画、幻灯片切换效果、链接操作等交互设置。
(5)幻灯片放映设置,演示文稿的打包和输出。
(6)分析图文素材,并根据需求提取相关信息引用到 PowerPoint 文档中。
考试方式
上机考试,考试时长 120 分钟,满分 100 分。
题型及分值
单项选择题 20 分(含公共基础知识部分 10 分);
Word 操作 30 分;
Excel 操作 30 分;
PowerPoint 操作 20 分。
考试环境
操作系统:中文版 Windows 7。
应用程序环境:Microsoft Office 2016。

附录 4

一、计算机软考与计算机等级考试信息对比表

考试信息	全国计算机软考	全国计算机等级考试
组织官方	人力资源和社会保障部和工业和信息化部	教育部考试中心
考试级别	国家统考	国家统考
考试时间	每年 5 月、11 月	每年 3 月、9 月(个别地区 12 月有加试)

续表

考试信息	全国计算机软考	全国计算机等级考试
科目设置	3个级别(初级、中级、高级)	4个级别(1级、2级、3级、4级)
考试形式	笔试及机试	全部机考
面向对象	全社会,无门槛	全社会,无门槛
证书发放要求	按要求过分数线即可拿证	按要求过分数线即可拿证 (个别科目需先具备前一级别指定科目证书方可拿证)
证书认可范围	全国通用 (部分专业岗位的考试标准与日本、韩国相关考试标准实现互认)	全国通用
证书时效	长期有效	长期有效

二、全国软考中日、中韩互认项目

中日信息技术考试标准互认项目

级别	中方考试资格(考试大纲)	日方考试资格(考试大纲)	日方证书样例
高级	系统分析师 系统架构设计师	系统架构师	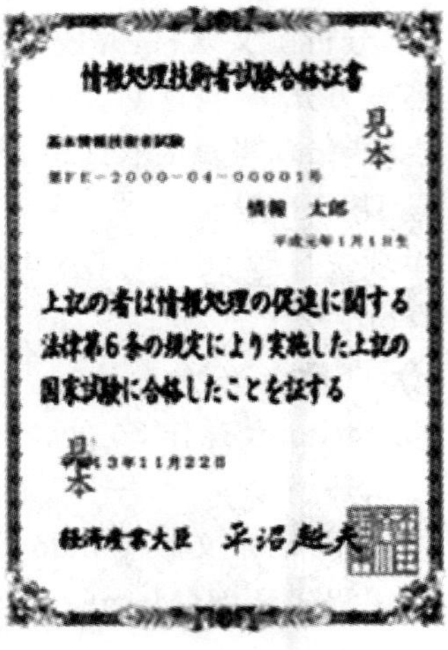
高级	信息系统项目管理师	项目经理	
中级	软件设计师	应用信息技术工程师	
中级	网络工程师	网络专家	
中级	数据库系统工程师	数据库专家	
初级	程序员	基本信息技术师	

详见官网:工业和信息化部教育与考试中心和日本信息处理推进机构签署的《中日信息技术考试标准互认协议》文件。

中韩信息技术考试标准互认项目

级别	中国的考试级别(考试大纲)	韩国的考试级别(技能标准)	韩方证书样例
中级	软件设计师	信息处理工程师	
初级	程序员	信息处理产业工程师	

详见官网:《关于中韩信息技术考试标准互认的通知》(软考办[2006]2号)文件。

三、国家官网地址与证书样例

全国计算机软考国家官网:https://www.ruankao.org.cn/

计算机技术与软件专业技术资格

Qualification of Computer and Software Professional

本证书由中华人民共和国人力资源和社会保障部、工业和信息化部批准颁发，表明持证人通过国家统一组织的考试，取得计算机技术与软件专业技术资格。

中华人民共和国人力资源和社会保障部

中华人民共和国工业和信息化部

照片粘贴处

姓　　名：

证件号码：

性　　别：女

出生年月：1984年10月

级　　别：中级

专　　业：信息系统监理师

批准日期：2017年05月20日

管 理 号：

全国计算机等级考试国家官网：https://ncre.neea.edu.cn/

全国计算机等级考试

二级合格证书

参加　　年　　月全国计算机等级考试（二级　　　）成绩　　，特发此证。

证书编号：

身份证号：

NATIONAL COMPUTER RANK EXAMINATION CERTIFICATE

This is to certify that the bearer has passed the National Computer Rank Examination and has achieved the following grade:

Grade: 2

Language:

ID Number:

Certificate Number:

NATIONAL EDUCATION EXAMINATIONS AUTHORITY

THE MINISTRY OF EDUCATION OF CHINA

教育部考试中心